“十四五”普通高等教育本科部委级规划教材

产业用纺织品实验教程

詹建朝 ◎ 编著

中国纺织出版社有限公司

内 容 提 要

本书是普通高等院校纺织工程、材料工程、非织造工程等专业用实验教材。内容包括农用纺织品的制备、篷盖用纺织品的制备、分离用纺织品的制备、土工用纺织品的制备、电子纺织品的制备、增强用纺织品的制备、车用纺织品的制备、健康用纺织品的制备八章，共 50 个实验。本书的内容丰富、涉及面广，同时将纺织品半成品检验和成品性能测试结合到相关实验中，并参照了现行的国家标准及国际标准。书中强调对理论知识的应用和创新能力的培养。

本书可供相关专业师生和工程技术人员参考。

图书在版编目（CIP）数据

产业用纺织品实验教程 / 詹建朝编著. --北京：中国纺织出版社有限公司，2023. 10

"十四五"普通高等教育本科部委级规划教材

ISBN 978-7-5229-0926-4

Ⅰ. ①产…　Ⅱ. ①詹…　Ⅲ. ①工业用织物—纺织品—高等学校—教材　Ⅳ. ①TS106. 6

中国国家版本馆 CIP 数据核字（2023）第 167229 号

责任编辑：宗　静　施　琦　　特约编辑：曹昌虹

责任校对：寇晨晨　　责任印制：王艳丽

中国纺织出版社有限公司出版发行

地址：北京市朝阳区百子湾东里 A407 号楼　邮政编码：100124

销售电话：010—67004422　传真：010—87155801

http://www. c-textilep. com

中国纺织出版社天猫旗舰店

官方微博 http://weibo. com/2119887771

三河市宏盛印务有限公司印刷　各地新华书店经销

2023 年 10 月第 1 版第 1 次印刷

开本：787×1092　1/16　印张：23. 75

字数：502 千字　定价：78. 00 元

前言

党的二十大报告指出，必须坚持科技是第一生产力、人才是第一资源、创新是第一动力，深入实施科教兴国战略、人才强国战略、创新驱动发展战略，开辟发展新领域新赛道，不断塑造发展新动能新优势。《产业用纺织品实验教程》综合了新材料、新技术、新应用等最新研究热点及成果，以培养学生和专业技术人员专业实验技能和科研创新能力为目标，坚持以能力培养为主线，素质教育为主导思想，为党育人，为国育才。

本书将先进纺织加工技术与现代农业、土工建筑、环境保护、交通运输、医疗健康、电子信息等产业需求相融合，旨在构建现代化纺织加工体系，推动纺织产业融合集群发展。本书内容包括农用纺织品的制备、篷盖用纺织品的制备、分离用纺织品的制备、土工用纺织品的制备、电子纺织品的制备、增强用纺织品的制备、车用纺织品的制备、健康用纺织品的制备八章，共 50 个实验。旨在帮助学生加深对理论知识的理解和掌握，提高学生的实验操作技能，其中部分实验可开设成综合性或设计性实验，目的是培养学生的创新能力和科研能力。同时将产业用纺织品半成品检查、成品的质量和性能测试的标准化方法结合到相关实验中，旨在增强学生对产业用纺织品性能的检测能力。

本书在每个实验之后结合实验内容列出了若干个思考题，目的是提高学生分析问题和解决问题的能力。

实验中所用化学试剂应根据具体应用进行合理选择，如健康用纺织品尤其是医用纺织品的制备、电子纺织品的制备宜选择分析纯级，增强用纺织品的制备、农用纺织品的制备、车用纺织品的制备、篷盖用纺织品的制备、土工纺织品的制备如无特殊要求，可采用化学纯级或工业级。由于试剂、助剂品种繁多，性能各异，本书所列化学试剂和助剂仅供参考，各单位可根据实际情况合理选用，但使用前应进行预实验以确定具体处方和工艺条件。本书中所列实验和测试仪器也仅供参考，不同类型、不同牌号的仪器均可通用，各仪器详细使用方法请参考使用说明书。本书中的测试方法仅供参考，应根据具体应用环境选择相应的测试项目，并按照最新权威标准进行测试。

本书由嘉兴学院詹建朝、李莺、常硕、颜志勇、于利超、尹岸林、张葵花、韩万里，南阳师范学院郑文星等共同编著，最后由詹建朝统稿完成。第一章由詹建朝、郑文星编写；第二章由嘉兴学院詹建朝编写；第三章由詹建朝、韩万里编写；第四章由李莺、常硕编写；第五章由詹建朝编写；第六章由于利超、颜志勇编写；第七章由嘉兴学院詹建朝编写；第八章由詹建朝、尹岸林、张葵花编写。

由于编著者水平有限，书中难免有不足之处，恳请读者批评、指正并提出宝贵意见。

本书编写得到嘉兴学院产业用纺织人才培养产教融合基地资助（项目编号：SJJD20072307-008）。

编著者

2022 年 10 月

课程设置指导

课程名称：产业用纺织品实验教程

适用专业：纺织工程类

建议学时：120 学时

课程性质：本课程为纺织工程专业的专业核心课程，是纺织工程课程体系的重要组成部分。

课程目的：

（1）通过本课程学习使学生能够运用所学的理论知识，进行多学科知识的交叉运用，初步具备分析产业用纺织品的质量与制备工艺的能力。

（2）通过产业用纺织品制备实验，使学生和相关工作人员掌握工艺的制定和实施的基本原则，加深对理论知识的理解，提高学生专业实验的操作技能和科研创新能力。

（3）了解并掌握产业用纺织品相应的测评方法，培养科学严谨的工作作风。

（4）通过实验，使学生能够根据产品的最终目标设计工艺流程，根据产品的质量要求设定工艺参数。

课程教学基本要求：

（1）说明：各单位根据各自的培养方案、教学计划和实验条件合理选择开设的实验。

（2）作业：每次实验后写出实验报告，内容包括实验材料和仪器、实验原理和方法、实验步骤、实验数据及其分析、实验结论、实验分析与思考。

（3）考核：笔试或口试，内容包括相关理论知识、工艺原理、实验操作技能、产品质量评价标准等。

课程设置指导

教学学时分配

章名	讲授内容	学时数
第一章	农用纺织品的制备	10～12
第二章	篷盖用纺织品的制备	12～16
第三章	分离用纺织品的制备	12～16
第四章	土工用纺织品的制备	12～16
第五章	电子纺织品的制备	20～30
第六章	增强用纺织品的制备	16～20
第七章	车用纺织品的制备	12～16
第八章	健康用纺织品的制备	20～30
合计		114～156

注 各院校可根据自身的教学特点和教学计划对课程时数进行调整。

目录

第一章　农用纺织品的制备

农用纺织品具有起步晚、利润附加值高、市场广阔等特点，其应用范围从被覆材料、生长基材、包装材料和绳缆渔网，到过滤布、农用防护服、土工布及园艺纺织品等，正逐步取代传统农膜、塑料材料，已引起全球纺织市场的热烈关注。

农用纺织品产业化的实施有利于纺织产业结构的调整、农业生产效益的提高、农业生产环境的改善、农业的可持续发展和现代农业生产方式的转变。基于纺织品结构特点，针对农业生产需求，通过多学科交叉和技术革新开发出高质量农用纺织品是实现农业现代化的必经之路。

实验 1　可降解麻类地膜织物的制备

杂草与作物或牧草争夺空间、养分、水分和光照，因竞争程度的不同，作物产量会减少 10%～25%。除草剂虽然能有效除去杂草，但使用不当会导致杂草抗药、农药残留、土壤恶化、环境污染等问题。因此，亟须另辟蹊径实现无化学品杂草管理，尤其是对高价值、有机种植的新鲜农产品。由于杂草的生长依赖于光合作用，通过覆盖物阻止光的传播，就可以有效控制杂草生长。农用地膜的覆盖栽培是现代农业中促进作物高产的有效方法，既可抑制杂草生长，又可节水、提高作物产量和早熟度。传统的塑料地膜不可降解，容易在土壤中形成细小颗粒，造成土壤板结，长时间使用会影响农作物的生长。目前，利用植物纤维生产完全可降解的地膜已成为地膜发展的主要趋势。

我国具有丰富的麻类纤维资源，麻地膜的拉伸和撕破强力十分优越，在自然条件下可完全降解成有机质、二氧化碳和水等，既能促进土壤中有益微生物的生长，还可以培肥地力、改良土壤。同时麻地膜具有很好的保温、保湿和促进农作物生长发育的作用。因此，麻地膜的制备与应用有利于农作物的产量提高和农业的可持续发展。

一、羧甲基纤维素/麻地膜的制备——流延法

塑料地膜的降解时间长达 200～300 年，因长期使用已对我国环境造成严重的污染。麻纤维原料资源丰富，如苎麻、黄麻、红麻等，可降解麻地膜已成为农用地膜的发展方向之一，但现有的麻地膜还存在一些问题：一是成本太高；二是通透性太强，导致农作物生长所需要的保墒性（即保水性和保温性的综合性能）差，难以大面积推广应用。

羧甲基纤维素（CMC）是一种由天然纤维素制得的纤维素醚，具有无污染、可降解的特点，其水溶液是良好的成膜剂、增稠剂，但所成膜的耐水性差。落麻纤维系纺织加工废料，不仅成本较低，而且可实现材料的循环利用，绿色环保。

本实验以 CMC 和落麻纤维为主要原料，采用共混流延方法制备 CMC/麻地膜，旨在利用 CMC 单独成膜的致密性改善麻地膜的保墒性。同时，针对 CMC 单独成膜湿强低的弱点，采用酸化处理和高温烘焙改善 CMC/麻地膜的耐水性能和湿强。

（一）主要实验材料和仪器

CMC 粉末，落麻纤维，乙醇，醋酸，去离子水，电子天平，量筒，烧杯，镊子，搅拌器，计时器，烧杯，电炉，玻璃板，烘箱，涂层机等。

（二）实验步骤

1. CMC/麻地膜的制备

（1）CMC/麻混合液的配制：称取 0.5g CMC 粉末溶于 80mL 水中，经搅拌使其完全溶胀，加热煮沸后再缓慢加入 20mL 水，溶解得到均匀的 CMC 溶液。CMC 与麻纤维质量比见表 1-1，分别称取 CMC 溶液和落麻纤维，并将落麻纤维加入 CMC 溶液中，经搅拌使纤维分散均匀，得到 CMC/麻混合液。

表 1-1　CMC/麻纤维质量配比

配方	1	2	3	4	5
CMC 质量分数（%）	70	60	50	60	70
麻纤维质量分数（%）	30	40	50	40	30

（2）成膜：分别将上述 CMC/麻混合液涂于玻璃板上，流延成膜，并于 55℃烘箱中烘干。然后从玻璃板上揭取薄膜，即得到 CMC/麻地膜，于室温下保存备用。

2. 酸化处理

浸酸后 CMC 中的-COONa 会形成-COOH，由于氢离子比钠离子在水中难电离，故酸化处理能改善 CMC/麻地膜原样的耐水性。

（1）将 CMC/麻地膜原样置于乙醇体积分数为 50%的醋酸溶液中完全浸渍 10min。

（2）用自来水洗涤，再沥干。

（3）于 55℃烘箱中烘干，即得到酸化 CMC/麻地膜样品，于室温下保存备用。

3. 高温烘焙

酸化处理后，CMC 中的羧基与麻纤维中的羟基在高温下会生成疏水的酯基，既能提高 CMC 与麻纤维之间的作用力，又赋予 CMC/麻地膜表面疏水性能，因而能提高最终 CMC/麻地膜的湿态抗张性能。

将酸化后的 CMC/麻地膜样品置于不同温度（100℃，120℃，140℃，160℃）的烘箱中烘焙 30min，即得 CMC/麻地膜。

二、麻/棉地膜的制备——纤网黏合法

以落麻纤维和棉纤维为主要原料，进行梳理成网，施加聚乙烯醇作为黏合剂将纤网固结成型制备麻/棉地膜。

（一）主要实验材料和仪器

落麻纤维，棉纤维，聚乙烯醇（PVA 1799）黏合剂，去离子水，量筒，烧杯，电热恒温水浴锅，梳理机，平板硫化机，搅拌器，梳棉机，电子天平等。

（二）实验步骤

1. 黏合剂的配制

称取适量 PVA 颗粒，加入一定量的水，使 PVA 颗粒吸水膨胀，然后加温溶解并不断搅拌，制成质量分数为 1.5%的黏合剂。

2. 麻/棉地膜的制备

将落麻纤维与棉纤维以一定的质量比混合开松后送入梳理机梳理成网，然后在硫化机上利用黏合剂将纤维网固化成型，制备麻/棉地膜，工艺参数见表 1-2。

表 1-2　麻/棉地膜配方

工艺条件	配方 1	配方 2	配方 3	配方 4	配方 5	配方 6
麻/棉质量比	80/20	60/40	80/20	60/40	80/20	80/20
模压温度（℃）	130	130	130	130	130	130
模压压力（MPa）	4	4	4	4	2	6
黏合剂质量分数（%）	6	6	10	10	6	10

三、聚乳酸/麻地膜的制备——纤网热轧法

（一）主要实验材料和仪器

苎麻纤维，聚乳酸纤维（PLA），防水整理剂，梳理机，烘箱，轧车，热定型机等。

（二）实验步骤

1. 纤维成网

（1）开松与混合：按照表 1-3 中配比分别称取苎麻纤维和 PLA 纤维，并手工将纤维扯松、混合、喂入梳理机。

表 1-3　麻纤维/PLA 纤维质量配比

配方	1	2	3	4	5
麻纤维质量分数（%）	70	60	50	40	30
PLA 质量分数（%）	30	40	50	60	70

（2）梳理成网：

喂棉速度/（$r \cdot s^{-1}$）	0.76
锡林速度/（$r \cdot s^{-1}$）	296
道夫速度/（$r \cdot s^{-1}$）	8.95
成卷速度/（$r \cdot s^{-1}$）	12.87
纤维网克重/（$g \cdot m^{-2}$）	50

2. 热轧工艺

热轧温度 168℃，热轧压力 3MPa。

3. 防水整理

麻地膜要求透气不透水，防止高温烧苗和膜内结露现象。

（1）工艺流程：浸轧（二浸二轧，轧液率70%）→烘干（80℃，3min）→焙烘（160℃，1min）。

（2）整理步骤：

①将地膜浸入防水整理液（55g/L）中，待地膜完全润湿后浸渍 2min。

②在均匀轧车上二浸二轧，轧液率为 70%。

③浸轧后立即送进热定型机（预先升温到 80℃）烘 3min，然后将热定型机升温至 160℃，将烘干的地膜焙烘 1min，完成整理。

四、单位面积质量测试（参照 GB/T 4669—2008）

（一）主要实验材料和仪器

钢尺（刻度为 1mm），天平（精确度为 0.001g），圆盘取样器，镊子，麻类地膜织物，剪刀，纸，笔，通风式干燥箱，称量容器，干燥器等。

（二）实验步骤

1. 方法 1　能在标准大气中进行调湿的织物

（1）预调湿：织物应当从干态（进行吸湿平衡）开始在标准大气中达到平衡，将样品无张力地放在标准大气中调湿至少 24h，使之达到平衡。

（2）取样：将每块样品依次排列在工作台上，在适当的位置上使用切割器切割 10cm×10cm 的方形试样或面积为 $100cm^2$ 的圆形试样。

（3）称量：用镊子把样品放进克重天平，读数，精确至 0.001g，确保整个称量过程试样中的纱线不损失。

（4）结果计算：根据平方米克重定义，按照式（1-1）进行计算。

$$m_{ua} = \frac{m_c}{L_c \times W_c} \tag{1-1}$$

式中：m_{ua}——经标准大气调湿后织物的单位面积调湿质量，g/m^2；

L_c——经标准大气调湿后织物的调湿长度，m；

W_c——经标准大气调湿后织物的调湿宽度，m。

2. *方法 2　织物的单位面积干燥质量和公定质量的测定*

（1）剪样：将每块样品依次排列在工作台上，在适当的位置上使用切割器切割 10cm×10cm 的方形试样或面积为 $100cm^2$ 的圆形试样。

（2）干燥：

①箱内称量法：将所有试样一并放入通风式干燥箱的称量容器内，在 102～108℃下干燥至恒量（以至少 20min 为间隔连续称量试样，直至两次称量的质量之差不超过后一次称量质量的 0.20%，下同）。

②箱外称量法：把所有试样放在称量容器内，然后一并放入通风式干燥箱中，敞开容器盖，在 102～108℃下干燥至恒量。将称量容器盖好，从通风式干燥箱移至干燥器内，冷却至少 30min 至室温。

（3）称量：

①箱内称量法：称量试样的质量，精确至 0.01g，确保整个称量过程试样中的纱线不损失。

②箱外称量法：分别称取试样连同称量容器以及空称称量容器，精确至 0.01g，确保整个称量过程试样中的纱线不损失。

（4）结果计算：按式（1-2）计算织物的单位面积干燥质量。

$$m_{dua} = \frac{\sum (m - m_0)}{\sum S} \tag{1-2}$$

式中：m_{dua}——经干燥后织物的单位面积干燥质量，g/m^2；

m——经干燥后试样连同称量容器的干燥质量，g；

m_0——经干燥后空称量容器的干燥质量，g；

S——试样的面积，m^2。

按式（1-3）计算织物的单位面积公定质量。

$$m_{rua} = m_{dua}[A_1(1 + R_1) + A_2(1 + R_2) + \cdots + A_n(1 + R_n)] \tag{1-3}$$

式中：m_{rua}——织物的单位面积公定质量，g/m^2；

A_1，A_2，…，A_n——试样中各组分纤维按净干质量计算含量的质量分数，%；

R_1，R_2，…，R_n——试样中各组分纤维公定回潮率的质量分数，%。

五、厚度的测试（参照 GB/T 24218.2—2009）

（一）主要实验材料和仪器

麻类地膜织物，剪刀，电子天平，数字织物厚度仪等。

（二）主要测试参数

压力/kPa	0.5
时间/s	10
压脚直径/mm	50.46

（三）实验步骤

（1）清洁仪器外露部分，特别是基准板、压脚、测量杆等，不得沾有任何灰尘和纤维。

（2）根据被测样品的要求，选定压脚面积、压重时间及压重砝码，更换上选定的压脚和压重砝码。

（3）按测试需要，选取“连续”或“单次”及“10s”或“30s”按钮位置，接通电源，按启动按钮，使仪器工作。

（4）接通电源，打开电源开关，此时电源指示灯亮。按启动键使仪器工作。当压脚同基准板接触，读数指示灯亮，再按清零键，即可使电子表重置零位。

（5）当压脚升起时，把被测织物或试样在不受张力的情况下放置在基准板上。

（6）“单次”测试：实验在压脚压住被测织物10s时，读数指示灯自动点亮，在读数指示灯点亮期间，应尽快读取电子百分表上所显示的厚度数值，并做好记录，读数指示灯不亮，电子百分表的显示数值无效。

（7）“连续”测试：即读数指示灯熄灭后，压脚即自动上升，自动上下循环工作。利用压脚上升和下降的空隙时间，即可移动被测织物至新的测量部位，并逐一记录其厚度值。读数指示灯亮，记录数值有效，反之数值无效。

（8）测试工作完毕，使压脚回至初始位置（即与基准板贴合），关掉电源，取下压重砝码，并用罩布盖好仪器，严防灰尘侵入。

六、拉伸性能测试（参照GB/T 24218.3—2010和GB/T 3923.1—1997）

（一）主要实验材料和仪器

麻类地膜织物，剪刀，钢尺，织物强力仪等。

（二）主要测试参数

温度/℃	22
湿度/%	65
预加张力/N	2
拉伸速度/（mm·min^{-1}）	100
隔距长度/mm	200
宽度/mm	40
衰减率/%	50

（三）实验步骤

1. 夹持距离调整

仪器拉伸实验前须将上下夹持器之间的夹持距离与设定值调整为一致，具体调整方法为：

（1）按控制面板上的下降键，使行车下降，下降一定距离后，按停止键，使行车停止。

（2）根据试样要求长度，将上限位撞块移至限位杆上相应孔（或指示箭头）的位置并予以紧固，限位杆上钻有上限位定位止定孔，用于上限位撞块的定位，各孔分别指示标示测试的夹持器夹持距离。

（3）按上升启动键，使行车上升至上限位置自动停止，用钢板尺测量上下夹持器的间距，如与试样长度要求有微小差异，可通过调节上限撞击螺母的高度（螺纹调节），最终使上下夹持器的距离与试样长度要求相符。

（4）根据调定的上下夹持器的距离，检查所设定夹持距离是否正确，如不相符，请按至正确档位。至此，试样测试长度调整完毕。

2. *测试参数设定*

根据标准要求，按液晶屏提示输入。

3. *拉伸速度调整*

对一种织物试样进行实验时，应比规定的实验条样数多准备若干条附加试样，用于进行预试，以确定拉伸速度。

4. *装夹试样*

（1）旋动夹钳手柄使波纹夹板松开。

（2）将实验条样的一端从上夹钳下方插入已开启的上夹钳夹持口内，并保持试样与钳口平直。

（3）旋动手柄将其夹紧。

（4）将下夹钳手柄松开，使下夹钳口开启。

（5）将上端已夹持在上夹钳的实验条样的另一端穿过下夹钳钳口，并用选择好的预张力夹夹住穿过钳口的条样使试样在预张力夹的作用下拉直。

（6）旋动下夹钳手柄，夹紧试样的下端，然后取下预张力夹，该试样装夹完毕。

5. *拉伸断裂实验*

按控制面板上的工作键，行车下降，并对夹持于上、下夹持器间的试样进行拉伸，断裂后行车自动返回原位，仪器自动记录并显示该次断裂时的最大强力值（峰值强力值）、拉伸长度、伸长率及断裂时间和实验次数。

七、撕破性能测试（参照 GB/T 3917.3—2009）

（一）主要实验材料和仪器

麻类地膜织物，钢尺，剪刀，记号笔，织物强力仪等。

（二）主要测试参数

温度/℃	22
湿度/%	65
初始长度/mm	25

预拉长度/mm　　21.2
预定伸长/mm　　21.2
峰值幅度/%　　10
上升速度/(mm · min^{-1})　　100
伸长/mm　　64

(三) 实验步骤

1. 取样

(1) 如图 1-1 所示，裁取 150mm×75mm 的矩形试样。

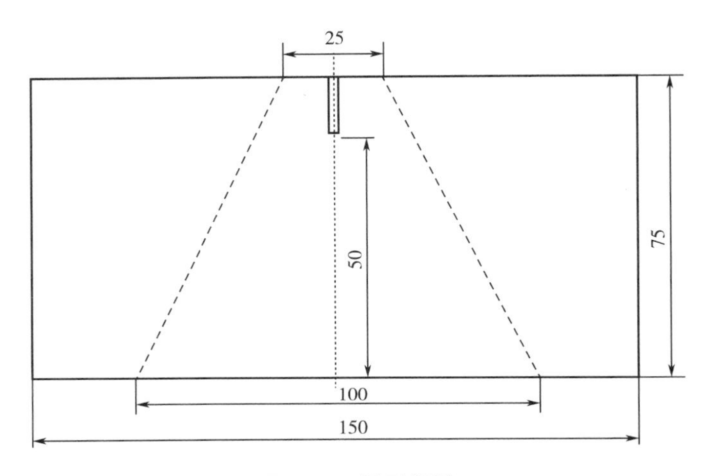

图 1-1　梯形样板

(2) 在等腰梯形的两条夹持试样的标记线处进行标记。

(3) 梯形的短边中心剪有规定尺寸的切口。

2. 测试参数设置

确保试样没有明显的折皱和疵点。

3. 安装试样

沿梯形的不平行两边夹住试样，使切口位于两钳中间，梯形短边拉紧，长边处于折皱状态。

4. 启动仪器测试

自动记录仪器撕破强力 (N)，如果撕裂不是沿切口线进行，不做记录。

八、透湿性测试 (参照 GB/T 12704.2—2009)

(一) 主要实验材料和仪器

麻类地膜织物，去离子水，恒温恒湿实验箱，透湿杯，乙烯胶带，电子天平，量筒，圆形取样器，织物厚度仪等。

（二）实验步骤

1. 方法 A（正杯法）

（1）用量筒精确量取与实验条件温度相同的蒸馏水 34mL，注入清洁、干燥的透湿杯内，使水距试样下表面位置 10mm 左右。

（2）将试样测试面朝下放置在透湿杯上，装上垫圈和压环，旋上螺帽，再用乙烯胶黏带从侧面封住压环、垫圈和透湿杯，组成实验组合体。

注：步骤（1）和（2）尽可能在短时间内完成。

（3）迅速将实验组合体水平放置在已达到规定温度（38±2）℃、湿度（50±2）%等条件的实验箱内，经过 1h 平衡后，按编号在箱内逐一称量，精确至 0. 001g。若在箱外称重，每个实验组合体称量时间不超过 15s。

（4）随后经过实验时间 1h 后，按步骤（3）规定以同一顺序称量。

（5）整个实验过程中要保持实验组合体水平，避免杯内水沾到试样的内表面。

注：若试样透湿率过小，可延长步骤（4）的实验时间，并在实验报告中说明。

2. 方法 B（倒杯法）

（1）用量筒精确量取与实验条件温度相同的蒸馏水 34mL，注入清洁干燥的透湿杯内。

（2）将试样测试面朝上放置在透湿杯上，装上垫圈和压环，旋上螺帽，再用乙烯胶黏带从侧面封住压环、垫圈和透湿杯，组成实验组合体。

注：步骤（1）和（2）尽可能在短时间内完成。

（3）迅速将整个实验组合体倒置后水平放置在已达到规定温度（38±2）℃、湿度（50±2）%等实验条件的实验箱内（要保证试样下表面处有足够的空间），经过 1h 平衡后，按编号在实验箱内逐一称量，精确至 0. 001g。若在箱外称重，每个实验组合体称量时间不超过 15s。

（4）随后经过实验时间 1h 后取出，按步骤（3）规定以同一顺序称量。

注：若试样透湿率过小，可延长步骤（4）的实验时间，并在实验报告中说明。

3. 结果计算

（1）试样透湿率：按式（1-4）计算，实验结果以三块试样的平均值表示，结果保留三位有效数字。

$$WVT = \frac{(\Delta m - \Delta m')}{A \cdot t} \tag{1-4}$$

式中：WVT——透湿率，$g/(m^2 \cdot h)$ 或 $g/(m^2 \cdot 24h)$；

Δm——同一实验组合体两次称量之差，g；

$\Delta m'$——空白试样的同一实验组合体两次称量之差，不做空白实验时，$\Delta m'=0$，g；

A——有效实验面积（本部分中的装置为 $0.00283m^2$），m^2；

t——实验时间，h。

（2）试样透湿度：按式（1-5）计算，结果保留三位有效数字。

$$WVP = \frac{WVT}{\Delta p} = \frac{WVT}{P_{CB}(R_1 - R_2)} \tag{1-5}$$

式中：WVP——透湿度，$g/(m^2 \cdot Pa \cdot h)$；

Δp——试样两侧水蒸气压差，Pa；

P_{CB}——在实验温度下的饱和水蒸气压，Pa；

R_1——实验时实验箱的相对湿度，%；

R_2——透湿杯内的相对湿度，%。

（3）透湿系数：按式（1-6）计算透湿系数，结果按 GB/T 8170—2019 保留两位有效数字。

$$PV = 1.57 \times 10^{-9} WVP \cdot d \tag{1-6}$$

式中：PV——透湿系数，$g \cdot cm/(cm^2 \cdot s \cdot Pa)$；

d——试样厚度，cm。

九、透气性测试（参照 GB/T 5453—1997）

（一）主要实验材料和仪器

麻类地膜织物，剪刀，刻度尺，织物透气性测试仪等。

（二）主要实验参数

试样面积/cm^2	20
测试压强/Pa	200

（三）实验步骤

（1）将试样夹持在试样圆台上，测试点应避开布边及折皱处，夹样时采用足够的张力使试样平整而又不变形。为防止漏气，在试样的低压一侧（即试样圆台一侧）应垫上垫圈。当织物正反两面透气性有差异时，应在报告中注明测试面。

（2）启动吸风机或其他装置使空气通过试样，调节流量使压力逐渐接近规定的 200Pa 值 1min 后或达到稳定时，记录气流流量。

（3）使用压差流量计的仪器，应选择适宜的孔径，记录该孔径两侧的压差。

（4）记录透气量或透气率等测试数据，并在同样的条件下，在同一样品的不同部位重复测定至少 10 次。

十、保水性测试

（一）主要实验材料和仪器

麻类地膜织物，去离子水，铲子，土壤，烘箱，地磅，塑料桶等。

（二）实验步骤

将制备好的地膜样品覆盖在土壤表面上，测定两周内土壤水分含量的变化。

（1）取干燥土壤 2250kg，加入 750kg 去离子水，配置成含水率为 25%的土壤试样。

（2）取 10 只直径为 120cm、深度为 10cm 的塑料桶（质量为 $m_{桶}$）。

（3）在每只塑料桶中放入含水率约为 25% 的等质量实验土样（质量为 $m_{土}$），土样刚好与桶沿平齐。

（4）5 只装土桶覆盖地膜试样（质量为 $m_{地膜}$），并将地膜试样边缘用胶带通身密封，记为 A。另外 5 只装土桶未覆盖地膜试样，作为空白对照组记为 B。

（5）每天记录 A 和 B 的质量，通过测定土壤每天的失水量和累计失水率来评价液态地膜的保水性能。

十一、防水性测试（参照 GB/T 4745—2012）

（一）主要实验材料和仪器

麻类地膜织物，喷淋装置，去离子水，量筒，剪刀等。

（二）实验步骤

1. 调湿

待测试样在标准大气条件下调湿试样至少 4h。

2. 装样

试样调湿后，用夹持器夹紧试样，放在支座上，实验时试样正面朝上。除另有要求，织物经向或长度方向应与水流方向平行。

3. 喷淋

将 250mL 实验用水迅速而平稳地倒入漏斗，持续喷淋 25~30s。

4. 敲打去水

喷淋停止后，立即将夹有试样的夹持器拿开，使织物正面向下几乎成水平，然后对着一个固体硬物轻轻敲打一下夹持器，水平旋转夹持器 180°后再次轻轻敲打夹持器一下。

5. 评价

（1）沾水性能评价。敲打结束后，根据表 1-4 中的沾水等级描述立即对夹持器上的试样正面润湿程度进行评级。

表 1-4　沾水等级描述

沾水等级	沾水现象描述
0 级	整个试样表面完全润湿
1 级	受淋表面完全润湿
1~2 级	试样表面超出喷淋点处润湿，润湿面积超出受淋表面一半
2 级	试样表面超出喷淋点处润湿，润湿面积约为受淋表面一半
2~3 级	试样表面超出喷淋点处润湿，润湿面积少于受淋表面一半
3 级	试样表面喷淋点处润湿
3~4 级	试样表面少于或等于半数的喷淋点处润湿

续表

沾水等级	沾水现象描述
4 级	试样表面有零星的喷淋点处润湿
4~5 级	试样表面没有润湿，有少量水珠
5 级	试样表面没有水珠或润湿

（2）防水性能评价。计算所有试样沾水等级的平均值，结果保留最接近的整数级或半级，按照表 1-5 评价样品的防水性能。

表 1-5 防水性能评价

防水等级	防水性能评价
0 级	不具抗沾湿性能
1 级	
1~2 级	抗沾湿性能差
2 级	
2~3 级	抗沾湿性能较差
3 级	具有抗沾湿性能
3~4 级	具有较好的抗沾湿性能
4 级	具有很好的抗沾湿性能
4~5 级	具有优异的抗沾湿性能
5 级	

6. 重复测试

重复（1）~（5）的步骤，对剩余试样进行测定。

十二、接触角测试

（一）主要实验材料和仪器

去离子水，麻类地膜织物，剪刀，手套，接触角测试仪等。

（二）实验步骤

（1）测试样品的准备。尽量保持测试样品本身的洁净度，尽量保持测试样品表面的水平度，在测试过程中，不可用手接触测试区域。

（2）接通电源，打开电脑，打开接触角软件图标。

（3）打开仪器的光源旋钮，顺时针旋转可看到光源亮度逐渐增强，根据电脑显示的图像调节光源的亮度。

（4）调整滴液（液体为预处理时所使用的缓冲溶液，也可以为水或其他液体）针头，使其出现在图像的中间。

（5）调整调节手轮，直到图像清晰。

（6）将玻璃注射器装满液体，安装在固定架上。旋转测微头可将液体流出。

（7）将准备好的样品放在玻璃片上，然后将玻璃片放在工作台上。工作台可上、下、左、右移动，以使其物像出现在光源中心。

（8）旋转测微头，流出一滴液体到固体表面，静等 1s 后，单击“采集当前显示的图像”，可采集到液体在固体表面上的图像。

（9）采用“手工做圆、切线法”，可测出液体在固体表面的接触角。

①三点圆法：点击“手工做圆、切线法”图标。点击液滴的一端，点击圆周上的一点，再点击液滴的另一端，返回点击第一个端点，最后点击另一端。接触角自动显示，点击右键出现“将计算结果保存到图片上”。

②切线法：点击“采用人工做图切线法计算”图标。点击液滴的一端，再点击液滴的另一端，然后沿着液滴外轮廓作一条切线。接触角自动显示，右键点击保存到图片上即可。

③基线圆法：点击“基准线测量法”图标。选择水平线位置（双击鼠标左键），点击圆周上第一个点（左端点），再点击圆周上第二个点（右端点），最后点击圆周上第三个点（上端点）。接触角自动显示，右键点击保存到图片上即可。

（10）右键点击图像，可将测量的结果保存在图像上，然后点击文件中的“另存为”可将结果保存至文件夹中。

十三、透光率测试

（一）主要实验材料和仪器

麻类地膜织物，剪刀，钢尺，厚度仪，紫外分光光度计等。

（二）实验步骤

使用紫外分光光度计测试生物降解地膜的吸光度。

（1）将地膜裁成 10mm×50mm 的矩形样条。

（2）贴在比色皿的透光一侧，以空白比色皿作对照，测试 $\lambda = 600\text{nm}$ 处的吸光度值。

（3）不透明度的计算见式（1-7）。

$$L = \left(1 - \frac{A_{600}}{d}\right) \times 100\% \tag{1-7}$$

式中：L——不透明度，%；

A_{600}——600nm 处的吸光度值；

d——地膜厚度，mm。

十四、降解性能测试

（一）主要实验材料和仪器

麻类地膜织物，剪刀，刻度尺，铲子，去离子水，农用土壤，容器，电子天平，恒温恒湿培养箱，真空干燥箱等。

（二）实验步骤

（1）将地膜剪成40cm×40cm的形状，40℃真空干燥24h至恒重，准确称量，记为m_0。

（2）将各组试样分别埋在装有农业用土壤的容器中，埋好后将容器放入恒温恒湿培养箱中，设定温度30℃，相对湿度50%。

（3）降解实验过程中需不断喷水以保持土壤相对湿度不低于40%。

（4）分别于不同降解周期第1、第2、第3、第4、第8、第12周进行取样，每组样品取5个平行样。

（5）取样后缓慢清除地膜表面杂物，在40℃真空干燥24h至恒重，准确称重，记为m_1，地膜试样失重率的计算见式（1-8）。

$$失重率 = \frac{m_0 - m_1}{m_0} \times 100\% \tag{1-8}$$

注意事项

（1）面密度测试时，称量要求精确度达到0.0001g，两次重量差不大于0.5%。

（2）透湿系数仅对于均匀的单层材料有意义。

（3）透湿杯内的相对湿度可按100%计算。

（4）计算试样沾水等级平均值时，半级以数值0.5计算。

（5）撕破强力通常不是一个单值，而是一系列峰值。

思考题

（1）地膜的主要作用有哪些?

（2）传统地膜织物的储存和铺设有较高的要求，相对而言液体地膜有着明显优势，请调查并说明液体地膜的种类和特点。

（3）请设计出一款新型的可降解地膜。

实验2　肥料缓释性可降解地膜的制备

在土壤耕作中，各种类型的作物覆盖物主要功能是消除杂草侵扰，减少土壤水分蒸发或保护土壤免受大雨造成的侵蚀和矿物质淋溶。作物覆盖物在减少除草剂和机械除草工具对作物的影响、改善土壤温湿度、提高农作物产量、减轻土壤污染对水果和蔬菜的影响方面发挥着重要作用。目前作物覆盖物主要由合成的石油基聚合物制成，如聚乙烯、聚丙烯或聚酯，根据需要可被染成黑色、白色或绿色。然而，它们的最大缺点是不可生物降解，一旦在生产过程中被土壤污染，它们就无法回收，从而变为污染废物。

近年来，由生物聚合物制成的产品（包括农作物覆盖物），如聚乳酸（PLA）或聚丁二酸丁二醇酯（PBS）已经非常流行。它们的性能和在农业生产中的用途取决于它们的生产方法、聚合物的分子量和加工添加剂的使用。根据生物聚合物的类型及其分子量，它们的降解期为一个月到几个月不等。

从经济角度来看，使用现有材料（尤其是天然废料）比合成和生产新的可生物降解聚合物材料更具成本优势，由纺织废料制成农作物覆盖物是一个重要的发展方向。动物纤维的主要成分是角蛋白，可用于培育氮需求量高的绿色植物。黏胶等纤维素材料由于其良好的吸附性能以及快速的生物降解性，引起了研究人员的极大兴趣。通过调整植物和动物纤维的比例，可以获得具有独特物理、化学性质和规定生物降解时间的纺织作物覆盖物。

纤维材料的生物降解时间取决于许多因素，其降解速度在很大程度上受其破碎程度的影响，细碎的材料比表面积大，微生物可以在上面繁殖，因此也可以通过选择纤维的长度来控制降解时间，可以在几周到十几周之间。如棉花/黏胶纤维的混合物在 60 天内会发生生物降解，含有硝酸钾的纤维素—聚乙烯醇非织造布具有可长时间释放肥料的特性。

本实验将非织造布染成棕色，然后用肥料溶液浸泡，并用聚乳酸溶液涂覆，旨在获得一种覆盖材料，可为栽培植物提供最佳的温度和湿度条件，并防止杂草侵扰。

一、主要实验材料和仪器

水刺黏胶非织造布，聚乳酸纤维（PLA），钾肥，去离子水，红外染色机，碳酸钠（Na_2CO_3），氯化钠（NaCl），氯仿溶液（$CHCl_3$），棕色活性染料，电子天平，药匙，烧杯，玻璃棒等。

二、实验步骤

（一）染色

通过染色，调整黏胶非织造布的吸热性能。增大织物对太阳辐射热能的吸收，为植物生长土壤提供更好的热条件，同时阻止阳光照射到非织造布下面的土壤层，抑制或消除杂草生长。

1. 工艺处方及条件

棕色活性染料（o. w. f）/%	2
NaCl/($g \cdot L^{-1}$)	40
始染温度/℃	60
初染色时间/min	30
固色温度/℃	90
Na_2CO_3/($g \cdot L^{-1}$)	30
固色时间/min	30

浴比	1∶100

2. 染色步骤

（1）称取非织造布，按照浴比和染料浓度配制液料。

（2）将待测材料引入染色浴中，并在60℃下染色15min。

（3）向染液中添加NaCl溶液，继续染色15min。

（4）向染液中添加一部分Na_2CO_3，并升温至90℃，固色10min。再添加剩余部分Na_2CO_3（浴中30g/L），继续染色30min。染色过程结束后冲洗并干燥染色非织造布。

（二）整理

整理工艺路线如图1-2所示，先用钾肥溶液浸泡纤维素非织造布并干燥，再喷洒聚乳酸溶液并干燥。

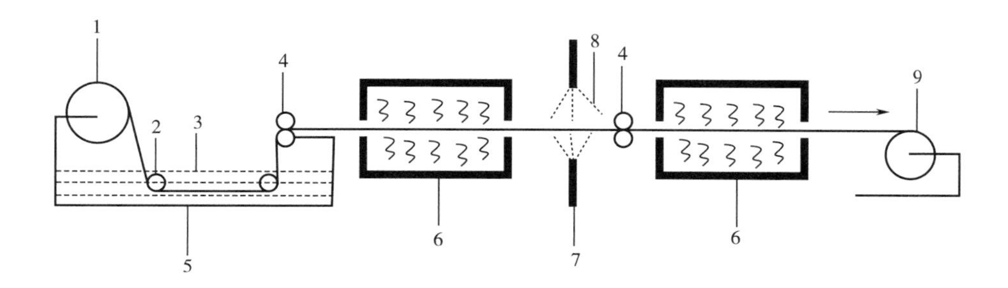

图1-2 黏胶非织造布改性工艺示意图

1—退布辊 2—导布辊 3—肥料溶液 4—轧辊 5—肥料液槽 6—烘箱 7—喷液器 8—降解浆料 9—卷布辊

1. 肥料负载

用肥料液浸泡黏胶非织造布，使其具有肥力。

（1）工艺处方及条件：

钾肥（质量分数）/%	20
水（质量分数）/%	80
干燥温度/℃	60

（2）制备步骤：将非织造布引入含有20%钾肥水溶液的容器中，然后在60℃的烘箱中压制和干燥。

2. 缓释整理

在黏胶非织造布上覆盖一层薄薄的PLA，以减缓纤维素的生物降解过程。

（1）工艺处方及条件：

PLA（质量分数）/%	2
$CHCl_3$（质量分数）/%	98
单位面积织物喷洒量/（$mL \cdot m^{-2}$）	100

（2）制备步骤：配制2%的PLA氯仿溶液，按照100mL/m^2喷洒量将其喷洒在非织造布上，并在80℃的烘箱中干燥。

三、钾肥释放率的测试

（一）电导率测试法

1. 主要实验材料和仪器

地膜试样，蒸馏水，烧杯，SG7 电导率测试仪，圆盘取样器，刻度尺等。

2. 实验步骤

（1）切割直径为 10cm 的肥料缓释性可降解地膜样品。

（2）将样品置于单独的烧杯中，烧杯中含有 250mL 的蒸馏水。

（3）每隔一定时间测量一次溶液电导率，间隔时间为 4h、48h、72h 和 96h。

（二）钾含量测量法

1. 主要实验材料和仪器

待测地膜试样，织物取样器，盆栽土，盆栽，蒸馏水，玻璃容器，天平，铲子，土壤湿度计，原子吸收光谱分析仪等。

2. 实验步骤

通过使用原子吸收光谱分析仪的光谱法测量钾含量，研究钾肥释放到土壤中的速率。

（1）从中切割直径为 10cm 的肥料缓释性可降解地膜样品。

（2）将一批湿度为 80%的 120g 盆栽土放入直径为 12cm 的玻璃容器中。

（3）然后将肥料缓释性可降解地膜放置在顶层，实验 1～4 周。土壤湿度保持在 80%，并用土壤湿度计进行监测。

（4）测试分别在 1、2、3 和 4 周后终止。将非织造布从基材上移除，并将 250mL 蒸馏水与土壤一起引入容器，并彻底混合。

（5）倾析溶液并在分液漏斗上过滤，然后使用原子吸收光谱法测定后续样品中的钾浓度。

此外，用于实验的清洁土壤中的钾含量的测定方法与上述方法相同。

四、覆盖性能测试

（一）主要实验材料和仪器

待测地膜试样，农用土壤，金属销，盆栽植物，数字湿度计，万用表，相机等。

（二）实验步骤

（1）将肥料缓释性可降解地膜样品放置在土壤表面，并用金属销固定在基底上。

（2）然后在地膜做切口，通过切口种植植物。在整个植物栽培期间，均采用标准的土壤护理措施。每两周，收集地膜的小样本，以评估其物理、化学性质和结构特性。

（3）在覆盖期间，使用数字湿度计和连接到万用表的热电偶监测每种地膜下的土壤湿度和温度，用不同阶段的照片来记录杂草密度、高度和颜色的各种变化。

五、透光度测试

（一）主要实验材料和仪器

地膜试样，生物紫外—可见分光光度计，剪刀等。

（二）实验步骤

使用生物紫外—可见分光光度计测试地膜的透光率，该分光光度计配有直径为70mm的积分球。

（1）采用梯形取样方式在5块不同的布样上取有代表性试样各5块，试样大小足够覆盖仪器的孔眼。

（2）仪器开机后保持开机状态30min，接着对仪器进行校准，校准结束后调整仪器的各项参数，如光波波段为600nm、扫描时间等。

（3）进行基线测试。

（4）将试样在无张力状态下夹持到试样夹上，注意要避免试样产生褶皱。

（5）将试样安装在进入球体的光束的光路中，确认试样放置好后点击“SCAN”键依次对5块试样进行扫描测试，并在反射端口上使用0°楔块和光谱仪参考标准获得光谱。按式（1-7）进行透光率计算。

六、导湿能力测试

（一）主要实验材料和仪器

待测地膜试样，重铬酸钾，剪刀，刻度尺，张力夹，去离子水，铅笔或水笔，织物毛细效应测试仪等。

（二）实验步骤

（1）取试样两条，尺寸为25cm×3cm。

（2）在试样下端用别针将重约3g的玻璃棒固定或加上张力夹（使织物不漂浮），用铅笔或水笔在玻璃棒上方画一条水平基线，将试样的另一端固定在毛效仪的布夹上，调整布夹夹取织物的量，使基线与标尺读数的零点重合。

（3）在水槽中加入0.5%的重铬酸钾的水溶液至水位线，慢慢下降横梁架，使试样基线、标尺零位及水位线三者重合。

（4）启动计时器（预先设定测试时间为30min），开始测试，待蜂鸣器报警，立刻量取每条试样的液体上升高度。若液体上升高度参差不齐，应量取最低点并记录（以cm为单位），以两条试样毛效的平均值作为试样的毛效值。

注意事项

（1）黏胶非织布强力不高，施工过程中应避免强力拉伸。

（2）使用倾析法时，先把清液倾入漏斗中，让沉淀尽可能地留在烧杯内。这种过滤方法可以避免沉淀过早堵塞滤纸小孔而影响过滤速度。倾入溶液时，应让溶液沿着玻璃棒流入漏斗中，玻璃棒应直立，下端对着三层厚滤纸一边，并尽可能接近滤纸，但不要与滤纸接触。再用倾析法洗涤沉淀 3~4 次。

思考题

（1）地膜织物颜色对其吸热性能有何影响？

（2）理想的地膜织物应具备哪些特点？

实验 3　麻类育秧膜的制备

在传统的育秧环节中，秧苗根系不牢、容易散秧、取秧运秧不便、漏插率高、育秧盘强度不够、散秧增多，这些都成为水稻种植的“瓶颈”。近年来，为解决上述难题，一种被称为“育秧膜”的麻类非织造布得到了越来越广泛的推广和应用。以麻类育秧膜作为基膜的育秧技术，可明显改善秧苗的生长，令秧苗根系盘结好，起秧时不伤根，还能提高机械插秧的作业效率和质量，且绿色环保，值得推广和应用。我国拥有丰富的麻类纤维资源，纤维加工时产生的落麻下脚料也较多。充分利用麻纺厂的落麻下脚料，既可以降低育秧膜的成本，又能增加麻纺厂的盈利。

烯醇类胶黏剂的分子链上含有大量的侧羟基，具有良好的水溶性、成膜性、黏接性、乳化性、生物降解性，能在有细菌的湿环境中完全分解成水和二氧化碳。纤维素类黏合剂价格低廉、易于降解且黏合性能较好，适合工业生产，故在可完全降解的育秧膜中应用较多。

本实验以可生物降解的红麻及麻纺厂的下脚料——落麻纤维为原料，并分别选用烯醇类胶黏剂和纤维素类胶黏剂为黏合剂，制备麻类育秧膜。

一、主要实验材料和仪器

红麻纤维，落麻纤维，烯醇类胶黏剂，喷壶，纤维素类胶黏剂，磁力搅拌器，转子，电子天平，药匙，去离子水，气流成网机，热风烘燥机，刻度尺，剪刀等。

二、实验步骤

（一）黏合剂的制备

利用电子天平分别称取适量的黏合剂粉末，溶于水中，加入转子，利用磁力搅拌器进行搅拌，制备黏合剂质量分数为 2.5%的溶液。

（二）育秧膜的制备

1. 成网

利用气流成网机制备面密度为50g/m^2 的红麻/落麻纤网，红麻纤维与落麻纤维的质量配比为2∶8。

2. 取样

裁剪出40cm×40cm 的红麻/落麻纤网试样若干块。

3. 喷涂

利用喷壶进行均匀喷涂，使黏合剂充分均匀地分布于红麻/落麻纤网试样表面，喷涂至试样充分润湿，黏合剂质量分数为2.5%。

4. 烘燥

将喷涂有黏合剂的红麻/落麻纤网试样送入热风烘燥机中，设定烘燥温度为180℃、烘燥时间为6min，制得红麻/落麻育秧膜试样。

三、力学性能测试

参照实验1的拉伸性能、撕破性能测试。

四、吸湿性能测试（参照GB/T 24218.6—2010）

（一）液体吸收时间测试

将条形试样松散地卷起来，放入圆柱形金属筐中，使之从距离液面25mm处落入液面，测量试样完全浸湿所需的时间。

1. 主要实验材料和仪器

麻类育秧膜，圆柱形金属筐（图1-3），盛液容器，秒表，刻度尺，剪刀，三级水，电子天平等。

2. 实验步骤

（1）剪取5个条形试样，在样品纵向上剪取的试样尺寸为（76±1）mm，在样品横向上剪取的试样尺寸应足够长，质量大于5g，然后边修剪边称量，直至试样质量为（5±0.1）g，上述条形试样应均匀分布在样品的横向上。

（2）从试样短边松散地卷起试样，将其放入金属筐中。

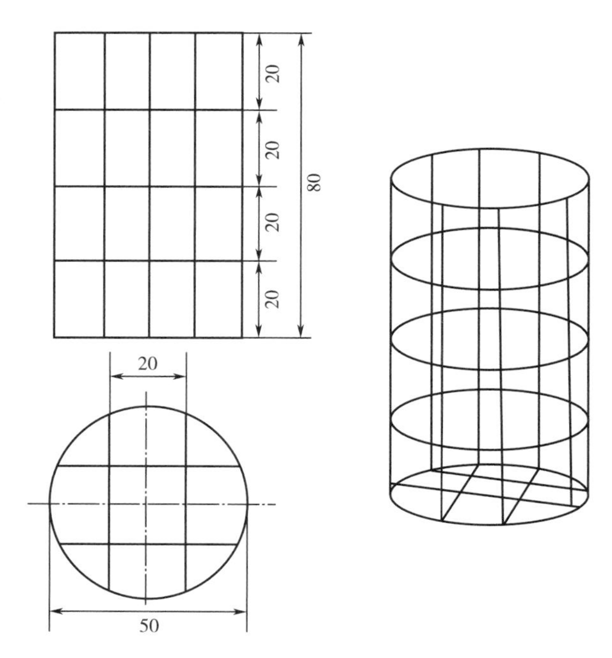

图1-3 圆柱形金属筐（单位：mm）

（3）在距离容器中的液面（25±1）mm处，将金属筐轴向平行于液面落入三级水中，此刻用秒表开始计时。

（4）记录金属筐完全沉入液面下所需的时间。

（5）按上述实验步骤对其他 4 个试样进行实验，每做完 5 个试样，均要更换新的试液以进行下组实验，且试液在标准大气中平衡后使用。

（6）计算液体吸收时间的平均值，单位为 s，并计算标准偏差。

（二）液体吸收量测试

1. 主要实验材料和仪器

麻类育秧膜，金属网试样支撑架（尺寸至少 120mm×120mm，配有金属框，金属网由不锈钢筛网制成，每个网孔尺寸为 2mm），试样夹，盛液容器（其容量足可以盛装深度为 20mm 的液体），带塞称量瓶，电子天平（精度 0.01g），秒表，刻度尺，剪刀，三级水等。

2. 实验步骤

（1）剪取 5 个试样，每个试样尺寸为（100±1）mm×（100±1）mm，试样质量至少为 1g。

（2）试样在标准大气中平衡足够长的时间。

（3）将试样（或组合试样）放入称量瓶中，盖上瓶塞用天平称量，精确至 0.01g。

（4）将试样放在不锈钢金属网上，用试样夹将试样的各边固定在网上。

（5）将带有试样的金属网放在容器中的液体表面以下约 20mm 处，此刻用秒表开始计时。需倾斜地将金属网放入液体中，以避免产生气泡。

（6）在（60±1）s 后，取出金属网以及试样。

（7）只留下夹住试样一个角的试样夹，去除其他试样夹。

（8）垂直悬挂试样，滴去过量液体，所用时间为（120±3）s。

（9）将试样从金属网上取下，不要使液体从试样上挤压出来，将试样放入称量瓶中，盖上瓶塞称量。

（10）按上述实验步骤对其他 4 个试样进行实验。每做完 5 个试样，均要更换新的试液以进行下组实验，且试液要在标准大气中平衡后使用。

（11）用式（1-9）算出每个试样（或组合试样）的液体吸收量 LAC，5 个试样的液体吸收量平均值及其标准偏差。

$$\mathrm{LAC} = \frac{m_0 - m}{m} \times 100\% \tag{1-9}$$

式中：m——调湿后试样的质量，g；

m_0——吸液后实验的质量，g。

（三）液体高度和芯吸速率测试

1. 主要实验材料和仪器

麻类育秧膜，三级水，有色试剂，支架，横梁架，盛液容器，试样夹，标尺（最小刻度 1mm），剪刀，秒表，玻璃棒（直径为 4~5mm，长度为 30mm）等。

2. 实验步骤

（1）试样制备和调湿。沿纵向和横向分别剪取至少 5 个试样，每个试样尺寸为（30±1）mm×（250±1）mm，在试样短边一端钻两个直径为（5±1）mm 的孔，每个孔距离短边均为（5±1）mm，距离邻近的长边分别为（5±1）mm。

（2）对试样在标准大气条件下进行调湿。

（3）将试样垂直夹在横梁架上，钻有孔的一边作为下端。

（4）将一根玻璃棒穿过两孔，给试样一定张力使其保持垂直状态。

（5）调整试样位置，使试样靠近并平行于标尺，下端位于标尺零位以下（15±2）mm 处。

（6）降低横梁架使液面处于标尺的零位，试样下端位于液面以下（15±2）mm 处。

（7）用秒表开始计时。

（8）在分别经过 10s、30s、60s（必要时 300s），记录和测量液体芯吸高度。若液体芯吸高度参差不齐时，则记录最高值。

（9）按上述实验步骤对其他纵向和横向的试样进行实验，每做完纵向和横向上的共 10 个试样后，均要更换新的试液以进行下组实验，且试液在标准大气中平衡后使用。

（10）计算经过各规定时间，纵向和横向上各 5 个试样液体芯吸高度的平均值及其标准偏差。

（11）以测试时间 t（s）为横坐标，液体芯吸高度 h（mm）为纵坐标，根据以上所得数据绘制 t—h 曲线，曲线上某点切线的斜率即为 t 时刻或液体芯吸高度为 h 时的液体芯吸速率，单位为 mm/min。

五、透气性测试

参考实验 1 的透气性测试步骤进行测试。

六、均匀性测试

参考实验 1 的面密度测试步骤进行测试，最后由多组试样的面密度计算面密度 CV 值。

七、种植性能测试

（一）主要实验材料和仪器

塑料育苗软盘，育秧膜，鸡毛菜种子，有机肥，剪刀，刻度尺，电子天平，铲子，喷壶，去离子水，无菌营养土壤等。

（二）实验步骤

使用塑料育秧软盘育苗，软盘底部分别铺放和不铺放红麻/落麻育秧膜，并撒入等量的鸡毛菜种子和有机肥料，分别记录种植 10 天、15 天和 20 天时幼苗的生长情况，具体步骤如下：

（1）将红麻/落麻育秧膜剪成 40cm×20cm 的试样。

（2）平铺入浅蓝色软盘中，并使用未铺有红麻/落麻育秧膜的红色软盘作为对照样。

（3）将无菌营养土壤分别转移至两个软盘中，土壤厚度约为 5cm。

（4）在两个软盘中分别撒入等量的肥料 7.5g 与鸡毛菜种子 500 粒。

（5）分别铺上薄薄一层土壤加以覆盖，土壤厚度约为 1cm。

（6）将两个软盘放于阳台上，在同样的自然条件及光照条件下，每隔 2 天浇水一次，且水量相同，分别记录种植 10 天、15 天和 20 天时鸡毛菜幼苗的生长情况。

注意事项

（1）通透性：秧苗具有地上地下部分同时发育的特点，因此保证育秧盘的通透性适宜很关键。要求非织造布厚薄均匀，不允许存在僵丝和拼丝。在非织造布生产过程中，要严格控制工艺。

（2）克重：非织造布的克重太小，一方面起不到隔离作用，达不到保水、保肥的目的；另一方面相对强力低，使用寿命短。克重太大，即布的厚度增加，透气性不够，影响秧苗的呼吸生长，选择 20~60g/m^2 的非织造布为宜。

思考题

（1）理想的育秧膜应具备哪些性能？

（2）请设计一款经济实用的新型育秧膜。

实验 4 农用防护织物的制备

一、大棚布的制备

传统的塑料大棚，大多使用聚乙烯塑料薄膜，主要存在耐用性差，强度低，易出现撕破、磨损、使用寿命短等问题。为此，需要每年进行更换，造成了浪费，增加了农户的成本，还污染了环境。针对上述问题，本实验旨在开发一种具有高强度、防滴、防雾以及能阻隔红外线的聚乙烯塑料大棚布。

（一）主要实验材料和仪器

聚乙烯，红外线阻隔剂，抗老化剂，防雾滴剂，造粒机，高速混料机，挤出机，熔喷机，切割机，卷绕机，烘箱，拉伸板，编织机，淋膜机，覆膜机等。

（二）实验步骤

1. **大棚布结构设计**

大棚布为三层复合结构，外表层和内表层均为高压低密度聚乙烯淋膜层，中间层为低压高密度聚乙烯编织布。

2. **各层材料处方（单位：质量份）**

（1）外表层：

聚乙烯　　80~90

红外线阻隔剂　　8~18

抗老化剂　　2~6

（2）中间层：

聚乙烯　　92~100

抗老化剂　　2~6

（3）内表层：

聚乙烯　　83~89

防雾滴剂　　9~15

抗老化剂　　2~6

3. **制备步骤**

（1）抗老化母粒制备：按质量分数将各层对应的抗老化助剂按比例共混后，通过挤出机造粒得到相应各层抗老化母粒。

（2）中间层编织布的制备：

①混料：将中间层所需原材料按比例混合，混合后送入高速混料机中进行均匀混合。

②成膜：将混料送入螺杆挤出机，经过230~280℃加热塑化、挤出成膜、30~45℃水冷却成型。

③拉丝：薄膜切割→胚丝（4mm宽）→烘箱或拉伸板拉伸（拉伸倍数为6~8倍，拉伸温度为100~120℃）→热定型（110~120℃，热回缩率小于3%）→卷绕成型。

④编织：将扁丝由编织机编织成编织布，使编织布的布面经纬均匀、平整、张力一致。编织工艺流程如下：拉丝后卷筒管→整经→织造（平织，经密度为40根/10cm，纬密度为40根/10cm）→定型（温度110℃，时间30s）→防虫布料成品。

（3）表层淋膜复合加工：将编织布卷送入淋膜机进行均匀淋膜，按外表层配料淋膜一次得到外表层，按内表层配料淋膜一次得到内表层，最后得到复合塑料布，淋膜工艺参数如下：

熔融温度/℃　　215

加工速度为/($m \cdot min^{-1}$)　　55

PE淋膜克重/($g \cdot m^{-2}$)　　18

（4）热合加工：将复合塑料布送入热合机中黏合，热合、切割出大棚覆盖所需塑料布的幅宽与长度，热合加工参数如下：

热轧温度/℃	130
压力/($N \cdot cm^{-1}$)	790

二、防虫网的制备

防虫网覆盖栽培是一项增产实用的环保型农业新技术，通过覆盖在棚架上构建人工隔离屏障，主要有以下作用：

（1）拒虫防害，将害虫拒之网外，切断害虫（成虫）繁殖途径，有效控制各类害虫，如菜青虫、菜螟、小菜蛾、蚜虫、跳甲、甜菜夜蛾、美洲斑潜蝇、斜纹夜蛾等的传播以及预防病毒传播，大幅度减少菜田化学农药的施用。

（2）透光并适度遮光，创造适宜作物生长的有利条件。

（3）抵御暴风雨冲刷和冰雹侵袭等自然灾害。

防虫网使产出农作物优质、卫生，为发展生产无污染的绿色农产品提供了强有力的技术保证，目前是物理防治各类农作物、蔬菜害虫的首选产品。

（一）后整理法

1. 主要实验材料和仪器

涤纶低弹丝（100 旦）网状织物（平织，$40g/m^2$），溴氰菊酯，脲醛树脂，顺丁烯二酸二仲辛酯磺酸钠，脂肪醇聚氧乙烯醚，烷基酚聚氧乙烯醚，壬基酚聚氧乙烯醚，甲醇，电子天平，搅拌器，小轧车，定型机等。

2. 整理步骤

（1）2.5%脲醛树脂溶液的配制：脲醛树脂按照质量份 1∶40 的比例投入浓度大于或等于 99%的甲醇溶液中，配制成 2.5%脲醛树脂的甲醇溶液。

（2）乳化剂的配制：依次称取 23 质量份脂肪醇聚氧乙烯醚、27 质量份烷基酚聚氧乙烯醚和 50 质量份壬基酚聚氧乙烯醚，充分混合并搅拌均匀。

（3）防虫液的配制（单位：质量份）：

溴氰菊酯	62
脲醛树脂溶液	20
顺丁烯二酸二仲辛酯磺酸钠	15
乳化剂	3
水	300

将配好的除虫菊酯、渗透剂和乳化剂投入脲醛树脂的甲醇溶液中，搅拌均匀后加入水，继续搅拌均匀得到防虫定型液。

（4）浸轧整理：采用浸轧法对涤纶低弹丝网状织物进行浸轧处理，将防虫液整理到网状织物上，参数如下：

轧液率/%	70
定型温度/℃	140
定型速度/($m \cdot h^{-1}$)	2500

（二）共混纺丝法

1. **主要实验材料和仪器**

溴氰菊酯，低密度聚乙烯，高密度聚乙烯，抗氧剂 1010，抗氧剂 168，润滑剂，亚乙基双油酸酰胺，有机颜料，异辛烷，二氧六环，单罗杆喷丝机，络筒机，整经机，编织机，圆刀，塑料圆锥罐，超声波振荡清洗器，振荡式常温染色机等。

2. **制备步骤**

（1）防虫母粒的制备处方及工艺流程

①处方（单位：kg）：

低密度聚乙烯	40
溴氰菊酯	3. 5
抗氧剂 1010	1. 5
抗氧剂 168	2
润滑剂 *N*，*N′*-亚乙基双油酸酰胺	2
有机颜料	1

②工艺流程：冷混 1h 后进入单螺杆挤出机→控温 135~145℃→造粒。

（2）防虫纤维丝的制备

①处方及工艺条件：

抗虫母粒/kg	4
低密度聚乙烯/kg	15
高密度聚乙烯/kg	81
螺杆压力/N	78~98
机筒温度/℃	235~240
机头温度/℃	235~240
喷丝孔出口至冷却水面距离/mm	60
冷却水温/℃	17~20
第一热水浴温度/℃	80~85
第二热水浴温度/℃	97~98
第 1 牵引辊拉伸线速度/($m \cdot min^{-1}$)	20. 5
第 2 牵引辊拉伸线速度/($m \cdot min^{-1}$)	125
第 3 牵引辊拉伸线速度/($m \cdot min^{-1}$)	180

②工艺流程：按量称取原料并混合，在干燥搅拌桶中封闭翻滚 4~6h 后进入挤出机拉丝，控制机筒和机头温度为 235~240℃。

（3）防虫织物的制备：拉丝后卷筒管→整经→编织网眼防虫布（35 目，$33g/m^2$）→定型（温度 110℃，时间 30s）→防虫布料成品。

三、拟除虫菊酯检测

（一）主要实验材料和仪器

待测试样，圆刀，异辛烷，二甲苯，甲醇，二氧六环，烘箱，超声波振荡清洗器，高效液相色谱仪等。

（二）实验步骤

（1）用取样圆刀割取面积为0.01m^2的聚乙烯面料，置于异辛烷和二氧六环混合溶液中，并在超声波振荡清洗器中洗涤30min作为A，对洗涤溶液用高效液相色谱仪检测，检测出聚乙烯面料表面的拟除虫菊酯含量。

（2）将上述聚乙烯面料A放入二甲苯溶剂，在70℃温度下搅拌直至溶解，滴加甲醇后溶解液出现沉淀，过滤掉沉淀后，将溶液用高效液相色谱仪检测，检测出聚乙烯面料内部的拟除虫菊酯含量。

（3）将聚乙烯面料A放入70℃的烘箱120min，置于异辛烷和二氧六环混合溶液中，在超声波振荡清洗器中第二次洗涤30min作为B，对洗涤溶液用高效液相色谱仪检测，检测出聚乙烯面料内部向表面迁移的拟除虫菊酯含量。

（4）将聚乙烯面料B放入70℃的烘箱120min，置于异辛烷和二氧六环混合溶液中，在超声波振荡清洗器中洗涤30min，对溶液用高效液相色谱仪检测，检测出聚乙烯面料第二次内部向表面迁移的拟除虫菊酯含量。

四、防蚊效能检测

（一）主要实验材料和仪器

待测试样，蚊帐布，剪刀，洗衣粉，去离子水，纯碱，烧杯，振荡式常温染色机水槽，铝箔，暗箱，圆锥罐，雌性斯氏按蚊，糖水，微孔笼，放大镜等。

（二）实验步骤

按照世界卫生组织杀虫剂评估委员会的推荐标准WHO/CDS/WHOPES/GCDPP/2005测定长效防虫布耐洗和防蚊有效性。

（1）取织物不同部位切成多片25cm×25cm大小的样品供测试。

（2）样品被单独放入盛有500mL的洗液（洗衣粉2g/L，pH值10~11）的烧杯中。

（3）将烧杯放入30℃的振荡式常温染色机水槽中，摇动10min，摇动频率155r/min。

（4）样品取出后在干净的去离子水里以同样摇动条件漂洗两次10min。

（5）在每次洗涤之间，试样在室温晾干后，存储在铝箔纸中暗处保存，温度30℃。洗涤可每隔一天进行一次，直到完成20次洗涤。

（6）生物测试在（25±2）℃的温度下和（75±10）%的相对湿度条件下进行。先把圆锥罐放在一块防虫布上，再将雌性斯氏按蚊吸入圆锥罐顶部的小孔，让蚊子暴露在防虫布试样上3min，然后将蚊子转入笼中观察，并饲以糖水溶液。

（7）击倒率在暴露 60min 后计数，死亡率（死亡或者 3 条以上腿断折的）在暴露 24h 后计数。每块样品 50 个蚊子（10 个一组），同时在不加拟除虫菊酯的蚊帐布上实验作为对照。

五、大棚布透光、防尘、流滴、防雾、保温等性能测试

（一）主要实验材料和仪器

大棚布，量子辐射照度计，滤纸，培养皿，电子天平，烘箱，刻度尺，计时器，气象用最低温度计，最高温度计，套管温度计，卷尺，剪刀等。

（二）实验步骤

1. 透光性

使用量子辐射照度计进行测定，测定位置在温室内距离前底角 1.5m、距离地面高度 1.5m 处，每次测定选择在中午进行，测试时间间隔 30~35 天。

2. 防尘性

通过滤纸吸收方法测定，擦膜 7 天后测量，测定面积 40cm×40cm，每处理重复 3 次。测定前称量滤纸和培养皿重量，浸湿滤纸后吸收表面灰尘，然后烘干称重，用差值求出单位时间内单位面积上薄膜附着灰尘的重量，测定时间间隔为 30~45 天，测定灰尘引起的透光率降低值与测定薄膜透光率同时进行，分别测定棚布擦拭前和擦拭后的透光率，计算出透光率的降低值。

3. 流滴性

流滴性测定是通过调查温室中前部薄膜表面露滴滞留面积比例，以结露面积达到薄膜面积 50%的时间为流滴持效期。

水分吸附量通过滤纸吸收方法测定，测定时间为上午 10：00，测定面积为 40cm×40cm。使用已知重量的烘干恒重滤纸，吸收水分后立即放入培养皿中以防水分蒸发，测定记录滤纸吸水后重量，用差值计算棚膜织物单位面积上附着水滴重量。

4. 防雾性

雾气发生程度分级评定标准如下：

1 级，温室内无雾气产生。

2 级，温室内雾气较轻，可以看清对面山墙。

3 级，雾气中等，隐约可以看见对面山墙。

4 级，温室内雾气较重，隐约可以看到温室中部。

5 级，温室内雾气极重，不能看到温室中部。

5. 增温性和保温性

选择寒冷天气，连续测定 5 日，测定位置为温室中部，距地面高 1.5m 处。棚膜升温测定选择在晴天进行，测定见光后 1h 内温度上升的值，每 15min 记录 1 次，保温性测定在下午合风口后，保温覆盖前 1h 测定，每 15min 记录 1 次。冬季用套管温度计在 8：00、

12：00、16：00、20：00 测定，结合温度计记录。

注意事项

（1）不同地区的气候环境不同，对篷盖织物的需求不同，可通过改变织物结构和组分进行调整。

（2）在性能测试时，测试时间点、时长、温度等条件可酌情进行调整。

思考题

（1）温室大棚布的性能指标有哪些？

（2）如何选择防虫网？

（3）丛林中蚊虫众多，请设计一款适合在丛林中穿戴的网孔布。

参考文献

［1］陈军．农用织物在农业可持续发展中的应用与展望［J］．经济研究导刊，2009（12）：54，55.

［2］徐洁，杨建平，郁崇文，等．CMC/黄麻地膜的制备与性能［J］．产业用纺织品，2020，38（7）：15-21.

［3］王思意，杨建平，郁崇文．可降解黄麻/棉地膜的制备与性能研究［J］．产业用纺织品，2018，36（8）：15-20.

［4］谷田雨．完全可降解麻地膜的制备及性能研究［D］．上海：东华大学，2017.

［5］李慧，田家瑶，庞姗姗，等．淀粉/聚乙烯醇/氧化石墨烯生物降解地膜的降解性能研究［J］．塑料科技，2022（8）：77-82.

［6］高宇剑．可降解麻类农用非织造材料的制备及性能研究［D］．上海：东华大学，2020.

［7］陈英，屠天民．染整工艺实验教程［M］．北京：中国纺织出版社，2016.

［8］宋鎏，王洪，许璐伟．一种麻类育秧膜的开发［J］．产业用纺织品，2021，39（3）：31-38.

［9］杨庆云，张晓菲．非织造布水稻育秧盘的研制与应用［J］．产业用纺织品，1992，10（6）：11-13.

［10］黄艳珠，梁金莲，刘永贤．编织布隔层育秧秧龄弹性实验研究［J］．安徽农学通报，2009，15（15）：57，243.

［11］陈海涛，明向兰，刘爽，等．废旧棉与水稻秸秆纤维混合地膜制造工艺参数优化［J］．农业工程学报，2015，31（13）：292-299.

［12］于梦佳．天然纤维制成的抑制杂草生长的非织造土工织物［D］．上海：东华大学，2015.

［13］曹公平．防虫聚乙烯纤维制品的研制［J］．上海纺织科技，2007，35（6）：36，37.

［14］吴桂福，丁建娣，浦晓东，等．蔬菜防虫网的功能、设计与应用技术［J］．农技服务，2011，

28 (10): 1446, 1447.

[15] 许方程，林辉，罗利敏，等.50目防虫网全程覆盖防控番茄黄化曲叶病毒病实验初报［J］. 中国蔬菜，2010 (8): 61-64.

[16] 车飘，梁张慧，张晚兴．“驱蚜·除草”农用地膜的研制与应用［J］. 塑料科技，1996 (2): 12-15.

[17] Menghe Miao, Anthony P. Pierlot, Keith Millington, et al. Biodegradable Mulch Fabric by Surface Fibrillation and Entanglement of Plant Fibers [J]. Textile Research Journal, 2013, 83 (18): 1906-1917.

[18] 张友强．超高分子量聚乙烯单丝无结渔网的制备及应用［D］. 青岛：山东科技大学，2018.

第二章　篷盖用纺织品的制备

篷盖用纺织品是集建筑学、结构力学、精细化工、材料科学与计算机科学为一体的织物增强柔性复合材料。

篷盖布在交通工具、仓储设施、军事装备及设施、建筑、广告等领域已得到广泛应用，主要集中在以下几个方面：

1. 广告材料

如城市灯箱广告、各种造型的装饰广告、大型充气广告、高架广告牌等。

广告篷布须具有强力高、结构轻巧、透光性能好、色彩鲜艳、容易安装等特点。

2. 帐篷材料

如传统的军用、民用野外作业帐篷，还有正在兴起的休闲帐篷和营业帐篷，如旅游、展览、售货、餐饮、演出、聚会、海滨遮阳、森林度假等用途的帐篷。

帐篷布需具有坚固、防水、易折移、投资省、美观等特性。

3. 充气、储水材料

充气材料用于汽车安全气囊、大型娱乐设施以及漂流伐等，储水材料用于军用折叠水桶、水包、浴池和各种储水设备。

充气、储水篷布要具有防漏水、防漏气性能。

4. 建筑材料

建筑材料是在建筑中，用作顶部构架材料，特别是大面积、大跨度建筑物的顶盖材料。能使建筑物顶部重量减轻到使用传统材料的几十分之一，降低工程费用。如在体育馆、大型旅游设施、博物馆、超级市场和仓库等方面多有应用。

建筑用篷盖布需具有质轻、阻燃、结实耐用、防止污染和色彩鲜艳的特点。

实验 5　涤纶网络丝篷盖布的制备

一、主要实验材料和仪器

涤纶工业丝（1219dtex，1140dtex），PVC，增塑剂，辅助增塑剂，稳定剂，阻燃剂，防霉剂，硼酸锌，乙醇，搅拌器，天平，三辊研磨机，空气变形机，络筒机，分条整经机，织机，涂层机，轧光机，烘箱等，低温冰箱，针板拉幅热定型机等。

二、实验步骤

（一）网络长丝制备工艺参数

长丝网络化是为了改善长丝的可织性和织物的涂层性能，增加纱线的抱合性，避免纬纱管脱落，增强涂塑织物的剥离强力。长丝网络化在空气变形机上进行，工艺参数如下：

超喂率/%	5
空气压力/Pa	4×10^5
速度/(m·min^{-1})	280

（二）络筒工艺参数

络纱速度/(m·min^{-1})	510
张力盘重量/g	18.2
筒管木管斜度/°	6
筒纱净重/g	70

（三）整经工艺参数

斜板倾角/°	15
速度/(m·min^{-1})	220
张力圈重/g	12
条带宽度/mm	167

（四）织造工艺参数及条件

经密/(根·10cm^{-1})	94
纬密/(根·10cm^{-1})	80
总经根数	756
边纱组织	平纹组织
织物组织	平纹组织
定幅筘号	60
每绞根数	84
穿入方式	起始四根单入，然后按1，1，2循环
转速/(r·min^{-1})	185
后梁高低/mm	76
综平时间/mm	230
上机张力/kg	16～18
投梭时间/mm	220

（五）织物涂层整理

1. PVC涂层液的配制

（1）配方（单位：质量份）：

PVC	100
增塑剂	80
辅助增塑剂	15
稳定剂	5
阻燃剂	28
防霉剂	3
硼酸锌	4~7

（2）配制工艺：

PVC树脂、助剂 —三辊研磨两遍→ PVC树脂糊 ——→ 100目筛网过滤

2. *涂层*

（1）涂层工艺流程：

基布、PVC糊 —辊压/一次涂塑→ 烘燥 —塑化→ 一遍布、PVC糊 —辊压/二次涂塑→ 烘燥 —塑化→ 轧光 ——→ 双面涂塑布

（2）涂层工艺参数：

涂层线速度/($m \cdot min^{-1}$)	10
塑化温度/℃	180
塑化时间/min	1
涂塑率/%	250

三、机械性能测试

（一）主要实验材料和仪器

待测试样，剪刀，钢尺，记号笔，织物强力机等。

（二）实验步骤

参考实验1拉伸性能测试步骤和撕破性能测试步骤进行测试。

四、耐静水压性能测定（参照GB/T 19979.1—2005）

（一）主要实验材料和仪器

待测试样，剪刀，钢尺，去离子水，熨烫机，织物耐静水压性能测试仪等。

（二）实验步骤

（1）沿试样的左、中、右方位分别裁取200mm×200mm的试样三块。

（2）开启进水加压装置，使水缓慢地进入并充满集水器至刚好要溢出。

（3）将试样无褶皱地平放在集水器内的网上，使膜材一侧面对水面，溢出多余水以确保夹样器内无气泡。

（4）将多孔板盖上，均匀地夹紧试样。

（5）缓慢调节进水加压装置，使夹样器内的水压上升至 0.1MPa，如能估计出样品耐静水压的大致范围，也可直接将水压加到该范围的下限开始测试。

（6）保持上述压力至少 1h，观察多孔板的孔内是否有水渗出。如试样未渗水，以每 0.1MPa 的级差逐级加压，每级均保持至少 1h，直至有水渗出时，表明试样有渗水孔或已出现破裂，记录前一级压力即为该试样的耐静水压值，精确至 0.1MPa。

多孔板的孔内出现水珠时，如将其擦去后不再有水渗出，则可判断这是试样边缘溢流造成的，可以继续实验；如将其擦去后仍有水渗出，则可判断是由于试样渗水造成的，实验可以终止。

（7）如只需判断试样是否达到某一规定的耐静水压值，则可直接加压到此压力值并保持至少 1h，如没有水渗出，则判定其符合要求。

（8）按照 1~6 步骤测定其余试样耐静水压值。如果 3 个值差异较大（较低的 2 个值相差超过 50%），则应增加测试 2~3 个试样。

（9）以 3 个试样实测耐静水压值中的最低值作为该样品的耐静水压值；如果实测值超过 3 个，以最低的 2 个的平均值计，如果只有一个值较低且低于次低值 50%以上，则该值应舍弃。

热焊缝的防水性能指标不得低于 200mm 水柱。

五、热焊缝性能测试

（一）主要实验材料和仪器

待测篷布试样，剪刀，钢尺，拉伸实验机等。

（二）实验步骤

（1）沿篷布经向裁取 150mm×30mm 的试样三块。

（2）在试样的一端将焊缝剥离开 50mm。

（3）将两剥离的片，分别夹置于拉伸实验机的夹具上。

（4）以 200mm/min 的拉伸速度剥离，记录试样被剥离的最大负荷。

（5）以三块试样的算术平均值为结果，准确至 0.1N。

（6）检测结果必须达到或超过 15N/cm 才算达到标准。

六、阻燃性能测试（参照 GB/T 5455—1997 和 GB/T 17591—2006）

（一）主要实验材料和仪器

待测篷布试样，丙烷或丁烷，重锤，医用脱脂棉，不锈钢尺，密封容器，织物阻燃性能测试仪等。

（二）实验步骤

（1）试样应从距离布边1/10幅宽的部位量取，试样尺寸为300mm×80mm，长的一边要与织物经向或纬向平行。

（2）每一样品，经向与纬向各取5块试样，经向试样不能取自同一经纱，纬向试样不能取自同一纬纱。

（3）在二级标准大气中，即温度（20±2）℃，相对湿度（65±3）%，放置24h，直至达到平衡，然后取出放入密封容器内。

（4）接通电源及气源。

（5）将实验箱前门关好，按下电源开关，指示灯亮表示电源已通，将条件转换开关放在焰高测定位置，打开气体供给阀门，按点火开关，点着点火器，用气阀调节装置调节火焰，使其高度稳定达到（40±2）mm，然后将条件转换开关放在实验位置。

（6）检查续燃、阴燃计时器是否在零位上。

（7）点燃时间设定为12s。

（8）将试样放入试样夹中，试样下沿应与试样夹两下端齐平，打开实验箱门，将试样夹连同试样垂直挂于实验箱中。

（9）关闭箱门，此时电源指示灯应明亮，按点火开关，点着点火器，待30s火焰稳定后，按起动开关，使点火器移到试样正下方，点燃试样，此时距试样从密封容器内取出的时间必须在1min以内。

（10）12s后，点火器恢复原位，续燃计时器开始计时，待续燃停止，立即按计时器的停止开关，阴燃计时器开始计时，待阴燃停止后，按计时器的停止开关。读取续燃时间和阴燃时间，读数应精确到0. 1s。

（11）当测试熔融性纤维制成的织物时，如果被测试样在燃烧过程中有熔滴产生，则应在实验箱的箱底平铺上10mm厚的脱脂棉。注意熔融脱落物是否引起脱脂棉的燃烧或阴燃，并记录。

（12）打开实验箱前门，取出试样夹，卸下试样，先沿其长度方向炭化处对折一下，然后在试样的下端一侧，距其底边及侧边各约6mm处，挂上按试样单位面积的质量选用的重锤，再用手缓缓提起试样下端的另一侧，让重锤悬空，再放下，测量试样撕裂的长度，即为损毁长度，精确到1mm。

（13）清除实验箱中碎片，并启动通风设备，排除实验箱中的烟雾及气体，然后测试下一个试样。

（14）实验结果记录：

①分别计算经向及纬向5块试样的续燃时间、阴燃时间及损毁长度的平均值。

②记录燃烧过程中滴落物引起脱脂棉燃烧的试样。

③对某些样品，可能其中的几个试样被烧通，记录各未烧通试样的续燃时间、阴燃时间及损毁长度的实测值，并在实验报告中注明有几块试样烧通。

④对燃烧时熔融又连接到一起的试样，测量损毁长度时应以熔融的最高点为准。

（15）评级：根据测试数据对被测试样的阻燃性进行评级，评级标准如下：

B1 级：损毁炭长≤15cm，续燃时间≤5s，阴燃时间≤5s。

B2 级：损毁炭长≤20cm，续燃时间≤15s，阴燃时间≤10s。

七、耐寒性能测定（参照 FZ/T 01007—2008）

（一）主要实验材料和仪器

待测篷布试样，乙醇，干冰，剪刀，钢尺，低温冲击仪，低温室，放大镜等。

（二）耐低温冲击实验步骤

（1）试样应具有代表性，从每个样品的有效宽度上剪取。每档实验温度至少实验 10 块试样，纵向和横向各 5 块。每块试样的尺寸长度为 60mm，宽度为（15±0.5）mm。

（2）将试样的涂层面向外对折成环状，夹拉在试样夹持器上，其折曲部分置于样台中央。

（3）将试样夹持器放入盛有工业乙醇加干冰的低温室，在规定的温度下保持一定时间。

参数 A：重锤质量为（200±2）g，高度为（200±2）mm，保持时间 2h±15min。

参数 B：重锤质量为（2500±2.5）g，高度为（50±0.5）mm，保持时间为 3min±20s。

（4）使重锤从对应的高度落下，对每块试样冲击一次。

（5）从低温室中取出试样，可用放大镜观察试样，必要时试样可对折。

（6）记录试样的表面状态，判定试样是否破坏。当涂层面在整个厚度上断裂或在部分厚度上出现裂缝，而不是表面变形时，则认为该试样破坏。

（三）极限脆化温度实验步骤

（1）初始实验温度的选取不应使试样发生破坏，除非另有规定，实验温度应是 5℃的倍数，如-5℃、-10℃、-15℃等。

（2）对每一个实验温度，按照低温冲击实验进行并按以下规定判定：

①实验 10 块试样，检查每块试样是否发生破坏。如果有两块或两块以上的试样发生破坏，则结束实验，记录此实验温度为 t_f。

②如果仅有 1 块试样发生破坏，则另取 10 块试样在相同温度下进行实验。如果重新实验的试样中有 1 块或更多块的试样出现破坏则结束实验，记录此实验温度为 t_f。如果重新实验的试样中没有试样发生破坏，则降低 5℃重新开始实验。

（3）如果没有试样发生破坏，降低 5℃，重新开始实验

极限脆化温度按式（2-1）进行表达。

$$t_b = t_f + 5 \tag{2-1}$$

式中：t_b——极限脆化温度，℃；

t_f——结束实验时记录的温度，℃。

八、耐老化性能测定（参照 FZ/T 01008—2008）

（一）主要实验材料和仪器

待测篷布试样，热老化实验箱，通风烘箱，湿度计，剪刀，钢尺，天平（精确至 0.001g）等。

（二）方法 A 步骤

作为自然老化的结果，PVC 涂层织物可能由于挥发物面失去可塑性，这将对涂层性能造成不利影响，受影响的程度将取决于涂层的组成，因此有必要评定该性能。本方法通过将试样暴露在高温下加速挥发物的损失，然后测定涂层质量的损失。

1. 试样制备

在距离布边至少 50mm 处随机地在样品上剪取三个试样，每个试样尺寸为（100±1）cm^2。

2. 调湿和质量测定

在标准大气条件下对试样调湿平衡后，称取每个试样的质量，精确至 0.001g，记为 m_1。

3. 烘干

烘箱预热至（100±1）℃后，将调湿和称量后的试样放入烘箱内，试样不受张力，且两面均暴露在热空气中，16h 后从烘箱中取出试样。

按步骤 2 重新对试样进行调湿，称量并记录每个试样的质量，精确至 0.001g，记为 m_2。

4. 结果表达

按式（2-2）或式（2-3）计算每个试样的涂层质量损失率，以百分率（%）表示。

$$L_{mc} = \frac{m_1 - m_2}{m_1} \times \frac{1}{C} \times 100\% \tag{2-2}$$

$$L_{ma} = \frac{m_1 - m_2}{m_1} \times 100\% \tag{2-3}$$

式中：L_{mc}——涂层质量损失率，%；

L_{ma}——涂层质量损失率，%；

m_1——老化前试样质量，g；

m_2——老化后试样质量，g；

C——涂层单位面积质量占试样单位面积总质量的比。

以三个试样测试结果的算术平均值作为样品的实验结果，精确至小数点后一位。

（三）方法 B（通用方法）步骤

烘箱预热至实验所需温度，将试样放入烘箱内，试样不受张力，且两面均暴露在热空气中，确保烘箱中的压力不超过大气压力。

（1）沿篷布经向裁取 500mm×500mm 试样 3 块。

（2）放置在温度为（100±2）℃的热老化实验箱中，保持144h后取出，在室温下冷却半小时。

（3）再在每个试样上分别裁取用来做防水性能、阻燃性能、耐寒性能测试的试样，并按照前述方法进行防水、阻燃性能的测试实验，耐寒性能测试按前述方法在-10℃温度下进行。

注意事项

压缩空气的压力和流量的大小对网络度有较大的影响，也是控制网络度大小的有效方法。网络度随压力增大而增加，而后趋于稳定。但当压力增大到一定程度时，丝条还没来得及达到足够的交络而被强烈的气流吹出，丝条运行极为不稳，张力难以控制，要在喷嘴前一段加一定容量的缓冲罐。

思考题

（1）网路丝作为篷盖布用纱，有何优点？

（2）分析影响PVC涂层整理效果的工艺因素。

（3）PVC涂层织物在现代社会中应用越来越多，如膜结构建筑、篷布、充气材料、泳池布、广告喷绘布、投影幕材等，PVC涂层织物的拼接工艺会直接影响产品的最终使用性能，请写出几种PVC涂层织物的拼接技术，并分析其优缺点。

实验6　高强篷布的制备

篷布尤其是军用篷布，一般用于遮盖车辆、飞机、火炮、坦克等装备。在面临苛刻复杂的客观环境时，需具有一定的环境适应性。如在易燃易爆的环境中使用需具备良好的阻燃性来保护武器装备的安全；在雨雪等天气中必须能承受一定水压冲击而不发生渗水现象，以防止仪器、战车、坦克等军用设备与水接触；在野外作战指挥所、建筑房顶、充气浮桥、大隔距建材、户外运动、铁路货车等应用领域，需具备高强性能。

一、玻璃纤维篷布的制备

（一）主要实验材料和仪器

玻璃纤维布，溶剂型有机硅树脂，增稠剂，Cr_2O_3，CoO，钴绿，氟系三防助剂TF-700D，TiO_2，滑石粉，正十二烷，正十四烷，正十六烷，电子天平，涂层机，烘箱等。

（二）制备步骤

1. 近红外伪装涂层

（1）工艺处方和条件：

有机硅树脂质量分数/%　　5

Cr_2O_3 质量分数/%　　27

TiO_2 质量分数/%　　28

CoO 质量分数/%　　8

滑石粉质量分数/%　　28

钴绿质量分数/%　　4

涂层厚度/mm　　0.2

预烘温度/℃　　180

预烘时间/min　　5

焙烘温度/℃　　220

焙烘时间/min　　10

以有机硅树脂作为涂层剂，加入 27% Cr_2O_3、28% TiO_2、8% CoO、28%滑石粉、4%钴绿，高速搅拌 20min，加入增稠剂调节黏度。

（2）涂层工艺：采用辊涂或刮涂工艺进行涂层。

涂层厚度/mm　　0.2

预烘温度/℃　　180

预烘时间/min　　5

焙烘温度/℃　　220

焙烘/min　　10

2. 拒水拒油整理

（1）工艺配方和工艺条件：

防水剂/($g \cdot L^{-1}$)　　60

预烘温度/℃　　100

预烘时间/min　　3

焙烘温度/℃　　160

焙烘时间/min　　2

（2）工艺流程：近红外伪装涂层玻璃纤维布→浸渍防水剂→预烘→焙烘。

二、芳纶/聚酯篷布的制备

（一）主要实验材料和仪器

芳纶（1313）/高强聚酯长丝包覆纱平纹织物，碳酸钙，二盐基硬脂酸铅，阻燃剂，增塑剂，聚氯乙烯树脂钡—锌稳定剂，涂层机，辊压机，定型机等。

（二）涂层工艺处方（单位：质量份）

钡—锌稳定剂	0.2
碳酸钙	4
二盐基硬脂酸铅	0.5
阻燃剂	1
增塑剂	45~55
聚氯乙烯树脂钡—锌稳定剂	20
水	适量

（三）实验步骤

为增加篷盖织物的防水及耐气候性，对其采用刮刀涂层法进行涂层整理，涂层量为60g/m²，涂层工艺流程如图2-1所示。

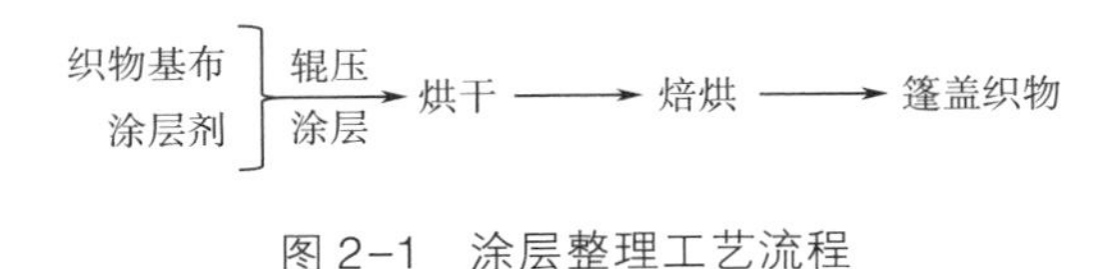

图2-1　涂层整理工艺流程

三、机械性能测试

参考实验1的拉伸性能测试和撕破性能测试步骤进行测试。

四、沾水性能测试

参考实验1的防水性能测试步骤进行测试。

五、面密度测试

参考实验1的面密度测试步骤进行测试。

六、耐静水压性能测试

参考实验5的耐静水压测试步骤进行测试。

七、阻燃性能测试

参考实验5的阻燃性能测试步骤进行测试。

八、拒油性能测试（参照GB/T 19977—2014）

（一）主要实验材料和仪器

白矿物油，正十六烷，正十四烷，正十二烷，正癸烷，正辛烷，正庚烷，滴瓶，白色吸液垫，手套，工作台，高强篷布试样，刻度尺，剪刀等。

（二）实验步骤

（1）裁取 20cm×20cm 的试样 3 块。所取试样应有代表性，包含织物上不同的组织结构或不同的颜色，并满足实验的需要。实验前，试样应在标准大气中调湿至少 4h。

（2）实验应在标准大气中进行。如果试样从调湿室中移走，应在 30min 内完成实验。把 1 块试样正面朝上平放在白色吸液垫上，置于工作台上。当评定稀松组织或薄的试样时，试样至少要放置两层，否则试液可能浸湿白色吸液垫的表面，而不是实际的实验试样，在结果评定时会产生混淆。

（3）配制标准试液，见表 2-1。

表 2-1　标准试液配制

组成	编号	密度（kg/L）	25℃时表面张力（N/m）
白矿物油	1	0.84～0.87	0.0315
白矿物油：正十六烷=65：35（体积分数）	2	0.82	0.0296
正十六烷	3	0.77	0.0273
正十四烷	4	0.76	0.0264
正十二烷	5	0.75	0.0247
正癸烷	6	0.73	0.0235
正辛烷	7	0.70	0.0214
正庚烷	8	0.69	0.0198

（4）在滴加试液之前，戴上干净的实验手套抚平绒毛，使绒毛尽可能地顺贴在试样上。

（5）从编号 1 的试液开始，在代表试样物理和染色性能的 5 个部位上，分别小心地滴加 1 小滴（直径约 5mm 或体积约 0.05mL），液滴之间间隔大约为 4.0cm。在滴液时，吸管口应保持距试样表面约 0.6cm 的高度，不要碰到试样。以约 45°角观察液滴（30±2）s，评定每个液滴，并立即检查试样的反面有没有润湿。

（6）如果没有出现任何渗透、润湿或芯吸，则在液滴附近不影响前一个实验的地方滴加高一个编号的试液，再观察（30±2）s。按标准样评定每个液滴，并立即检查试样的反面有没有润湿。

（7）继续步骤（6）的操作，直到有一种试液在（30±2）s 内使试样发生润湿或芯吸现象，每块试样上最多滴加 6 种试液。

（8）取第 2 块试样重复步骤（1）～（7）的操作。

（9）评定：

①液滴分类和描述：

A 类——液滴清晰，具有大接触角的完好弧形。

B 类——圆形液滴在试样上部分发暗。

C 类——芯吸明显，接触角变小或完全润湿。

D 类——完全湿润，液滴和试样的交界面变深（发灰、发暗），液滴消失。

试样润湿通常表现为试样和液滴界面发暗或出现芯吸或液滴接触角变小，对黑色或深色织物，可根据液滴闪光的消失确定为润湿。

②试样对某级试液是否“有效”的评定：

无效：5 个液滴中的 3 个（或 3 个以上）液滴为 C 类和（或）D 类。

有效：5 个液滴中的 3 个（或 3 个以上）液滴为 A 类。

可疑的有效：5 个液滴中的 3 个（或 3 个以上）液滴为 B 类，或为 B 类和 A 类。

③单个试样拒油等级的确定：试样的拒油等级是在（30±2）s 期间未润湿试样的最高编号试液的数值，即以“无效”试液的前一级的“有效”试液的编号表示。

当试样为“可疑的有效”时，以该试液的编号减去 0.5 表示试样的拒油等级。

当用白矿物油（编号 1）试液，试样为“无效”时，试样的拒油等级为“0”级。

④结果的表示：拒油等级应由两个独立的试样测定。如果两个试样的等级相同，则报出该值。当两个等级不同时，应做第三个试样。如果第三个试样的等级与前面两个测定中的一个相同，则报出第三个试样的等级。

当第三个测定值与前两个测定中的任何一个都不同时，取三块试样的中位数。结果差异表示试样可能不均匀或者有沾污问题，1 级效果最差，8 级最优。

九、热红外隐身性能测试

（一）主要实验材料和仪器

高强篷布试样，恒温加热台，热红外成像仪等。

（二）实验步骤

利用样品材料来伪装热源目标，并使用热红外成像仪来探究红外隐身效果的好坏。具体测试操作步骤：

（1）将样品材料铺放在恒温加热台上，5min 后采用热红外成像仪垂直拍摄，热成像仪与样品的距离保持为 1m。

（2）将红外热像图导入 Flir Tools 软件中得到图像上所有区域的辐射温度。

（3）通过对比不同图像中样品材料表面与周围环境的图像灰度差和红外辐射温度差来比较红外隐身性能好坏，图像灰度差和红外辐射温度差越小，说明材料的红外隐身效果越好。

注意事项

（1）篷布织物应选择平纹，克重 200g/m^2 左右。

（2）涂层时织物张力要均匀一致，涂布量可根据应用环境不同进行调节。

（3）布面要清洁。

（4）烘房温度由低到高。

思考题

（1）篷布的使用及保养有哪些要点？

（2）织物涂层整理对织物强力有何影响？

实验 7　轻质篷布的制备

一、车用顶棚内饰面料的制备

经编针织物因具有稳定性高、柔软、不易脱散及纹理花样多等特点，是目前中高端车顶棚内饰材料的主要面料。为满足后续加工和防污要求，车用顶棚内饰面料需进行防水、阻燃整理等。

（一）主要实验材料和仪器

涤纶经编针织物，改性聚丙烯酸酯涂层剂，溴—体系复合阻燃剂，含磷阻燃剂，含氮阻燃剂，黏合剂，柔软剂，偶联剂，防水涂层整理剂 TP—1，增稠剂，交联剂，天平，烘箱，涂层机，定型机，轧光机等。

（二）工艺处方及条件

1. 皂洗配方

标准皂粉/($g \cdot L^{-1}$)	0.5
温度/℃	95
时间/min	5
浴比	1∶10

2. 阻燃整理剂配方（单位：质量份）

溴—体系复合阻燃剂	40~45
含磷阻燃剂	10~15
含氮阻燃剂	0~5
黏合剂	15~20
柔软剂	3~8
交联剂	1
偶联剂	1.8

其他助剂 1.5

水 适量

3. 防水涂层剂配方（单位：质量份）

TP—1 涂层剂 85~90

增稠剂 适量

交联剂 1

4. 涂层整理工艺条件

轧液率/%	90~95
预烘温度/℃	120
预烘时间/s	120
涂层	双面
烘干温度/℃	120
烘干时间/s	120
焙烘/℃	160
焙烘时间/s	60
室温平衡时间/h	2

（三）工艺流程

1. 洗涤除油

皂洗→温水洗→室温水洗→脱水→烘干。

2. 阻燃—防水整理工艺流程

阻燃剂一浸一轧→预烘→双面涂层→烘干→焙烘→室温平衡→测试评价。

二、隔热帐篷织物的制备

（一）主要实验材料和仪器

涤棉混纺织物，金红石型 TiO_2，SiO_2 气凝胶，水性聚氨酯，渗透剂 JFC，控温织物隔热性能测试箱，辊涂机，电动搅拌器，数字式织物厚度仪，超声波清洗仪等。

（二）实验处方和工艺条件

水性聚氨酯/质量份	82
TiO_2/质量份	12
SiO_2 气凝胶/质量份	5
渗透剂/质量份	1
超声脱泡时间/min	10

（三）实验步骤

1. 涂层液的配制

（1）将 12 质量份 TiO_2、5 质量份 SiO_2 气凝胶加入盛有 82 质量份水性聚氨酯的烧杯中。

（2）用电动搅拌器搅拌分散 30min，加入 1 份渗透剂，继续搅拌分散 10min。

（3）用 150W 超声波，在室温下脱泡 10min 后可得到涂层剂。

2. 涂层工艺

采用辊涂机将所配制的隔热涂层液涂覆到织物上，涂层厚度为 0.3mm，并在 80℃下烘干 4min。

三、海上船用篷布的制备

篷盖胶布广泛应用于军民用盖布、车站、港口码头、野外作业、车船运输和堆货场等方面，货物运输量的不断增加，交通运输行业用的篷盖胶布需求呈不断增长的趋势。传统型篷盖胶布，粗糙笨重，表面质量差，力学性能弱，易老化，使用寿命短，施工不便。海运篷布要具有力学性能好、柔软、耐狂风暴雨等特性，传统篷盖胶布无法满足这一要求。

（一）主要实验材料、化学品和仪器

高强耐磨锦丝基布（克重≤80g/m²，断裂强力≥900N，断裂伸长率≥20%），二液型高固型聚氨酯［黏度范围为（500~900）ps/25℃，弹性模量为（15±3）kg/m²］，阻燃型聚氨酯，磷酸三苯酯无卤环保型阻燃剂，溴锑复合型阻燃剂，圆刀，尖刀，涂层剂等。

（二）实验步骤

1. 产品设计指标

成品克重/(g·m^{-2})	≤130
经向断裂强力（抓样法）/(N·25mm^{-1})	≥500
纬向断裂强力（抓样法）/(N·25mm^{-1})	≥500
经向撕破强力（梯形法）/(N·25mm^{-1})	≥25
纬向撕破强力（梯形法）/(N·25mm^{-1})	≥25
涂层黏结强度/(N·30mm^{-1})	≥40
平均烧焦长度（垂直燃烧法）/mm	≤200
焰燃时间（垂直燃烧法）/s	≤15
滴落物续燃时间/s	≤3

2. 工艺处方和条件

（1）底胶处方（单位：质量份）：为了保证产品的阻燃效果，底面涂层添加了一定分量的阻燃剂。

二液型高固型聚氨酯	5~10
无卤环保型阻燃剂	2.5~5
溴锑复合型阻燃剂	0.5~1

（2）面胶处方（单位：质量份）：

无卤环保型阻燃剂	10~20
溴锑复合型阻燃剂	1~5

3. **工艺流程**

（1）轧光处理：基布在进行涂层前，先要进行轧光处理。经过轧光处理一方面使基布的表面更加平整，具有很好的光泽；另一方面还会使基布不容易渗料，使基布更加柔软，轧光工艺条件：

温度/℃	100~120
车速/(m·min^{-1})	15~20

（2）底层上胶：黏合底层采用圆刀刮涂，两涂两烘。

上胶量/(g·m^{-2})	20~35
第一区烘干温度/℃	110~140
车速/(m·min^{-1})	15~20
第二区烘干温度/℃	130~150

（3）表层上胶：黏合表层使用的是阻燃型聚氨酯，采用尖刀涂刮。

上胶量/(g·m^{-2})	8~15
第一区烘干温度/℃	110~140
车速/(m·min^{-1})	15~20
第二区烘干温度/℃	130~150

四、导热系数测试

（一）主要实验材料和仪器

轻质篷布试样，平板导热仪等。

（二）实验步骤

（1）将标准尺寸［尺寸在300mm×300mm×（5~45）mm］的篷布试样（相同的两块）夹紧于热护板和冷板之间。

（2）按要求依次打开设备开关，设定恒温水浴温度为15℃。

（3）旋转测试炉体至水平，锁紧固定插销，打开上盖，放入被测试件，保证试件与热护板良好接触后盖上上盖并扣紧鼻扣。

（4）测试装置施加压力不大于2.5kPa，控制篷布试样压缩前后厚度变化小于10%。

（5）厚度通过深度尺测量即可。

（6）打开导热仪测试软件，输入试样信息、温度、厚度、预热时间30~60min。

（7）实验结束，记录结果，取出试样，按要求依次关闭仪器。

（8）导热系数：按式（2-4）计算篷布试样的导热系数。

$$\lambda = \frac{Qd}{A} \times \Delta t \tag{2-4}$$

式中：λ——导热系数，W/(m·K)；

Q——热流稳定后，通过试样的热量，W；

d——测试试样厚度，m；

A——测试试样的有效面积，m^2；

Δt——热流稳定后，冷热板温差，℃。

五、隔热性能测试

（一）主要实验材料和仪器

轻质篷布试样，控温织物隔热性能测试箱，剪刀，刻度尺，计时器，热常数分析仪等。

（二）实验步骤

（1）将待测试样装入控温织物隔热性能测试箱。

（2）在30min的热辐射时间下每间隔30s测试一次受热辐射的试样内外侧的温度之差。

（3）计算试样内外温差，温差越小，织物隔热效果越好。

六、防水性能测试

参考实验1的防水性能测试步骤进行测试。

七、力学性能测试

参考实验1的拉伸性能测试和撕破性能测试步骤进行测试。

八、剥离强度测试（参照FZ/T 01010—2012）

（一）主要实验材料和仪器

轻质篷布试样，刻度尺，剪刀，记号笔，织物拉伸实验仪等。

（二）实验步骤

1. 取样

试样应在距布边1/10幅宽、距匹端2m以上的部位裁取，在样品宽度方向均匀裁取10个试样，试样宽度不小于50mm，长度不小于200mm，其中5个试样与涂层织物的纵向平行，另外5个试样与涂层织物的横向平行。

2. 试样处理

（1）涂层可直接剥开的试样制备方法：沿试样长度方向将涂层与基布预先剥开一段距离以方便夹持试样，然后取中间部位将试样修剪至宽度为（25±0.5）mm，在试样长度方向距剥离端黏结处100mm作标记线。

（2）涂层不可直接剥开的试样制备方法：裁取一块同样尺寸的合适的织物，选择合适的黏合剂将试样的测试面沿长度方向与所裁取的织物黏合，黏合后不应使涂层发生不可逆的溶胀或影响涂层织物的剥离强力，单面涂层织物的涂层面或双面涂层织物涂层较厚的一面为该试样的测试面。

将试样放在光滑的平板上，固定一端，从离开头端部约 50mm 处开始，用刮辊在试样测试面上刮涂一层厚度均匀的黏合剂，立即放上所裁取的织物后，用橡胶加压辊滚压，以保证黏结牢固。

在试样未黏合部分沿黏结线处，可借助金属刀片仔细地割穿涂层至基布呈完全剥离面（注意不要伤及基布），使之便于剥离，取中间部位将其修剪至宽度为（25±0.5）mm，在试样长度方向距未黏合部分黏结线处 100mm 作标记线。

（3）调整拉伸实验仪，使其拉伸速度为 100mm/min。

（4）调整夹持器的隔距至 30mm，并使两夹持器的夹持面处于剥离强力轴线的同一平面上，以保证剥离时试样不发生扭曲现象。

（5）把试样被剥开端分别夹持在夹持器中，牵引夹持器夹测试面，静止夹持器夹基布。

（6）启动拉伸实验仪进行剥离实验，将试样持续剥离至标记线处，记录试样剥离过程中的剥离曲线。

（7）实验结果的计算和表示，去除剥离曲线中前 20% 的部分，将最大值和最小值中间的值作为其中值。计算涂层织物纵、横向各 5 个试样中值的算术平均值，计算结果保留至小数点后一位，单位为 N。

九、水解性能测试

篷盖胶布经过 70℃ 水浸泡 7 天后，对上述性能指标分别进行测试。

注意事项

（1）轧光温度低，基布表面没有光泽而且手感也比较硬。轧光温度高，基布比较柔软但表面光泽性太强，对基布有所损伤，影响产品的断裂强力和撕破强力，所以轧光温度应该控制在合理的范围内。

（2）设定温度的高低和车速的快慢直接影响产品的黏合牢度和织物的断裂强力、撕破强力。如果温度过高则会降低产品的断裂强力和撕破强力，手感较硬。相反温度过低，底层固化剂不容易固化，从而影响产品的热合剥离强力，使黏合牢度差。车速过快，会影响上浆率、烘干时间等，最终也会影响产品的性能。

思考题

（1）车用顶棚内饰面料的分类及功能需求？

（2）轻质隔热帐篷布加工的主要技术难度有哪些？

（3）海上船体篷布有何特殊要求？

实验 8　空心微珠基热红外伪装篷盖织物的制备

热红外伪装就是消除、减少、改变或模拟目标和背景之间在两个大气窗口（3～5μm、8～14μm）中的红外辐射特性的差别，以应对热红外探测所实施的伪装。根据红外伪装涂料的作用机理，一般分为隔热型、吸收型、反射型、控制发射率型、太阳能反射型和波谱转移型。用于控温的热红外伪装材料包括隔热材料、吸热材料和高发射率聚合物材料。隔热材料一般由泡沫塑料、粉末、镀金属塑料膜等组成，它包括微孔结构材料和多层结构材料，主要利用材料的热容量较大、热导率较低、使目标的温度特征不易暴露等特点，来模拟背景的光谱反射特性以达到伪装的目的。泡沫塑料能储存目标发出的热量，镀金属塑料薄膜能有效地反射目标发出的红外辐射，隔热材料的表面还可涂各种涂料以达到其他波段伪装的效果。空心微珠为中空结构，具有较低的导热系数，气孔率高，具备优异的隔热、保温、阻燃性能，因而在温控材料上得以开发应用。

一、主要实验材料和仪器

涤纶织物基布，无水乙醇，钛酸正丁酯，冰醋酸，空心玻璃微珠（1000 目），数显恒温水浴锅，恒温烘箱，红外试染机等。

二、实验步骤

（一）TiO_2 包覆空心玻璃微珠

以无水乙醇为溶剂，钛酸正丁酯为钛源，冰醋酸为螯合剂，采用溶胶—凝胶法制备 TiO_2 包覆空心玻璃微珠。

1. **工艺处方和条件**（**单位**：mL）

A 液：

无水乙醇	40
钛酸四丁酯	10
冰醋酸	3

B 液：

无水乙醇	20
去离子水	5

2. **制备步骤**

（1）首先将 40mL 无水乙醇、10mL 钛酸四丁酯、3mL 冰醋酸混合均匀得到 A 溶液。

（2）再将 20mL 无水乙醇、5mL 去离子水混合均匀得到 B 溶液。

（3）在搅拌条件下将 B 溶液匀速滴加到 A 溶液中，调节 pH 值至 3～4，反应 60min，得到浅黄色透明均匀的溶胶。

（4）最后加入 10mL 玻璃微珠，继续搅拌 60min，静置陈化 12h，于 105℃下干燥，550℃下煅烧 3h，得到样品。

（二）织物涂层

1. 空心微珠涂层液处方及条件

PVC/质量份	100
增塑剂/质量份	80
辅助增塑剂/质量份	15
稳定剂/质量份	5
TiO_2 包覆空心玻璃微珠/质量份	40
涂层厚度/mm	0. 3
焙烘温度/℃	200
焙烘时间/min	1

2. 涂层整理工艺

涂层工艺流程如图 2-2 所示。

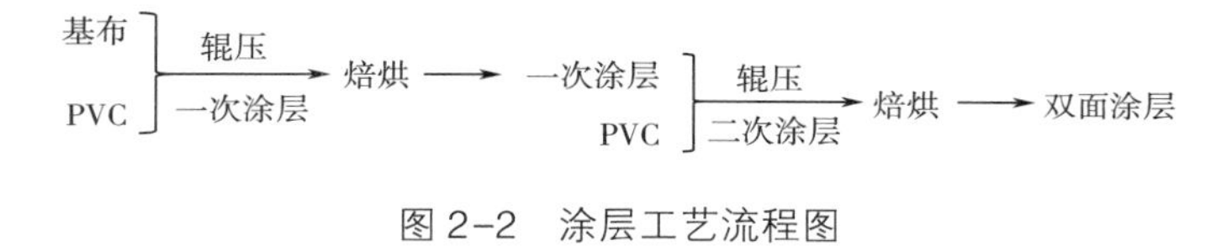

图 2-2　涂层工艺流程图

三、机械性能测试

参考实验 1 的拉伸性能测试和撕破性能测试步骤进行测试。

四、耐静水压性能测试

参考实验 5 的耐静水压测试步骤进行测试。

五、阻燃性能测试

参考实验 5 的阻燃性能测试步骤进行测试。

六、耐磨性能测试

（一）主要实验材料和仪器

空心微珠基热红外伪装篷盖织物，刻度尺，机织毛毡，剪刀或圆盘取样器，砂纸，YC401C-B 型全自动织物平磨仪。

（二）实验步骤

（1）在织物的不同部位剪取直径5cm的试样6块。

（2）按控制面板中的电源开关，接通电源。

（3）拉出6条连杆，卸下6只200g夹持器，并将夹持器放在夹样定位器中用手松开夹样紧圈，使压样圈座与模块分开。

（4）将已准备好的试样，装夹在模块与压样圈座之间。将压样圈座、模块和试样一起放到夹样定位器中，并用压样紧圈将其固紧。

（5）按控制面板中的装样键，使导板被提升器翻起，用手松开磨料锁紧圈，将已准备好的6块磨料与6块机织毛毡放在各试样台上，套上锁紧圈，用装样压锤将磨料与机织毛毡压平，而后将锁紧圈锁紧。

（6）再按控制面板中的装样键，使导板放下。

（7）将6只已装好试样的夹持器对应地放在该各试样台上，再将6条连杆对应地从导板的工位孔中穿过，直到磨块的孔中。

（8）按模式键，将模式指示灯转换至模式Ⅱ，指示灯亮。

（9）按设定键，设定摩擦次数。

（10）按工作键，仪器开始工作。

（三）织物耐磨性能评价

织物耐磨性能一般从三个方面进行分析评价：试样破损的测定、质量损失的测定和外观变化的评定。

1. 试样破损的测定

在一定的负荷下，夹具内试样以轨迹为Lissajous曲线平面运动与磨料进行摩擦，以试样出现破损时总摩擦次数，确定织物的耐磨性能。

2. 质量损失的测定

在一定的负荷下，夹具内试样以轨迹为Lissajous曲线平面运动与磨料进行摩擦，以试样在特定的摩擦次数时，摩擦前后的质量差别来确定耐磨性能。

3. 外观变化的评定

在一定的负荷下，夹具内试样以轨迹为Lissajous曲线平面运动与磨料进行摩擦，以摩擦前后试样的外观变化来确定织物的耐磨性能。

七、热防护性能测定

（一）主要实验材料和仪器

空心微珠基热红外伪装篷盖织物，红外灯泡，卷尺，数字红外辐射计和红外辐射测温仪等。

（二）实验步骤

（1）选用红外灯泡作辐射源，光源距织物表面距离30cm。

（2）红外灯泡光线垂直入射织物表面，织物表面接收的辐射强度为 1.88kW/m^2（人体Ⅰ度烧伤时的辐射强度）。

（3）织物背部用数字红外辐射计和红外辐射测温仪分别测量透过织物的辐射强度和布面温度。

（4）测评。透过值越小表明织物的防热辐射性能越好，布面温度越低，人体穿着比较舒适。

八、热红外伪装性能测试

（一）主要实验材料和仪器

针，线，空心微珠基热红外伪装篷盖织物，迷彩服，剪刀，卷尺，热红外成像仪等。

（二）实验步骤

（1）测试试样尺寸 40cm×40cm。

（2）人体穿着迷彩服背面正对红外热成像仪，相距 8m。

（3）将测试样品和迷彩服织物缝合在一起，分别穿在里面和外露进行测试。

（4）穿着 40min 后对人体着装测试样品部位的温度进行测定。

注意事项

（1）利用空心微珠的隔热、反射特性可以对织物进行抗热辐射涂层整理，由此不仅可以获得抗热辐射效果，而且布面温度不会有明显上升。随着空心微珠含量的增加，织物抗热辐射效果提高，但超过一定值时，布面温度容易升高。

（2）试样破损的确定条件：

①机织物中至少 2 根独立的纱线断裂。

②针织物中 1 根纱线断裂，造成外观上的破洞。

③起绒或割绒织物表面绒毛被磨损至露底或有绒簇脱落。

④非织造织物因摩擦造成孔洞，其直径≥0.5。

⑤涂层织物的涂层部分被破坏至露出基布或有片状涂层脱落。

思考题

（1）空心微珠粒径、表面镀层金属对织物抗热辐射效果有何影响？

（2）红外伪装纺织品的开发注意有哪些方法？

实验 9　多功能帐篷的制备

传统的篷布主要作用是为人员和设备提供对雨、雪、尘、晒、风等自然因素的抗侵蚀能力。在高技术战场条件下，重要设施、装备“隐身化”功能需求日益迫切，“隐身篷布”的研发成为热点。本实验以现有成熟篷布技术为基础，通过集成隐身材料技术和纺织加工技术，旨在开发出多功能军用篷布。

一、防水、防霉、阻燃、高强篷盖布的制备

（一）主要实验材料和仪器

55.6tex（500 旦）涤纶工业丝，137tex 有捻玻璃纱，PVC，增塑剂，稳定剂，阻燃剂，防霉剂，硼酸剂，并丝机，空气变形机，织机，涂层机，定型机等。

（二）实验步骤

1. 纱线设计与加工

（1）目标要求：高强、耐热、阻燃、疏水。

（2）原料选择：

①涤纶工业丝：柔韧、强度高、耐热性好、吸湿性低，适于宽幅机织物。

②玻璃纤维纱：良好的阻燃性能，极高的拉伸性能及其他优越性能。

（3）纱线设计：

纱线一：55.6tex（500 旦）涤纶工业丝和 137tex 有捻玻璃纱，并合变形成 192.6tex 纱。

纱线二：55.6tex（500 旦）涤纶工业丝和 137tex 有捻玻璃纱，并合变形成 207tex 纱。

2. 织物设计与织造

目标：重量轻、易折叠、搬运操作方便、防水性能好、耐气候性能好、阻燃防火强度高、耐磨、使用寿命长、价格相对便宜。

（1）织物一：

纱线/tex	192.6 并合纱（涤纶工业丝/有捻玻璃纱）
组织	平纹
经密/(根 · $10cm^{-1}$)	80
纬密/(根 · $10cm^{-1}$)	104

（2）织物二：

纱线/tex	207 并合变形纱（涤纶工业丝/有捻玻璃纱）
组织	平纹
经密/(根 · $10cm^{-1}$)	83

纬密/(根·$10cm^{-1}$)　　82

3. 涂层工艺流程

工艺流程如图 2-3 所示。

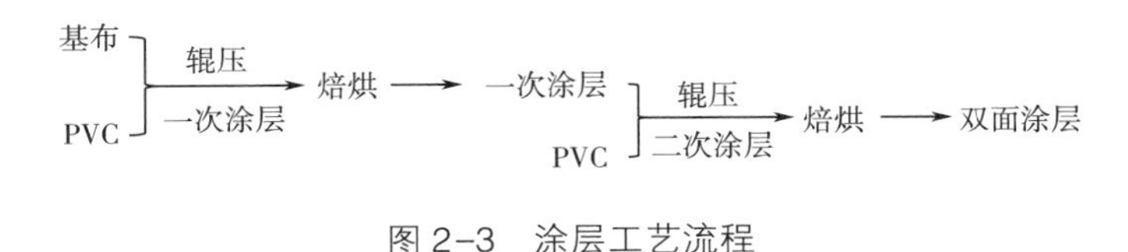

图 2-3　涂层工艺流程

4. 织物涂层液配方及条件

聚氯乙烯（PVC）具有优良的综合性能，可通过调整增塑剂的含量，优化其手感、耐磨性、硬度、耐气候、耐碱性、绝缘性等，价格低廉，成为许多涂层织物的首选涂层剂。

PVC/质量份	100
主增塑剂/质量份	80
辅助增塑剂/质量份	15
稳定剂/质量份	5
阻燃剂/质量份	28
防霉剂/质量份	3
硼酸剂/质量份	4~7
焙烘温度/℃	200
焙烘时间/min	1

二、防水、透湿、阻燃、吸波篷布的制备

（一）主要实验材料和仪器

羰基多晶铁纤维，阻燃涤纶纤维，分散染料，含磷聚硅氧烷改性聚丙烯酸酯，溶剂型阻燃胶，等离子增强化学气相淀积设备，梳棉机，并条机，纺纱机，浆纱机，整经机，织机，染色机，喷涂机，热风定型机等。

（二）制备工艺流程

工艺流程如图 2-4 所示。

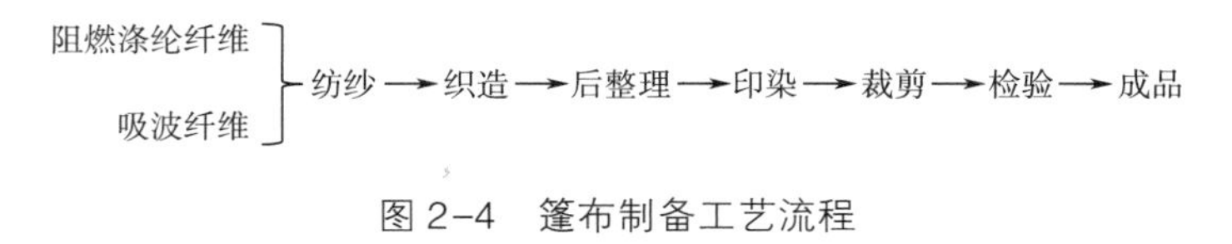

图 2-4　篷布制备工艺流程

（三）实验步骤

1. **纺纱**

（1）混合：阻燃涤纶纤维（1.48dtex×38mm）和羰基多晶铁纤维按照15∶1的质量比混合。

（2）梳棉：

总牵伸倍数	90
刺辊工作速度/($r \cdot min^{-1}$)	980
锡林工作速度/($r \cdot min^{-1}$)	330
道夫工作速度/($r \cdot min^{-1}$)	31.8
盖板速度/($mm \cdot min^{-1}$)	98

（3）并条：阻燃涤纶纤维单独并条1次，然后在和羰基多晶铁纤维在一起并条1次，即共进行2次并条，最终并条定重控制在20g/5m左右。

（4）气流纺纱：

引纱速度/($m \cdot min^{-1}$)	91.3
喂给速度/($m \cdot min^{-1}$)	11.7
横动速度/($m \cdot min^{-1}$)	14.9
齿轮比	64∶30

2. **上浆**

车速/($m \cdot min^{-1}$)	300
上浆率/%	12

3. **织造**

穿综时要保证钢筘无纱痕和毛刺、综丝无杂物和弯曲，以防止因摩擦而使纱线产生毛刺。织造工序在全自动梭织打样机上完成，织物参数如下：

织物组织	平纹组织
经密/(根·cm^{-1})	17
纬密/(根·cm^{-1})	15
厚度/mm	0.65
克重/($g \cdot m^{-2}$)	≤280

4. **防泼整理**

采用热风定型机进行防泼整理。

氟系防水剂/($g \cdot L^{-1}$)	30~45
交联剂/($g \cdot L^{-1}$)	4~5
柠檬酸/($g \cdot L^{-1}$)	0.8
轧液率/%	65~70
温度/℃	110~130
时间/s	45~60

5. 轧光

采用导热油三辊轧光机进行轧光整理。

温度/℃	150~180
轧光压力/t	120

6. 阻燃整理

采用浮刀涂层机进行阻燃整理。

（1）底胶整理：

温度/℃	130~150
时间/s	45~60
溶剂型阻燃胶 1#/(g·L^{-1})	100
架桥剂/(g·L^{-1})	2~2.5

（2）面胶整理：

温度/℃	130~150
时间/s	45~60
溶剂型阻燃胶 2#/(g·L^{-1})	100

7. 面涂着色

采用浮刀涂层机进行面涂，工艺如下：

温度/℃	150~160
时间/s	45~60
溶剂型阻燃 PU/(g·L^{-1})	100
分散染料（着色）/(g·L^{-1})	10

三、高强、阻燃、防水、抗静电、可见光红外一体化伪装篷布的制备

（一）主要实验材料和仪器

高强型（HT）涤纶（167dtex/48f，8.55%），不锈钢丝，水性聚氨酯树脂（固含量36%，红外发射率0.860），钴绿，永固黄（HGR），永固红（F4RK），永固紫（RL），有机硅消泡剂，聚氨酯缔合型增稠剂，球形铝粉（粒径15μm），铜粉（树枝状，粒径20μm），硝酸银，氨水，酒石酸钾钠，聚乙烯吡咯烷酮（PVP-K30），乙二胺四乙酸二钠（EDTA），硅烷偶联剂（KH550），脂肪族聚氨酯树脂，羰基铁粉，碳纳米管，钴粉，E51环氧树脂，1021固化剂，阻燃涂层剂，数显水浴锅，涂布机，分散搅拌机，烘箱，球磨机，台式脱泡离心机等。

（二）篷布基布设计

1. 纱线设计

A 纱	两根高强涤纶丝并捻作经纱、纬纱
B 纱	不锈钢丝与两根涤纶丝并捻

2. 织物设计

经纱	A 纱，B 纱
经纱排列	42A1B
纬纱	A 纱，B 纱
纬纱排列	42A 1B
经密/(根·$10cm^{-1}$)	280
纬密/(根·$10cm^{-1}$)	220
幅宽/cm	165
总经根数/根	4660
织物组织	平纹
紧度/%	79

3. 篷布基布制备

（1）并捻：捻度为 26 捻/10cm，并纱时导电丝宜采用比涤纶丝小的张力，同时降低车速以减少导电丝断头。

（2）整经：

①张力调节原则：较大张力、中速度、小伸长、匀张力。

②张力配置：采用前、中、后分段张力配制，摩擦包围角分别为 3 格、2 格、1 格。

丝线通道要求光洁，整经过程中尽量少停台。

（3）穿经：正确排纱，采用无纱痕、无毛刺的钢筘，无杂物、无弯曲的综丝及停经片、直条。

（4）织造：采用剑杆织机织造。对此采用“早开口、晚引纬”的工艺，将开口时间适当提前，降低纬纱在织口中的反拨后退。

4. 阻燃整理

采用浮刀涂层机进行阻燃整理，工艺配方如下：

温度/℃	130~150
时间/s	60~90
胶合剂/质量份	45~49.5
FR-1036 水性阻燃胶/质量份	11~20
三聚氰胺/质量份	≤3
水/质量份	10~30
增稠剂胶/质量份	1~5
涂层量/(g·m^{-2})	30

5. 吸波隐身涂层

以脂肪族聚氨酯树脂为基体，添加微米级羰基铁粉、石墨为主要吸收剂，在主吸收剂中加入钴粉用以调节吸收剂的电磁参数，以分层喷涂技术制备吸波篷布。

（1）吸波涂料配方（单位：质量份）：

E51 环氧树脂　　100
1021 固化剂　　15
羰基铁粉　　250
碳纳米管　　4
钴粉　　12.5

（2）吸波涂料配制：按照吸波涂料配方要求，在 E51 环氧树脂中添加 1021 固化剂，放入搅拌机中进行混合，搅拌机转速为 300r/min，搅拌 1h 以保证搅拌均匀，再加入羰基铁粉和钴粉，均匀搅拌 30min 后加入碳纳米管继续均匀搅拌 1h 后进行脱泡。利用台式脱泡离心机进行脱泡，转速 4500r/min，脱泡时间 5min。

（3）吸波涂层：采用浮刀涂层机将脱泡后的吸波涂料涂于篷布。放入烘箱在 50℃ 干燥 3h，15min 内升温到 80℃后保温 6h 取出，室温冷却 3h，再次按设计配方继续重复涂层 3 次。

6. 可见光红外一体化伪装隐身涂层

采用红外高透过水性聚氨酯树脂，选用硅烷偶联剂改性复合填料（铝和银包铜粉）作为红外低发射率填料，并以钴绿、永固黄、永固红和永固紫为着色颜料，制备高发射率深绿色、中发射率黄绿色和低发射率黄土色涂料，并采用刮涂工艺把它们涂覆于织物上，制得伪装隐身涂层织物。

（1）银包铜粉的制备：在室温下将 100g 铜粉依次经过 50g/L H_2SO_4 和 40g/L NaOH 溶液洗涤 30min，以除去表面的油污和杂质，再用蒸馏水洗涤，过滤出铜粉。

按质量浓度 20g/L 称取 EDTA 放入去离子水中，超声分散 30min，再加入 0.2g PVP-K30，在 800r/min 下搅拌 40min（此时超声和搅拌同时进行，后同），然后放入处理后的铜粉并搅拌分散 10min，同时缓慢滴定 10g/L 银氨溶液（用量 3.2L）和 5g/L 酒石酸钾钠还原溶液（用量 3.2L），约 30min 滴完，随后室温反应 40min，结束后经抽滤、洗涤、80℃真空干燥 8h，得到银包铜粉。

（2）低发射率填料的表面改性：将 KH550 加入无水乙醇中配制成体积分数为 2%的稀溶液，再按 m（偶联剂溶液）：m（填料）= 10∶1 加入复合填料（铝粉和银包铜粉的质量比为 1∶1），室温下磁力搅拌 2h，令硅烷偶联剂均匀分散在粉体表面，抽滤得到复合粉体，经去离子水和酒精洗涤数次后在 80℃下烘干 8h，得到改性复合填料。

（3）伪装隐身涂料的配方：分别选择深绿色、黄绿色和黄土色进行配色，配方见表 2-2。

表 2-2　伪装隐身涂料的配方　　单位：%

配方	深绿色	黄绿色	黄土色
水性聚氨酯树脂	50	50	50
钴绿	40	22	0
永固黄	6	7	14

续表

配方	深绿色	黄绿色	黄土色
永固红	3	2	6
永固紫	1	1	0
铝粉	0	9	15
银包铜粉	0	9	15

（4）伪装隐身涂料调制：将称量好的水性聚氨酯树脂、着色颜料和低发射率填料放入分散罐中，加入适量的消泡剂，使用球磨机以 400r/min 的转速球磨 30min，再加入增稠剂调节涂料的黏度至 9000MPa·s，使其达到刮涂的要求。

（5）伪装隐身涂料单面涂层：为保证篷布的抗静电性，导电丝必须裸露在外，故在涂层时采用单面涂层。将涂料置于织物上，涂层量 30g/m^2 或涂层厚度 40μm 左右。

工艺流程：

定型→上胶→一次涂层→焙烘（120℃，3min）→二次涂层→焙烘（120℃，3min）→检验→打卷成包。

四、热防护性能测定

参考实验 8 的热防护性能测试步骤进行测试。

五、热红外伪装性能测试

参考实验 8 的热红外伪装性能测试步骤进行测试。

六、电磁屏蔽效能测试（参照 GJB 8820—2015）

（一）主要实验材料和仪器

待测织物试样，暗室，HP-8722ES 网络分析仪，点频测量系统等。

（二）屏蔽室法实验步骤

发射天线放置在屏蔽室外部，接收天线放置在屏蔽室内部。选择测试频段所对应的天线及合适的放置方法，天线距屏蔽材料的距离应符合表 2-3 的要求。

表 2-3　天线距屏蔽材料的距离

场型	频率范围（Hz）	距离（m）
磁场	10k～30M	0.3
电场	10k～30M	0.3
电场	30M～1000M	1.3
电场	1G～18G	0.6
电场	18G～40G	0.3

（1）连接测量设备，并按说明书要求预热。

（2）打开屏蔽室测试窗。

（3）设置发射设备合适的输出幅度，测量所有测试频率点无被测试样时接收设备的指示值。

（4）将被测试样安装在测试窗上，并把所有的压力钳（或专用螺钉）锁紧。

（5）保持发射设备各频率点输出幅度与步骤（3）中相同，记录所有频率点有被测试样时接收设备的指示值。

（6）按式（2-5）计算各频率点被测试样的屏蔽效能。

$$SE = 20\lg\frac{H_0}{H_1} = 20\lg\frac{E_0}{E_1} = 20\lg\frac{V_0}{V_1} = 10\lg\frac{P_0}{P_1} \tag{2-5}$$

式中：SE——屏蔽效能，dB；

H_0——无屏蔽材料时的接收磁场强度，A/m；

H_1——有屏蔽材料时的接收磁场强度，A/m；

E_0——无屏蔽材料时的接收电场强度，V/m；

E_1——有屏蔽材料时的接收电场强度，V/m；

V_0——无屏蔽材料时的接收电压，V；

V_1——有屏蔽材料时的接收电压，V；

P_0——无屏蔽材料时的接收功率，W；

P_1——有屏蔽材料时的接收功率，W。

（三）法兰同轴测试法实验步骤

1. 点频测量步骤

（1）连接测量设备，测量设备按说明书要求预热。

（2）把参考试样装入法兰同轴装置中，用力矩改锥拧紧尼龙螺钉。

（3）设置发射设备合适的输出幅度，测量所有测试频率点无被测试样时接收设备的指示值。

（4）取出参考试样，把负载试样装入法兰同轴装置中，用力矩改锥以步骤（2）中相同力矩拧紧尼龙螺钉。

（5）保持发射设备各频率点输出幅度不变，记录所有频率点有被测试样时接收设备的指示值：如果信号幅度大于噪声电平6dB，记录频谱仪的读数；如果信号幅度不大于噪声电平6dB，减少频谱仪的带宽以降低频谱仪的噪声电平，使频谱仪信号幅度大于噪声电平6dB。

（6）按式（2-5）计算试样各频率点的屏蔽效能。

2. 扫频测量步骤

屏蔽效能扫频测量常用测量系统配置有两种，跟踪信号源/频谱仪测量系统和网络分析仪测量系。

（1）连接各设备，组成测量系统，测量设备按说明书要求预热。

（2）把参考试样装入法兰同轴装置中，用力矩改锥拧紧尼龙螺钉。调节网络分析仪输出电平，使网络分析仪上信号的动态范围大于试样的屏蔽效能估计值，记录网络分析仪的幅频曲线。

（3）取出参考试样，把负载试样装入法兰同轴装置中，用力矩改锥以步骤（2）中相同力矩拧紧尼龙螺钉。

保持网络分析仪输出电平不变，观察信号幅度，如果读数大于噪声电平 6dB，记录网络分析仪的幅频曲线；如果读数不大于噪声电平 6dB，减少网络分析仪的带宽以降低噪声电平，达到信号读数大于噪声电平 6dB 的要求；记录网络分析仪的幅频曲线。

（4）基准试样与负载试样的幅频曲线在各频率点上的幅度值之差，即为试样在各频率点的屏蔽效能。

测物频率在 30MHz～3030MHz 的屏蔽性能，对每块试样选取 5 个不同的位置各测试 10 次。

七、涂层反射率的测试（参照 GJB 2038—1994 中的 102 法）

（一）主要实验材料和仪器

待测试样，标准版，微波暗室，RAM 测试系统等。

（二）测试条件

（1）测试环境温度保持在（20±5）℃，测试环境相对湿度保持在 80%以下。

（2）样板支架周围铺设高性能微波暗室用 RAM，要求其反射率低于-45dB。

（3）测量的背景等效反射率要低于-40dB。

（4）测试距离要求收、发天线可以在 RAM 样板的近场区，但两天线要在彼此影像的远场区。最小测试距离按式（2-6）计算。

$$r_{\min} = \frac{D^2}{\lambda} \tag{2-6}$$

式中：D——天线口面最大尺寸，m。

（三）实验步骤

（1）开启扫频信号源和标量网络分析仪电源，至少预热 30min。

（2）开启计算机、显示器、打印机（或绘图仪）电源；按程序提示输入测量参数。

（3）将标准板按标准板放置要求要求置于样板支架上：

①在 RAM 样板上画一条直线为参考线。

②在双天线系统中要求 RAM 样板的法线与入射线和反射线夹角的角平分线重合，且参考线与入射面平行或垂直。

③在单天线系统中要求 RAM 样板与入射线垂直，且参考线与电场矢量平行或垂直。

④标准板放置姿态与 RAM 样板相同。

（4）调整样板支架，使标准板成水平状态并处于弓形框圆心。

（5）测量标准板反射，由计算机采集处理数据。

（6）用待测 RAM 样板取代标准板。

（7）测量待测 RAM 反射，由计算机采集处理数据，得到 RAM 样板反射率、反射率—频率特性曲线图。

八、防水性能测试

参考实验 5 的耐静水压测试步骤进行测试。

九、透湿性能测试

参照实验 1 的透湿性能测试步骤进行测试。

十、阻燃性能测试

参考实验 5 的阻燃性能测试步骤进行测试。

注意事项

（1）溶剂型阻燃胶防水性能比水性好，不用在底层先涂防水 PU 胶，可直接涂阻燃胶。

（2）阻燃 PU 胶呈白色，可以通过加溶剂型油墨来改变颜色。

（3）溶剂型阻燃胶阻燃性能较好，直接做阻燃涂层即可满足要求。对 300g/m^2 以上厚重的面料才考虑采用前阻燃整理，整理原则与水性工艺一致。

（4）并捻工序要保持纱路的清洁与光滑，减少毛丝的产生。

思考题

（1）涂层胶黏度对涂层加工质量的影响？

（2）涂层胶在加工过程中，避免产生胶粒的方法有哪些？

参考文献

［1］胡方田．产业用柔性复合材料——新型涤纶网络丝篷盖布的研制［D］．天津：天津工业大学，1999.

［2］张广知，黄小华．纯棉篷盖布涂料染色拒水拒油阻燃复合涂层［J］．纺织学报，2012，34（2）：125-128.

[3] 杨海富，罗丽娟，郑振荣，等．多功能玻璃纤维篷盖布的制备及性能［J］．印染，2022（3）：46-49.
[4] 吴双全．抗菌防水阻燃复合功能汽车顶棚面料的开发［J］．产业用纺织品，2020，42（11）：29-32.
[5] 张广知，黄小华．篷盖布的阻燃—拒水拒油同浴整理工艺［J］．印染，2012（6）：23-25.
[6] 张红芸．一种新型聚氨酯阻燃篷盖胶布的制备及性能研究［J］．纺织科学研究，2020（12）：58-60.
[7] 黄胶，张富勇，王昕，等．隔热轻质涂层帐篷布的制备［J］．天津纺织科技，2021（4）：55-59.
[8] 赵洪杰，祝成炎，金肖克，等．机织物/隔热涂层三明治结构复合材料的制备及红外隐身性能［J］．现代纺织技术，2022，30（1）：61-69.
[9] 杨仕成．新型隐身篷布的开发［J］．纺织科技进展，2015（3）：29-31.
[10] 杨仕成，李原，周宏伟．新型多功能篷布的开发［J］．纺织科技进展，2015（2）：41-43，46.
[11] 吴进喜．红外伪装篷布的制备与测试［J］．辽宁化工，2011，40（1）：18-21.
[12] 丁文瑶，李静，李建林．高强度阻燃涤纶军用篷布的研制［J］．棉纺织技术，2018，48（3）：42-45.
[13] 周朝钢，谢光银，李露露．高强包覆纱特种篷盖织物的设计与开发［J］．产业用纺织品，2020，38（9）：19-21，28.
[14] 崔红艳，连军涛，范香翠，等．新型多功能隐身篷布的性能和应用［J］．产业用纺织品，2017，35（6）：31-33.
[15] 崔红艳，范香翠，连军涛，等．新型多功能隐身篷布制备和应用分析［J］．产业用纺织品，2017，35（2）：8-10.
[16] 王旭东，蒋洪晖，顾兆梅，等．多功能战术篷布的研制与性能分析［J］．表面技术，2011，40（3）：85-87.

第三章　分离用纺织品的制备

过滤与分离是将有用物质和无用物质分开、捕集有用物质的加工过程，在物质提纯、净化等方面有着广泛的应用。作为多孔纤维集合体的纺织品，既可用于物质的过滤分离，也可用作功能材料的载体，实现液气的净化。过滤分离用纺织品可分为固气分离纺织品、固液分离纺织品、固固分离纺织品、液液分离纺织品等，在空气净化、除尘、油水分离、水质净化、血液净化等领域有着广阔的市场前景。

实验 10　超疏水棉织物的制备

一、超疏水/超亲油棉织物的制备

（一）自组装法

1. 主要实验材料和仪器

γ-巯丙基三乙氧基硅烷（MPTS），氨水（质量分数为 5%~8%），氮气，乙醇，蒸馏水，硝酸银，葡萄糖，酒石酸，十二烷基硫醇（TDDM），甲苯，棉织物，称量纸，电子天平，量筒，高速粉碎机，烘箱等。

2. 实验步骤

（1）将棉织物依次用蒸馏水、乙醇超声清洗 15min，氮气吹干备用。

（2）在氮气保护的条件下，将步骤（1）处理后的棉织物浸入含 0.1%（体积分数）MPTS 的甲苯溶液中，70℃反应 24h 得到自组装端巯基棉织物。

（3）将步骤（2）所制织物放入含有 10mmoL/L 银氨溶液、7.77mmoL/L 酒石酸和 3.331mmoL/L 葡萄糖纳米银生长液中常温反应 4h，得到负载纳米银的棉织物。

（4）用浓度为 20mmoL/L 的十二烷基硫醇的乙醇溶液将步骤（3）所制棉织物修饰 30min，用乙醇清洗自然晾干。

（二）水热法

1. 主要实验材料和仪器

二乙烯基苯（DVB），偶氮二异丁腈，四氢呋喃（THF），去离子水，棉织物，恒温鼓风干燥箱，超声波清洗机，水热反应釜（带有聚四氟乙烯衬里），磁力搅拌器等。

2. 实验步骤

（1）将 5.6mL 二乙烯基苯溶于 40mL THF 中，再依次加入 4mL 水、0.15g 偶氮二异丁腈，室温搅拌 4h，得到单体溶液。

（2）棉织物分别通过无水乙醇和去离子水超声清洗 20min，放入 50℃的烘箱中干燥。

（3）将步骤（2）处理后的棉织物浸入单体溶液中吸附饱和，随后将吸附单体溶液的棉织物放入不锈钢反应釜中，并置于 100℃的烘箱中 24h 以进行溶剂热聚合。

（4）待冷却至室温后，将步骤（3）所制棉织物从高压釜中取出，最后在室温下自然干燥，以挥发未反应的有机物和水。

（5）将步骤（4）所制涂覆有聚二乙烯基苯（PDVB）的棉织物用去离子水洗涤并在 50℃的烘箱中干燥。

二、高黏附超疏水棉织物的制备

（一）主要实验材料和仪器

棉织物，$FeCl_3 \cdot 6H_2O$，NaOH，硬脂酸（STA），乙醇，去离子水，磁力搅拌器，电子天平，烘箱，滤纸等。

（二）实验处方和工艺条件

$FeCl_3$/水溶液/($mol \cdot L^{-1}$)	0.5
NaOH/水溶液/($mol \cdot L^{-1}$)	0.5
STA/乙醇溶液/($g \cdot L^{-1}$)	10
浴比	1：40

（三）实验步骤

（1）将织物浸入 0.5mol/L $FeCl_3$ 溶液中浸泡 5min，滤纸变为黄色。

（2）织物取出后再次浸入 0.5mol/L NaOH 溶液，5s 后取出，黄色的织物表面迅速覆盖一层棕褐色的沉淀。

（3）棕褐色织物取出后用吸水纸将多余的液体移除后再次将滤纸浸入 10g/L 的 STA/乙醇溶液，10s 后取出。

（4）将织物放入 60℃烘箱干燥 2h 即可获得高黏附超疏水织物。

三、阻燃超疏水棉布的制备

（一）主要实验材料和仪器

正硅酸乙酯（TEOS），六甲基二硅胺烷（HMDS），50%植酸（PA）水溶液，壳聚糖（CS，脱乙酰度≥95%），乙酸，氨水（25%~28%），无水乙醇，棉布（CF）。

（二）实验处方和工艺条件

1. 壳聚糖溶液配方

壳聚糖（CS）溶液 25g/L：将 0.5g CS 粉末加入 20mL 2%的乙酸溶液中，磁力搅拌 2h，形成淡黄色的 CS 溶液备用。

2. 植酸（PA）溶液

PA 5%：将50%的植酸溶液用去离子水稀释为5%的PA溶液备用。

3. HMDS—SiO_2溶胶溶液

（1）配方工艺及条件：

TEOS/乙醇溶液/mL	3.5
乙醇/mL	29.5
HMDS/mL	4.5
温度/℃	35
pH值	8~9
28%氨水/mL	2
去离子水/mL	18
老化时间/h	24

（2）配制过程：

①将2mL 28%的浓氨水用去离子水稀释至20mL获得稀氨水。

②将3.5mL TEOS加入25mL无水乙醇中，在35℃水浴条件下磁力搅拌，用稀氨水调pH值至8~9，磁力搅拌3.5h，随着搅拌时间的增加，可以观察到溶液由无色透明逐渐形成浅蓝色分散液。

③搅拌3.5h后，在体系中加入4.5mL HMDS以及4.5mL无水乙醇，继续磁力搅拌1.5h后得到略带乳白色的HMDS—SiO_2溶胶溶液。

④将乳白色的分散液放在室温下老化24h（记作HMDS—SiO_2）。

（三）实验步骤

（1）将棉布裁剪成3cm×3cm的方块，用去离子水超声清洗3次，每次10min，干燥后再次用无水乙醇超声清洗3次，每次10min，清洗后的棉布放入60℃烘箱干燥备用。

（2）将清洗后的棉布浸入CS溶液中10min，使棉布表面沉积一层阳离子聚合物，将棉布取出后放入60℃烘箱干燥，烘干的样品记作CSCF。

（3）将CS、CF再次浸入PA溶液中10min，此时在棉布表面上之前沉积的CS层可以与PA配对形成聚电解质络合物（PEC）覆盖于棉布表面，在60℃烘箱干燥后将样品记为CS/PACF。

（4）将CS/PACF浸渍于HMDS—SiO_2溶胶溶液中10min，取出样品并于60℃干燥。

四、抗菌—光催化—超疏水棉织物的制备

将CuO负载在织物上，制备出抗菌、光催化、超疏水棉织物。

（一）主要实验材料和仪器

棉织物，NaOH，醋酸铜，硬脂酸，乙醇，去离子水，电子天平，搅拌器，烘箱，烧杯，计时器等。

（二）实验处方和工艺条件

1. 碱处理

棉织物/g	25
NaOH 溶液/（g·L^{-1}）	40
温度/℃	60
时间/h	2
浴比	1∶40

2. 醋酸铜溶液处理

醋酸铜溶液质量分数/%	3
温度/℃	100
搅拌速度/（r·min^{-1}）	120
反应时间/h	1
浴比	1∶40

3. 硬脂酸溶液处理

硬脂酸乙醇溶液质量分数/%	1
温度/℃	60
反应时间/min	10
浴比	1∶40

（三）实验步骤

（1）将 25g 的棉织物加入体积为 1L、浓度为 1mol/L 的 NaOH 溶液中，在 60℃条件下处理 2h 以除去商用棉织物表面的杂质。

（2）将步骤（1）处理后的织物置于恒温鼓风干燥箱中干燥 2h，获得纯净的棉织物。

（3）将纯净棉织物置于 1L 醋酸铜溶液（质量分数 3%）中，在 120r/min 的搅拌速度下 70℃下反应 0. 5h。接着升高温度到 100℃，继续反应 0. 5h。

（4）将步骤（3）制备的棉织物进行洗涤，在 60℃下干燥 2h，得到负载氧化铜的棉织物。

（5）将负载氧化铜的棉织物在 60℃的烘箱中干燥后，直接浸渍到浓度为（质量分数 1%）的硬脂酸乙醇溶液中，10min 后取出，使用去离子水洗涤。

（6）将步骤（5）洗涤过的织物置入恒温干燥箱中，60℃干燥 30min。

五、自清洁耐洗耐磨超疏水仿生织物的制备

（一）主要实验材料和仪器

棉精炼布（未漂白），无水乙醇，氨水，四乙氧基硅烷（TEOS），SYLGARD 184A，SYLGARD 184B，γ-氨丙基三乙氧基硅烷（APTES），正己烷，3-异氰酸酯甲基-3，5，5-三甲基环己基异氰酸酯（IPDI），去离子水，烧瓶，超声波发生器，离心机，油浴加热磁

力搅拌器等。

（二）制备步骤

1. **亚微米级二氧化硅颗粒的制备**

（1）将300mL无水乙醇和30mL氨水溶液置入装有冷凝器的三颈圆底烧瓶中混合。

（2）将烧瓶置于油浴中，加热至70℃并以300r/min的转速搅拌混合溶液30min。

（3）向烧瓶中加入20mL TEOS，反应分别进行6h、24h和36h。

（4）用离心机以10000r/min的转速将所得二氧化硅颗粒分离10min。收集颗粒并在超声波作用下重新分散到20mL无水乙醇中，然后在丢弃上清液后再次分离。该过程重复三次，以完全去除其他溶剂。

（5）将颗粒在真空下干燥过夜，并根据6h、24h和36h的不同反应时间分别表示为P_1、P_2和P_3。

2. **超疏水棉织物的制备**

（1）棉织物清洁：未经漂白的机织棉织物（180g/m^2），在超声波作用下用去离子水和乙醇洗涤三次以去除杂质。

（2）溶液A的配制：质量比为1∶1∶1的P_1、P_2和P_3颗粒在超声波作用下分散在63mL无水乙醇中，15min后加入500μL APTES，并在30℃下搅拌1h，所得溶液表示为溶液A，其中颗粒总质量为APTES质量的2%。

（3）溶液B的配制：称量1.0g PDMS预聚物SYLGARD 184A和0.1g固化剂SYLGARD 184B，并将其添加到74mL正己烷中超声波处理15min，然后加入500μL IPDI并搅拌30min，所得溶液为溶液B。

（4）浸涂整理：在第一次浸涂过程中，将清洁的棉织物（5cm×5cm）浸入溶液A中10min，然后取出在室温下干燥。将干燥后的织物浸入溶液B中120s，随后在120℃下固化2h获得超疏水棉织物。

六、表面润湿性测试

参考实验1的防水性能测试步骤进行测试。

七、化学稳定性测试

（一）主要实验材料和仪器

超疏水棉织物试样，盐酸，NaOH，NaCl，去离子水，乙醇，甲苯，己烷，丙酮，去离子水，烧杯，搅拌器，电炉，烘箱等。

（二）实验步骤

（1）将试样浸泡在不同的恶劣环境中24h后进行评估，包括强酸溶液（pH=1，3），强碱溶液（pH=11，13），NaCl溶液（浓度为1%，4%），有机溶剂（如乙醇、甲苯、己烷、丙酮）和沸水。

（2）用去离子水冲洗浸泡过的织物，去除多余的溶剂。

（3）将织物在120℃的烘箱中干燥1h。

（4）测量织物的接触角。

八、阻燃性能测试

参考实验5的阻燃性能测试步骤进行测试，将样品制成13cm×2.5cm的样品条，将样品条夹在夹具上，燃烧采用甲烷气体，火焰高度4cm，点火时间3s，测定燃烧性能。

九、油水分离性能测试

（一）主要实验材料和仪器

柴油，煤油，水，油红O，亚甲基蓝（MB），四氯化碳，氯仿，超疏水棉织物试样，扎带，烧杯，漏斗，滤瓶，量筒等。

（二）实验步骤

（1）分别使用油红O和MB对油和水染色。

（2）用扎带将超疏水/超亲油棉织物固定于小烧杯口组成分离器。

（3）将分离器分别浸入柴油—水混合物、CCl_4—水混合物及煤油—水—氯仿混合物中，油会透过棉织物进入烧杯，水被排斥在烧杯外，从而实现油水混合物的分离。

（4）油水混合物分离效率通过式（3-1）计算。

$$\eta = \frac{V_a}{V_b} \tag{3-1}$$

式中：η——油分离效率；

V_a——分离后收集油的体积；

V_b——分离前油的体积。

十、抗菌性能测试（参照GB/T 20944.3—2008）

（一）主要实验材料和仪器

待测试样，牛肉膏，蛋白胨，蒸馏水，琼脂，葡萄糖，磷酸氢二钠，磷酸二氢钾，金黄色葡萄球菌，大肠杆菌，白色念珠菌，AATCC1993WOB无磷标准洗涤剂，剪刀，分光光度计，显微镜，恒温培养箱，水浴锅，恒温振荡器（摇床），冰箱，玻璃门冷藏箱，高压灭菌锅，带塞三角烧瓶，培养皿，漩涡式振荡器，二级生物安全柜，试管，吸管，烧瓶等。

（二）实验步骤

1. 培养基及试剂的配制

（1）营养肉汤：

牛肉膏/g	3
蛋白胨/g	5

水/mL	1000（最终定容）
灭菌后 pH	7.2~7.4

（2）营养琼脂培养基：

牛肉膏/g	3
蛋白胨/g	10
琼脂粉/g	15
蒸馏水/mL	1000（最终定容）
灭菌后 pH	6.8±0.2

（3）沙氏琼脂培养基：

葡萄糖/g	40
蛋白胨/g	10
琼脂粉/g	20
蒸馏水/mL	1000（最终定容）
灭菌后 pH	5.6±0.2

（4）PBS 溶液（0.03mol/L）：

磷酸氢二钠/g	2.84
磷酸二氢钾/g	1.36
蒸馏水/mL	1000（最终定容）
灭菌后 pH	7.2~7.4
保持温度/℃	5~10

2. 金黄色普通球菌/大肠杆菌菌液的准备

（1）细菌菌液的培养和准备。从 3~10 代的细菌保存菌种试管斜面中取一接种环细菌，在营养琼脂平板上画线。于（37±1）℃，培养 8~24h。用接种环从平板中挑出一个典型的菌落，接种于 20mL 营养肉汤中。于（37±1）℃，130r/min，振荡 8~24h，即制成了接种菌悬液。

菌液含量采用分光光度计法或稀释法测定，活菌数应达到（1~5）$\times 10^9$CFU。此新鲜菌夜应在 4h 内尽快使用，以保证接种菌的活性。

（2）细菌接种菌液的准备。用吸管从细菌悬液中：

①吸取 2~3mL（大肠杆菌取 2mL，金黄色葡萄球菌取 3mL），移入装有 9mL 营养肉汤的试管中，充分混匀。

②吸取 1mL 移入另一支装有 9mL 营养肉汤的试管中，充分混匀。

③吸取 1mL 移入装有 9ml 0.03mol/L PBS 缓冲液的试管中，充分混匀。

④吸取 5mL 移入装有 45mL 0.03mol/L PBS 缓冲液的三角烧瓶中。

充分混匀，稀释至含活菌数目（3~4）$\times 10^5$CFU/mL（由此固定的 4 次稀释程序，此接种菌液中含有微量的营养肉汤），用来对试样接种。此接种菌液应在 4h 内尽快使用，以保持接种菌的活性。

3. 白色念珠菌菌液的培养和准备

（1）白色念珠菌接种菌悬液的制备：从3～10代的白色念珠菌保存菌种试管斜面中取一接种环，在沙氏琼脂平板上划线。于（37±1）℃，培养18～24h。

用接种环从平板中挑出典型的菌落，接种于沙氏琼脂培养基试管斜面，于（37±1）℃，培养18～24h，得新鲜培养物，再往此试管中加入5mL PBS。反复吹吸，洗下新鲜菌苔。

然后用5mL吸管将洗脱液移至另一支无菌试管中，用旋涡式振动器混合20s或在手上振摇80次，使其充分混匀，即制成了接种菌悬液。此菌悬液含量采用分光光度计法或稀释法测定，活菌数应达到1×10^8～5×10^8CFU/mL。此新鲜菌液应在4h内尽快使用，以保证接种菌的活性。

（2）白色念珠菌接种菌液的准备：用吸管从白色念珠菌悬液中吸取2～4mL，移入装有9mL PBS的试管中，进行10倍系列稀释操作，充分混匀。

吸取5mL移入装有45mL PBS的三角烧瓶中，充分混匀。稀释至含活菌数2.5×10^5～3×10^5（CFU/mL），用来对试样接种（可在此三角烧瓶中加入适量直径2～3mm的小玻璃球振摇，以利撞碎结块的菌团，使接种菌液更均匀）。此接种菌液应在4h内尽快使用，以保持接种菌的活性。

4. 试样的洗涤

（1）耐洗色牢度实验机洗涤方法。从待测样品中取3个小样（每个尺寸10cm×10cm，剪成2块）进行按照下述条件进行洗涤：

洗涤水温/℃	40±3
AATCC1993WOB无磷标准洗涤剂浓度/%	0.2
洗涤溶液/mL	150
钢珠/粒	10
洗涤时间/min	45

洗涤后取出试样，在（40±3）℃和100mL的水中清洗两次，每次1min。重复此程序，直至规定的洗涤次数。为防止残留的洗涤剂干扰抗菌性能测试，最后一个程序结束时充分清洗样品，然后晾干或烘干。

（2）家用双桶洗衣机洗涤方法：从待测大样中取20g以上的小样，实验条件为（40±3）℃，浴比1∶30，AATCC1993WOB无磷标准洗涤剂浓度0.2%。下述程序相当于5次洗涤（以20g布样为例，实际实验应根据试样按比例增加水量及洗涤剂）：

水温/℃	40±3
水量/L	6
试样/g	20
陪洗织物/g	180
洗涤剂/g	12
洗涤时间/min	25

洗涤后排水 6L，自来水注洗 2min。取出织物，离心脱水 1min。再用 6L 自来水注洗 2min，取出织物，离心脱水 1min。

重复此程序，直至规定的洗涤次数。为防止残留的洗涤剂干扰抗菌性能测试，最后一个程序结束时应充分清洗样品，然后晾干或烘干。

5. 试样灭菌

（1）剪碎：将抗菌织物样及对照样分别剪成约 5mm×5mm 大小的碎片，称取（0.75±0.05）g 作为一份试样，用小纸片包好。根据实验需要称取多份试样，每份试样均用小纸片包好。

未经抗菌处理织物样若需检测也按此规定剪碎、称量并用小纸片包好。

（2）灭菌：将装有试样的小纸包放入高压灭菌锅，于 121℃、103kPa 灭菌 15min，备用。

6. 抗菌性能测试

（1）装样：准备 9 个 250mL 三角烧瓶。在其中 3 个烧瓶中各加入对照样 0.7~0.8g，3 个烧瓶中各加入待测试样 0.7~0.8g，另 3 个烧瓶不加试样作为空白对照，然后在每个烧瓶中各加入 69.9~70.1mL PBS 缓冲液。

（2）“0”接触时间制样：用吸管往 3 个对照样烧瓶和 3 个对照烧瓶中各加入 5mL 接种菌液，盖好瓶塞，放在恒温振荡器上，在 23~25℃，以 250~300r/min，振荡 1min±5s，然后进行下一步“0”接触时间取样。

（3）“0”接触时间取样：用吸管在“0”接触时间制样的 6 个烧瓶中各吸取 0.9~1.1mL 溶液，移入装有 8.9~9.1mL PBS 的试管中，充分混匀。

用 10 倍稀释法再进行 1 次稀释，充分混匀。

吸取 0.9~1.1mL 移入灭菌的平皿，倾注营养琼脂培养基或沙氏琼脂培养基约 15mL。

每个 100 稀释倍数的试管分别吸液制作两个平板作平行样。

室温凝固，倒置平板，于 36~38℃下培养 24~48h（白色念珠菌 48~72h），记录每个平板中的菌落数。

注：对照样接种“0”接触时间取样并倾注平板培养后，在此 10^2 稀释倍数平板中，金黄色葡萄球菌及大肠杆菌的平均菌落数宜控制在 200~250CFU，白色念珠菌的平均菌落数宜控制在 150~200CFU，否则影响实验精确度。

（4）定时振荡接触：用吸管往 3 个待测试样烧瓶中各加入 5mL 接种菌液，盖好瓶塞，已完成“0”接触时间取样且盖好瓶塞的另 6 个烧瓶不需再加接种液。

将此 9 个试样的烧瓶置于恒温振荡器上，在 23~25℃，以 150r/min，振荡 18h。

（5）稀释培养及菌落数的测定：到规定时间后，从每个烧瓶中吸取 0.9~1.1mL 试液，移入装有 8.9~9.1mL PBS 的试管中，充分混匀。

用 10 倍稀释法系列稀释至合适稀释倍数。

用吸管从每个稀释倍数的试管中分别吸取 0.9~1.1mL 移入灭菌的平皿，倾注营养琼脂培养基或沙氏琼脂培养基约 15mL，每个稀释倍数的试管分别吸液制作两个平板作平行样。

室温凝固，倒置平板，36~38℃培养 24~48h（白色念珠菌 48~72h）。选择菌落数在 30~300CFU 的合适稀释倍数的平板进行计数。若最小稀释倍数平板中的菌落数小于 30，则按实际数量记录；若无菌落生长，则菌落数记为“<1”。两个平行平板的菌落数相差应在 15%以内，否则此数据无效，应重作实验。

（6）活菌浓度的计算：根据两个平板得到的菌落数，按式（3-2）计算每个试样烧瓶内的活菌浓度（保留两位有效数）。

$$K = Z \times R \tag{3-2}$$

式中：K——每个试样烧瓶内的活菌浓度，CFU/mL；

Z——两个平板菌落数的平均值；

R——稀释倍数。

根据式（3-3）计算实验菌的增长值 F。

$$F = \lg W_t - \lg W_0 \tag{3-3}$$

式中：F——对照样的实验菌增长值；

W_t——3 个对照样 18h 振荡接触后烧瓶内的活菌浓度的平均值，CFU/mL；

W_0——3 个对照样“0”接触时间烧瓶内的活菌浓度的平均值，CFU/mL。

对金黄色葡萄球菌及大肠杆菌等细菌，当 F 大于或等于 1.5；对白色念珠菌，当 F 大于或等于 0.7，且对照烧瓶中的活菌浓度比接种时的活菌浓度增加时，实验判定为有效。否则实验无效，须重新进行实验。

（7）抑菌率的计算：振荡接触 18h 后，比较对照样与待测试样烧瓶内的活菌浓度，按式（3-4）计算抑菌率（保留两位有效数）。

$$Y = \frac{W_t - Q_t}{W_t} \times 100\% \tag{3-4}$$

式中：Y——试样的抑菌率；

W_t——3 个对照样 18h 振荡接触后烧瓶内的活菌浓度的平均值，CFU/mL；

Q_t——3 个待测试样 18h 振荡接触后烧瓶内的活菌浓度的平均值，CFU/mL。

（8）结果的表达：以抑菌率的计算值作为结果。当抑菌率计算值为负数时，表示为“0”；当抑菌率计算值≥0 时，表示为“≥0”。

对金黄色葡萄球菌及大肠杆菌的抑菌率≥70%，或对白色念珠菌的抑菌率≥60%，样品具有抗菌效果。

十一、耐洗性测试

（一）主要实验材料和仪器

待测试样，AATCC 1993 WOB 标准洗涤剂，去离子水，洗衣机，可加热容器等。

（二）实验步骤

1. 洗涤

进行按照下述条件进行洗涤：

洗涤水温/℃　　40±3

无磷标准洗涤剂浓度/%　　1

浴比　　1∶50

钢珠/粒　　10

洗涤时间/min　　45

洗涤后取出试样，在（40±3）℃和100mL的水中清洗两次，每次1min。重复此程序，直至洗涤次数（如5次、10次、15次、20次、25次）。

2. 油水分离性能测试

对经过一定洗涤次数的待测试样进行油水分离性能测试，参照本实验之油水分离性能测试，进而评价试样的耐洗性能。

十二、耐磨性能测试

首先参照实验8的耐磨性能测试步骤进行测试，然后对平磨后的试样进行油水分离性能测试，参照本实验之油水分离性能测试，进而评价试样的耐磨性能。

注意事项

（1）所用试剂均为分析纯级，实验用水为二次蒸馏水。

（2）严格按照实验步骤进行操作。

思考题

分析负载纳米银的作用。

实验11　超亲油麻纤维纺织品的制备

一、超润湿油水分离麻织物的制备

（一）主要实验材料和仪器

718单组分聚氨酯，*N*-甲基吡咯烷酮（NMP），丙三醇，去离子水，无水乙醇，十八烷基三氯硅烷（OTS），正己烷，台式电子天平，电热鼓风干燥箱。

（二）实验处方和工艺条件

1. 聚氨酯溶液

聚氨酯黏合剂/g　　50

N-甲基吡咯烷酮/L　　1

2. 丙三醇溶液

丙三醇/体积份　　7

水/体积份　　3

3. OTS溶液

OTS/体积份　　1

正己烷/体积份　　99

（三）制备步骤

（1）将50g聚氨酯加入1L NMP中，配制50g/L聚氨酯溶液。

（2）将超声清洗处理的麻布织物垂直浸泡于聚氨酯溶液中且保持垂直状态1h后垂直抽出，在空气中简单沥干30s后缓慢垂直插入按7∶3比例混合的丙三醇水溶液中，并保持垂直浸泡状态1h。

（3）将麻织物从丙三醇水溶液中取出，随后用超纯水反复清洗后将麻布放入干燥箱中干燥2h。

（4）取出麻织物并将其浸泡在OTS的正己烷溶液中（体积比1%）1h后用正己烷与无水乙醇对其进行清洗。

（5）取出麻织物在50℃下烘干30min。

二、超浸润油水分离麻布袋的制备

采用麻布袋、棉花和秸秆粉作为原材料，制备了不同类型且可用于分离多相分层油/水混合物和多相油乳/水的混合物超浸润油水分离器。

（一）主要实验材料和仪器

184硅橡胶，中空多孔聚乙烯球（直径60mm），NH_3H_2O，NaOH，H_2O_2（30%），疏水纳米SiO_2，盐酸，非离子表面活性剂，无水乙醇，正己烷，$CHCl_3$，CCl_4，PDMS，SYLGARD184A，SYLGARD184B，去离子水，绳子，麻织物，500mL烧杯，电子天平，中药粉碎机，超声波清洗器，磁力搅拌器，细胞破碎机，电热鼓风干燥箱。

（二）实验步骤

1. PDMS/SiO_2麻布袋的制备

（1）用去离子水、正己烷和乙醇分别对麻袋进行超声波清洗20min。

（2）将清洗后的麻布织物浸入含有900mL正己烷、3g SYLGARD184A、3g SYLGARD184B和36g纳米SiO_2的均匀超声分散液中，在磁性搅拌下浸泡10min。

（3）取出浸没的布袋，正己烷洗涤，60℃烘干3h，得到超疏水/超亲油麻布袋。

2. 超亲水/油下亲水秸秆粉的制备

（1）通过粉碎机对得到的秸秆粉颗粒进行粉碎处理，随后使用60目和80目标准筛对秸秆粉进行筛分。

（2）用无水乙醇和去离子水对筛分后的木粉进行超声清洗，每次 30min，随后用 120 目的尼龙膜进行收集。

（3）将收集到的木粉颗粒置于 80℃的电热鼓风干燥箱中干燥 48h。

（4）取出并浸泡在 400mL 0.5% NaOH 和 14mL 30% H_2O_2 的混合溶液中，室温浸泡 10h 除去表面不溶性杂质并脱去部分木质素增强其表面亲水性，用盐酸将 pH 调节至 6.5~7.5。

（5）用去离子水将取出的木屑反复洗净，然后在 70℃的真空炉中彻底干燥。

3. 悬挂式油乳分离器的制备

当内部填充物采用超亲水/油下亲水的秸秆颗粒多孔材料时，可构成悬挂式油乳分离器，该复合体系可以快速有效地分离乳化剂稳定型油包水乳液甚至多相油乳/水混合物。

4. 超浸润自驱动集油器的制备

将直径为 60mm 中空多孔聚乙烯球装填到 PDMS/SiO_2 麻布袋中，并用系绳封口即得到超浸润自驱动集油器。

三、两项油水混合物分离性能测试

（一）主要实验材料和仪器

正己烷，超疏水/超亲油麻织物试样，去离子水，量筒，漏斗，抽滤瓶等。

（二）实验步骤

（1）按正己烷和水体积比 1∶1 配置油水混合物。

（2）将待测试样放入漏斗中，量筒漏斗一同安装在抽滤瓶上。

（3）将油水混合物倒入漏斗中，在重力和待测试样的作用下实现油水分离。

（4）以油的回收体积作为参照，其油水分离效率按式（3-1）计算，取五次结果的均值作为最终结果。

四、三相油水混合物分离性能测试

（一）主要实验材料和仪器

正己烷，四氯化碳，超疏水/超亲油麻布，去离子水，量筒，铁架台，盛水容器等。

（二）实验步骤

（1）按照体积比 1∶1∶1 配制正己烷/水（蓝色）/四氯化碳三相油水混合物 180mL。

（2）利用系绳将超疏水/超亲油麻布袋固定在铁架台上。

（3）麻布袋下放置盛水容器。

（4）将三相油水混合物从布袋口处倾倒，盛水容器收集从麻袋中滤出的液体。

（5）待油水混合物完全分离，计算出分离后的水溶液体积。

（6）其油水分离效率按式（3-1）计算，取五次结果的均值作为最终结果。

五、悬挂式多相油乳/水混合物分离性能测试

（一）主要实验材料和仪器

乳化剂 span80，苯，正己烷，三氯甲烷，四氯化碳，超纯水，悬挂式油乳分离器样品，玻璃瓶，砂芯过滤器组件，圆筒形玻璃仪器（两端开口且开口直径不同），同单臂夹，铁架台，量筒，盛水容器，磁力搅拌器等。

（二）实验步骤

1. 乳液配制

（1）将 0.5g span80 分别滴加到 114mL 四种不同类型的有机试剂（甲苯、正己烷、三氯甲烷，四氯化碳）中并充分搅拌 3min。

（2）随后加入 2mL 水，继续在室温条件下搅拌 3h，得到乳白色且稳定的乳状液。

2. 多相油包水乳液与水混合物配制

将 30mL 甲苯包水乳液、20mL 超纯水和 30mL 四氯化碳包水乳液按次序缓慢地加入玻璃瓶中，并使玻璃瓶内的溶液由上到下分层呈现出甲苯包水乳液/水/四氯化碳包水分层结构。

3. 分离性能测试

（1）将砂芯过滤器组件（圆筒形玻璃仪器，两端开口且开口直径不同）窄口部分埋入布袋中并用单臂夹夹紧且竖直悬挂固定在铁架台上，圆筒形玻璃仪器在上方布袋在下方。

（2）通过圆筒形玻璃仪器将 30g 秸秆粉装填到布袋中，并用油组分简单润湿（正己烷、四氯化碳、甲苯或氯仿），使油包水乳液在穿过秸秆粉更容易浸润秸秆粉颗粒。

（3）圆筒玻璃仪器下方放置盛水容器，将三相油水混合物甲苯包水乳液/水/四氯化碳包水乳液从圆筒玻璃仪器开口处倾倒。

（4）待三相油水混合物完全分离且无液体滴出后，收集分离后的滤液用于后续水分含量检测。

（5）其油水分离效率按式（3-1）计算，取五次结果的均值作为最终结果。

六、吸附式三相油/水混合物分离性能测试

（一）主要实验材料和仪器

棉花，超疏水/超亲油麻布袋，正己烷，水，四氯化碳，量筒，烧杯，搅拌器等。

（二）实验步骤

（1）按照体积比 1∶1∶1 配制正己烷/水（蓝色）/四氯化碳三相油水混合物 180mL。

（2）将装填 5g 棉花的超疏水/超亲油麻布袋。

（3）将上述麻布袋浸没到正己烷/水/四氯化碳三相油水混合物中。

（4）待油被完全吸附后，测量分离后剩余水溶液的体积，按式（3-1）计算油水分离效率。

七、超浸润自驱动集油器浮油收集性能测试

（一）主要实验材料和仪器

超浸润自驱动集油器试样，自来水，MB 染料，PDMS，烧杯，量筒等。

（二）实验步骤

（1）向 350mL 自来水中加入 0.1g MB 染料配成染液。

（2）向 500mL 烧杯容器中加入 350mL 染液和 100mL PDMS，放置分层。

（3）将超浸润自驱动集油器放置到上述分层溶液中进行硅油收集。

（4）记录收集时间，待收集完毕后，将集油器取出并倾倒后，完成一次收集。

（5）将集油器回收，重复（1）~（4）步骤，记录每次收集时间，观察每次的收集效率。

注意事项

（1）超浸润自驱动集油器可用于收集各种多种黏油，如豆油、真空泵油、抗磨液压油、汽油机油等。

（2）本实验方法中，除适用于麻织物外，也可用于其他织物。

思考题

（1）纺织品超润湿表面的构建方法有哪些？

（2）植物性纤维材料在油水分离应用方面有哪些优势？

实验 12　超亲水水下超疏油涤棉织物的制备

r-氨丙基三乙氧基硅院（APTES）是常用的两亲性硅烷偶联剂，其一端的乙氧基在水溶液或空气中水分的存在下易水解生成硅醇，与有机或无机材料发生化学偶联。亲水性纳米二氧化钛（TiO_2）作为常用的增强材料表面粗糙度的物质，具有良好的光催化性能。基于此，本实验直接将 APTES 与 TiO_2 混合并作用于织物上，通过水解、交联制备超亲水水下超疏油织物。

一、主要实验材料和仪器

涤棉织物，丙酮，乙醇，去离子水，APTES，亲水纳米二氧化钛（TiO_2），超声波清洗机，磁力搅拌器，水浴锅，剪刀，刻度尺，干燥箱等。

二、实验步骤

（1）将织物裁剪成5cm×5cm的正方形，在丙酮和乙醇中超声洗净并干燥。

（2）将质量比为1∶10的TiO_2和APTES混合并在室温下磁力搅拌1h使混合均匀。

（3）将洗净的织物浸入上述混合液中超声20min。

（4）取出织物于室温下水解1h。

（5）80℃交联1h。

（6）将织物置于纯水中超声10min，以去除过量和弱吸附的APTES—TiO_2。

（7）在80℃下干燥1h，得到APTES—TiO_2—织物。

作为对比，通过不添加TiO_2，其他实验条件不变制备APTES—织物。

三、接触角测试

（一）主要实验材料和仪器

涤棉织物，APTES—织物，APTES—TiO_2—织物，去离子水，二氯甲烷，正己烷，石油醚，二甲苯和食用油，接触角测试仪等。

（二）实验步骤

参照实验1的接触角测试，分别对原始织物、APTES—织物和APTES—TiO_2—织物进行水接触角，将去离子水改成二氯甲烷、正己烷、石油醚、二甲苯和食用油，进行油接触角的测试。每个接触角选择样品5个不同位置进行测量，取平均值。

四、油水分离性能测试

（一）主要实验材料和仪器

涤棉织物，APTES—织物，APTES—TiO_2—织物，去离子水，正己烷，石油醚，二甲苯和食用油，红色染料，玻璃瓶，滤瓶等。

（二）实验步骤

1. 油水混合液的配制

按照体积比为1∶1配制40mL油/水混合液，分别选择正己烷、石油醚、二甲苯和食用油作为轻油，采用油红O染色。

2. 油水分离测试

参照实验10的油水分离性能测试，分离出的液体由玻璃瓶收集，按照式（3-1）计算测定分离效率，样品的分离通量 F 根据式（3-5）计算，每次测量一式五份进行，并给出平均值。

$$F=\frac{V}{S\cdot T} \tag{3-5}$$

式中：S——织物的有效测试区域面积；

V——收集的水的体积；

T——油水完全分离所需时间。

五、耐酸碱腐蚀性测试

（一）主要实验材料和仪器

APTES—织物，APTES—TiO_2—织物，盐酸，氯化钠，NaOH，超纯水，二氯甲烷，正己烷，石油醚，二甲苯和食用油，接触角测试仪等。

（二）实验步骤

1. 腐蚀液的配制

（1）强酸溶液：

HCl/$(mol\cdot L^{-1})$ 0.1

pH 值 1

（2）强碱溶液：

NaOH/$(mol\cdot L^{-1})$ 0.1

pH 值 13

（3）盐溶液：

NaCl/$(mol\cdot L^{-1})$ 0.1

pH 值 7

2. 实验步骤

将改性织物分别浸入 HCl 溶液、NaCl 溶液和 NaOH 溶液中 24h，取出用纯水冲洗后测量其油接触角和油水分离效率。

六、光催化性能测试

（一）主要实验材料和仪器

APTES—TiO_2—织物，去离子水，亚甲基蓝（MB），剪刀，紫外灯（9W），分光光度计，计时器等。

（二）实验步骤

（1）配制浓度约为 10PPM 的 MB 染料水溶液。

（2）将裁剪成 2cm×2cm 的织物浸入 10mL MB 染料水溶液中，在紫外灯下照射 12h，每 3h 用紫外分光光度仪测量 MB 染料水溶液中 MB 染料的含量以评估样品的光催化效率。

（3）将样品完全浸入 MB 染料水溶液中后取出干燥以制备被有机染料污染的织物。

（4）将被污染的织物浸入纯水中，在紫外灯下照射 12h，通过观察照射前后样品的颜色来评估光催化降解吸附在样品表面有机染料的能力。为了检测样品的循环催化降解性能，进行 5 次连续实验。

注意事项

织物在交联前不能冲洗。

思考题

该法能否应用到其他纤维材料或其他织物，如机织物、针织物、非织物上？

实验 13　油水分离 PVDF 纤维膜的制备

一、PVDF 中空纤维膜的制备

在部分相容或不相容的多相聚合物成膜体系中，基质相与分散相之间形成界面层，在外力作用下界面层容易形成间隙，可提高膜的孔隙率和渗透率。

（一）主要实验材料和仪器

PVDF（6010），FEP（DS618B），$CaCl_2$，PEG（分子量 1×10^4），同向双螺杆挤出机，造粒机，喷丝头（外径 4mm/内径 2mm），称量纸，量筒，电子天平，高速粉碎机，烘箱等，电子拉力实验机等。

（二）制备步骤

（1）将 PVDF、FEP、PEG、$CaCl_2$ 按质量比为 50∶10∶20∶20 加入高速粉碎机中并搅拌 10 次（每次 30s）。

（2）将混合均匀的物料加入双螺杆纺丝机中，挤出、造粒。

（3）将粒料喂入双螺杆纺丝机，并通入 N_2 作为芯液，在 230℃ 下经喷丝头挤出后在空气中冷却固化成形，经卷绕得到 PVDF 初生中空纤维膜。

（4）PVDF 初生中空纤维膜经充分水洗，室温干燥待用。

（5）用电子拉力实验机以 10mm/min 的拉伸速率在 90℃ 下对 PVDF 中空纤维膜分别拉伸 0、50%、100%和 150%。

二、PVDF—TiO_2 静电纺纳米纤维膜的制备

（一）主要实验材料和仪器

PVDF，钛酸四丁酯（TBOT），DMF，丙酮，去离子水，乙醇，硫酸，油，电子天平，三口烧瓶，搅拌器，温度计，注射器，平口针头（内径 0.9mm），静电发生器，铜板，铝箔，精密推进泵，干燥箱等。

（二）实验步骤

1. PVDF/TBOT 纺丝液的配制

称取 4g PVDF 粉末于 50mL 三口烧瓶内，分别加入 15g DMF 和 10g 丙酮作为溶剂，40℃下搅拌约 1h 后加入 4g TBOT，继续在 40℃下搅拌 1h，得到乳白色黏稠状纺丝液。

2. PVDF/TBOT 复合纤维膜的制备

（1）注射器抽取纺丝液移入注射泵中，接上针头和静电压夹头，采用纺丝 25kV、接收距离 20cm，喷射速率控制在 1mL/h 等电纺工艺参数进行静电纺丝。

（2）将制备好的 PVDF/TBOT 复合纤维膜放入鼓风干燥箱中，在 60℃下干燥 12h，使溶剂充分挥发。

（3）在相同条件下制备纯 PVDF 纤维膜作为参照。

3. PVDF/TiO_2 复合纤维膜的制备

（1）将制备好的 PVDF/TBOT 纤维膜裁剪成 5cm×5cm 的方片备用。

（2）取 0.5mol/L 硫酸溶液 30mL、PVDF/TBOT 方片放入不锈钢高压反应釜中，在 150℃下反应 24h，最终得到柔性的 PVDF/TiO_2 原位生长纤维膜。

（3）将膜取出，分别使用去离子水和乙醇洗涤 3 遍，然后在鼓风干燥箱中 60℃下烘干 10h 备用。

三、光催化效果、接触角测试

方法同实验 12。

四、煤油通量测试

（一）主要实验材料和仪器

PVDF 中空纤维膜，煤油，量筒，膜通量测试仪等。

（二）实验步骤

（1）将 PVDF 中空纤维膜安装在膜通量测试仪上。

（2）将煤油倒入水槽中。

（3）打开隔膜泵，调节调压阀，使压力稳定在 0.02MPa。

（4）测定并通过式（3-6）计算 PVDF 中空纤维膜的油通量 J_1。

$$J_1 = \frac{V}{s \times t} \tag{3-6}$$

式中：V——透过油的体积，L；

s——膜面积，m^2；

t——测试时间，h。

五、油—水分离性能测试

（一）主要实验材料和仪器

煤油，span80，去离子水，高速匀质机，注射泵，水分仪，错流过滤机等。

（二）实验步骤

（1）将 99mL 煤油和 0.1g span80 加入三口烧瓶中。

（2）以 3000r/min 的转速在室温下搅拌 30min。

（3）然后以每 30min 滴加 0.1mL 的速度逐滴加入 1mL 去离子水，搅拌 1h，得到油包水乳液。

（4）用外压错流过滤法测试膜的油包水乳液分离性能，用水分仪测定油包水乳液和透过液的含水率。分离过程中，透过液分离通量按油通量式（3-6）计算，油包水乳液分离效率 k 按式（3-7）计算。

$$k = \frac{C_0 - C_1}{C_0} \times 100\% \tag{3-7}$$

式中：C_0——油包水乳液的含水率，g/L；

C_1——透过液的含水率，g/L。

注意事项

（1）本实验所用试剂均为分析纯级。

（2）实验中 PVDF、FEP、PEG、$CaCl_2$ 等材料在使用前，须经 60℃ 真空干燥 24h。

（3）可通过控制纺丝速度、纺丝液浓度、纺丝时间、电压等参数来调控纤维直径及纳米纤维膜的厚度。

（4）测试时配制质量比为 1∶1 的油水混合物，油液用苏丹红染色，去离子水用孔雀石绿染色，复合膜油水分离的效率定义为分离后与分离前油液的质量比。

思考题

（1）纳米纤维膜的形态结构对油水分离效果的影响。

（2）评价两种制备方法的优缺点。

实验 14　超疏水超亲油涤纶织物的制备

一、涤纶—石蜡织物制备

利用涤纶纤维聚酯大分子在较高的温度条件下发生的分子链段运动，在聚酯大分子链之间产生空隙，从而导致聚二甲基硅氧烷与石蜡的大分子半嵌于纤维分子之间的空隙，未嵌入的部分保留在纤维柱表面形成褶皱状的微纳米级粗糙度，从而制备得到超疏水超亲油的石蜡基涤纶织物。

（一）主要实验材料和仪器

涤纶织物，石蜡（Wax），正硅酸乙酯（TEOS），二月桂酸二正辛基锡（DOTDL），聚二甲基硅氧烷（PDMS），乙醇，丙酮，去离子水，电子分析天平，磁力搅拌器，聚四氟乙烯罐，电热鼓风干燥箱，水浴锅，超声波清洗器。

（二）实验步骤

1. 涤纶织物的预处理

（1）剪取 6cm×7cm 涤纶织物，将其浸泡于乙醇溶液中超声清洗 10min，并用去离子水洗涤。

（2）将其浸泡于丙酮溶液中二次超声清洗 10min，并用去离子水洗涤。

（3）在去离子水中超声清洗 10min 并烘干备用。

2. PDMS/Wax/PET 织物的制备

（1）称取 1. 0g 的 PDMS 和 4. 0g 的 TEOS 置于 30mL 的正己烷溶液中。

（2）加入 0. 2g 的催化剂 DOTDL 室温下搅拌 3h 使其发生交联反应，得 PDMS 反应液。

（3）称取一定量（占 PDMS 反应液的 8%）的固体石蜡置于 40mL 的正己烷中 50℃恒温水浴搅拌至分散均匀，得石蜡分散液。

（4）将石蜡分散液加入上述 PDMS 反应液中持续搅拌 3h 至分散均匀。

（5）将剪取的织物置于聚四氟乙烯罐内并将上述疏水整理液倒入罐内，密封之后置于烘箱中 120℃处理 12h。

（6）将其取出 60℃干燥即可。

二、光催化超疏水涤纶织物的制备

将 Bi_2WO_6 与 SiO_2 粉末混合通过石蜡与 PDMS 的交联黏附作用固定在织物表面，在实现较好的疏水性能的同时，赋予织物光催化性能，以实现织物对废水中有机染料的去除。

（一）主要实验材料和仪器

涤纶布，SiO_2，Wax，TEOS，DOTDL，PDMS，正己烷，MB 染料，$Bi(NO_3)_3 \cdot 5H_2O$，

$Na_2WO_4 \cdot 2H_2O$，乙二醇，丙酮，乙醇，电子分析天平，磁力搅拌器，电热鼓风干燥箱，水浴锅，PTFE 反应釜，接触角测量仪，超声波清洗器，智能高速冷冻离心机。

（二）实验步骤

1. 涤纶织物的预处理

同涤纶—石蜡织物制备。

2. Bi_2WO_6 粉体的制备

（1）称取 0.79g $Bi(NO_3)_3 \cdot 5H_2O$ 与 0.33g Na_2WO_4 分散至 20mL 乙二醇中，磁力搅拌 2h 使之溶解为均一透明溶液。

（2）向步骤（1）所制溶液中加入 50mL 乙醇混合搅拌 3h。

（3）将步骤（2）所制混合液倒入 PTFE 反应釜中，密封并将其放入烘箱中加热到 160℃反应 12h。

（4）将反应釜取出并在室温下冷却，用去离子水与乙醇反复离心洗涤，干燥之后备用。

3. PET—Bi_2WO_6 织物的制备

（1）称取 1.0g PDMS 与 4.0g TEOS 并加入 0.2g DOTDL，置于 30mL 的正己烷溶液中室温下搅拌 3h 使其发生交联反应。

（2）称取一定量 SiO_2 与 Bi_2WO_6 的混合粉末置于上述反应液中搅拌至分散均匀，得悬浮液。

（3）称取 10%（占 PDMS 反应液的比重）的石蜡置 40mL 的正己烷中 50℃恒温水浴搅拌置分散均匀。

（4）将石蜡分散液加入上述悬浮液中持续搅拌 3h 至分散均匀。

（5）将剪取的织物置于聚四氟乙烯罐内并将上述混合分散液倒入罐内，密封之后放置烘箱中 120℃处理 12h。

（6）待罐体冷却后将其取出在 60℃干燥即可。

三、油水分离性能测试

（一）主要实验材料和仪器

PDMS/Wax/PET 织物，PET—Bi_2WO_6 织物，水，油，漏斗，滤瓶等。

（二）实验步骤

参照实验 10 的油水分离性能测试。

四、光催化降解性能测试

（一）主要实验材料和仪器

PET—Bi_2WO_6 织物，剪刀，MB 染料，氙灯，去离子水等。

（二）实验步骤

（1）剪取 6cm×3cm 织物。

（2）将织物试样浸入预先配置好的 50mL MB（20mg/L）溶液中暗反应 30min 达到吸附平衡。

（3）选用 300W 的氙灯模拟太阳光作为实验光源，进行光催化降解反应。反应过程中利用冷却水保持反应液为 25℃，避免因光照时间过长而升温。

（4）每隔 15min 取 3.5mL 染液，通过紫外分光光度计测量反应前后染液浓度的变化。

注意事项

（1）进行光催化降解实验时，请注意并注明光源与溶液间的距离。

（2）在进行溶液搅拌时，合理控制搅拌速度。

思考题

制造涤纶织物表面微纳米级粗糙度，是否能够采用碱刻蚀法，请分析。

实验 15　仿生水草生物膜载体的制备

生物接触氧化技术就是将准备好的生物载体材料放入受污水体中，水体内的微生物会附着吸附于载体材料上，随着微生物的生长繁殖进而在材料表层出现大量的生物膜，通过微生物的新陈代谢作用以及生物膜内部厌氧环境的反硝化作用来氧化分解水中污染物质，同时载体材料和生物膜还能够吸附截留污染物，共同完成净化水质的目的。生物接触氧化法工艺的核心是生物膜载体，开发高性能、低成本的生物载体材料对水体净化有着重要的意义。

一、绳带状生物膜载体的制备

纤维绳带状生物膜载体可持续保持大量微生物，不易堵塞，于污泥既容易附着也容易剥离，可以加速微生物的更新状态。

（一）主要实验材料和仪器

玄武岩纤维丝，玻璃纤维丝，涤纶长丝，麻纤维，丙纶长丝，废弃麻布，废弃绒布，废弃涤棉布，壳聚糖、冰醋酸，尼龙绳，环氧树脂胶，打火机，剪刀，米尺，水槽，铁架，爆气盘，充气泵等。

（二）实验步骤

1. 纤维绳状仿水草生物膜载体的制备

（1）将纤维束浸渍于4%的壳聚糖溶液中1h，取出烘干。

（2）置入 Na_2CO_3 溶液（pH值9~10）中10min。

（3）取出浸渍于清水中10min，取出烘干。

（4）用米尺量取30cm长的纤维束，共准备30cm长的纤维束12束。

（5）使用米尺量取60cm长的尼龙绳并用剪刀剪断，之后用打火机烧一下剪刀剪断的断口，使断口黏结在一起。

（6）将准备好的12束30cm长的纤维束等距（间距5cm）系在尼龙绳上。

按照上述步骤，依次制备出玄武岩纤维绳生物膜载体，玻璃纤维绳生物膜载体，涤纶纤维生物膜载体，麻纤维绳生物膜载体，丙纶纤维生物膜载体。编织好的纤维绳浸入水中后，纤维丝会呈伞型发散，增大载体与微生物直接的接触面积，有利于生物膜生长，更有利于水质净化。

2. 织物带状仿水草生物膜载体的制备

（1）将废弃织物（麻布、绒布、涤棉布）裁剪成300mm×50mm带状12条。

（2）等间距5cm绑于尼龙绳上。

3. 反应器的制备

（1）水槽反应器的制备。水槽规格为长1.1m，宽0.7m，有效水深1.0m。水槽下方距槽底0.2m处置有2个曝气盘，曝气量可调。

（2）铁架的制备。铁架规格为长1m，宽0.6m，高0.7m。

（3）铁架上等距捆绑4排6列的绳状或带状仿生水草。

（4）将铁架置于水槽反应器中。

二、纤维盘状生物膜载体制备

（一）主要实验材料和仪器

货架角铁、纤维绳带状仿生水草生物膜载体，尼龙绳，螺丝螺母，三角片，扎带一袋。

（二）实验步骤

1. 纤维盘状生物膜载体的制备

（1）由一定数量的20cm长的纤维束首端相连呈圆盘形均匀分散，并用环氧树脂胶黏结后用蓬圈固定。

（2）用100cm长的铁丝将制作好的7个纤维盘由中心位置串联起来，相邻两片玄武岩纤维盘之间用15cm长的塑料圆筒隔开，要求塑料圆筒的孔径必须大于蓬圈孔径，圆筒直径小于篷圈直径。

2. 纤维盘状生物膜反应器的制备

（1）使用12根1m长的货架角铁制作一个大小为1m×1m×1m的正方体铁架。

（2）利用 4 根 1m 长的货架角铁在铁架四周进行固定。

（3）在制作好的铁架上方等距装置 3 根货架角铁，共制备这样的铁架 2 个。

（4）在制备好的 2 个铁架上分别从上到下垂直等距捆绑 3 排 5 列绳长 0.8m 的纤维环生物膜载体。

（5）将 2 个铁架除上下两面外的另外四面皆用油布围裹密封，铁架上下两面通透，围裹的油布高度皆要都高于铁架高度。

（6）将 2 个围裹过的铁架完全浸没于湖泊中并用尼龙绳固定位置，防止风刮倾斜，同时还要保证湖泊水面要低于围裹铁架的油布高度，这样铁架四周的湖水不能进入架子内部，只能从底部流通。

（7）将每株水生植物分别放置于定植篮中，然后将这些定植篮全部放进其中一个反应器中。放有定植篮的反应器即为复合反应器，另一个即为单一纤维环生物膜载体反应器。

三、生物膜载体降解率及挂膜量测试

（一）主要实验材料和仪器

劣五类水，活性污泥，纤维绳状仿水草生物膜载体，织物带状仿水草生物膜载体，反应器，烘箱，电子天平（精确度为 0.0001g）等。

（二）实验步骤

（1）先将生物载体样品分别干燥称重，得到载体初始质量 W_1，将其装在由不锈钢丝网制成的载体盒子中，并密封以避免载体漏出。

（2）每个反应器中载体盒子数目为 6（每个反应器中多放置一个载体盒子，以防坏点出现）。

（3）将污水和活性污泥混合。

（4）用泵慢速将混合液注入 1/3 反应器体积的活性污泥。

（5）进行闷曝 23h，沉淀 1h，倾去上清液，再倒进同浓度的新鲜废水，继续曝气，每一浓度运行 5d。

（6）待生物膜成熟后排泥。

（7）取样，每次取样时用去离子水冲掉载体表面未附着的细菌及杂质，将其小心放入一定质量的称量瓶中。

（8）打开瓶盖，连盖一并放入（105±2）℃的烘箱中烘干，当烘干结束时应先在烘箱中将称量瓶加盖，移入干燥器中，冷却至室温称量（精确度为 0.0001g），重复上述操作直到恒重为止。当两次连续称量之差不大于原试样质量的 0.1%即可认为达到恒重，得到生物膜和载体干重 W_2。利用超声波冲击剥落生物膜，取出载体后用上述方法干燥至恒重，称量即可得去掉生物膜后的载体残余质量 W_3。

载体降解率 δ 安装式（3-8）计算。

$$\delta = \frac{W_1 - W_3}{W_1} \times 100\% \tag{3-8}$$

生物挂膜量 W 即为去掉生物膜前后的载体质量之差，如式（3-9）所示。

$$W = W_2 - W_3 \tag{3-9}$$

式中：δ——载体降解率，%；

W——生物膜量，kg；

W_1——载体降解前的质量，kg；

W_2——生物膜和载体干重，kg；

W_3——载体降解后的质量，kg。

四、去污能力测试

（一）主要实验材料和仪器

劣五类水，重铬酸钾，硫酸亚铁铵，碘化钾，碘化汞（HgI_2），二氯化汞（$HgCl_2$），KOH，聚乙烯瓶，NaOH，氯化铵，酒石酸钾钠，蒸馏水，硫酸，抗坏血酸，钼酸铵［$(NH_4)_6Mo_7O_{24}\cdot 4H_2O$］，酒石酸锑氧钾［$K(SbO)C_4H_4O_6\cdot 1/2H_2O$］，磷酸二氢钾，过硫酸钾（$K_2S_2O_8$），试亚铁灵指示剂，生物膜载体，纤维绳状仿水草生物膜载体，织物带状仿水草生物膜载体，纤维盘状生物膜载体，容量瓶，反应器，烘箱，压力锅，分光光度计，具塞（磨口）刻度管，pH 计，电子天平（精确度为 0.0001g）等。

（二）实验步骤

1. 污水处理步骤

（1）对生物膜载体进行称重，并分别按载体质量以 1g/L 准备污水。

（2）将生物膜载体固着置于生物膜反应器中。

（3）将生物膜载体分别悬挂于各自指定的污水中进行 24h 污水处理，并在处理过程中维持 25℃的处理温度与 0.2m^3/h 的曝气速率。

（4）将处理前后的污水分别进行过滤并取样。

2. 化学需氧量 COD_{Cr} 值的测定

将过量的重铬酸钾标准液加入水样中并进行回流加热，水样中的还原性物质（主要是有机物污染物）被氧化，滴定过程中以试亚铁灵作为指示剂，用硫酸亚铁铵标准液回滴，根据所消耗的硫酸亚铁铵标准溶液量计算水样的 COD_{Cr}(mg/L）值，按照式（3-10）计算。

$$COD = \frac{(V_0 - V_1) \times C \times 8 \times 1000}{V} \tag{3-10}$$

式中：V_0——滴定空白样时硫酸亚铁铵标准液用量，mL；

V_1——滴定水样时硫酸亚铁铵标准液用量，mL；

V——水样体积，mL；

C——硫酸亚铁按标准液浓度，mol/L；

8——氧（1/2O）摩尔质量，g/moL。

3. MH_4^+—N 测试

（1）纳氏试剂的配制：可采用下列两种方法中的其中一种方法进行配制。

①方法一：称取 20g 碘化钾溶于约 100mL 水中，边搅拌边分次少量加入 $HgCl_2$ 结晶粉末（约 10g），至浮现朱红色沉淀不易溶解时，改为滴加饱和 $HgCl_2$ 溶液，并充分搅拌。当浮现微量朱红色沉淀不易溶解时，停止滴加 $HgCl_2$ 溶液。

另称取 60g KOH 溶于水，并稀释至 250mL，充分冷却至室温后，将上速溶液在搅拌下，缓缓注入 KOH 溶液中，用水稀释至 400mL，混匀，静置过夜。将上清液移入聚乙烯瓶中密塞保存。

②方法二：称取 16g NaOH，溶于 50mL 水中，充分冷却至室温。另称取 7g 碘化钾和 10g 碘化汞溶于水，然后将此溶液在搅拌下缓缓注入 NaOH 溶液中，用水稀释至 100mL，贮于聚乙烯瓶中，密塞保存。

（2）酒石酸钾钠溶液的配制：称取 50g 酒石酸钾钠溶于 100mL 水中，加热煮沸以除去氨，放冷，定容至 100mL。

（3）铵标准贮备溶液的配制：称取 3.819g 经 100℃ 干燥过的优级纯氯化铵溶于水中，移入 1000mL 容量瓶中，稀释至标线，此溶液每毫升含 1.000mg 氨氮。

（4）铵标准用法溶液的配制：移取 5.00mL 铵标准贮备液于 500mL 容量瓶中，用水稀释至标线，此溶液每毫升含 0.010mg 氨氮。

（5）校准曲线的绘制：吸取 0、0.5mL、1mL、3mL、5mL、7mL 和 10mL 铵标准用法液于 50mL 比色管中，加水至标线，加 1mL 酒石酸钾钠溶液，混匀。

加 1.5mL 纳氏试剂，混匀。放置 10min 后，在波长 420nm 处，用光程 20mm 比色皿，以水为参比，测量吸光度。

由测得的吸光度，减去零浓度空白的吸光度后，得到校正吸光度，绘制以氨氮含量（mg）对校正吸光度的校准曲线。

（6）水样的测定：分取适量经絮凝沉淀预处理后的水样（使氨氮含量不超过 0.1mg），加入 50mL 比色管中，稀释至标线，加 1.0mL 酒石酸钾钠溶液，以下同校准曲线的绘制。分取适量经蒸馏预处理后的馏出液，加入 50mL 比色管中，加一定量 1mol/L NaOH 溶液以中和硼酸，稀释至标线。加 1.5mL 纳氏试剂，混匀。放置 10min 后，同校准曲线步测量吸光度。

（7）空白实验：以无氨水代替水样，做全程序空白测定。

（8）结果计算：由水样测得的吸光度减去空白实验的吸光度后，从校准曲线上查得氨氮量（mg），按照式（3-11）计算氨氮含量 ρN（mg/L）。

$$\rho N = \frac{m}{V} \times 1000 \tag{3-11}$$

式中：m——由校准曲线查得的氨量，mg；

V——水样体积，mL。

4. TP 值测试

（1）（1+1）硫酸的配制：将 1 体积的 98%浓硫酸徐徐加入 1 体积的蒸馏水中，并且要边倒边搅拌，防止局部受热溅出。

（2）10%抗坏血酸溶液的配制：溶解 10g 抗坏血酸于水中，并稀释至 100mL。该溶液储存在棕色玻璃瓶中，在约 4℃的环境下可稳定几周。如颜色变黄，则弃去重配。

（3）钼酸盐溶液：溶解 13g 钼酸铵于 100mL 水中。溶解 0.35g 酒石酸锑氧钾于 100mL 水中。在不断搅拌下，将钼酸铵溶液徐徐加到 300mL（1+1）硫酸中，加酒石酸锑氧钾溶液并且混合均匀。储存在棕色的玻璃瓶中于约 4℃保存，至少稳定两个月。

（4）浊度—色度补偿液的配制：混合两份体积的（1+1）硫酸和一份体积的 10%抗坏血酸溶液，此溶液须当天配制。

（5）磷酸盐储备溶液的配制：将磷酸二氢钾于 110℃干燥 2h，在干燥器中放冷。称取 0.2197g 溶于水，移入 1000mL 溶量瓶中。加（1+1）硫酸 5mL，用水稀释至标线，此溶液每毫升含 50μg 磷（以 P 计）。

（6）磷酸盐标准溶液的配制：吸取 10mL 磷酸盐储备液于 250mL 溶量瓶中，用水稀释至标线，此溶液每毫升含 2μg 磷，临用时现制。

（7）过硫酸钾溶液的配制：将 5g 过硫酸钾溶解于水，并稀释至 100mL。

（8）校准曲线的绘制：取 7 支 50mL 具塞比色管，分别加入磷酸盐标准使用液：0、0.5mL、1mL、3mL、5mL、10mL、15mL，加水至 50mL。

①显色：向比色管中加入 1mL 10%抗坏血酸溶液，混匀。30s 后加 2mL 钼酸盐溶液充分混匀，放置 15min。

②测量：用 10mm 或 30mm 比色皿，于 700nm 波长处，以零浓度溶液（水）为参比，测量吸光度。

③标准曲线绘制：根据测试数据，绘制浓度—吸光度曲线。

（9）样品测定：分取适量经滤膜过滤或消解的水样（使含磷量不超过 30μg）加入 50mL 比色管中，用水稀释至 25mL。

将水样进行消解，向试样中加 4mL 过硫酸钾，将具塞刻度管的盖塞紧后，用一小块布或线将玻璃塞扎紧，放在大烧杯中置于高压蒸气消毒器中加热，待压力达到 1.1kg/cm，相应温度为 120℃时，保持 30min 后停止加热。

待压力表读数降至零后，取出放冷，并用水稀释到标线。然后按绘制标准曲线的步骤进行显色和测量。减去空白实验的吸光度，并从标准曲线上查出含磷量。

（10）计算：磷酸盐的含量 C（mg/L）计算见式（3-12）。

$$C = \frac{m}{V} \tag{3-12}$$

式中：m——由校准曲线查得的磷量，μg；

V——水样体积，mL。

5. 污水处理效果测评

测试经生物膜处理前后污水的 COD 值、MH_4^+—N 值和 TP 值等，COD 去除率（COD removaL rate，简称 CRR）可由式（3-13）计算，COD 去除率越高，表明污水处理过程中有机污染物的去除量越大，则污水处理的效果越好。

$$CRR=\frac{COD_0-COD_1}{COD_0}\times 100\% \tag{3-13}$$

式中：COD_0——原污水的 COD 值；

COD_1——经污水处理后的水样的 COD 值。

注意事项

（1）纳氏试剂中碘化汞碘化钾的比例，对显色反应的敏捷度有较大影响，静置后生成的沉淀应除去。

（2）滤纸中常含痕量钱盐，用法时注重用无氨水洗涤。所用玻璃器皿应避开实验室空气中氨的污染。

思考题

为更好地净化水质，生物膜载体须具备哪些结构与性能？

实验 16　固气分离滤布的制备

一、PTFE 水刺滤料的制备

（一）主要实验材料和仪器

聚酰亚胺（PI）纤维（57.4mm，2.39dtex，横截面呈不规则的叶片状），聚四氟乙烯（PTFE）基布，梳棉机，水刺机。

（二）实验步骤

1. 结构设计

复合纤网由上下两层 PI 纤网与一层 PTFE 基布组成，上、下层 PI 纤网的面密度均为 $150g/m^2$，PTFE 基布的面密度为 $120g/m^2$，复合纤网的设计面密度为 $420g/m^2$。

2. 水刺工艺参数

PI 纤维网面密度/($g\cdot m^{-2}$)	150
PTFE 基布面密度/($g\cdot m^{-2}$)	120
喷水板的孔密度/(个$\cdot cm^{-1}$)	16
孔径/mm	0.12
底帘速度/($m\cdot min^{-1}$)	2

预湿水刺压力/MPa	5
1 道水刺压力/MPa	12
2~4 道水刺压力/MPa	18
5 道水刺压力/MPa	16

3. 制备步骤

（1）梳理成网：采用梳棉试样机进行梳理成网。复合纤网由上下两层 PI 纤网与一层 PTFE 基布组成。

（2）水刺：采用水刺实验机进行水刺加工。水刺加固部分喷水板的孔密度为 16 个/cm，孔径为 0.12mm，按照水刺工艺参数进行制备。

二、涤纶针刺滤布的制备

针刺毡以均匀的孔隙分布、良好的过滤性能，加上高产量、低成本等特点，成为袋式除尘器滤料的主流。当介质流经针刺毡时，滤材的网状孔隙增强了分散效果，提高了过滤效率。针刺毡既能抑制粉尘粒子向深层渗透，延长使用寿命，又能迅速形成尘饼，增强过滤作用。

（一）主要实验材料和仪器

涤纶短纤维（0.9dtex，1.8dtex，2.7dtex），梳理机，针刺机，电子分析天平等。

（二）实验步骤

（1）针刺毡上层。选择 1.8dtex（质量分数按 35%）、2.7dtex（质量分数 65%）的涤纶短纤维混合，经梳理机铺网后，在针刺深度为 9mm 的预针刺机上预刺，再在针刺深度为 7mm 的主针刺机上进行主刺。

（2）下层使用 0.9dtex 涤纶短纤维（质量分数为 50%），梳理成网、针刺加固。

（3）将制备好的 2 块针刺非织造材料通过针刺深度为 7mm 的主针刺机针刺在一起，制成涤纶复合针刺毡试样，针刺密度为 900 刺/cm^2。

三、PSA 机织—针刺滤布的制备

芳砜纶（PSA）纤维的极限氧指数高、不熔融、不收缩或很少收缩，离开火焰自熄，极少有阴燃或余燃现象，同时具有优异的力学性能、耐高温性能和易染色性能，这些特性使其在高温过滤领域得到广泛应用。

（一）主要实验材料和仪器

1.5dtex PSA 纤维，18.2tex×2PSA 纱线，自动剑杆织机，抗静电油剂，梳理机，针刺机。

（二）实验步骤

1. PSA 织物制备

将 PSA 纱线在自动剑杆织机上织成基布。

组织斜纹组织 $\frac{3}{1}$

经密/(根·$10cm^{-1}$)	120
纬密/(根·$10cm^{-1}$)	90
织缩率/%	5
幅宽/cm	3

2. PSA 纤维网制备

对 PSA 纤维喷洒适量抗静电油剂，5min 后进行梳理，制成厚度为 46.20mm，面密度为 $250g/m^2$ 且分布均匀的 PSA 纤维网。

3. PSA 复合滤布制备

以 3 层 PSA 基布为中层，PSA 纤维网分别为上层和下层，使用针刺机将其结合在一起，制得具有三明治结构的 PSA 复合织物。其中，中层 PSA 基布各层之间的叠层角度分别为 0°、45°、90°。

四、热熔复合室内空气抗菌过滤布的制备

（一）主要实验材料和仪器

PP 切片，PE/PET（30/70）皮芯型双组分纺黏布、PET/PP（30/70，0/100）双组分熔喷材料，PTFE 微孔膜（平均孔径分别为 0.842μm 和 2.522μm），聚合物喷丝成网实验线，非织造材料热轧实验线。

（二）实验步骤

1. PP 熔喷抗菌布在线复合制备

通过熔喷工艺在喷丝头喷出的 PP 熔体细流在高速热空气牵伸过程中，利用撒粉装置，将纳米抗菌粉（为 PP 质量的 1%）连续均匀地喷洒在未完全冷却的纤维表面。并利用纤维的自黏合作用使纤维与纤维、纤维与抗菌纳米粉末相互黏合成为熔喷非织造布。

2. PE/PET 纺黏抗菌布离线复合制备

（1）以 PE/PET 皮芯型双组分纺黏非织造材料和抗菌纳米粉末为原料，利用撒粉装置，将抗菌纳米颗粒（为基材质量的 1%）均匀地喷洒到纺黏材料表面。

（2）然后将承载有抗菌纳米粉末的 PE/PET 纺黏布放入 140℃ 的真空烘箱内加热，使皮层 PE 受热熔融流动，与抗菌纳米粉末紧密接触，芯层 PET 保持不变。

（3）60s 后取出材料并冷却 5min，使抗菌纳米粉末牢固地附着于纤维表层。

3. 抗菌复合滤材层压法制备

（1）将 PP 熔喷抗菌布与 PE/PET 纺黏抗菌非织造布叠合，放入真空烘箱内，在材料上方附加 50N 的压力，并以 140℃ 的温度加热 1h。

（2）双组分材料中的皮层 PE 熔融流动，其在压力的作用下与熔喷布紧密接触，冷却凝固后两者产生紧密黏合，从而形成非织造抗菌复合滤材。

4. PET/PP/PTFE 空气过滤布的热轧制备

采用无胶热轧复合工艺制备 PTFE 微孔膜/（PET/PP）双组分熔喷材料复合滤材。

（1）PTFE 微孔膜均匀铺设在由输网帘输送来的熔喷材料之上，形成两层叠合体。

（2）随后喂入非织造热轧系统，通过上加热辊和下刻花辊的适当的压力、温度和速度，PET/PP 双组分熔喷材料的上层热熔性纤维（PP 纤维）微熔，与 PTFE 微孔膜粘连，成为一个整体，形成 PTFE 微孔膜/(PET/PP）双组分熔喷材料复合滤材。

五、过滤效率测试（参照 GB 12625—1990）

（一）主要实验材料和仪器

PTFE 水刺滤料，涤纶针刺滤布，PSA 机织—针刺滤布，PP 熔喷抗菌布，PE/PET 纺黏抗菌布，PET/PP/PTFE 空气过滤布，过滤效率测试仪等。

（二）实验步骤

使用梯度过滤测试装置对织物过滤效率在标准条件下进行测试，试样直径为 150mm，测量数目 $N=5$。

1. 装样

（1）开启总电源开关，指示灯亮。

（2）按动气源开关按钮，选择气源开启（灯亮），即打开压缩空气的供气气源。

（3）调节压紧调压阀至 0.5~0.6MPa，使夹具保持一定的压紧供气压力。

（4）按动夹具放松按钮，此时上夹具提升。

（5）将准备好的待测滤料放在下夹具平面上，注意对准中心。

（6）按动夹具压紧按钮，上夹具缓慢下降，逐渐与下夹具吻合压紧滤料。

2. 测试（流量 32L/min，滤速 5.33cm/s）

（1）阻力测定：打开主控阀门（常开）和平衡阀门（常开），按动风机开按钮，此时风机运转；调节 50L 流量计至 32L/min 的刻线，此时观察其微压差仪的阻力值，即得到该滤料在定流量下的阻力。

（2）流量测定：在上述状态下，调节已选定的流量计阀门，观察其微压差仪，直至设定的阻力值，此时观察其选定流量计的读数，即得到该滤料在定阻力下的流量。

（3）过滤效率的检测：将被测滤料依照阻力测定或流量测定步骤操作并处于稳定状态。全部打开三个喷雾调节阀；按动喷雾泵按钮（灯亮），喷雾气泵运行，此时气溶胶发生器开始工作；打开计数器电源，按动计数器面板控制区域上的测量键；观察上下游计数器显示屏上计数值的变化，通过调节喷雾调节阀即可轻松调节到理想的测量状态（建议上游 0.3μm 数值控制在 20 万~25 万）；当达到相对稳定状态时，再按动计数器面板控制区域上的打印键，此时即得到该滤料上、下游多种粒径档的打印数据；过滤效率按照式（3-14）进行计算。

$$\text{过滤效率}=\left(1-\frac{\text{下游颗粒数}}{\text{上游颗粒数}}\right)\times 100\% \tag{3-14}$$

测量结束后，依次操作：按动计数器面板控制区域上的测量键→按动风机关按钮→按动喷雾泵按钮→按动夹具放松按钮，此时即可取出被测滤料。

（4）容尘量测试：当滤材压差上升至 2kPa 时，终止实验。取出滤材称重，滤材容尘量计算见式（3-15）。

$$DHC = \frac{M_1 - M_0}{A} \times 100\% \qquad (3-15)$$

式中：DHC——滤材容尘量；

M_1——容尘测试结束后滤材的重量，g；

M_0——洁净滤材的重量，g；

A——有效过滤面积，$100cm^2$。

六、尺寸稳定性能测试

（一）主要实验材料和仪器

PTFE 水刺滤料，涤纶针刺滤布，PSA 机织—针刺滤布，剪刀，钢尺，烘箱等。

（二）实验步骤

（1）裁取待测滤料试样（15cm×20cm）5 块。

（2）将织物平放进烘箱。

（3）将烘箱升温至 200℃，并保温 100h。

（4）烘箱降温至室温，取出试样并测试其尺寸。

（5）计算尺寸变化率。

七、抗菌性能测试

（一）主要实验材料和仪器

抗菌过滤布，抗菌实验试剂及仪器。

（二）实验步骤

按照实验 10 的抗菌性能测试步骤进行测试。

注意事项

（1）更换压脚时或长时间不用仪器期间，请保护胶垫放在压脚和基准板之间，以保护测量面不受损伤。

（2）每次做完实验后应关上电源开关，并将仪器的电源插头拔出电源插座。

（3）做好仪器清洁、保养工作，保证传动时的灵活性，定时加少量钟表油。

（4）根据需要定期做好仪器的检定工作，以确保仪器测量值的准确性。

（5）仪器长期不使用时应取下电池，以免漏液。

（6）过滤效率测试结束后必须先关闭风机才可以放松夹具，严禁在夹具打开的时候开启风机。

（7）当抗菌粉质量分数过高时，纳米抗菌粉在纤网中会出现严重的团聚现象且滤材复合牢度差；而当抗菌质量分数过低时，复合滤材难以发挥其良好的功效。

思考题

(1) 针刺密度对复合滤布机械性能及过滤效率的影响。

(2) 加工工艺条件对复合滤材的形貌、孔径及过滤效率的影响。

(3) 比较本实验中几种复合方式的特点。

实验 17　复合隔膜的制备及性能

隔膜作为锂离子电池的重要组成部分之一，位于正、负极材料之间。主要作用有两个方面：一是将正、负极材料隔开，防止电池内部发生短路；二是为锂离子在正、负极材料间的传输提供通道。

一、主要实验材料和仪器

PVDF—HFP 粉末，玻璃纤维机织物（GF 厚度为 30μm，面密度为 2.25mg/cm^2），1-甲基-2-吡咯烷酮（NMP），氨水。

二、实验步骤

(1) 将 6g PVDF—HFP 粉末溶解在 9.4mL 的 NMP 中制成透明溶液，再加入 250μL 氨水，搅拌均匀，制得铸膜液。

(2) 将玻璃纤维机织物平铺在洁净的玻璃板上，用刮刀涂层机以 20mm/s 的速度将铸膜液均匀涂覆在玻璃纤维机织物的单侧表面。

(3) 将涂有铸膜液的玻璃纤维机织物浸入装有去离子水的水槽中，发生相转化反应。水和 NMP 发生反应形成湿态下的薄膜，将该薄膜转移至 70℃ 的真空烘箱中干燥 18h，得到半成型隔膜。

(4) 取出半成型隔膜，将其平铺在洁净的玻璃板上。使未涂覆铸膜液的一侧朝上，用刮刀涂层机将铸膜液以 20mm/s 的速度均匀涂覆在半成型隔膜上。

(5) 将涂有铸膜液的半成型隔膜浸入装有去离子水的水槽中，发生相转化反应，形成湿态下的薄膜，将其转移至 70℃ 的真空烘箱中干燥 18h，最终得到复合隔膜。

三、电解液亲和性测试

(一) 主要实验材料和仪器

复合隔膜，电池电解液，支架，镊子，剪刀，烧杯，计时器，钢尺，电子天平等。

（二）实验步骤

（1）将锂离子电池隔膜垂直悬挂在电解液上方，其下端浸入电解液中，观察电解液浸润高度随时间的变化情况。

（2）将锂离子电池隔膜浸入电解液中，测试其吸液率 R_a，计算方法见式（3-16）。

$$R_a = \frac{m_2 - m_1}{m_1} \times 100\% \tag{3-16}$$

式中：m_1，m_2——锂离子电池隔膜试样在电解液中浸泡之前和之后的质量。

四、孔隙率测试

（一）主要实验材料和仪器

复合隔膜，丁醇，镊子，剪刀，烧杯，钢尺，厚度仪，电子天平等。

（二）实验步骤

采用丁醇浸泡法测定孔隙率（R_p），计算方法如式（3-17）所示。

$$R_p = \frac{m_2 - m_1}{\rho V} \times 100\% \tag{3-17}$$

式中：m_1，m_2——锂离子电池隔膜在丁醇溶液中浸泡之前和之后的质量；

ρ——丁醇的密度，0.81g/mL；

V——隔膜的表观体积，mL。

五、热稳定性测试

（一）主要实验材料和仪器

复合隔膜，镊子，剪刀，热重分析仪，差示扫描量热仪等。

（二）实验步骤

（1）采用热重分析仪对试样的热学性能进行分析，试样温度以20℃/min的升温速率从30℃升至700℃。

（2）采用差示扫描量热仪对试样的热稳定性进行表征，试样温度以20℃/min的升温速率从30℃升至400℃。

（3）将锂离子电池夹持在两块载玻片中间，模拟隔膜在锂离子电池中的受力情况。将夹有锂离子电池隔膜的载玻片放入烘箱中，之后测试计算锂离子电池隔膜的纵、横向收缩率。

六、电化学性能测试

（一）主要实验材料和仪器

复合隔膜，镊子，剪刀，电化学工作站等。

（二）实验步骤

（1）将锂离子隔膜组装成纽扣电池，测试其电化学性能。

（2）使锂离子电池在 1C/1C 不断进行充放电，测试电池隔膜的循环性能。

（3）使锂离子电池在 2.5~3.7V 以 0.2~10C 的倍率充放电，测试锂离子电池隔膜倍率性能。

注意事项

（1）所用氨水为纯氨水，所选试剂均为分析纯级。

（2）刮刀要受力一致，涂层均匀。

（3）隔膜要充分干燥，成型稳定。

思考题

分析玻璃纤维织物在复合隔膜中的作用。

参考文献

[1] 杨福生，张振宇，李云清，等．层层自组装法制备超疏水/超亲油棉织物及其油水分离性能［J］．材料导报，2021，35（12）：12190-12195.

[2] 谢俊，张雪珂，张金辉，等．聚二乙烯基苯功能化纺织布用于快速油水分离的研究［J］．环境科学学报，2021，41（11）：4562-2568.

[3] 傅晶．纤维素改性设计超疏水材料的制备与性能研究［D］．武汉：湖北大学，2020.

[4] 谭鑫泉．植酸在棉织物功能整理上的应用研究［D］．广州：华南理工大学，2019.

[5] 渠少波．超浸润表面的制备及其在油水分离中的应用［D］．上海：东华大学，2017.

[6] 卢锐阳．基于 CuO 功能化棉织物的制备及其在水净化中的应用研究［D］．杭州：浙江理工大学，2019.

[7] Chen J. Y，Yuan L. h.，Shi C.，etc. Nature-Inspired Hierarchical Protrusion Structure Construction for Washable and Wear-Resistant Superhydrophobic Textiles with Self-Cleaning Ability［J］. ACS Appl. mater. Interfaces 2021，13：18142-18151.

[8] 邸鑫．植物纤维基疏水/亲油材料制备及油水分离性能研究［D］．哈尔滨：东北林业大学，2020.

[9] 陈迪，黄杉，杨园园，等．超浸润性 γ-氨丙基三乙氧基硅烷—TiO_2 包覆织物的制备及其水净化性能［J］．复合材料学报，2022，39（10）：4620-4629.

[10] 盖军，冯阳阳，柴鹏，等．PVDF/TiO_2 电纺纤维膜在光降解和油水分离方面的应用［J］．功能

高分子学报，2021，34（5）：483-488.

［11］赵月梅．超疏水涤纶织物的制备及其在不溶性油污与可溶性染料去除中的研究［D］．西安：西北大学，2020.

［12］徐大为．玄武岩纤维填料生物膜反应器研究［D］．镇江：江苏大学，2019.

［13］赵薇．水处理用纤维素载体降解及生物膜附着性能的研究［D］．天津：天津大学，2008.

［14］包艳玲．微生物亲和型炭好维生物膜载体的制备及其对水中微生物固着机理旳研究［D］．成都：西南交通大学，2014.

［15］靳琳芳．废旧织物应用于污水处理填料的可行性研究［D］．上海：东华大学，2011.

［16］梁益聪．碳素纤维生态草在城市黑臭水体修复中的应用研究［D］．南宁：广西大学，2014.

［17］陈燕，宁菁菁，靳向煜，等．PI 纤维/PTFE 基布复合水刺耐高温滤料的制备工艺与性能研究［J］，产业用纺织品，2013，31（3）：18-22.

［18］张旭，李素英，常敬颖，等．涤纶复合针刺毡工艺及性能研究［J］．产业用纺织品，2017，35：21-25.

［19］吴萌萌，张晓慧，王艳婷．叠层角度对芳砜纶复合织物耐高温过滤性能的影响［J］．产业用纺织品，2020，38：34-38.

［20］朱孝明，代子荐，赵奕，等．改性二氧化钛/纺黏—熔喷非织造抗菌复合滤材的制备及性能［J］．东华大学学报（自然科学版），2019，45（2）：196-203.

［21］李猛，代子荐，黄晨，等．聚四氟乙烯微孔膜/双组分熔喷材料复合空气滤材的制备与过滤性能［J］．东华大学学报（自然科学版），2018，44（2）：174-181.

［22］秦颖，黄晨．基于 PVDF—HFP 微孔膜与玻璃纤维机织物的锂离子电池复合隔膜［J］．产业用纺织品，2019，37：18-22.

第四章　土工用纺织品的制备

土工布，又称土工织物，是由纤维材料经过织造或非织造工艺加工而形成的一种具有透水性能的岩土工程或土木工程用纺织品。美国材料与实验协会赋予土工布的定义是，一切和地基、土壤、岩石、泥土或任何其他土建材料共同使用，作为人造工程、结构、系统的组成部分的一种纺织品。

一、土工布的基本功能

土工布的拉伸强度高、延伸性好、水力学特性优良，具有过滤、排水、防渗、隔离、加筋和防护六种基本功能，土工布在不同的应用领域，性能要求也有所不同。

（一）过滤功能

在表面土层和相邻土层之间放置土工布作为过滤材料，水和气体能够自由排出的同时能有效阻止土颗粒通过，减少对土体环境造成破坏。如土石坝黏土心墙或斜墙的滤层、水闸下游护坦或护坡下部的滤层、水利工程中水井或测压管的滤层等。

作为过滤材料使用时，应具有优异的垂直渗透性、保土性、防堵性，同时应具有耐水解、耐酸碱、耐老化等性能。

（二）排水功能

土工布可以在土体中形成排水通道，使水流沿着材料平面排出体外。如土坝内部垂直或水平排水、人工镇土基或运动场地基的排水等。

作为排水材料时，应具有优异的水平渗透性和一定的厚度，同时也应有耐水解、耐酸碱、耐老化等性能。

（三）防渗功能

土工布与土工膜复合后制备的土工复合材料，能有效防止液体大量渗透。如土石坝的防渗斜墙或心墙、水闸上游护坦及护坡防渗、渠道防渗等。

要求防渗土工布具有较低的透水性，良好的物理机械性能、耐酸碱、耐气候、耐霉变等性能。

（四）隔离功能

将不同性能的材料进行有效分离，阻止土工布两边的材料混合、渗透，从而使得材料和结构的完整性、系统性得到很好的保留。例如，路基与地基的隔离层、铁路路基与道砟的隔离层、堤身填料和软土地基的隔离层等。

作为隔离材料时，土工布需具有较好的物理机械性能、耐高温性、耐酸碱性、耐久性、耐霉变性和耐磨性。

（五）加筋功能

土工布埋在土体之中，依靠土工布与周围土体之间的界面摩擦阻力限制土体侧向移动，增加土体承载力，使得土体和建筑稳定性得到改善，提高土体的抗剪强度。如用于加强软弱地基、加固柔性路面、增加边坡稳定性等。

作为加筋材料时，应具有高抗拉强度和低伸长率，要求其抗拉强度不小于 20kN/m，伸长率应小于 10%，同时具有低蠕变性能、耐磨性好、耐久性佳和界面摩擦因数高等特点。

（六）防护功能

土工布可以通过扩散、传递以及分解集中应力等方式防止或减小外力作用带来的损害，从而使土体得到保护。如用于防止水流冲刷堤岸、防止路面反射裂缝、土体防冻等。

作为防护材料时，应具有优异的抗拉强度、刺破强度、撕裂强度、顶破强度，同时应具有良好的均匀性、耐磨性、耐温性、耐久性、耐水洗性和耐酸碱性能等。

二、土工布的分类

土工布按照加工和生产方式的不同可以分为织造型土工布、非织造型土工布和复合型土工布。

（一）织造型土工布

织造型土工布是指通过编织、机织、针织等工艺生产的产品。机织土工布的强度最高，但过滤性能差，通常作为加固材料使用，一般不用作过滤材料；编织土工布的整体稳定性好，但强力相对较低，孔隙稳定性和各向同性差，在土木工程中使用较少。

（二）非织造型土工布

非织造型土工布是指由定向或随机取向的纤维、长丝、条带或其他成分，通过机械加固、化学黏合或热黏合等方法制成的产品。非织造土工布的力学性能和水力学特性好，且制备工艺简单、生产效率高、成本低、易产业化，因而被广泛应用于交通、矿山、水利、环保等工程领域。

（三）复合型土工布

复合型土工布与前两种类型的土工布相比更具优势，它是由两种或两种以上土工布或土工布有关产品经物理或化学黏合以及机械法复合而成。

随着我国基础建设的快速发展，水利大坝、高速公路、高速铁路、矿山、垃圾填埋场等领域对高性能土工建筑材料的需求激增。功能性耐候型土工布具有耐光照、耐温度、耐老化、使用寿命长等特点，其开发及应用将促进各行业的科技革新，对推动我国土工建筑材料制造技术的发展及我国建筑与工程领域应用水平的提高具有重要意义。

实验 18　针刺聚酯土工布的制备

针刺土工布已广泛应用在水利、交通、电力、防止沙漠化和水土保持等工程建设中，已被誉为“第四建材”。其在各类工程中有过滤、排水、隔离、加筋、防渗、防护等作用。目前我国土工布的用量已超过 3 亿平方米，非织造土工布占非织造布总量的比重达到 40% 左右。随着针刺土工布、土工膜、植生袋等应用领域的快速扩散，产品品种、质量和生产技术以创新为特征并高速发展，土工布在土木工程建设中将具有巨大潜在市场。

一、高强涤纶纺黏针刺土工布的制备

影响涤纶纺黏针刺土工布物理指标的因素较多，如切片选择、切片干燥、纺丝温度、侧吹风冷却、气流牵伸、摆丝成网、针刺固结等工序，控制起来比较困难。

（一）主要实验材料和仪器

纤维级聚酯切片（非织造布专用），沸腾式预结晶器/充填式干燥设备，涤纶纺黏纺丝机，气流牵伸装置，摆丝机和铺网机，预针刺机，主针刺机，自动分切收卷机，电子织物强力机，电子天平。

（二）生产设备

生产设备配置示意图如图 4-1 所示。

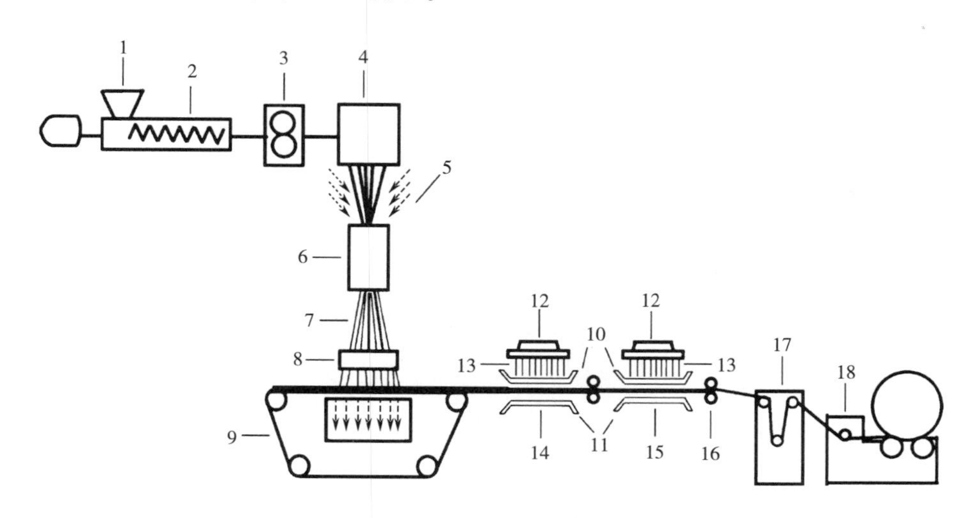

图 4-1　纺黏针刺土工布生产设备配置示意图

1—料斗　2—螺杆挤出机　3—计量泵　4—纺丝箱　5—侧吹风　6—牵伸机　7—分丝　8—摆丝机　9—成网机　10—剥网板　11—托网板　12—针板　13—刺针　14—预针刺机　15—主针刺机　16—导辊　17—张力架　18—切边成卷机

（三）工艺流程

切片输送→结晶干燥→螺杆挤压机→熔体过滤器→纺丝箱体→熔体计量泵→纺丝组件→侧吹风冷却→气流牵伸装置→摆丝机→成网机→预针刺机→主针刺机→收卷机。

（四）前纺工艺

前纺工艺参数见表 4-1。

表 4-1　前纺工艺参数

工序	控制点	控制参数	允许偏差
干燥	结晶温度（℃）	175	±3
	干燥温度（℃）	165	±3
	干空气露点（℃）	≤-60	—
	干燥时间（h）	≥6	—
侧吹风	风压（Pa）	200	±20
	风速（m/min）	0. 3	±0. 05
	风温（℃）	18	±2
	风湿（%）	80	±5
纺丝	螺杆一区温度（℃）	280	±1
	螺杆二区温度（℃）	283	±1
	螺杆三区温度（℃）	286	±1
	螺杆四区温度（℃）	289	±1
	螺杆五区温度（℃）	291	±1
	螺杆六区温度（℃）	293	±1
	纺丝温度（℃）	293	±1
	组件压力（MPa）	15	±3

（五）主要工艺参数

1. 气流牵伸

气流牵伸压力控制在（0. 58±0. 02）MPa。

2. 摆丝成网

摆丝机频率适宜控制在 550~750 次/min。

3. 针刺工艺参数

针刺工艺参数见表 4-2。

表 4-2　针刺工艺参数

面密度（g/m^2）	预针刺			主针刺		
	出布速度（m/min）	针刺频率（次/min）	针刺深度（mm）	出布速度（m/min）	针刺频率（次/min）	针刺深度（mm）
150	12. 5	1350	10	12. 6	1300	5
300	6. 8	800	9	6. 9	7500	4
600	3. 5	590	8	3. 5	530	1

二、宽幅短纤针刺土工布的制备

大力开拓土工布的应用市场，扩大土工布产能，对纺织行业的产品结构调整、扭亏增盈将会起到积极的促进作用。宽幅短纤针刺土工布是目前土工材料的前沿产品，在工程建设应用方面具有绝对的优势。

（一）主要实验材料和仪器

普通聚酯纤维，再生聚酯纤维，天平，宽幅针刺土工布生产线及衍生产品生产线。

（二）产品设计

主要目标产品包括养生渗水土工布、防水一布膜（指一层土工布覆一层膜）、防水二布膜（指两层土工布中间加一层膜）。各目标产品的规格（幅宽、单位面积质量）根据其使用要求确定，其产品设计规格见表 4-3。

表 4-3　土工布产品设计规格表　　单位：g/m^2

养生渗水土工布	防水一布膜	防水二布膜
150	250	300
200	300	400
300	400	600
400	600	800
—	800	1000

（三）工艺流程

1. 针刺土工布生产工艺流程

针刺土工布生产工艺流程如图 4-2 所示。

原料开松混合→定量喂入→梳理双道夫成网→双层纤网单独杂乱→机械铺网→纤网牵伸→纤网导棉喂入→正面预针刺→反面针刺→正面针刺→储布强力控制→切边、切断、计码卷取→成品。

2. 土工膜工艺流程

针刺土工布+膜→覆膜→冷轧→成卷。

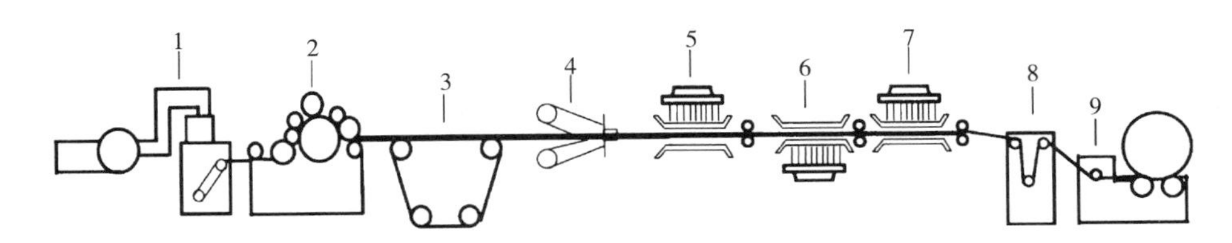

图 4-2 针刺土工布生产工艺流程图

1—开松机 2—梳理机 3—铺网机 4—喂入机 5—预针刺机 6—下针刺机
7—上针刺机 8—张力架 9—切边卷绕机

3. 植生袋工艺流程

针刺土工布→覆膜→烧毛→冷轧→成卷。

(四) 工艺参数

所用原料细度分别为 2.78dtex 和 4.44dtex，生产单位面积质量为 250g/m² 的宽幅短纤针刺土工布。

1. 开松与喂棉工艺

普通聚酯纤维，再生聚酯纤维按照 1∶1 混合喂入钉式开松机喂棉帘，经过锡林（电动机频率 45Hz）开松后，由气流管道输送至喂棉机（电机频率为 40Hz）。

2. 梳理工艺

锡林电机 25Hz，道夫电机 20Hz，喂入辊电机 8.5Hz。

3. 铺网和喂入工艺

铺网机上下帘频率均为 36Hz，钉帘频率为 1.75Hz。

4. 针刺工艺

（1）预针刺工艺：预针刺机的作用是将纤维网通过预针刺的工序初步缠结定型，减少成型纤维网的牵伸变形。预针刺机为单针板预针刺机，其植针密度为 6061 针/m，针刺深度为 15mm，预针刺机电机频率设定为 15Hz。

（2）下针刺工艺：主要作用是对纤维网的反向穿刺，将纤网背面的纤维带入纤网内部，增加了纤维间缠结，进一步提高纤网强力及表面平整光洁度。需要注意的是，下针刺机与预针刺机的纤网输出速度要基本保持一致，防止下针刺机输出速度过快造成纤网牵伸快而打断刺针，下针刺机输出速率过慢会造成下针刺机进料口处发生拥堵。下针刺机的植针密度为 5758 针/m，下针刺机电机频率设定为 25Hz。

（3）上针刺工艺：上针刺机的作用是将纤维网通过主针刺机进一步针刺增加纤维缠结，达到产品表面平整，实现无明显针痕条纹等。上（主）针刺机的植针密度为 5758 针/m，电机频率设定为 28Hz。

上下针刺密度和针刺深度均相同，分别设置针刺密度为 80 刺/cm² 和 130 刺/cm²、针刺深度为 8mm 和 13mm。

三、土工布无负荷时垂直渗透特性测试（参照GB/T 15789—2005）

（一）主要实验材料和仪器

土工布试样，钢尺，剪刀，烷基苯磺酸钠，水，秒表，温度计，量杯，搅拌器，烧杯，溶解氧测试仪，土工布垂直透水测试仪等。

（二）恒水头法实验步骤

（1）在实验室温度下，置试样于含湿润剂的水中，轻轻搅动以驱走空气，至少浸泡12h，湿润剂采用体积分数为0.1%的烷基苯磺酸钠。

（2）将1个试样放置于仪器内，并使所有的连接点不漏水。

（3）向仪器注水，直到试样两侧达到50mm的水头差。关掉供水，如果试样两侧的水头在5min内不能平衡，查找仪器中是否有隐藏的空气，排除空气后重新实施本程序。如果水头在5min内仍不能平衡，应在实验报告中注明。

（4）调整水流，使水头差达到（70±5）mm，记录此值，精确到1mm。待水头稳定至少30s后，在固定的时间内，用量杯收集通过试样的水量，水的体积精确到$10cm^3$，时间精确到s，收集水量至少1000mL或收集时间至少30s。

如果使用流量计，宜设置能给出水头差约70mm的最大流速。实际流速由时间间隔15s的3个连续读数的平均值得出。

（5）分别在最大水头差的约0.8、0.6、0.4和0.2倍时，重复步骤（4），从最高流速开始，到最低流速结束。

注：如果土工布及其相关产品的总体渗透性能已经预先确定，则为了控制材料的质量，只需测定在50mm水头差时的流速指数。

如果使用流量计，适用同样的原则。

（6）记录水温，精确到0.2℃。

（7）对其余试样重复步骤（2）~（6）进行实验。

（8）按照式（4-1）计算20℃的流速v_{20}（m/s）。

$$v_{20} = \frac{VR_T}{At} \tag{4-1}$$

式中：V——水的体积，m^3；

R_T——20℃水温校正系数；

T——水温，℃；

A——试样过水面积，m^2；

t——达到水的体积V的时间，s。

如果流速v_T直接测定，温度校正按照式（4-2）进行。

$$v_{20} = v_T \times R_T \tag{4-2}$$

注：单位为mm/s的流速v_{20}同单位为L/(m^2·s)的流量q相等。

（9）对于每个试样，计算每个水头差 h 的流速 v_{20}。用水头差 h 对流速 v_{20} 作曲线，绘制 5 个试样的 v—h 曲线，对每个试样通过原点选择最佳拟合曲线，计算 5 块试样 50mm 或其他水头差的平均流速指数值及其变异系数值。

（10）土工布垂直渗透系数是指单位水力梯度下，在垂直于土工布平面流动的水的流速，按照式（4-3）进行计算。

$$k = \frac{v}{i} = \frac{v\delta}{H} \tag{4-3}$$

式中：k——土工布垂直渗透系数，$mm \cdot s^{-1}$；

v——垂直于土工布平面的水流速，$mm \cdot s^{-1}$；

i——土工布试样两侧的水力梯度；

δ——土工布试样厚度，mm；

H——土工布试样两侧的水头差，mm。

（11）土工布的透水率可按式（4-4）进行计算。

$$\theta = \frac{v}{H} \tag{4-4}$$

式中：θ——透水率，s^{-1}；

v——垂直于土工布的水流速，mm/s；

H——土工布试样两侧的水头差，mm。

（三）降水头法实验步骤

（1）在实验室温度下，置试样于含湿润剂的水中，轻轻搅动以驱走空气，浸泡最少 12h，湿润剂为体积分数为 0.1%的烷基苯磺酸钠。

（2）将试样放置于仪器夹持试样处，确保所有连接点不漏水。

（3）向仪器注水，直到试样两侧达到 50mm 的水头差。关掉供水，如果试样两侧的水头在 5min 内不能平衡，查找仪器中是否隐藏有空气，重新执行本程序。如果水头在 5min 内仍不能平衡，应在实验报告中注明。

（4）关闭阀门，向仪器的降水筒注水，直到当阀门全开后可利用的水头差达到至少 250mm。

（5）记录水温，精确到 0.2℃。

（6）开启仪器，打开阀门。

（7）当水头差和流速回零时，实验终止。

注：对于高渗透试样，由于惯性影响，在 $v=0$m/s 时的水平面高度可能不相等。在这种情况下，同 $v=0$m/s 对应的水平面高度可以取作参考高度，以计算水头差。

（8）对其余的每个试样，重复步骤（2）~（7）进行实验。

（9）按照式（4-5）计算 20℃时的流速 v_{20}（m/s）。

$$v_{20} = \frac{\Delta h}{t} R_T \tag{4-5}$$

式中：Δh——时间间隔内高水平面 h 和低水平面 h 之差，m；

t——h 和 h_1 之间的时间间隔，s；

R——20℃水温的修正系数。

水头差 H（m）由式（4-6）给出。

$$H = h_u + h_1 - 2h_0 \tag{4-6}$$

式中：h_0——$v = 0$m/s 时的水平面高度，m；

h_u 和 h_1——计算所依据的上、下水平面高度，m。

注：单位为 mm/s 的流速 v 同单位为 L/(m^2·s) 的流量 q 相等。

（10）对 5 个试样中的每个试样，在每个曲线上至少 5 点对每个水头差 H 分别计算流速 v。

注：计算水头下降曲线时，建议时间间隔为实施实验的总时间的 1/5 至 1/10。

对每个试样，用水头差 H 对流速 v 通过原点作曲线并选择最佳拟合曲线，在一张图上绘制 5 个试样的 v—h 曲线。

（11）计算 5 块试样 50mm 或其他水头差的平均流速指数值及其变异系数值。

（12）土工布垂直渗透系数是指单位水力梯度下，在垂直于土工布平面流动的水的流速，按照式（4-7）进行计算。

$$k = \frac{v}{i} = \frac{v \times \delta}{H} \tag{4-7}$$

式中：k——土工布垂直渗透系数，mm/s；

v——垂直于土工布平面的水流速，mm/s；

i——土工布试样两侧的水力梯度；

δ——土工布试样厚度，mm；

H——土工布试样两侧的水头差，mm。

土工布的透水率按式（4-8）计算。

$$\theta = \frac{v}{H} \tag{4-8}$$

式中：θ——透水率，s^{-1}；

v——垂直于土工布的水流速，mm/s；

H——土工布试样两侧的水头差，mm。

四、顶破强力测试（参照 GB/T 14800—2010）

（一）主要实验材料和仪器

待测土工布试样，剪刀，钢尺，恒温恒压箱，顶破强力机等。

（二）实验步骤

（1）从样品上随机剪取5块试样，试样大小应与夹具相匹配。

（2）在标准大气下进行调湿，连续间隔称重至少2h，质量变化不超过0.1%时，可以认为达到平衡状态。

（3）将试样固定在测试仪器的夹持环之间。

（4）以（50±5）mm/min的速率移动顶压杆直至穿透试样，预加张力为20N时，开始记录位移。

（5）对剩余的其他试样重复此程序进行实验。

五、拉伸断裂强力测试（参照GB/T 24218.18—2014）

（一）主要实验材料和仪器

待测土工布样品，钢尺，剪刀，电子织物强力实验仪等。

（二）实验步骤

（1）按产品标准规定或有关方协议取样。尽可能取全幅宽样品，长度约为1m，确保所取样品没有明显的缺陷。

（2）从每个样品上取纵向试样至少5块，横向试样至少5块。如需要进行湿态实验，另行剪取纵向和横向各至少5块试样。

（3）每块试样宽度为99~101mm，长度应满足隔距长度的要求，试样伸出夹持器两端至少10mm为宜，长度方向与拉伸力方向平行。

（4）将试样放入标准大气中调湿平衡。用于湿态实验的试样应浸没在室温下的蒸馏水中直到完全浸湿，如有必要可在水中加入不多于0.05%的非离子润湿剂，试样应在移出水后吸去多余的水分，2min内完成实验。

（5）调整夹持器之间的距离（隔距长度）为74~76mm。

（6）除有其他设定，调整拉伸实验仪的拉伸速度为290~310mm/min。

（7）选择并确定拉伸实验仪的力值量程，使测试值在仪器满量程的10%~90%。

（8）小心手持试样端头，避免改变试样测试区域的自然状态。

（9）将试样夹入上下夹钳中，使25mm宽的夹钳处于试样宽度居中部位，小心夹持试样，使试样在无张力的情况下尽量保持伸直，将试样放入拉伸实验仪上下夹钳的过程可能是实验方法操作中产生误差的来源。伸长测量是从拉力由线离开原点开始的，将试样小心放入夹钳中可减少一些操作误差。

（10）在试样上沿每个夹钳的边缘各做一条标记线用于检查试样滑移。

（11）启动仪器进行抓样实验，拉伸试样至断裂或断脱。

（12）读取断裂强力，如需要，读取断裂伸长率。分别记录纵向和横向的测得结果，如果试样在夹钳中滑移，或在夹钳边缘5mm内断裂且实验结果低于该组试样的平均值50%时，舍弃该实验结果并增加试样、继续实验直到获得要求数量的有效断裂试样。舍弃数据时须根据实验过程中对试样的观察，并考虑试样的多样性。

（13）如果试样在夹钳中有滑移，或者25%以上的试样断裂发生在夹钳边缘5mm内，可尝试下列改进措施，采用的改进措施在实验报告中注明。

①夹钳面可使用橡胶垫减少滑移。

②夹钳面可为钢齿状或有凹槽以便更好地夹持试样。

③避免因夹钳面上的锋利边缘造成试样断裂。

有时很难确定一些试样夹钳边缘断裂的确切原因。因夹钳破坏试样而引起的断裂，其实验结果宜舍弃。但是，如果钳口断裂是由于非织造布不匀的随机分布引起则为有效数据，钳口断裂有可能是因为当施加载荷时夹钳会阻止试样在宽度方向的收缩，导致夹钳邻近区域的应力集中，在这种情况下，钳口断裂是不可免的，其实验结果是可以接受的。

六、撕裂强力测试

参照实验1的撕破性能测试步骤进行测试。

注意事项

（1）牵伸气压偏低，牵伸速度过小（小于4500m/min），丝束牵伸不足，会有僵丝出现，影响产品质量；牵伸气压过大，纺丝极易出现断丝，同样影响产品质量。

（2）在成网机后方加装静电消除装置，以消除涤纶长丝铺网过程中产生的静电。

（3）采用前低、中高、后低负压排风方式，使纤网更有效地吸附在网帘上，同时解决局部翻网布面不均匀问题。

（4）针刺频率和针刺深度对布面强力有重要的影响。对于高强涤纶纺黏针刺土工布来讲，布的面密度越大，生产速度越慢，针刺频率越低。

针刺深度调整原则如下：

①单丝强力较高时，针刺深度深一些。

②面密度较大时，针刺深度浅一些。

③预针刺深度比主针刺深一些。

思考题

（1）产品测试前为什么要对样品进行预处理和预调湿？

（2）针刺时，上下针刺深度的选择原则如何？针刺深度对土工布机械性能有哪些影响？

（3）预针刺、下针刺、上针刺各自的作用是什么？

（4）分析高强涤纶纺黏针刺土工布面密度对其机械性能的影响。

实验 19 针刺—热轧复合土工布的制备

一、PP—玄武岩纤维土工布的制备

(一) 主要实验材料和仪器

聚丙烯纤维，玄武岩纤维，小型针刺生产线，热轧机，电子天平，数字织物透气量仪，电子织物强力机等。

(二) 制备处方及工艺条件

PP/玄武岩纤维质量比	90∶10
针刺深度/mm	8~11
针刺密度/(刺·cm^{-2})	200~300
热轧温度/℃	175
热轧辊夹距/mm	0.65
热轧辊速度/(m·min^{-1})	1.68
热轧时间/min	2

(三) 实验步骤

聚丙烯纤维/玄武岩纤维为原料→玄武岩纤维和聚丙烯纤维按比例充分混合→开松→过梳理→铺网→针刺加固→热轧处理→最终产品。

二、复合排水布的制备

以涤纶和低熔点纤维为原料，利用针刺法和热轧工艺制备出复合土工布滤膜。以高密度聚乙烯和乙烯—醋酸乙烯酯共聚物为主要原料，利用滚吸法制备出排水板，将优选出来的复合土工布滤膜与排水板板芯进行热熔黏合。

(一) 主要实验材料和仪器

涤纶，低熔点纤维，高密度聚乙烯（HDPE)，乙烯—醋酸乙烯酯共聚物（EVA)，线性低密度聚乙烯（LLDPE)，电子天平，针刺机，混料机，上料机，螺杆挤出机，模头，滚吸模具，牵伸辊，卷绕辊，热轧辊等。

(二) 制备步骤

1. 针刺土工布的制备

涤纶和低熔点纤维质量比为80∶20，利用针刺的方法，调整加工设备参数使土工布平方米克重为200g/m^2、针刺密度为237刺/cm^2。

2. 排水板的制备

HDPE、EVA、LLDPE按照质量比为40∶15∶55进行混合，利用滚吸方法，制备出排水板试样。

加工工艺流程为：原料选择→混料机→上料机→螺杆挤出机→模头→滚吸模具→牵伸辊→成卷。

3. **土工复合排水材料的制备**

将制得的复合土工布与排水板进行热熔黏合，冷却固化后两者紧密黏合，最终成为整体式土工复合排水材料。

三、土工布无负荷时垂直渗透特性测试

参照实验 18 的土工布无负荷时垂直渗透特性测试步骤进行测试。

四、尺寸稳定性测试

（一）主要实验材料和仪器

土工布试样，剪刀，钢尺，热轧机等。

（二）实验步骤

（1）裁剪测试试样，每组取尺寸为 300mm×150mm 的试样 10 块。

（2）热轧机热轧。

（3）热轧后再次测量试样尺寸。

（4）计算尺寸稳定性，并求平均值（保留 1 位小数），尺寸稳定性计算按照式（4-9）进行。

$$尺寸稳寸稳=\frac{热轧尺寸}{热轧前尺寸}\times 100\% \tag{4-9}$$

五、通水量测试（参考 SL 235—2012）

（一）主要实验材料和仪器

土工布试样，计时器、量筒、温度计、压力表、直尺等。计时器准确至 0.1s、量筒准确度 1%，温度计准确至 0.5℃，压力表宜准确至量程的 0.4%，通水量测试仪。

（二）实验步骤

（1）在样品上，沿排水带（板）长度方向不同部位剪取试样 2 块，其受压部分的有效长度为 40cm，加上两端安装长度共约 44cm。

（2）实验前试样应在水中浸泡 24h，水温宜为 18~22℃。

（3）将包有乳胶膜的排水带（板）装入通水量测试仪内，密封好两端接头，安装好连接部分。

（4）对压力室中的试样施加侧压力，通用的侧压力为 350kPa，在整个实验过程中保持恒压。

（5）调节进、出水管的水位，保持实验水力梯度为 0.5。

（6）在恒压及恒定水力梯度下通水 10min 后测量通水量，并记录测量时间、温度及压力室气压，以后宜每隔 2h 测量一次，直到前后两次通水量差小于前次通水量的 2% 为止，以后一次测试结果作为排水带（板）的通水量。

（7）重复步骤（2）~（6）测试另一块排水带（板）的通水量。

（8）通水量应按式（4-10）计算。

$$Q = \frac{V}{ti} \tag{4-10}$$

式中：Q——通水量，cm^3/s；

V——t 时段内通过排水带（板）的水量，cm^3；

t——通过水量 V 所经历时间，s；

i——水力梯度，设定 $i=0$、5。

六、平面内水流量测试（参考 GB/T 17633—1998）

（一）主要实验材料和仪器

待测土工布试样，水，剪刀，钢尺，溶解氧计，厚度仪，秒表，温度计，量杯，定水头平面内水流仪等。

（二）实验步骤

（1）沿样品的纵横向各裁取 3 块试样。试样的水流动方向长度至少 300mm，试样宽度至少 2mm。当产品的宽度不足 200mm 时，则调整仪器，测试产品的全宽。

试样的长度应与加载台的长度相等。单侧排水的产品，为了保证试样的每一侧在封闭另一侧后均能得到测试，取 6 个试样进行测试。

应保证试样的宽度不得尺寸不足，即应达到良好的滑动—紧配合。

试样须洁净，表面无积垢且无可见的损坏或折痕。

（2）在 2kPa 的压力下测量试样的名义厚度。

（3）在实验室温度下将试样浸入含有湿润剂的水中，缓慢搅动以赶出气泡，至少浸泡 12h，湿润剂用 0.1% 的烷基苯磺酸钠（体积比）。

（4）根据试样的名义厚度确定闭孔泡沫橡胶的厚度。

（5）在仪器的基板和加载台之间依次放置闭孔泡沫橡胶、试样和闭孔泡沫橡胶。

（6）向仪器的进水槽注水，向试样施加 2kPa 的法向压力，使水流过试样以排除空气。采取必要的预防措施避免沿试样的边界漏水。如发现边界漏水，重新施压或重复步骤（5）。

（7）把法向压力调整到 20kPa，保持此压力 360s。

（8）向进水槽注水，使水力梯度达到 0.1。

（9）在上述条件下使水流过试样 120s。

对于具有压缩蠕变性的试样，如果使用液压千斤顶的方式施压，则在实验期间压力会趋于衰减。在这种情况下，有必要不断调整压力使之在实验期间保持恒定。

（10）在一定的时间里用量杯收集流过试样的水，对于一般材料收集量至少 0.5L。对于高透水材料，收集时间至少 5s。对于低透水材料，收集时间可以限制在 600s 以内。记录收集的水量和时间，注明水温。再重复两次本程序，即总共 3 个收集水量读数，取收集水量的平均值。如使用流量计，则流量为 3 个连续读数的平均值，连续读数的时间间隔至少 15s。

（11）保持法向压力，增大水力梯度至 1.0，重复步骤（10）。

（12）增大法向压力到 100kPa，重复步骤（8）~（11）。

（13）增大法向压力到 200kPa。重复步骤（8）~（11）。

（14）对剩下的试样重复步骤（5）~（13）的全部操作。

（15）当使用储水罐供水时，对于每个水力梯度和法向压力，使用式（4-11）计算每块试样在 20℃ 的平面内水流量 $q_{压力/梯度}$：

$$q_{压力/梯度} = \frac{R_T \cdot V}{W \cdot t} \tag{4-11}$$

式中：$q_{压力/梯度}$——一定的压力和水力梯度下单位宽度的平面内水流量，m^2/s；

R_T——水温修正系数；

V——收集的水的体积平均值，m^3；

W——试样宽度，m；

t——时间，s。

R_T 水温修正系数按照式（4-12）计算。

$$R_T = \frac{1.763}{1 + 0.0337T + 0.00022T^2} \tag{4-12}$$

式中：T——水温，℃。

当直接测量水流量 Q 时，平面内水流量 $q_{压力/梯度}$ 由式（4-13）计算。

$$q_{压力/梯度} = \frac{R_T \times Q}{W} \tag{4-13}$$

式中：Q——流量，m^3/s。

以两位有效数字表示平面内水流量 $q_{压力/梯度}$。当由自来水供水时，水温在 18~22℃，进行温度修正，否则只注明不修正。

注意事项

（1）玄武岩纤维耐折性耐磨性差，在生产和使用过程中易产生静电，须注意其表面改性。

（2）复合土工布与排水板进行热熔黏合条件的优化。

思考题

（1）针刺密度、针刺深度等针刺工艺对针刺布结构与性能的影响是什么？

（2）热轧在两种复合土工布制备中的作用是什么？

实验20　机织格栅复合土工布的制备

非织造布由于具有孔隙率高、孔隙分布复杂的特点，因而具有良好的隔离、渗滤、导、排水性能，但强度相对较低，断裂伸长率太，尺寸稳定性不好。而机织布则强度高，断裂伸长率低，但孔径分布单一，导水、排水性能差，渗滤功能不强。为此本实验旨在开发了一种高强机织格栅与非织造布复合的土工布，使其既具有良好的强力、抗蠕变性能，又具有良好的隔离、渗滤、导排水性能，形成一种既能加筋增强又能反滤、排水、隔离的新型复合土工布。

一、涤纤机织格栅复合土工布的制备

（一）主要实验材料和仪器

涤纶工业长丝（160tex/192f），涤纶短纤针刺非织造布，聚氯乙烯糊树脂P440，DOP增塑剂，$CaCO_3$，Ba/Cd，碳黑，并丝机，捻线机，整经机，织机，热轧机，涂层机等。

（二）方案设计

1. 非织造布

长丝非织造布强度较高，直通孔径数量多、孔隙率大，售价较高。短丝非织造布强度较低，成网均匀，直通孔径少，孔隙分布更复杂。因此本方案选用针刺涤纶短纤维非织造布，其单位面积重量为150g/m^2。

2. 机织格栅原料

机织格栅在土工布中主要起增强抗蠕变作用，在浸渍、复合工艺中要求具有一定的耐热性能，因此选用涤纶工业长丝作为机织格栅的原料，具有高断裂强度、高模量、低延伸、耐冲击、耐疲劳、耐热性好等优良的物理机械性能。

本方案所选涤纶要求：

细度/dtex	8.3
断裂强度/(cN·dtex^{-1})	7.45
断裂伸长率/%	26.4
初始模量/(cN·dtex^{-1})	398
热收缩率/%	<3

3. 机织格栅组织

在复合土工布中，隔离、渗滤、导排水性能主要取决于非织造布，因此在满足土工布拉伸性能的前提下，机织物中纱线间应保持尽可能大的间隙，所以在本产品中机织物设计成格栅形式。由于在机织格栅中，经、纬纱密度小，交织点少，因此为避免纱线间的相互滑移而破坏格栅的形状，机织格栅的组织选用纱组织，其中经纱以 8 根为一组，采用 1 绞 1 的形式，纬纱以 6 根为一组。通过经纱的绞转作用使经、纬纱的位置相对固定。另外为了锁边，在格栅的两边设计了平纹组织。

（三）加工工艺

1. 机织格栅的织造工艺

（1）织前准备工艺：

①并丝、加捻：为达到设计的强度，同时为便于后面的织造，故采取 3 股并丝并加捻。股线细度为 3×160tex，捻度为 40 捻/m。

②整经：整经是织造前一道关键的工序，它关系到织造能否正常进行及产品性能的好坏。

（2）织造工艺：

组织	纱罗组织
网孔尺寸/mm	25×25
上机密度/(根·cm^{-1})	3.2×2.4
经纱穿筘	每筘 2 根

2. 机织格栅的浸渍工艺

为使机织格栅与非织造布能进行热黏合复合，需对机织格栅进行 PVC 浸渍涂层处理。另外机织格栅坯布由于交织点少，结构松，且纱线光洁，因此经、纬纱容易发生滑移，导致织物结构尺寸变化，而采用涂层也能使土工布具有稳定的尺寸。

（1）浸渍液配方（单位：质量份）：

P440	100
DOP	130
$CaCO_3$	30
Ba/Cd	3
碳黑	1

（2）塑化温度：150～160℃。

（3）塑化时间：1.5min。

（4）上胶率：上胶率 60%，上胶率按式（4-14）计算。

$$上胶率=\frac{机织格栅浸渍后重量-机织格栅坯布重量}{机织格栅浸渍后重量}\times 100\% \tag{4-14}$$

3. 复合工艺

复合是产品加工的最后一道工序，通过热压复合使非织造布与机织格栅能有效地结合，以充分发挥两者的优点。

复合工艺参数为：

加热温度/℃	150～160
加热时间/min	17

加压时间/min	5
加压压力/(N·m^{-2})	1392

二、玻璃纤维格栅复合土工布制备

玻璃纤维抗拉强度高，断裂伸长率低，抗蠕变性能好，耐酸耐碱，耐老化性能好，价格相对较低，是增强非织造复合土工布的理想材料。但玻璃纤维是一种结合力较强的立体网状结构，性较脆，如像缝编复合土工布那样玻璃纤维完全显露在非织造布表面，在施工过程中，一方面可能引起人体皮肤的刺痒感。另一方面如果被碎石直接冲击或顶压可能折断，玻璃纤维的增强效能就会降低。为此，本实验研究将玻璃纤维缝编土工格栅涂塑后与非织造布热熔复合的加工方法制备玻璃纤维格栅复合土工布试样。

（一）主要实验材料和仪器

玻璃纤维，玻璃格栅，PVC，增塑剂 DOP，炭黑，填充剂碳酸钙，热稳定剂 Ba/Cd，涤纶短纤维针刺非织造布等，烘箱，热轧机，涂层机等。

（二）方案设计

1. 原料选择

玻璃纤维直径为 13μm，玻璃纤维束线密度为 2400tex，每米约含 7000 多根玻璃纤维，玻璃纤维束的断裂强度为 33.8cN/tex，断裂伸长率为 2.99%。

格栅的经纬条宽 7mm，由两股玻璃纤维束组成，网格尺寸（相邻格栅条中心距）为 25.4mm×25.4mm。

缝编的缚结纱为 16.67tex 的涤纶低弹纱。

2. 工艺流程

复合土工布试样制作的基本工艺流程如下：

缝编玻璃纤维格栅织造 ⟶ PVC浸胶、塑化 ⟶ 涂塑玻璃纤维格栅（+ 非织造布）⟶ 热压复合玻璃纤维格栅复合土工布。

（三）制备

1. 格栅的浸胶和塑化工艺

（1）PVC 胶液配方（单位：质量份）：

PVC	100
增塑剂（DOP）	130
碳黑	1
填充剂（$CaCO_3$）	30
热稳定剂（Ba/Cd）	3

（2）制备步骤：

①将玻璃纤维缝编格栅切割成 30cm×30cm 小块，浸入上述配方的胶液中，玻璃纤维

格栅的平均上胶率为46%。

②浸轧后，在155～160℃的恒温烘箱中塑化约1.5min，即制成PVC涂层玻璃纤维格栅。

2. 复合土工布的小样试制

（1）将克重为150g/m^{2}的涤纶短纤针刺非织造布切割成35cm×35cm大小，与玻璃纤维格栅叠合一起。

（2）放入温度为（150±5）℃的恒温红外线烘箱中，15min后，加压力8kg（≈89kg/m^2），5min后从烘箱中取出，这时涂塑的格栅与非织造布黏合在一起，即制成玻璃纤维格栅增强针刺非织造布的复合土工布试样。

三、土工格栅拉伸性能测试（参照参考SL 235—2012）

（一）主要实验材料和仪器

待测土工格栅，剪刀，钢尺，拉伸实验机等。

（二）实验步骤

（1）裁剪试样，每组试样数量应不少于5个。至少应包含2个完整单元，并且试样长度应不小于100mm。

（2）按试样的计量长度调整实验机上、下夹具的间距。

（3）设定拉伸速率为土工格栅计量长度的20%·min^{-1}。

（4）将试样放入夹具内夹紧。

（5）开启实验机，同时启动记录装置，连续运转直至试样破坏为止，停机。在拉伸过程中，同时记录拉力—伸长量曲线。

（6）重复步骤（4）～（5）对其余试样进行实验。

（7）拉伸强度应按式（4-15）计算。

$$T_1 = \frac{F \times N}{n} \tag{4-15}$$

式中：T_1——土工格栅拉伸强度，kN/m；

F——试样最大拉力，kN；

N——样品每米宽度上肋数，肋/m；

n——试样肋数（单肋法时$n=1$肋；多肋法时n为试样实际肋数）。

四、土工布等效孔径（湿筛法）测试（参照GB/T 17634—2019）

（一）主要实验材料和仪器

待测土工布试样，滤纸，湿毛巾，烘箱，实验筛（直径200mm），振筛机，电子天平（精度0.01g），玻璃珠或球形砂粒（粒径分别为0.063～0.075mm，0.075～0.09mm，0.09～0.106mm，0.106～0.125mm，0.125～0.15mm，0.150～0.18mm，0.18～0.25mm，0.25～0.35mm），计时器，细软刷子等。

（二）实验步骤

（1）裁剪试样，尺寸要适用于所使用的筛分装置，表面无积垢和可见的损坏或折痕，每组试样数量应不少于 5 个。在 GB/T 6005—2008 中 R20 系列尺寸中选择符合要求的筛网，见表 4-4。

表 4-4 GB/T 6005—2008 中套筛的筛孔尺寸，R20 系列

筛孔尺寸（μm）			筛孔尺寸（mm）			
20	80	280	1.00	3.56	12.5	45.0
25	90	315	1.12	4.00	14.0	50.0
28	100	355	1.25	4.50	16.0	56.0
32	112	400	1.40	5.00	18.0	63.0
36	125	450	1.60	5.60	20.0	71.0
40	140	500	1.80	6.30	22.4	80.0
45	160	560	2.00	7.10	25.0	90.0
50	180	630	2.24	8.00	28.0	100
56	200	710	2.5	9.00	31.5	112
63	224	800	2.80	10.0	35.5	125
71	250	900	3.15	11.2	40.0	—

（2）试样应进行去静电处理，可采用湿毛巾轻擦试样，并且烘箱烘干。

（3）测试并记录试样的干重，精确到 0.1g。

（4）在室温下，将样品放置于 0.1%烷基苯磺酸钠水溶液中至少 12h 后，从水中取出试样，平整且无张力地夹到夹持装置内，将夹持装置放置到筛分仪器上。

（5）测定颗粒材料干重，精确到 0.1g。对于每块试样的有效筛分区域，颗粒材料的用量为（7.0±0.1）kg/m^2。

（6）将颗粒材料均匀地撒在试样上。

（7）打开喷水开关，对整个试样均匀喷水。用调节阀调整水量以确保颗粒材料完全湿润，但不允许水面高出颗粒材料。在试样上不应有水停留。整个筛分过程保持喷水。

（8）启动筛分装置，调整振幅至 1.5mm（振动高度 3mm）。

（9）收集通过试样的颗粒材料。

（10）筛分 600s 后，关闭筛分装置，关闭喷水开关。

（11）将试样和未通过的颗粒材料收集到一起。

（12）分别测定通过的颗粒材料和带有未通过颗粒材料的试样的干重。

（13）扣除试样干重，得到未通过颗粒材料的干重，精确到 0.1g。

（14）重复步骤（2）~（13），直到 5 块试样中的 3 块试样实验完毕。

（15）如果其中一块试样的颗粒材料通过量与 3 块试样的平均通过量之差超过平均值

的 25%，则应实验另外保留的 2 块试样。

（16）记录颗粒材料初始投放量、通过量、未通过量，计算颗粒材料通过率和损失率，结合试样颗粒材料的平均通过率来确定颗粒粒径分布。

（17）如果通过 3 块试样的颗粒材料的质量低于表 4-5 要求，则应测试另外的 2 块试样。如果 5 块试样仍不能达到要求颗粒材料的通过量，则增加颗粒材料的投放量，并按比例增加筛分时间。

表 4-5　在直径 200mm 圆实验筛上待筛实验量①

名义筛孔尺寸 W（mm）	试样近似体积②（cm^3）		名义筛孔尺寸 W（mm）	试样近似体积②（cm^3）	
	试样近似体积	最大剩余量③		试样近似体积	最大剩余量③
22.4	1600	800	710	120	60
16	1000	500	500	100	50
11.2	800	400	355	80	40
8	500	250	250	70	35
5.6	400	200	180	60	30
4	350	175	125	50	25
2.8	240	120	90	42	21
2	200	100	63	35	17
1.4	160	80	45	30	15
1	140	70	32	26	13
—	—	—	25	22	11

①使用不同的型式和尺寸的实验筛时应相应地予以修正。

②试样质量应由其松散密度乘以表中体积数值。

③筛分过程终止时允许留在筛面上的最大体积。

如果 O 的范围已知，对于测定 O_{90}，则在 O_{90} 的两侧各选择最接近的 3 个筛子尺寸即可。

（18）计算及结果表示

①在半对数坐标纸上，以颗粒材料的累积通过率和相应的筛子尺寸作曲线，用计算法或作图方法确定 D_{90}。

②被测土工布及其有关产品的特征孔径 O_{90} 与颗粒尺寸分布曲线的 D_{90} 相等，即 $O_{90} = D_{90}$。

注意事项

（1）机织格栅复合土工布在烘燥过程中非织造布纵、横向收缩率为 6%～8%。

（2）以 600s 为时间间隔连续称取试样质量，试样质量下降值小于 0.1%时则认为试样达到干重状态。

（3）如果未通过和通过的颗粒材料的总干重同初始投放颗粒材料干重之间的偏差超过1%，则实验无效，应重新实验。

思考题

（1）复合土工布中非织造布、机织格栅的作用分别是什么？

（2）机织格栅浸渍的作用是什么？

参考文献

[1] 吕大鹏，张春苗，高娜．高强涤纶纺黏针刺土工布生产工艺［J］．合成纤维，2018，47（11）：38-40.

[2] 黄玉莲，姚婕．宽幅短纤针刺土工布的生产工艺［J］．天津工业大学学报，2015，34（6）：26-30.

[3] 赖艳，张得昆．PP/玄武岩纤维针刺土工布制备及性能分析［J］．纺织高校基础科学学报，2019，32（1）：7-11.

[4] 李新玥，秦文康，窦皓．高性能土工复合排水材料的制备及其性能［J］．纺织科学与工程学报，2019，36（4）：74-77.

[5] 钱竞芳．机织格栅复合土工布的开发与性能［J］．纺织学报，2002，23（1）：35-37.

[6] 储才元，江耀兴．玻璃纤维格栅复合土工布的开发与性能［J］．产业用纺织品，2001，19（2）：23-26.

第五章　电子纺织品的制备

纺织面料具有柔韧、多孔等特性，既可穿戴用，又可作为复合材料骨架使用。电子纺织品可作为电子元器件用于智能穿戴，也可为复合材料提供骨架、导电导热、电磁屏蔽等功能需求。

一、电子织物的制备方法

实现普通织物导电有多种方法，包括传统编织法、浸渍法、化学法、表面沉积法、印刷法、炭化法等。

（一）编织法

在织物中嵌入导电纤维纱，从而赋予织物一定的导电性，导电纤维大致可以分为两大类。

一类为金属长丝，如不锈钢纤维、细铜线、铝线等，通过拉伸、削切等工艺制备，使其直径为 1~80μm。

另一类为经过特殊处理而制备的导电纤维、纱线或长丝。利用涂覆、浸渍、原位化学聚合等方法在普通的纱线上沉积一层导电物质，如碳基导电材料（石墨烯、碳纳米管等）、金属基导电材料（银颗粒、银纳米线等）、导电聚合物（聚苯胺、聚吡咯等），从而获得导电纱线、纤维、长丝。

编织对导电纱线具有很高的要求，所用导电纤维纱必须能够承受来自外在的机械压力，可弯曲和剪切。金属长丝纱线虽具有良好的导电性能，但脆易断裂，须对其进行涂层处理。高弹性的导电聚合物纱线、纤维导电性能不如金属，且成本高。

（二）浸渍法

浸渍涂层技术是将导电聚合物或者纳米导电材料溶解或者分散于一定溶剂中，形成导电墨水，通过将织物浸渍、烘干实现导电。目前已开发的导电聚合物均是具有共轭结构的导电聚合物，如聚吡咯（PPy）、聚苯胺（PANI）、聚噻吩（PEDOT）和聚苯磺酸（PSS）等，其中应用最多的是 PEDOT，且常将其与 PSS 混合形成水分散液，应用于浸渍法制备导电织物。

浸渍法是制备导电织物的方法中较为简单易行的方法，导电织物的电阻和抗磨损性能严重依赖导电涂层的厚度、含量和黏结剂的作用。浸渍法比较适合表面光滑、平整的织物，很难实现图形化的导电织物，从而大大局限了其后续跟各种电子元器件集成的可能。

（三）化学法

1. 原位聚合法

原位聚合法主要是将织物浸渍在导电聚合物单体溶液中，通过溶液中氧化剂的氧化作用使得导电聚合物沉积在织物表面，从而赋予织物一定的导电性。在沉积过程中，聚吡咯（PPy）和聚苯胺（PANI）能够与织物表面形成牢固的相互作用（如氢键作用、共价结合等），从而增加导电织物的耐洗性。

原位聚合法有以下三个缺点：

（1）原位聚合很难控制负载量，所形成的导电层非常不均匀。

（2）反应时间、搅拌速度、单体的含量等细微的变化均对形成的导电层有很大的影响。

（3）一些织物在某些酸性反应环境中会出现降解的情况，对织物造成损害。

2. 化学镀法（ELD）

考虑到导电性、稳定性和成本，金属仍然是实现导电的首选材料。化学镀法是将织物浸渍在含有金属离子的溶液中，在还原剂的作用下金属离子在织物表面形成一层金属薄膜（Cu、Ni、Ag、Au 等），从而赋予织物一定的导电性。

3. 聚合物辅助沉积法（PAMD）

聚合物辅助沉积（PAMD）法使金属与柔性基底之间的结合牢度得到极大的提高，主要有三个阶段：

①在织物表面形成锚定聚合物界面层。

②催化组分在聚合物中固定。

③金属离子在催化组分区发生化学沉积。

锚定聚合物使用最多的是聚［2-（甲基丙烯酰氧基）乙基三甲基氯化铵］（PMETAC）和聚丙烯酸（PAA），分别是阳离子型和阴离子型锚定聚合物的代表。不同类型的锚定聚合物捕获的催化组分不一样，如 PMETAC 链中存在季铵盐基团，对 $[PdCl_4]^{2-}$ 和 $[AuCl_4]^-$ 等金属化合物负离子具有很强的吸附作用，而 PAA 链在 pH = 8.5 时含有大量的—COO^- 基团，该基团对 $[Pd(NH_3)_4]^{2+}$、Cu^{2+} 和 Ni^{2+} 等具有较强的亲和力。阴离子型锚定聚合物相较于阳离子型成本较低，因为金属负离子成本要远远高于金属正离子。

（1）PAMD 法优点：

①金属与基底及界面层之间有很强的黏附力，该种网络状界面层解决了刚性材料与软质基材不匹配的问题。

②溶液处理适用于在不同形状、结构和基底上沉积高质量的金属。

（2）PAMD 法缺点：

①沉积金属的选择受化学沉积过程的限制，例如铝不能通过 ELD 方法沉积。

②化学沉积期间催化剂的横向扩散会对微电极的分辨率造成影响，从而限制其在高分辨微电子中的应用。

③沉积过程需要多次浸入溶液中，反复浸泡不利于多层敏感器件的制备。

因此，PAMD 法适用于电极分辨率不高、结构简单、材料比较稳定的功能器件。

4. 电化学方法

电化学法就是将织物材料作为电极，在织物电极表面直接沉积导电材料的方法。因大部分纺织材料是电绝缘体，不能直接用作电极，需经过以下步骤实现。

（1）将纱线或织物在其表面先进行原位化学聚合，赋予一定的导电性或直接选用商业用导电纱线。

（2）把单体溶解到适当的溶剂中。

（3）采用三电极装置（工作电极、对比电极和参比电极），将导电织物包覆在金属电极上作为工作电极。

（4）当施加足够的正偏压时诱发单体氧化，在工作电极上引发聚合反应，使聚合物或金属阳离子被动地沉积到纤维、织物上。多数是通过电化学聚合在纤维、织物表面形成薄的共轭聚合物导电涂层或种子层，然后将纤维、织物直接作为工作电极。

电化学聚合在纤维、织物表面形成的薄膜受扫描速率的影响比较大，这种方法应慎用。

（四）表面沉积法

1. 聚合物气相沉积

气相沉积导电聚合物可以方便地对二维和三维衬底进行单步聚合和涂覆，具有与衬底共形、纳米尺度厚度控制、无溶剂处理的优势，能在底物上形成均匀的涂层，同时能够获得与液相聚合相同的聚合物。它形成的导电层很薄，不会影响底物的力学性能。

气相沉积需要沉积两种成分：一种是共轭单体，另一种是氧化剂。单体主要包括 3，4-乙烯二氧噻吩（EDOT）、苯胺（ANI）和吡咯（Py）等。氧化剂主要是各种各样的铁盐，包括氯化铁（$FeCl_3$）、含铁的对甲苯磺酸盐。聚合物气相沉积法可根据单体和氧化剂所处的状态分为两种方法。第一种方法为气相聚合（VPP），通过浸渍或滴涂的方法将氧化剂覆盖到织物上，再将处理过的织物放入含有单体的密闭腔体内。第二种方法为氧化化学气相沉积（OCVD），单体和氧化剂均为气相状态下在织物表面形成共轭聚合物薄膜。该法成本较高，导电织物的稳定性较好，对织物的舒适性影响较小，在可穿戴电子织物上有较大的应用前景。

2. 磁控溅射

磁控溅射（PVD）是物理气相沉积方法的一种，其基本原理是利用 Ar 和 O_2 混合气体中的等离子体在电场和交变磁场的作用下，被加速成高能粒子轰击靶材表面，能量交换后，靶材表面的原子脱离原晶格而逸出，转移到基体表面成膜。

磁控溅射的特点是设备简单、易于控制、成膜速率高、基片温度低、镀膜面积大、附着力强和环保等。不过该技术还存在几个关键性问题，例如，溅射层的厚度及连续性有待进一步完善，设备比较昂贵，成本高等。

3. 原子层沉积

原子层沉积（ALD）是通过将气相前驱体脉冲交替地通入反应器，使其在基体上化学吸附并反应形成沉积膜的一种方法。原子层沉积技术由于沉积参数的高度可控性（厚度、成分和结构），优异的沉积均匀性和一致性使得其在微纳电子和纳米材料等领域具有巨大的应用潜力。

在导电织物领域，这种方法尚存在较大的局限性，主要是其设备成本高昂，薄膜的生成速率比较缓慢，实现大批量制备导电织物还比较困难。

（五）印刷法

相比沉积这种方式，印刷是一种低成本的增材制造方法，将导电物质（主要是纳米银、铜、有机导电材料等）印刷到承印物上，实现图形化的导电电极及电路。

印刷方法主要有丝网印刷、喷墨打印、凹版印刷、柔性版印刷等。目前在织物表面实现导电电极的印刷还处于前期研究阶段，主要应用于大规模生产的凹版印刷和柔性版印刷在制备导电织物中并不常见。

1. 丝网印刷

导电电路依靠浆料渗透作用沉积在基底上，如果织物表面光滑、平整，所得电路的导电性良好；如果是棉织物（多孔、表面不平整）则需要更多的导电浆料来填充这些孔，既浪费原料又增加了工艺的难度。因此，丝网印刷对于承印物是有要求的，但光滑、平整的化纤织物或者对不平整的织物进行表面涂层整理，都可以获得更加优异的导电线路。

通过设计一种三明治结构来实现导电线路在面料表面的印刷。首先，在织物表面印刷一层光滑的打底层，然后将导电银浆印刷在打底层表面，最后再印刷封装层。采用这种方法获得的导电电路可以防水、耐磨损，但是由于导电银浆自身的刚性，在拉伸弯曲后，导电层易发生破裂，使电阻增加。为了获得拉伸性能更加优异的导电线路，可设计成蛇形形状三明治电路结构。虽然采用三明治结构可以实现丝网印刷电路在织物上的耐水洗的要求，但是普通导电浆料并不具有延展性，即使设计成蛇形结构，在外力作用下还是非常容易出现裂痕的。因此，需要设计一种全新的弹性导电浆料来改善织物表面印刷电路的柔韧性，满足在拉伸、扭曲、剪切作用力下的电阻稳定性。如在导电银墨水中加入水性聚氨酯，或采用银片、氟橡胶、氟表面活性剂和4-甲基-2-戊酮（MIBK）溶剂调配成可以印刷的弹性导电浆料等。

丝网印刷是一种简单、可规模化、低成本制备印刷电路的方法，在先进导电材料不断被开发的情况下，相信此种方法将会在未来可穿戴电子纺织品中扮演着不可或缺的角色。

2. 喷墨打印

喷墨打印与丝网印刷一样，对于承印物都有相同要求，即需要承印物表面光滑平整。喷墨打印获得的稳定的导电织物需要克服的主要问题是织物表面粗糙和墨水烧结温度。

为了使某些天然纤维织物衬底导电性能达到一定的要求，采用共聚物丙烯酸树脂作为界面层。这种商业化的共聚物可以应用在不同种类的织物上，对织物有很好的黏附性，且表面柔软、光滑。

（六）炭化法

炭化是指生物质材料在缺氧或贫氧（厌氧）条件下，以制备相应的炭材料为目的的一种热解技术，工业上应用较普遍的碳纤维主要是聚丙烯腈碳纤维和沥青碳纤维。碳纤维的制造包括纤维纺丝、热稳定化（预氧化）、炭化、石墨化四个过程，但是炭化法制备的导电纤维和织物的导电性能不如传统金属的导电性能，材料易粉末化，因此其在电子器件中的应用比较有限。

二、电子织物的应用

（一）电磁屏蔽（EMI）

电磁波在造福人类的同时，也会带来污染。主要有干扰电子设备，泄露通信数据，损害生殖系统、神经系统和免疫系统、诱发疾病、影响身体发育等。

1. 电磁屏蔽原理

电磁辐射是指电磁场能量以频率 30~30000MHz 电磁波的形式向外发射。电磁波在传播途中遇到障碍物时受障碍物的反射和吸收作用，能量发生衰减。电磁波传播到达屏蔽材料表面时，通常按三种不同机制进行衰减：屏蔽体表面和内部对电磁波的反射损耗、屏蔽体对电磁波的吸收损耗。

（1）反射损耗：反射作用通常是因为屏蔽材料本身与空间阻抗不同产生的，反射损耗不仅与屏蔽材料本身的阻抗相关，也与辐射源的类别及辐射源到屏蔽材料的距离有关，反射会造成二次污染。

（2）吸收损耗：屏蔽体材料吸收电磁波的性能与其屏蔽体的厚度、导电率、磁导率等有关，如磁导率大的金属合金，镍铁钒超导合金、镍铁高导磁合金等对电磁波的吸收能力较强。

（3）多重反射损耗：电磁波进入屏蔽体内除被吸收外，也在进行不断地反射和透射，使电磁波反复通过材料，从而实现电磁波的能量衰减。

在电磁波频率和材料厚度一定时，材料的导电率增加，反射损耗和吸收损耗都会增加，电磁波能量的衰减也会增加。吸波材料主要是利用材料的吸收损耗而要尽量减少反射损耗，减少表面反射也就是尽量要达到阻抗匹配。而屏蔽材料既利用了材料的反射损耗也利用了材料的吸收损耗。银、铜、铝等是极好的电导体，相对导电率大，电磁屏蔽效果以反射损耗为主；而铁和铁镍合金等属于高磁导率材料，相对磁导率大，电磁屏蔽衰减以吸收损耗为主。

2. 电磁屏蔽织物类别

电磁屏蔽织物既具有良好的导电性能，又可保持织物材料透气、柔韧、可折叠、黏结等特性，制成屏蔽服、屏蔽帐篷及屏蔽室材料等，以保障人身、信息安全等，是理想的电磁屏蔽材料，其按照制备工艺可分为以下五种。

（1）金属镀层织物：这类织物材料是在织物表面附着一层导电层，主要通过反射损耗达到屏蔽的目的。常用的制备技术包括化学镀、电镀、真空镀等。

（2）涂层织物：涂层屏蔽织物是在织物涂层剂中加入适当的金属粉末、金属氧化物或者非金属导电材料，或让涂层剂中含有高分子成膜剂、导电成分涂料，涂覆在织物表面，使织物具有电磁屏蔽效果。

（3）贴金属箔织物：用铝箔和铜箔等金属薄膜同织物经胶黏剂复合而成，其中表面金属箔起到屏蔽电磁波的作用。它的优点是方法简单、黏结强度高、不易部分脱落、导电性能良好，但织物材料的透气性及柔软程度较差，目前常见的贴金属箔织物多用于消防防护服，主要通过反射高温辐射能，达到保护人体的作用。

（4）导电纤维混纺织物：该类织物主要是将导电纤维与普通纤维混纺技术织成的织物。常用的导电纤维主要有不锈钢纤维、镍纤维、铜纤维和碳纤维等。这种工艺制备的电磁屏蔽织物材料主要应用于防辐射服、保密室窗帘、精密仪器防护罩及活动式屏蔽帐篷等。

（5）多离子电磁屏蔽织物：将含有银离子、铜离子、镍离子、铁离子等的主盐在一定条件下与还原剂反应，生成多金属离子织物。可用于多种场合的电磁屏蔽，也可应用于军队保密、伪装等领域。

3. 电磁屏蔽测试标准及测试方法

各国关于防电磁辐射标准的研究与制定主要集中在对暴露限值的规定和对单纯屏蔽材料的屏蔽效能测试上。我国现有的关于电磁屏蔽产品的标准主要有 GB/T 23463—2009《防护服装微波辐射防护服》，关于电磁屏蔽效能测量的标准主要有 GJB 6190—2008《电磁屏蔽材料屏蔽效能测量方法》和 GB/T 30142—2013《平面型电磁屏蔽材料屏蔽效能测量方法》，其中 GB/T 23463—2009《防护服装微波辐射防护服》也是军用标准，其给出了防护服电磁屏蔽效能的等级评价方法，其中防护等级 A 的电磁屏蔽效能要求不低于 50dB，防护等级 B 的电磁屏蔽效能要求不低于 30dB，防护等级 C 的电磁屏蔽效能要求不低于 10dB。

电磁屏蔽效能的检测方法主要有三种，分别是屏蔽室测量法、远场法和近场法等。GJB 6190—2008《电磁屏蔽材料屏蔽效能测量方法》给出了每种检测方法对环境和设备的具体要求。

远场为屏蔽体到电磁辐射源的距离 $r \geqslant \lambda/2\pi$ 的区域，为辐射电磁波波长远场区电场和磁场相互垂直相位相同，任一点 E 和 H 能量各占一半，且随着 r 的增加而衰减，因而 $SE_{\mathrm{E}}=SE_{\mathrm{H}}$，目前国内外使用最多的是同轴测试方法。

近场是指屏蔽体到电磁辐射源的距离 $r<\lambda/2$ 的区域，λ 为辐射电磁波波长，近场内 E 和 H 有 90°相位差，E 和 H 随着 r 的增加，按 $1/r^2$ 或 $1/r^3$ 比例衰减。在近场区内电磁能量在场源与场点之间往返振荡和交换，因此距 $SE_{\mathrm{E}} \neq SE_{\mathrm{H}}$。

4. 电磁屏蔽效能评价及应用

（1）电磁屏蔽效能在 10dB 以下时，产品几乎没有屏蔽效果。

（2）电磁屏蔽效能在 10~30dB 时，产品屏蔽效果一般。

（3）电磁屏蔽效能在 30~50dB 时，产品屏蔽效果较好，可以使用，且一般用于普通电子设备或工业设备。

（4）电磁屏蔽效能在 50~90dB 时，屏蔽效果良好，大多可用于航天、军用电子设备。

（5）电磁屏蔽效能在 90dB 以上时，屏蔽效果最佳，主要用于高精尖仪器。

（二）传感器

近年来，运动传感技术已经开始遍地开花，如运动手环、智能手机、电视遥控器和个人训练设备等，传感器是这些设备的关键部件。在可穿戴领域，科学家们已经不局限于常规的印刷电路板（PCB）和塑料基底材料，开始转向柔性基底材料（如织物），可穿戴电子的概念已风靡全球。

（三）便携式能源

随着可穿戴设备的发展，人们对便携式柔性可持续电源的需求日益凸显，电源的可穿戴化成为一种重要的思路和趋势。为此，人们基于不同衬底开发出了多种柔性可穿戴器件，用于收集光、风、人体运动等环境能量并转化为电能。

（四）医疗保健

通过人体生理信号采集传感器或者将电极整合在可穿戴物件上，如衣服、腰带、手表、手环、项链等，以获取人体心电、呼吸、体温、血压、血氧、人体运动状态等重要生理参数。而衣服作为与人体接触最为密切的媒介，具有多个优势，如舒适、轻薄、移动性好，不具有视觉、触觉以及心理的排斥感，而且是日常必备物件，具有低生理、心理负荷的特点，是实现人体信号采集的最佳平台。

（五）智能服装

随着柔性功能器件与服装结合技术越加成熟，大量具有各种功能的智能服装应运而生。特别是智能运动服装一直以来都是人们关注的焦点。如智能瑜伽裤搭载了蓝牙功能并集成了一套触觉反馈装置，从而指导并调整使用者的运动姿势；能够检测运动者的肌肉状态以及心率和呼吸频率，让运动者直观地了解到身体状况变化；除此之外，还有能够感知人体心率、呼吸频率以及肌肉状态和身体姿态的智能运动上衣、内衣和背心。

实验 21　化学镀金属膜层织物的制备

织物表面金属化处理后就变成了很好的电磁波屏蔽材料，它兼有金属的导电性和电磁屏蔽功能，通过本实验掌握织物化学镀技术及电磁屏蔽织物的制备方法。

一、涤纶织物前处理

（一）碱减量处理

涤纶织物碱减量是利用强碱在高温下处理织物，使纤维表面被刻蚀，表面变粗糙，织物质量减轻的加工过程。经碱减量处理后的织物手感柔软、光泽柔和，吸湿性得到很大提高，具有丝绸般的风格。

1. **主要实验材料和仪器**

涤纶织物，洗涤剂，乳化剂，NaOH，冰醋酸，烧杯，量筒，电子天平，称量纸，烘箱，水浴振荡器，磁力搅拌器，轧车等。

2. **实验处方及工艺条件**

NaOH/($g \cdot L^{-1}$)	50
温度/℃	100
时间/min	60
浴比	1∶50

3. **实验步骤**

（1）称取布样，按处方计算各试剂用量。

（2）在烧杯中加入总量2/3的蒸馏水，加入NaOH，搅拌溶解后，加水至总液量。

（3）将上述溶液加热到60℃后，将织物在温水中润湿，挤去水分。

（4）投入工作液，在搅拌下加热到微沸，处理60min。加热过程中不断搅拌，并补充热水以维持浴比。

（5）处理完毕后，取出织物，用80℃的热水洗涤三次。

（6）室温下，在100mL醋酸溶液（1mL/L）中浸渍10min。

（7）再用室温水洗净。

（8）烘箱烘干。

（二）胶体钯活化

1. **主要实验材料和仪器**

碱减量涤纶织物，盐酸，氯化钯，氯化亚锡，烧杯，量筒，电子天平，称量纸，磁力搅拌器等。

2. **盐基胶体钯活化液的配制**

（1）把0.3g氯化钯溶于10mL浓盐酸和10mL蒸馏水的混合溶液中，在其中加入12g氯化亚锡。

（2）取160g氯化钠溶于1L蒸馏水中。

（3）将两溶液在不断搅拌下混合，并在45~60℃温度下保温2~4h即得盐基胶体钯溶液。

3. **实验步骤**

（1）将经过碱碱量处理后的涤纶织物浸入胶体钯溶液中3min。

（2）将织物移至40~45℃，100mL/L的盐酸溶液中浸渍0.5~1min进行解胶，之后取出织物待用。

二、织物化学镀镍

（一）酸性镀镍

1. **主要实验材料和仪器**

活化后的涤纶织物，六水硫酸镍，次亚磷酸钠，柠檬酸钠，无水乙酸钠，烧杯，磁力搅拌器，电子天平，称量纸，量筒，烘箱等。

2. 镀液配方

主盐：硫酸镍/($g \cdot L^{-1}$)	27.5
还原剂：次亚磷酸钠/($g \cdot L^{-1}$)	22.5
络合剂：柠檬酸钠/($g \cdot L^{-1}$)	5
pH 缓冲剂：无水乙酸钠/($g \cdot L^{-1}$)	5
pH 值	4~5
温度/℃	80

3. 镀液配制步骤

（1）准确称取计算量的主盐镍盐（如硫酸镍）、还原剂（如次亚磷酸钠）、络合剂（如柠檬酸钠）、缓冲剂（如乙酸钠）、促进剂（如天门冬氨酸）、稳定剂（如硝酸铅）等，分别用少量蒸馏水或去离子水溶解。

（2）将已完全溶解的镍盐溶液，在不断搅拌下倒入含有络合物的溶液中。

（3）将完全溶解的还原剂溶液，在剧烈地搅拌下，倒入步骤（2）已配制好的溶液中。

（4）分别将稳定剂、缓冲剂溶液、促进剂溶液，在充分搅拌作用下，倒入步骤（3）溶液中。

（5）用蒸馏水或去离子水稀释至计算体积。

（6）用硫酸或氨水或 NaOH 稀溶液调 pH 值。

（7）仔细过滤溶液。

（8）取样化验合格后，加温施镀。

4. 施镀步骤

将活化后的织物浸入化学镀液中进行化学镀，观察镀液颜色变化，适当调节温度、控制镀液速度。

待织物化学镀完成后，取出镀层织物，充分水洗，在烘箱中烘干。

（二）碱性镀镍

1. 主要实验材料和仪器

活化后的涤纶织物，六水硫酸镍，次亚磷酸钠，柠檬酸钠，氯化铵，烧杯，磁力搅拌器，pH 计，电子天平，称量纸，量筒，烘箱等。

2. 镀液配方

主盐：硫酸镍/($g \cdot L^{-1}$)	30
还原剂：次亚磷酸钠/($g \cdot L^{-1}$)	30
络合剂：柠檬酸钠/($g \cdot L^{-1}$)	20
pH 缓冲剂：氯化铵/($mL \cdot L^{-1}$)	15
pH 值	8.5~9.5

温度/℃　80

3. 镀液配制步骤

（1）准确称取计算量的主盐镍盐（如硫酸镍）、还原剂（如次亚磷酸钠）、络合剂（如柠檬酸钠）、缓冲剂（如乙酸钠）、促进剂（如天门冬氨酸）、稳定剂（如硝酸铅）等，分别用少量蒸馏水或去离子水溶解。

（2）将已完全溶解的镍盐溶液，在不断搅拌下倒入含有络合物的溶液中。

（3）将完全溶解的还原剂溶液，在剧烈地搅拌下，倒入步骤（2）已配制好的溶液中。

（4）将已溶解好的 pH 调节剂（如氨水等），在不断搅拌下逐滴加入步骤（3）溶液中。

（5）测试 pH 值直至其合乎工艺要求后，加入稳定剂溶液，并稀释至计算体积。

（6）再次测试 pH 值，调整 pH 值至合格。

（7）仔细过滤溶液。

（8）取样化验合格后，加温施镀。

4. 施镀步骤

将活化后的织物浸入化学镀液中进行化学镀，观察镀液颜色变化，适当调节温度、控制镀液速度。

待织物化学镀完成后，取出镀层织物，充分水洗，在烘箱中烘干。

三、织物化学镀铜

（一）主要实验材料和仪器

活化后的涤纶织物，七水硫酸镍，五水硫酸铜，一水次亚磷酸钠，硼酸，二水柠檬酸钠，硫脲，烧杯，磁力搅拌器，pH 计，电子天平，称量纸，量筒，烘箱等。

（二）镀液配方

五水硫酸铜/($g \cdot L^{-1}$)	6
二水柠檬酸钠/($g \cdot L^{-1}$)	15
一水次磷酸钠/($g \cdot L^{-1}$)	28
硼酸/($g \cdot L^{-1}$)	30
七水硫酸镍/($g \cdot L^{-1}$)	0. 5
硫脲/($mg \cdot L^{-1}$)	0. 2
温度/℃	65
pH 值	9. 2

（三）镀液配制步骤

参考碱性镀镍步骤。

（四）施镀步骤

将活化后的织物浸入化学镀液中进行化学镀，观察镀液颜色变化，适当调节温度，控制镀液速度。待织物化学镀完成后，取出镀层织物，充分水洗，在烘箱中烘干。

四、织物化学镀银

（一）主要实验材料和仪器

活化后的涤纶织物，硝酸银，酒石酸钾钠，葡萄糖，氨水，去离子水，KOH，烧杯，磁力搅拌器，pH 计，电子天平，称量纸，量筒，烘箱等。

（二）镀液配方和工艺条件

1. 配方 1

硝酸盐/($g \cdot L^{-1}$)	3.4
酒石酸钾钠/($g \cdot L^{-1}$)	15
氨水/($mL \cdot L^{-1}$)	3
KOH/($g \cdot L^{-1}$)	5.7
温度/℃	25

2. 配方 2

硝酸盐/($g \cdot L^{-1}$)	5.1
葡萄糖/($g \cdot L^{-1}$)	8
氨水/($mL \cdot L^{-1}$)	2.6
KOH/($g \cdot L^{-1}$)	3.5
温度/℃	50

（三）镀液配制步骤

1. 银盐溶液的配制

（1）用适量蒸馏水分别将硝酸银、氢氧化钠或氢氧化钾溶解。

（2）边搅拌边向硝酸银溶液中缓缓加入氨水，至生成的氢氧化银沉淀刚好溶解。

（3）一边搅拌一边向上述溶液中加入氢氧化钠或氢氧化钾溶液，此时又形成氢氧化银沉淀，再滴加氨水至沉淀刚好溶解，再过量滴加 2~3 滴。对不含氢氧化钠或氢氧化钾的溶液，则直接向硝酸银溶液中加入氨水至沉淀刚好溶解再过量滴加 2~3 滴。

（4）加入余下的蒸馏水。

2. 还原液的配制

普通还原溶液将所需量还原剂用水溶解即可。

（四）施镀步骤

（1）取等质量的银盐溶液和还原溶液，配制化学镀银液。

（2）将活化后的织物浸入化学镀银液中进行化学镀，观察镀液颜色变化，适当调节温度，控制镀液速度。

（3）待织物化学镀完成后，取出镀层织物，充分水洗，在烘箱中烘干。

五、织物化学镀镍—铁—磷合金

镍—铁—磷（Ni—Fe—P）合金具有优异的软磁特性，用该合金制作的高速开关，已用于计算机中的信息存储，还可用作薄膜磁头材料，并具有作双层垂直记录介质基底涂层材料等潜在应用方向。

（一）主要实验材料和仪器

活化后的涤纶织物，硫酸镍，硫酸铁，氯化镍，硫酸铁胺，酒石酸钾钠，柠檬酸钠，硼酸，次亚磷酸钠，硫脲衍生物，氨水，去离子水，NaOH，烧杯，磁力搅拌器，pH 计，电子天平，称量纸，量筒，烘箱等。

（二）镀液配方

镀液配方见表 5-1。

表 5-1　化学镀 Ni—Fe—P 合金配方及工艺

成分及工艺条件	配方与组分浓度（g/L）					
	配方 1	配方 2	配方 3	配方 4	配方 5	配方 6
$NiCl_2 \cdot 6H_2O$	—	133	—	50	—	—
$NiSO_4 \cdot 7H_2O$	30	—	35	—	14	20
$FeSO_4 \cdot 7H_2O$	—	—	—	—	14	15
$(NH_4)\ Fe\ (SO_4)_2$	15	5.7	50	—	—	—
$FeCl_2 \cdot 4H_2O$	—	—	—	27	—	—
$KNaC_6H_2O_6$	6	23~81	75	75	—	60
$Na_3C_6H_5O_7 \cdot H_2O$	—	—	—	—	44~73	—
H_3BO_3	—	—	—	—	31	5
$NaH_2PO_2 \cdot H_2O$	30	9.96	25	25	21	18~48
NH_3H_2O	—	126	58	58	NaOH	—
主络合剂	45	—	—	—	—	—
添加剂	4（硫脲衍生物）	—	—	—	—	2
pH 值	11	8.5~11	9.2	9.2~11	10	12
温度/℃	90	75	20~30	75	90	75

（三）镀液配制步骤

参考碱性镀镍的镀液配制步骤。

（四）施镀步骤

将活化后的织物浸入化学镀液中进行化学镀，观察镀液颜色变化，适当调节温度，控制镀液速度。待织物化学镀完成后，取出镀层织物，充分水洗，在烘箱中烘干。

六、织物化学镀镍—铜—磷合金

镍—铜—磷（Ni—Cu—P）合金最主要的用途是制造薄膜电阻，一般可用于印刷电路及空间望远镜电子元件的外罩。

（一）主要实验材料和仪器

活化后的涤纶织物，硫酸镍，氯化镍，硫酸铜，氯化铵，醋酸铵，醋酸钠，稳定剂，柠檬酸钠，次亚磷酸钠，去离子水，烧杯，磁力搅拌器，pH 计，电子天平，称量纸，量筒，烘箱等。

（二）镀液配方

镀液配方见表 5-2。

表 5-2 化学镀 Ni—Cu—P 合金配方及工艺

成分及工艺条件	配方与组分浓度（g/L）				
	配方 1	配方 2	配方 3	配方 4	配方 5
$NiCl_2 \cdot 6H_2O$	—	—	20	—	—
$NiSO_4 \cdot 7H_2O$	27	25.8	—	43	25
$CuCl_2 \cdot 2H_2O$	—	—	1	—	—
$CuSO_4 \cdot 5H_2O$	1.25	2.85	—	1	适量
$NaH_2PO_2 \cdot H_2O$	21.2	21.2	20	25	30
$Na_3C_6H_5O_7 \cdot H_2O$	51.6	51.6	50	40	35
NH_4Cl	—	—	40	—	—
NH_4AC 或 NaAC	—	—	—	35	5
稳定剂（Na_2MoO_4）	—	—	—	—	5×10^{-6}
pH 值	10NaOH 调节	10NaOH 调节	—	—	—
温度/℃	80±1	80±1	90	70~90	87

（三）镀液配制步骤

参考碱性镀镍镀液的配制步骤。

（四）施镀步骤

将活化后的织物浸入化学镀液中进行化学镀，观察镀液颜色变化，适当调节温度，控制镀液速度。待织物化学镀完成后，取出镀层织物，充分水洗，在烘箱中烘干。

七、织物化学镀钴—铁—磷合金

钴—磷合金镀液中加入一定量的铁盐和络合剂，在适宜的条件下就可沉积出 Co—Fe—P 合金镀层。该合金镀层也具有较好的电磁性能，镀层的矫顽力与合金中的铁含量有密切关系，通常随镀层中铁含量增加，矫顽力明显下降。

（一）主要实验材料和仪器

活化后的涤纶织物，硫酸铁，硫酸钴，硫酸铵，柠檬酸钠，次亚磷酸钠，去离子水，烧杯，磁力搅拌器，pH 计，电子天平，称量纸，量筒，烘箱等。

（二）镀液配方和工艺条件

$CoSO_4 \cdot 7H_2O/(g \cdot L^{-1})$	25
$FeSO_4 \cdot 7H_2O/(g \cdot L^{-1})$	5~20
$NaH_2PO_4 \cdot H_2O/(g \cdot L^{-1})$	40
柠檬酸钠/$(g \cdot L^{-1})$	30
$(NH_4)_2SO_4/(g \cdot L^{-1})$	40
pH 值	8.1
温度/℃	80±1

（三）镀液配制步骤

参考碱性镀镍镀液的配制步骤。

（四）施镀步骤

将活化后的织物浸入化学镀液中进行化学镀，观察镀液颜色变化，适当调节温度，控制镀液速度。待织物化学镀完成后，取出镀层织物，充分水洗，在烘箱中烘干。

八、织物化学镀镍—钴—磷合金

随着计算机和电子通信器材的高功能化，对磁性器件小型化、高性能化和工作频率高频化的要求越来越高，因而对所用磁性材料的特性要求也越来越高。镍—钴—磷（Ni—Co—P）合金镀层具有高密度磁性特点，由它制成的磁盘线密度大，而且膜层硬度高，耐蚀性好，不仅为磁盘的小型化和大容量化提供了可能性，还能增加使用寿命。

（一）主要实验材料和仪器

活化后的涤纶织物，氯化镍，硫酸镍，硫酸钴，氯化钴，柠檬酸钠，次亚磷酸钠，酒石酸钾钠，硼酸，氯化铵，硫酸铵，氨水，去离子水，烧杯，磁力搅拌器，pH 计，电子天平，称量纸，量筒，烘箱等。

（二）镀液配方

镀液配方见表 5-3。

表 5-3 化学镀 Ni—Co—P 合金配方及工艺

成分及工艺条件	配方与组分浓度（g/L）				
	配方 1	配方 2	配方 3	配方 4	配方 5
$NiCl_2 \cdot 6H_2O$	30	25	—	—	—
$NiSO_4 \cdot 7H_2O$	—	—	14	14	18
$CoCl_2 \cdot 7H_2O$	30	—	—	—	—
$CoSO_4 \cdot 7H_2O$	—	35	14	14	30

续表

成分及工艺条件	配方与组分浓度（g/L）				
	配方 1	配方 2	配方 3	配方 4	配方 5
$NaH_2PO_2 \cdot H_2O$	20	20	20	20	20
$Na_3C_6H_5O_7 \cdot H_2O$	100	—	—	60	80
$KNaC_6H_2O_6$	—	200	140	—	—
硼酸	—	—	—	30	—
NH_4Cl	50	50	—	—	50
$(NH_4)_2SO_4$	—	—	65	—	—
pH 值（用氨水调）	8.5	8~10	9	7	9.3
温度/℃	90	80	90	90	88~90

九、玻璃纤维织物化学镀银

以玻璃纤维织物为基体材料，通过化学镀法在其表面形成金属银镀层，分析参数变量对其性能的影响，优化化学镀的工艺参数，以期获得具有优异导电性的镀银玻璃纤维织物复合材料。

（一）主要实验材料和仪器

玻璃纤维机织物，氢氧化钠，氢氧化钾，氯化亚锡，盐酸，氯化钯，硝酸银，葡萄糖，氨水，乙醇，烧杯，磁力搅拌器，pH 计，电子天平，称量纸，量筒，烘箱等。

（二）玻璃纤维织物活化

参照涤纶织物活化方法。

（三）镀银

1. 还原溶液的配制

分别称取一定量 0.8g $C_6H_{12}O_6$ 和 0.08g $C_4H_6O_6$ 溶解于 18mL 的蒸馏水中，待完全溶解后加入 2.0mL 的 C_2H_5OH，即得还原溶液。

2. 银氨溶液的配制

称取一定量 0.8g $AgNO_3$ 溶解于 10mL 的蒸馏水中，向其中逐滴加入氨水至溶液变澄清，然后向溶液中加入 10mL 一定质量浓度 30g/L 的 NaOH 溶液，继续滴加氨水使溶液变澄清，即得银氨溶液。

3. 施镀

将预处理好的玻璃纤维织物置于 30℃ 的还原液溶液中，逐滴加入银氨溶液待反应 40min 后，清洗、干燥，制得镀银玻璃纤维织物复合材料。

十、镀层沉积速率测定

（一）主要实验材料和仪器

镀层织物，烘箱，电阻天平，刻度尺，计时器等。

（二）实验步骤

（1）量取待镀试样面积 A，并称取其干重质量 m_0。

（2）将待镀织物投入镀液进行施镀，并记录镀层时间 t。

（3）施镀结束，取出织物进行洗涤、干燥。

（4）称取干燥镀层织物质量 m_1。

（5）化学镀层的沉积速率采用增重法测定，其计算如式（5-1）所示。

$$v = \frac{(m_1 - m_0) \times 10000}{\rho \cdot A \cdot t} \tag{5-1}$$

式中：v——沉积速率，μm/h；

m_0、m_1——分别为试样镀层前与镀层后的质量，g；

ρ——镀层金属密度，g/cm^3；

A——试样表面积，cm^2；

t——施镀时长，h。

十一、镀层织物的表面电阻测试（参照 AATCC 76—2005）

（一）主要实验材料和仪器

镀层织物试样，刻度尺，数字万用表等。

（二）实验步骤

（1）将镀层织物剪成 20cm×20cm 的方形。

（2）用刻度尺在镀层织物上标记出不同间隔距离的标记。

（3）测量不同间隔距离镀层织物的表面电阻，每一间隔距离测试五个不同位置，取平均值。

（4）根据间隔距离及其电阻，做出电阻—距离曲线图。

十二、电磁波屏蔽效能测试

参考实验 9 电磁屏蔽效能测试。

十三、耐洗性能测试

（一）主要实验材料和仪器

镀层织物，AATCC1993WOB 无磷标准洗涤剂，家用双桶洗衣机，刻度尺，烘箱，万用表等。

（二）实验步骤

（1）从待测大样中取 20g 以上的小样。

（2）在洗衣机中加入（40±3）℃热水 6L，试样 20g 及陪洗织物 180g，洗涤剂 12g。

（3）开机洗涤 25min。

（4）排水，6L 自来水注洗 2min。

（5）取出织物，离心脱水 1min。

（6）再用 6L 自来水注洗 2min。

（7）取出织物，离心脱水 1min。

（8）重复上述步骤，直至规定的洗涤次数，分别为 5 次、10 次、15 次、20 次、30 次。

（9）烘干。

（10）测试织物表面电阻。

注意事项

（1）镀液配方为参考配方，非最优配方，可通过正交实验进行优化。

（2）施镀过程中，及时补加各成分。

（3）布面平整，布面折叠。

思考题

（1）镀层前后织物性能发生了哪些变化？并分析其原因。

（2）镀层金属量对织物导电性能的影响有哪些？

实验 22　电磁屏蔽织物基板材的制备

麻纤维作为力学性能较好的植物纤维，主要应用在纺织、复合材料中增强填料以及被尝试性地应用在土木工程加固等方面。本实验麻纤维织物表面镀铜，通过对麻纤维表面的金属化处理，使其在保持原有纤维优良性能的基础上具有一定的导电性能，使亚麻纤维在优异力学性能的基础上具有一定的电磁屏蔽性能，以开发具有抗菌、电磁屏蔽效能的板材。

一、麻织物表面化学镀铜

在碱性环境中，葡萄糖基环逐步从纤维素大分子链上降解下来，形成单独的葡萄糖分子。葡萄糖为多羟基醛，有利于化学镀的反应。

（一）主要实验材料和仪器

亚麻纤维机织布，无水硫酸铜（$CuSO_4$），硼氢化钠（$NaBH_4$），氢氧化钠，盐酸，乙二胺四乙酸二钠（EDTA-Na），无水碳酸钠，甲醛（HCHO，35%），2-2′联吡啶，环氧导电银胶（A、B），超声波清洗器，真空干燥箱，精密酸度计，精密分析天平等。

（二）织物活化处理

1. 面料准备

亚麻纤维机织物剪成30cm×30cm的正方形试样，去除边缘杂线后置于电热鼓风干燥箱中60℃烘干24h，后取出称重并记录。

2. 活化液配方

活化处理共分为A、B两个步骤，其中活化液组成如下：

（1）活化液A：

$CuSO_4/(mol \cdot L^{-1})$	0.15
$HCl/(mol \cdot L^{-1})$	0.5

（2）活化液B：

$NaBH_4/(mol \cdot L^{-1})$	0.32
$NaOH/(mol \cdot L^{-1})$	0.1

3. 活化过程

A、B均置于超声清洗器中在常温下进行。

（1）在活化A处理中加入适量盐酸调pH值为1.5~3，加入亚麻纤维织物处理时间20min。

（2）活化过程A处理结束后，将试样取出，常温下静置5min。

（3）进行活化B过程操作，将吸附有铜离子的亚麻纤维织物置入碱性的$NaBH_4$溶液中处理80s后取出，水洗备用。由于硼氢化钠在水中极易发生水解反应，降低活化液质量，将活化液pH调节至13左右，保证活化液质量。

（三）镀液配方

$CuSO_4/(mol \cdot L^{-1})$	0.28
$HCHO/(mol \cdot L^{-1})$	1.5
$EDTA \cdot 2Na/(mol \cdot L^{-1})$	0.16
温度/℃	55
pH值	13

（四）化学镀铜

1. 穿布

将活化后的布上部穿线挂杆，下部穿线挂杆，使织物垂直悬挂在镀槽中。

2. 加入镀液

向镀槽中加入镀液，使镀液淹没织物，同时对镀液磁力搅拌，以保证均匀施镀。

3. 施镀

（1）对镀液进行升温至规定条件，逐滴滴加还原剂进行化学镀铜，直至反应不再产生气泡为止，取出试样并记录反应时间。

（2）将表面镀铜后的亚麻纤维试样放入纯净水中，置于超声清洗器中清洗两次，每次30min 至表面干净。

（3）将清洗干净的镀铜后亚麻纤维试样放入真空干燥箱中 60℃烘干 24h，取出称重并记录。

二、镀铜麻织物基板材制备

镀铜后亚麻纤维表面较未镀铜亚麻纤维粗糙，并且由于铜镀层的存在，直接影响了纤维与树脂之间的界面性能，从而对亚麻纤维增强树脂基复合材料的力学性能和热性能产生影响。

（一）主要实验材料和仪器

镀铜亚麻纤维织物，环氧树脂（浸渍胶，黏度为 11000～13000，固化剂），PVC 膜，脱膜剂，密封胶，烧杯，搅拌器，玻璃板，滤网，密封胶，滚轮，真空泵，进胶管，抽真空管，抽滤瓶，剪刀，烘箱，切割机，超声波清洗器。

（二）实验步骤

1. 织物准备

将烘干后的亚麻纤维布（镀铜与未镀铜的复合材料板材流程一致）取出，按照经纬向摆好，每块板材放置三层纤维布，置于铺有 PVC 膜的平整玻璃板上，PVC 膜与玻璃板之间均匀涂抹一层脱模剂，防止粘连，便于拆模，后将滤网平铺于摆放好的纤维布表面备用。

2. 密封

在玻璃板上，用密封胶围成一个 30cm×40cm 的矩形区域。

将剪裁好的真空膜铺在包含有密封胶的区域上，并用滚轮匀速按压，保证真空膜与密封胶粘接紧密，无漏气部位。

在同一侧留出两个空隙，用于摆放进胶管和抽真空管。

两个胶管与真空膜之间用密封胶粘好，防止漏气。

3. 树脂液配制

将环氧树脂 A、B 组分按照 100：34.5 的质量比倒入烧杯中进行均匀混合，四块板材共需环氧树脂约 700g，搅拌均匀的环氧树脂置于超声清洗器中利用超声振动处理 20min，除去搅拌过程中产生的气泡，将除去气泡的环氧树脂放于真空膜一侧备用。

4. 真空灌注

将进胶管用夹具夹紧，确认无漏气现象后抽真空，使真空膜内处于真空状态，关闭真空泵，夹紧抽真空管，保持该状态 10min，检查真空膜有无漏气现象，确认完好密封后将进胶管插入环氧树脂中，放开两端夹具，打开真空泵，在抽真空作用下，环氧树脂胶缓慢均匀地浸润到纤维中，待所有纤维布得到充分润湿后，继续保持抽真空状态 10min 左右，以排出纤维和树脂内部微小的气泡，而后用夹具将进胶管以及抽真空管夹紧，关闭真空泵。

5. 压模

在真空膜表面，板材上方放置一块面积大于板材面积的钢板，上置一重物，保持该状态 24h。

6. 拆模、固化

取出固化好的板材，放入电热鼓风干燥箱中 60℃保温进行后固化处理，在板材表面平铺一块光滑的玻璃板，防止后固化过程中板材翘曲变形，24h 将后固化好的复合材料板材取出，常温静置 6h。

三、机械性能测试

（一）主要实验材料和仪器

镀铜麻织物基板材，万能强力实验机，摆锤冲击实验机，板材用切割仪，刻度尺等。

（二）实验步骤

（1）分别沿织物经向和纬向将待测板材用切割仪切割成 250mm×15mm 的拉伸测试试样。

（2）按照仪器操作要求将板材装入测试设备夹持器中。

（3）拉伸性能参照 ASTMD638—2014 进行测试，拉伸标距为 150mm，拉伸速率为 2mm/min。

（4）弯曲性能按照 ASTMD790—2010 测试，分别沿织物基板材经向和纬向切割试样 5 块，试样尺寸为 150mm×15mm，弯曲速率 2mm/min。

（5）冲击性能按照 ASTMD6110—2008 测试，分别沿织物经向和纬向切割试样 5 块，试样尺寸为 75mm×10mm，冲击速度为 3. 8m/s，摆锤能量为 7. 5J，仰角为 160°。

四、动态热力学性能测试

（一）主要实验材料和仪器

亚麻纤维机织物，亚麻纤维复合材料板材，镀铜亚麻纤维织物基板材，动态热力学分析仪等。

（二）实验步骤

（1）裁取待测试样，35mm×10mm。

（2）将试样边缘的毛刺用细砂纸打磨平整。

（3）装样。

（4）设置测试参数：

升温速率/（℃·min^{-1}）	5
测试频率/Hz	1
温度范围/℃	20~160

（5）测试启动，记录测试结果。

五、抗菌性能测试（参照 GB/T 24128—2009）

（一）主要实验材料和仪器

亚麻织物，亚麻织物基复合材料板，恒温恒湿培养箱，高压蒸气灭菌锅，干热灭菌锅，天平，pH 计，离心机，霉菌孢子液接种箱，显微镜，二级生物安全柜，冰箱，雾化器，培养皿，磷酸二氢钾，硫酸镁，硝酸铵，氯化钠，硫酸亚铁，硫酸锌，硫酸锰，磷酸氢二钾，氢氧化钠，马铃薯，蔗糖，琼脂，水，霉菌，培养皿，接种环，硫化丁二酸钠，具塞试管，玻璃棉，玻璃漏斗，锥形瓶，玻璃珠，振荡器，削皮器等。

（二）实验步骤

1. 营养盐培养基的配制

（1）组分（单位：g）：

磷酸二氢钾（KH_2PO_4）	0.7
硫酸镁（$MgSO_4 \cdot 7H_2O$）	0.7
硝酸铵（NH_4NO_2）	1.0
氯化钠（NaCl）	0.005
硫酸亚铁（$FeSO_4 \cdot 7H_2O$）	0.002
硫酸锌（$ZnSO_4 \cdot 7H_2O$）	0.002
硫酸锰（$MnSO_4 \cdot H_2O$）	0.001
磷酸氢二钾（K_2HPO_4）	0.7
琼脂	15.0
水	1000

（2）配制：将组分加热溶解，用 0.01mol/L NaOH 溶液调 pH 达到 6.0~6.5，分装，121℃高压灭菌 20min。

为实验需要准备充足的培养基。

2. 营养盐溶液（稀释孢子液用）的配制

除不加琼脂外，营养盐溶液与营养盐培养基的其他组分相同，加热溶解，用 0.01mol/L NaOH 溶液调 pH 达到 6.0~6.5，分装，121℃高压灭菌 20min。

3. 马铃薯—蔗糖培养基（培养霉菌用）的配制

（1）组分（单位：g）：

马铃薯	200

蔗糖	20
琼脂	20
水	1000

（2）制法：取新鲜无霉烂的马铃薯，去皮切片，在蒸馏水中煮沸 20min 后过滤，取汁，按上述组分要求加入其余组分，定容，试管分装，121℃高压灭菌 20min，趁热取出试管并倾斜摆放，自然凝固成斜面后，存放备用。

4. 混合霉菌孢子悬浮液的配制

（1）在合适的培养基，如马铃薯葡萄糖琼脂培养基上分别将霉菌（黑曲霉、绿黏帚霉、球毛壳霖、出芽短梗霉、绳状青霉）进行连续培养。

培养好的霉菌在 3~10℃条件下保存，时间不能超过 4 个月。孢子悬浮液应使用 28~30℃下经 7~20 天再次培养的霉菌制备。

（2）向每种再次培养的霉菌菌种中倒入 10mL 无菌水或含有 0.05g/L 的无毒润湿剂（如硫化丁二酸钠）无菌液，用接种环在无菌操作条件下轻轻地刮取霉菌培养物表面的孢子，制成孢子悬浮液，备用。

注：在制备霉菌孢子悬浮液前，不能取下装有菌种的试管塞子，一支打开的菌种试管应只制备一次孢子悬浮液。

（3）将孢子液倒入 125mL 带有塞子的无菌锥形瓶中，瓶内装有 45mL 无菌水和 10~15 个直径 5mm 的玻璃珠，用力振荡锥形瓶以打散孢子团并使孢子从实体中释放出来。

（4）将带有无菌玻璃棉的玻璃漏斗置于无菌锥形瓶上，把振荡后的孢子悬浮液倒入漏斗内过滤，以除去菌丝碎片。

（5）无菌条件下以 4000r/min 的速度离心已过滤的孢子悬浮液，去掉上清液，将孢子沉淀物用 50mL 无菌水重新制作悬浮液并再离心。

（6）用上述方法清洗孢子 3 次，将清洗离心之后的孢子沉淀物用营养盐溶液稀释，使悬浮液中含有孢子 8×10^5~1.2×10^6CFU/mL（可用计数器计算）。

（7）实验中用到的每种霉菌均重复以上操作，并等量混合，获得混合的孢子悬浮液。

（8）每次实验都要准备新鲜的孢子悬浮液，或者将孢子悬浮液在 3~10℃保存不超过 4 天。

5. 孢子活力检查

裁剪边长为 25mm 正方形大小的 3 片滤纸，灭菌后，分别将滤纸平放在装有营养盐培养基的平皿中，再用灭菌的喷雾器将混合孢子悬浮液均匀喷洒在滤纸表面，使混合孢子悬浮液湿润整个滤纸表面（喷雾压力≥110kPa），并将已接种的平皿置于 28~30℃，相对湿度不低于 85%的条件下培养到 14 天后检测，在 3 片滤纸上均应有明显可见霉菌生长，如果没有生长，重新实验。

6. 试样准备

分别剪取亚麻织物、镀铜亚麻织物、镀铜亚麻织物基复合板材样品，裁剪尺寸 50mm×50mm，每种样品取 5 个平行样。

7. 接种

向灭菌的平皿中倒入厚度为3~6mm营养盐培养基，当培养基凝固后，将样品放置在该培养基表面。

用灭菌后的喷雾器混合孢子悬浮液均匀喷洒在样品表面，使混合孢子悬浮液湿润整个样品表面（喷雾压力≥110kPa）。

8. 培养控制

（1）培养：盖好已接种的实验样品的平皿，并将它置于温度28~30℃，相对湿度≥85%的条件下培养。

注：将营养琼脂的器皿盖上盖子是为了保持所需要的湿度，大的器皿必要时加用封条密封。

（2）培养时间：实验标准的培养时间为28天，当试样表面生长的霉菌达到2级或更高等级时，也可少于28天终止实验，最终的报告应详述培养的持续时间。

9. 可见效果观察

如实验仅为检测可见效果，可以将样品从培养箱中拿出，直接进行如下评级（表5-4）。痕量生长（1级）可定义为分散的、稀少的霉菌生长，如霉菌培养物中有一定量的孢子萌发，或含有外部的污物如指纹、昆虫的粪便等。连续的网状的生长延伸到整个样品，但未覆盖整个样品，应评价为2级。

表5-4　样品上霉菌的生长情况及评价

样品上霉菌的生长情况	等级
不生长	0
痕量生长（在显微镜观察，长霉面积<10%）	1
少量生长（长霉面积>10%，并<30%）	2
中度生长（长霉面积>30%，并<60%）	3
重度生长（长霉面积>260%，并<100%）	4

注　确定痕量生长或不生长（1级或0级）应通过显微镜观测证实，因为在没有形成孢子情况下，不借助显微镜很难判断。报告应记录使用显微镜的放大倍数以证实观测有效。

六、电磁屏蔽性能测试

参照实验9的电磁屏蔽效能测试进行。

注意事项

（1）化学镀铜层易氧化，防止加工过程中铜的氧化。

（2）真空灌注过程中，防止环氧树脂被吸附到真空泵中。

思考题

（1）化学镀铜中还原剂甲醛存在着环境污染、危害健康等弊端，能否被其他还原剂所替代？

（2）镀层织物在板材中的作用是什么？其含量对板材性能有何影响？

实验 23 填充型电磁屏蔽复合织物的制备

轻质电磁屏蔽复合材料在包括智能电子、航空航天和飞机制造在内的尖端产业中发挥着关键作用。将导电填料填充 3D 骨架制成三维导电网络是实现具有均匀结构的轻质复合材料的有效方法。

1. 导电填料涂层 3D 框架

例如，将剥离石墨烯直接制成聚合物基体，用于制造聚合物薄层电磁屏蔽复合材料，引入的聚合物基体将极大地改变复合材料的机械响应。在 3D 镍框架上化学蒸汽沉积石墨烯涂层，再用 PDMS 骨架替换金属基体，该材料的密度为 $0.06g/cm^3$，厚度为 1mm 时其电磁屏蔽性能 22～25dB。

2. 导电填料填充于多孔结构

利用亚临界 CO_2 在还原氧化石墨烯（RGO）和聚甲基丙烯酸甲酯（PMMA）存在下形成微孔泡沫，电磁屏蔽性能为 13～19dB，同时具有很强的机械性能。石墨烯填充聚氨酯制备的可压缩聚氨酯（PU）/石墨烯复合材料，密度为 $0.027～0.030g/cm^3$。电绝缘聚合物基质主要用作支撑多孔结构的 3D 骨架，其很少有助于提高屏蔽性能，使用三维导电框架有助于改善电磁屏蔽性能。

一、主要实验材料和仪器

碳纤维（CF）机织物，去离子水，丙酮，硝酸，对苯二酚，还原氧化石墨烯（RGO），硫酸镍，氯化镍，硼酸，SDS，电镀设备，镍板，超声波清洗器，电子天平，磁力搅拌器，烘箱等。

二、实验步骤

（一）CF—RGO 复合纺织品的制备

（1）使用去离子水和丙酮的混合物清洗 CF 以去除杂质。

（2）在 10%稀释硝酸水溶液中超声处理 0.5h，以改善亲水性。

（3）将干燥和清洁的 CF 浸入 50mL 浓度为 5mg/mL 对苯二酚和 RGO（重量比为 5∶1）

的混合溶液中，将混合物密封。

（4）转移到烘箱中，100℃烘干 12h。

（5）用去离子水清洗所得复合材料。

（6）在 80℃下干燥过夜。

（二）CF—Ni 复合织物的制备

经清洗处理的厚度为 2mm 的碳纤维织物在两块钛网的帮助下，编织成工作电极。在这个过程中，工作电极和镍对电极完全浸入溶液中，其中电镀液配方如下：

$NiSO_4 \cdot 6H_2O/(g \cdot L^{-1})$	460
$NiCl_2/(g \cdot L^{-1})$	70
H_3BO_3（缓冲剂）$/(g \cdot L^{-1})$	40
SDS（分散剂）$/(g \cdot L^{-1})$	0.1
电流密度$/(A \cdot cm^{-2})$	0.05
电镀时间/min	20

所得复合纺织品用去离子水洗涤，干燥后的样品命名为 CF—Ni。

（三）CF—RGO—Ni 复合织物的制备

与制备 CF—Ni 的程序类似，配方及条件如下：

$NiSO_4 \cdot 6H_2O/(g \cdot L^{-1})$	460
$NiCl_2/(g \cdot L^{-1})$	70
H_3BO_3（缓冲剂）$/(g \cdot L^{-1})$	40
SDS（分散剂）$/(g \cdot L^{-1})$	0.1
电流密度$/(A \cdot cm^{-2})$	0.05
电镀时间/min	20

所得复合纺织品用去离子水洗涤，干燥后的样品命名为 CF—RGO—Ni。

三、织物规格和孔隙率表征

（一）主要实验材料和仪器

CF—RGO 复合织物，CF—Ni 织物，CF—RGO—Ni 复合织物，电子天平，厚度仪，冲孔器，刻度尺，真空密度仪等。

（二）实验步骤

（1）对待测织物进行冲孔，获得直径为 1cm 的圆盘样品，每种织物取 5~10 个样品。

（2）使用精密电子天平对织物进行称重。

（3）用数字式织物厚度仪对不同织物样品的厚度进行测量。

（4）使用真密度仪对不同织物样品的孔隙率进行测试，根据式（5-2）计算。

$$p = \frac{V - V_T}{V} \times 100\% \tag{5-2}$$

式中：V——织物的几何体积；

V_T——由真密度仪通过氮气置换法测量的骨架体积或真体积。

（5）通过计算多个式样的平均值和标准差，得到每种织物的孔隙率。

四、电磁屏蔽性能测试

参考实验9的电磁屏蔽效能测试步骤进行测试。

五、机械性能测试

参考实验22的机械性能测试步骤进行测试。

六、热导率测试

（一）主要实验材料和仪器

待测试样，刻度尺，剪刀，蒸馏水，导热系数测试仪等。

（二）实验步骤

（1）裁剪试样，标准尺寸为300mm×300mm，在实验前保持干燥状态。

（2）仪器准备：

①恒温水浴槽里加入蒸馏水或纯净水至满的状态，将主机信号线和电脑连接，插好电源，打开导热仪主机背部的电源开关。

②将主炉体平行地面安放，插入“固定插销”将炉体固定。

③在无试样的状态下，旋转丝杠手柄，将丝杠拧至最底位。

④将测厚尺调至最低，打开测厚尺电源，调零。

⑤将丝杠旋回最高位，打开炉盖，放置待测试样，试样要充分接触热板，避免安放在炉体四周的固定材料上，以免产生空气夹层，影响实验结果。

⑥关闭炉盖，锁紧锁扣，旋动丝杠手柄，压力模块示数不能大于2.50，软性试件不可过度压缩。

⑦将测厚尺调至最低，记录示数。

⑧打开定位插销，将炉体按水管引向端翻转180°（切勿翻转360°），安装第二块试样。

⑨打开定位插销，将炉体垂直地面摆放，处于测试状态。

（3）开启水浴，依次打开电源开关、循环开关、制冷开关，设置冷板温度。

（4）开启计算机，进入导热系数测定仪主界面，点击“进入”按钮，进入测量界面。

（5）在操作界面左侧，依次输入测试单位名称、测试人、试件名称相关参数。

（6）设置热板温度：在热板温度框，填入所需实验温度。

（7）试件厚度为安放试件中两次测量平均值，预热时间一般为30min，测试时间一般为150min。

（8）点击“开始实验”按钮，开始实验。

（9）测定完成后，系统会自动给出测试结果和测试报告，保存或打印相关报告。

（10）退出实验，退出程序，依次关闭水浴、制冷开关、循环开关、电源开关。

七、电阻率测试

（一）主要实验材料和仪器

CF—RGO 复合织物，CF—Ni 织物，CF—RGO—Ni 复合织物，电子天平，厚度仪，ZC43 型超高阻计等。

（二）实验步骤

1. 试样处理

（1）用绸布等蘸有对试样无腐蚀作用的溶剂擦净试样。

（2）试样预处理和处理条件：可根据产品的性能要求对其温度和相对湿度进行预处理。

（3）经加热预处理的试样需放在温度为 15~25℃及相对湿度为 60%~70%条件下冷却到温度 15~25℃后，方能进行实验。

（4）经受潮或浸液体媒质的试样在实验前应用滤纸轻轻吸去表面液滴，实验时按产品要求可在温度 15~25℃及相对湿度 92%~98%的恒湿装置中进行，或将试样取出在常态环境下进行，此时从试样取出到实验完毕不应超过 5min。

2. 试样厚度测量

在试样测量电极面积下，沿着直径测量不少于 3 个点，取其算术平均值，厚度测量误差不大于 1%，对于厚度小于 0.1mm 的试样，厚度测量误差不大于 1μm。

3. 实验环境

（1）常态实验条件为温度 15~25℃及相对湿度为 60%~70%。

（2）热态和潮湿实验环境条件，由产品标准规定。

4. 测试仪器准备

（1）面板上开关位置：

①倍率开关置于灵敏度最低档位置，即数字显示为$\times 10^7$（数字管“7”字亮）。

②测试电压选择开关置于复位状态。

③测试电压开关置于“OFF”。

④电源总开关置于“OFF”。

⑤输入短路按键置于“SHORT”。

⑥极性开关置于“+”。

⑦电阻、电流选择开关置于“OHM”。

（2）检查测试环境的温度和湿度是否在允许范围内，尤其当环境湿度在 80%以上时，对测量较高的绝缘电阻（$>10^{11}\Omega$）及小于 10^{-8}A 微电流可能会导致较大误差。

（3）检查交流电源电压是否符合 220V±10%。

（4）将仪器接通电源，合上电源开关，数字管即发亮，如果发现数字管不亮，立即切断电源，待查明原因并排出故障后方可使用。

（5）接通电源预热 30min，此时可能发现指示仪表的指针会离开“∞”及“0”处，这时可慢慢调节“∞”及“0”电位器，使指针置于“∞”及“0”处。

5. **实验步骤**

（1）将被测试样置于测量电极和高压电极之间（注意：测量电极与保护电极要用绝缘板隔开），用测量电缆线和导线分别与信号输入端和测试电压输出端连接。

为了操作简便无误，在测量时采用了转换开关。当旋钮指在 R_V 处时，高压电极加上测试电压，保护电极接地。当旋钮指在 R_S 处时，保护电极加上测试电压，高压电极接地。

（2）将测试电压开关置于所需要的位置。

（3）将测试电压控制开关置于“ON”，此输入短路开关仍置于“SHORT”（短路）。对试样进行一定时间的充电后（视试样容量大小而定，一般为 15s，电容量大时可适当延长充电时间）。即可将输入短路开关按至“MEAS”（测量）进行读数，若发现指针很快打出满刻度，应立即按输入短路开关，使其置于“SHORT”，测试电压控制开关置于“OFF”，待查明原因并排出故障后再进行测试。

（4）当输入短路开关置于测量后，如发现表头无读数，或指示很小，可将倍率开关逐步升高，数字显示依次为 7、8、9、…14 直至读数清晰为止（尽量取仪表 1~10 的那段刻度）。

（5）读数方法如下：表头指示为读数，数字显示为 10 的指数，单位为 Ω，如用 10V 测量时，应将读数除以 10；如用 1000V 测量时，应将读数乘以 10；如用 100V、250V、500V 测量时可直接读。

（6）在测试绝缘电阻时，如果发现指针有不断上升的现象，这是由介质的吸收现象所致，若很长时间内未能稳定，则一般情况下取其合上测试开关后一分钟时的读数，作为试样的绝缘电阻。

（7）在测试材料试样时，特别是电阻率较大的材料，由于材料易极化，所以应采用较高的电压，在进行体积电阻和表面电阻测量时，应先测体积电阻再测表面电阻；反之，由于材料被极化，会影响体积电阻，甚至无法测量，或出现指针反偏等现象。当材料连续多次测量后容易产生极化，会使测量工作无法进行下去，这时须停止对这种材料的测试，置于干净处 8~10h 后再测量，或放在酒精液内清洗，烘干，待冷却后再进行测量。对于同一个试样采用不同的电压进行测量时，一般情况下所选择的测试电压越高，所测得的电阻值偏低。

（8）当使用本仪器灵敏度最高一档时（即数字管显示“14”）有时会产生泄漏电流，此时在短路测试键置于测量时，指针会偏离“∞”“0”点，此时可以使用后面板上的漏电抑制装置，将漏电抑制开关拨向“ON”，然后用小旋凿慢慢调节小孔内电位器，使指针指向“∞”。在调整漏电抑制装置时，应将输入端导线拆除，以防止干扰信号进入放大器，如不使用仪器最高档时，不必使用漏电抑制装置。

（9）一个试样测试完毕，即将输入短路键置于“SHORT”，测试电压控制开关置于“OFF”后，再取出试样。对电容量较大的试样（约在0.01μF以上者）需经1分钟左右的放电，方能取出试样。若要重复测试时，应将试样上的残留电荷全部释放掉方能进行。

（10）然后进入下一个试样的测试，具体操作步骤如前。

（11）仪器使用完毕，应先切断电源，并将面板上各开关恢复到测试前的位置，拆除所有接线，将仪器安全保管。

6. 测量结果计算

（1）根据测得的体积电阻 R_V，可依据式（5-3）、式（5-4）计算相应的体积电阻率 ρ_V。

$$\rho_V = R_V \times \frac{A_e}{t} \tag{5-3}$$

$$A_e = \frac{\pi}{4(d_1 + g)^2} \tag{5-4}$$

式中：A_e——电极底面积，cm^2；

$\pi=3.14$；

d_1——测量电极直径，本电极为5cm；

t——绝缘材料试样的厚度，cm；

g——测量电极与保护电极间隙宽度，本仪器为0.2cm；

所以，本电极底面积为 $21.237cm^2$。

（2）根据测得的表面电阻 R_S，依式（5-5）计算相应的表面电阻率 ρ_S。

$$\rho_S = R_S \cdot \frac{2\pi}{\ln\frac{d_2}{d_1}} \tag{5-5}$$

式中：d_2——保护电极内径，本电极为5.4cm；

d_1——测量电极直径，本电极为5cm；

ln——自然对数；

所以 $\frac{2\pi}{\ln\frac{d_2}{d_1}}$ 为一定值，本电极系统为81.6。

（3）总电阻的测量：将 R_VR_S 转换开关旋至 R_V 处，只用上下电极，不用保护电极，这样就成为二电极系统，从超高阻计上读数，即为总电阻。

注意事项

（1）配制对苯二酚和RGO（重量比为5：1）的混合溶液时要充分搅拌，超声分散。

（2）测试高值兆欧电阻时，一般测试电压不超过100V（对能承受高压的电阻除外）。

（3）当被测电阻高于 $10^{10}\Omega$ 时，应将试样置于屏蔽箱内，箱外壳接地，以防干扰。

（4）测试时，人体不能触及高压端，以防触电，同时高压端也不能触地，否则会引起高压短路。

思考题

三维导电框架织物结构对复合材料的电磁屏蔽性有何影响？

实验 24　超疏水可拉伸导电织物的制备

导电性与超疏水性的结合不仅赋予了材料多功能性，还保证了其在潮湿或腐蚀环境下的长期使用。然而，由于需要同时对表面湿润性和导电网络进行精确设计，因此在纺织品中实现导电性和超疏水性的集成是一个巨大的挑战。到目前为止，超疏水导电纺织品（SCT）的开发只取得了有限的成功。在棉织物上沉积碳纳米管涂层，然而低电导率限制了其实际应用。此外，由于微、纳米结构和导电网络容易损坏，当 SCT 受到较大的机械变形时，会导致超疏水性和导电性的损失，只能适用于低变形要求的应用领域。

一、主要实验材料和仪器

针织物［克重 $190g/m^2$，由（质量分数）82%的氨纶纱和（质量分数）18%的聚酯纱组成］，三氟乙酸银（STA，$AgCF_3COO$，98%），硝酸银，液体聚二甲基硅氧烷（PDMS），L-抗坏血酸（LAA），乙醇，丙酮，乙酸乙酯，氢氧化钠，柠檬酸钠，羟基化碳纳米管，移液枪，油浴锅，去离子水，烘箱，棕色试剂瓶，模具，细胞粉碎机等。

二、实验步骤

（一）织物前处理

（1）在 75℃的氢氧化钠溶液（质量分数 8%）中清洁原始织物 60min。

（2）用去离子水冲洗。

（3）在 60℃的烘箱中彻底干燥。

（二）AgNP/织物的制备

（1）将乙醇中含有（质量分数）15% STA 的银前体溶液滴到清洁的织物上，然后在 25℃下干燥 30min。

（2）通过滴入 LAA 溶液［乙醇/去离子水混合溶剂中重量比为 1∶1 的（质量分数）14%的溶液］，对银前体溶液进行化学还原。

（3）使用去离子水多次冲洗残留的还原剂。

（4）然后在 80℃下干燥 60min，以获得 AgNP/织物。

（三）PDMS—AgNP/织物的制备

1. PDMS 溶液的配制

将预聚物（液体 PDMS）、固化剂和乙酸乙酯按照质量比为 10∶1∶100 混合配制出 PDMS 溶液。

2. PDMS—AgNP/织物的制备

（1）将 PDMS 溶液滴在 AgNP/织物上。

（2）在 25℃下干燥 30min。

（3）在 100℃下固化 30min 以获得 PDMS—AgNP/织物。

（四）PDMS—Ag—CNTs/织物的制备

1. Ag—CNTs 复合纳米材料的制备

（1）配制硝酸银溶液：称取 10.2g 的硝酸银固体和 100mL 的去离子水于干净的棕色试剂瓶中，搅拌超声后使其溶解，配置成 0.6mol/L 硝酸银溶液。

（2）配制柠檬酸钠溶液：称取 1g 柠檬酸钠称，100mL 去离子水，配制成质量浓度为 1%的柠檬酸钠溶液。

（3）配制 CNTs 分散溶液：称取 1mg 羟基化修饰的 CNTs 固体粉末和 1mL 去离子水，配制成质量分数为 1mg/mL 的碳纳米管溶液，在细胞粉碎机中处理 40min。

（4）加热：使用移液枪从棕色瓶中取 30mL 硝酸银溶液于圆形反应瓶中，再加入 270mL 去离子水，配制成 300mL，浓度为 0.06moL/L 的硝酸银溶液。将反应瓶放入通风橱内的油浴锅，打开油浴锅电源，设置温度为 165℃。

（5）搅拌：待硝酸银溶液沸腾后，加入磁力搅拌转子，打开油浴锅调速开关，反应瓶中的转子调至中速，起搅拌作用。

（6）镀银：加入配置好的碳纳米管溶液 1mL，再快速加入柠檬酸钠溶液 10mL，搅拌 1h。

（7）提纯：反应结束后，先关闭油浴锅加热开关和转子开关，将反应瓶从中取出，观察到含有 AgNPs 改性 CNTs 的预期胶体的灰色液体。待冷却到室温后，使用吸管吸出上层清液，将底液转移到离心管中保留。

2. Ag—CNTs/织物的制备

（1）在长方形模具内铺放薄膜和织物，使织物四边呈拉伸状态。

（2）然后将 Ag—CNTs 溶液滴在织物上，直至覆盖整个织物。

（3）在室温下干燥。

3. PDMS—Ag—CNTs/织物的制备

（1）向模具内的干燥 Ag—CNTs/织物滴加 PDMS 溶液，然后在室温下干燥 30min，并在 70℃下真空干燥 60min。

（2）同样方法向 Ag—CNTs/织物滴加 PDMS 溶液，然后在室温下干燥 30min，并在

70℃下真空干燥30min。

（3）待织物上PDMS完全固化后，将织物释放预拉伸应力后，织物会收缩成褶皱结构。

三、表面电阻测试

（一）主要实验材料和仪器

AgNP/织物，PDMS—AgNP/织物，PDMS—Ag—CNTs/织物，铜片，刻度尺，万用表，剪刀等。

（二）实验步骤

参照实验21镀层织物的表面电阻测试步骤进行测试。

（1）将2个铜片放在正方形布样两端。

（2）万用表的2个探针分别放在铜片上，读取的电阻值即为织物的表面电阻。

（3）测试时为保证结果不受探针与织物间接触电阻的影响，在铜片上施加10N的力。

（4）同种样品测量不少于5次，取平均值。

四、焦耳热及除冰性能测试

（一）主要实验材料和仪器

AgNP/织物，PDMS—AgNP/织物，PDMS—Ag—CNTs/织物，刻度尺，去离子水，剪刀，计时器，模具，冰箱，红外测温仪等。

（二）焦耳热实验步骤

（1）裁剪织物试样，30mm×10mm。

（2）将试样两端接入直流稳压电源。

（3）使试样在不同输入电压（2V、4V、6V、8V、10V）下加热，同时用测温仪测量试样中心温度。在每次电热循环中，每5s记录一次数据，供持续10min。

（4）绘制在不同输入电压下试样表面温度—时间关系图，升温速率—输入电压关系图。

（5）在每次加热循环结束，冷却至室温，再对试样输入同样电压重新加热并记录其电流值，绘制出同一电压下电阻—循环次数关系图。

（三）除冰性能实验步骤

（1）制取30mm×10mm×0.1mm冰块。

（2）裁剪织物试样，30mm×10mm。

（3）将试样两端接入直流稳压电源。

（4）将冰块放置在试样正上方。

（5）使试样在不同输入电压（2V、4V、6V、8V、10V）下加热，同时记录冰块完全融化所需时间。

五、电磁屏蔽效能测试

参考实验 9 的电磁屏蔽效能测试步骤进行测试。

六、电传感性能测试

（一）主要实验材料和仪器

AgNP/织物，PDMS—AgNP/织物，PDMS—Ag—CNTs/织物，刻度尺，剪刀，导电银胶，铜线，万能实验机，电子万用表等。

（二）实验步骤

（1）用于电传感测试的样品被裁剪为 50mm×12mm 大小的尺寸。

（2）使用导电银胶将铜线紧密黏附在样品两端（两根导线距离为 30mm，距离样品端点均为 10mm），以保证样品在测试时有良好的接触。

（3）以万能实验机来对传感器施加定量的应变和检测力学特性的变化，以数字万用表来持续跟踪传感和检测传感过程中电信号的变化。

（4）材料的传感特性通过相对电阻的变化来表示：$\Delta r/r_0$，其中 $\Delta r=r-r_0$，r_0 是样品的初始电阻，而 r 是测试期间样品的瞬态电阻。

七、接触角测试

参照实验 1 接触角测试步骤进行测试，同种样品分别测 5 次，结果取平均值。

注意事项

（1）AgNP 含量可以通过调整银前体溶液的包覆量来控制。

（2）PDMS 和纺织品的重量比固定在 20：100。

思考题

（1）怎样提高导电粉体在溶液中的分散性？

（2）导电粉体的形状对导电网络的形成有何影响？

实验 25　模块化导电织物基复合材料的制备

导电性等级不同的复合材料适用于不同的应用场合。当材料表面方阻为 10^6 ~ 10^{12}Ω/

□的材料具有耗散结构表面多余静电荷，并防止静电积累的能力，适用于静电防护场合；表面方阻为 $10 \sim 10^4 \Omega/$□的材料可用于较弱的电磁防护场合，如航电器材和秘密通信设备的电磁屏蔽；表面方阻≤10Ω/□的材料可用于强电磁防护场合，在航空领域，主要指对雷击放电的防护。根据材料的表面方阻是否大于10Ω/□，导电材料可分为中等导电材料（电阻10~100Ω/□）和高导电材料（电阻≤10Ω/□）。

一、碳基导电织物的制备

利用高强度和高柔韧性的纳米增韧剂碳纳米管对环氧树脂进行增强，旨在开发出具有轻质高强、中等导电性能的织物。

（一）主要实验材料和仪器

尼龙织物，正癸烷，正壬烷，正辛烷，正庚烷，甲苯，二氯甲烷，二氯乙烷，乙醇，1，4-二氧六环和丙酮，多壁碳纳米管（MWCNT），5229航空级环氧树脂，固化剂，环氧树脂涂膜及预浸机等。

（二）实验步骤

1. 碳纳米管—环氧树脂处方

体系分成A和B两个组分，A组分包括环氧树脂溶液、增韧剂、工艺改性剂以及分散剂等互相之间不发生反应的材料，B组分为固化剂。

环氧树脂溶液（二氯乙烷为溶剂）质量浓度30%，纳米碳管含量占树脂的3%。

高剪切时间40~48h，分散剂的用量为纳米碳管用量的6%。

2. 碳纳米管—环氧树脂液配制

（1）将含有MWCNT在丙酮中超声分散0.5h。

（2）将环氧树脂溶解在二氯乙烷中。

（3）再按树脂总质量的3.0%在溶解液中加入MWCNT。

（4）然后加入增韧剂、分散剂，高剪切混合40~48h。

（5）完成高剪切分散后，倒入反应釜中，边搅拌边加热去掉溶剂（加热温度不超过150℃）。

（6）含有纳米填料的混合体系存在高触变性，随着搅拌效果减弱，将混合体系摊开在离型纸上，放入80~100℃的烘箱中干燥6~10h，待溶剂完全除净后，将树脂封好存放。

（7）利用三辊研磨机将已预混碳纳米管的A组分和B组分混合。

3. 碳纳米管—织物复合材料的制备

采用热熔辊涂机对碳纳米管—环氧树脂与尼龙织物进行复合，工艺参数如下：

涂膜温度/℃	55
树脂胶膜面密度/($g \cdot m^{-2}$)	30~34
热辊温度/℃	90~110
热辊转速/($m \cdot min^{-1}$)	1

二、银基导电织物的制备

采用纳米填料对树脂基体的改性是存在上限的，同时材料的导电性能仍只能满足中等导电，即要求材料能导出、耗散高电流密度的电流时，此类材料仍不足以胜任。在空间内形成渗流网络所需导电填料数量仍然较大，且导电填料之间如果仅仅实现导通，缺乏充分的接触，将出现电导率高，但载流量仍较小的情况，将无法完全耗散高密度的雷电流。为此，一方面可采用导电性能更佳、载流量更大的元素制作填料。另一方面可将高长径比的导电填料从三维空间压缩，堆积在二维平面中，则导电填料间将产生更多的接触点，在导电填料添加量相同的情况下，在二维平面铺展形成的导电网络将具有更高的电导率和载流量。

（一）主要实验材料和仪器

水溶性PVA，硝酸银，氨水，蒸馏水，葡萄糖，酒石酸，二氯化锡，氯化钯，纳米银线，尼龙6纱网，SY-14环氧结构胶膜，铝合金试板，导电胶黏剂，超声波分散仪器，烘箱，电子天平，热轧机，烧杯，磁力搅拌器。

（二）纳米银线—尼龙织物的制备

（1）以10mg/mL的浓度通过超声法将纳米银线均匀分散在蒸馏水中。

（2）将含有5%水溶性PVA的水溶液与纳米银线的悬浊液以1∶1的比例混合，并再次超声分散10min。

（3）将具有连续网络结构的尼龙6纱网织物浸入含有胶黏剂的纳米银线悬浊液中，静置10min后取出，在烘箱中100℃烘干。

（4）将SY-14环氧胶膜在90℃，3~5MPa的条件下与尼龙纱网—纳米银线复合材料热压成膜。

（三）镀银尼龙纱网的制备

纳米银线作为环氧树脂的填料，获得了同时具有较高导电性和强度的导电胶黏剂，然而所需纳米银线体积分数高、成本高。本实验采用化学镀的方法对尼龙网进行了导电化处理，通过将已成型的高分子导电网络“移植”入环氧树脂结构胶膜中。尼龙纱网进行化学镀银，步骤如下：

（1）将尼龙纱网用酒精擦拭干净，并晾干。

（2）用氯化锡和盐酸敏化洁净的尼龙纱网。氯化锡的浓度为5~40g/L，盐酸的浓度为3~20mL/L水，敏化时间3~30min。

（3）取出敏化后的尼龙纱网并用蒸馏水洗涤干净。

（4）用氯化钯活化，氯化钯的浓度为0.3~10g/L，活化时间为3~30min。

（5）将硝酸银配成20~30g/L的水溶液。

（6）边搅拌边滴加2mol/L的NaOH溶液，滴加量为硝酸银水溶液体积的（1.0±0.5）%。

（7）随后边滴加浓氨水边搅拌，至溶液变澄清、透明。

（8）分别按照每升硝酸银 6~10g 和 3~5g 的添加量向溶液中加入葡萄糖和酒石酸。

（9）将经敏化和活化的尼龙纱网浸入镀液中，在室温下反应 0.5~1.5h，并取出晾干。

（10）将 SY-14 环氧胶膜在 90℃，3~5MPa 的条件下与镀银尼龙纱网热压成膜。

三、铆钉式导电胶的制备

采用具有刚性三维结构的导电无机晶须针对高分子/金属界面进行强化，确保导电填料和金属可以充分接触。

（一）主要实验材料和仪器

水溶性 PVA，硝酸银，氨水，葡萄糖，酒石酸，二氯乙烷，二氯化锡，氯化钯，导电尼龙网，四针状氧化锌晶须（T-ZnOw），SY-14 环氧树脂胶膜，离型纸，铝合金试板，导电胶黏剂，烘箱，热轧机，超声波分散仪等。

（二）实验步骤

（1）采用尼龙纱网的化学镀工艺处理 T-ZnOw 晶须，完成化学镀银。

（2）将导电四针状氧化锌和 SY-14 环氧树脂胶膜溶于二氯乙烷中，待树脂完全溶解后超声分散 5~20min，制成悬浊液，其中导电四针状氧化锌晶须浓度为 25mg/mL，环氧树脂浓度为 10mg/mL。

（3）将上述含有导电填料的树脂涂覆在离型纸上，置于 80℃ 的烘箱中去除溶剂，制成薄胶膜。

（4）将 Ag—T-ZnOw 的薄胶膜贴在已复合的导电尼龙网的胶膜两侧，在 120℃、1MPa 的压力条件下复合。

（5）将改性胶膜置于两片经喷砂处理的铝片之间，按以下工艺固化：

固化温度/℃	180±5
固化时间/h	2.5
固化压力/MPa	0.3

四、高导电织物复合材料的制备

（一）主要实验材料和仪器

镀银尼龙非织造布，镀镍碳纤维，聚乙烯膜，二氯乙烷，四氢呋喃，丙酮，T800/5228 高性能环氧树脂预浸料，5228 环氧树脂，T700/QY9611 高性能双马树脂预浸料，QY9611 双马树脂，酚酞基聚芳醚酮（PEK-C），BA310Met 型光学纤维，热压罐等。

（二）实验步骤

1. 银/尼龙环氧树脂复合材料的制备

（1）将 5228 环氧树脂胶膜溶于二氯乙烷中，环氧树脂浓度为 25mg/mL，待树脂完全溶解。

（2）将树脂溶液涂覆在镀银尼龙非织造布上。

（3）将涂层非织造布置于100℃的烘箱中除去溶剂。

（4）将预浸了5228环氧树脂的导电尼龙非织造布与T800/5228预浸料叠层铺贴，并置于热压罐中固化，材料的固化工艺为：室温抽真空并加压0.25~0.35MPa，以≤1.5℃/min的速率升温至（120±5）℃，保温（60±5）min，继续升温至（180±5）℃并保温（150±5）min，以≤1.5℃/min的速率降温至≤60℃，泄压出罐。

2. 镍/碳纤维非织造布的制备

（1）将连续镀镍碳纤维切成15~20mm长的短纤维。

（2）在含有PEK-C的四氢呋喃溶液（质量分数）2.5%中超声搅拌分散成悬浊液，短纤维添加量为溶液固含量的12.5倍。

（3）将上述悬浊液以8g/m^{2}的干面密度涂在聚乙烯膜上。

（4）将聚乙烯膜及其负载的浆料挂起来静置0.5~1.0h，沥干多余的溶剂。

（5）待浆液变黏定型后，将聚乙烯膜转入60℃烘箱中除溶剂1h。

（6）待非织造布冷却至室温后，再将其从聚乙烯膜上取下。

3. 镍/碳纤维非织造布/双马树脂复合材料的制备

（1）QY9611双马树脂（质量分数）2.5%的四氢呋喃溶液涂成湿胶膜。

（2）将双马树脂湿胶膜与镀镍碳纤维非织造布复合，使双马树脂/镀镍碳纤维非织造布复合胶膜的面密度达到60g/m^2。

（3）将浸润了双马树脂的镀镍碳纤维非织造布置于60℃烘箱中去除溶剂。

（4）将预浸双马树脂的镀镍碳纤维非织造布插层入T700/QY9611叠层复合材料的层间，并按照以下工艺在热压罐中进行固化。

（5）室温抽真空并加压（0.60±0.05）MPa，以≤1.5℃/min的速率升温至（130±5）℃，加压，保温（60±5）min，继续升温至（180±5）℃并保温（60±5）min，继续升温至（200±5）℃，保温（240±5）min，以≤1.5℃/min的速率降温至≤60℃，泄压出罐。

五、雷击防护膜的制备

石墨烯兼具较高的体积电导率（3512s/m）和热导率［977W/(m·K)］，在常温未触发的状态下为致密的颗粒状态，达到触发温度后，可以围绕受热区域迅速膨胀，形成含有大量空穴的紧密堆积泡沫结构。膨胀石墨的触发温度为290~300℃，高于环氧树脂、双马树脂等常见热固型树脂的固化及后处理温度，远低于雷电直接效应中等离子体周边的温度；且碳材料本身质量较轻，适于用轻质雷击防护膜。本实验目标即是将镀银尼龙网、石墨烯和膨胀石墨三种材料分为导电导热层（镀银尼龙网和石墨烯）和绝热层（膨胀石墨），制成两层或多层的重叠结构。

（一）主要实验材料和仪器

镀银尼龙网，无水乙醇，二氯乙烷，SY-14型环氧胶黏剂，膨胀石墨，G-1000型石墨烯，T300/5228环氧树脂预浸料，超声波分散仪，电子天平，匀质机，搅拌器，烘箱等。

（二）实验步骤

1. 导电导热层的制备

（1）将石墨烯以 2.0%的固含量分散在二氯乙烷中，超声分散 0.5h。

（2）然后将 SY-14 胶黏剂溶解在二氯乙烷中，浓度为 30%（质量分数）。

（3）将步骤（1）所制溶液和步骤（2）所制溶液按照质量比为 1∶100 进行混合并再次超声分散 0.5h 后，高剪切混合 40~72h。

（4）将步骤（3）所制溶液涂在镀银尼龙非织造布上，控制含有尼龙非织造布的树脂胶膜干重为 32g/m^2，将湿膜置于（100±5）℃烘箱中，烘干（2.0±0.5）h，此即为雷击防护胶膜的导电导热层。

2. 绝热层的制备

（1）将 SY-14 胶黏剂溶于二氯乙烷中，浓度为 30%（质量分数）。

（2）将膨胀石墨加入含有 SY-14 胶黏剂的二氯乙烷溶液中，控制膨胀石墨∶胶黏剂=1∶1。

（3）将含有膨胀石墨和 SY-14 胶黏剂的溶液转入搅拌罐中以（500±10）r/min 的转速搅拌（30±5）min。

（4）将分散均匀的悬浊液均匀涂覆在聚乙烯膜上，形成干重 8g/m^2 的湿胶膜。将涂覆完成的湿胶膜转入（100±5）℃烘箱中，烘干（2.0±0.5）h，完成膨胀石墨绝热层的制备。

3. 雷击防护复合织物的制备

（1）导电导热层—绝热层的复合膜的制备：将导电导热层和绝热层铺贴在一起，制成面密度 40g/m^2 的复合胶膜，同时，将上述结构重复 3 次，制成面密度为 160g/m^2 雷击防护复合胶膜。

（2）雷击防护复合材料的制备：

①按照［45/0/-45/90］$_2$s 的铺层方式铺贴 T300/5228 复合材料。

②将导电导热层—绝热层的复合膜贴在复合材料的一面，含有石墨烯及镀银尼龙非织造布的导电导热层在最外侧，承受雷电流的直接冲击。

③组装好后进行固化。室温抽真空，加热至 120℃后加压 0.65MPa，恒温 30min，升温至 150℃保温 1h，180℃保温 2h，升温速率小于 2℃/min，自然降温。

六、热学性能测试

（一）主要实验材料和仪器

所制雷击防护膜实验样品，电子天平，剪刀，差示扫描量热分析仪（DSC），热重分析仪（TGA）等。

（二）实验步骤

（1）按照差示扫描量热分析仪测试要求，剪取试样并干燥，称量。

（2）装样。

（3）DSC 测试温度范围-50~300℃，升温速度为 15℃/min。

（4）TGA 实验温度范围 25~600℃，升温速度 10℃/min，氮气流速为 50mL/min。

七、电阻、电阻率、电导率测试

（一）主要实验材料和仪器

银/尼龙环氧树脂复合材料，镍/碳纤维非织造布，镍/碳纤维非织造布/双马树脂复合材料，雷击防护膜，剪刀，厚度仪，FT-340 四探针测试仪等。

（二）实验步骤

（1）接上电源，打开四探针测试仪开关。

（2）在测试仪显示界面上选择“方阻”。

（3）电流选择“自动”。

（4）调节最高电压。

（5）探针间距输入“2.35”。

（6）探针形状选择“一”字形。

（7）测试样品厚度。

（8）输入样品厚度。

（9）用镊子夹取样品放入测试平台探针中央。

（10）调节探针缓慢下移，直至接触试样。

（11）读取电阻、电阻率、电导率等数值。

（12）调节探针上移。

（13）用镊子移出已测试样品。

（14）重复以上步骤，进行下一样品测试。

八、拉伸性能测试（参照 GB/T 1447—2005）

（一）主要实验材料和仪器

银/尼龙环氧树脂复合材料，镍/碳纤维非织造布，镍/碳纤维非织造布/双马树脂复合材料，雷击防护膜，剪刀，刻度尺，万能材料实验机等。

（二）实验步骤

（1）试样准备：

①选择合适的试样型式和尺寸，试样型式和尺寸见图 5-1、图 5-2 和表 5-5，同批有效试样不少于 5 个。

②Ⅰ型试样适用于纤维增强热塑性和热固性塑料板材，Ⅱ型试样适用于纤维增强热固性塑料板材，Ⅰ、Ⅱ型仲裁试样的厚度为 4mm。

③Ⅲ型试样只适用于测定模压短切纤维增强塑料的拉伸强度。其厚度为 3mm 和 6mm 两种，仲裁试样的厚度为 3mm（图 5-3）。

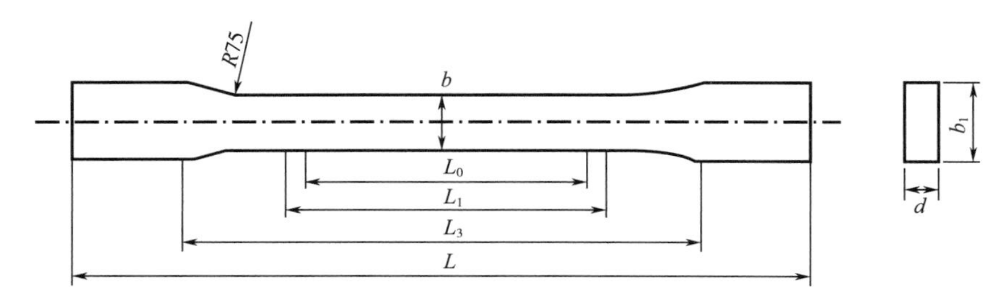

图 5-1　Ⅰ型试样型式

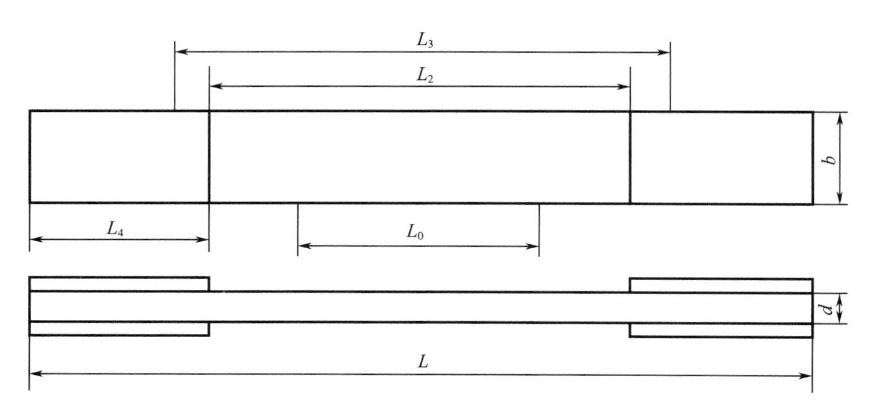

图 5-2　Ⅱ型试样型式

表 5-5　Ⅰ型、Ⅱ型试样尺寸　　单位：mm

符号	名称	Ⅰ型	Ⅱ型
L	总长（最小）	180	250
L_0	标距	50±0.5	100±0.5
L_1	中间平行段长度	55±0.5	—
L_2	端部加强片间距离	—	150±5
L_3	夹具间距离	115±5	170±5
L_4	端部加强片长度（最小）	—	50
b	中间平行段宽度	10±0.2	25±0.5
b_1	端头宽度	20±0.5	—
d①	厚度	2~10	2~10

①厚度小于 2mm 的试样可参照本标准执行。

测定短切纤维增强塑料的其他拉伸性能可以采用Ⅰ型或Ⅱ型试样。

（2）将合格试样进行编号、画线，测量试样工作段任意三处的宽度和厚度，取算术平均值。

（3）夹持试样，使试样的中心线与上、下夹具的对准中心线一致。

（4）加载速度 2mm/min。

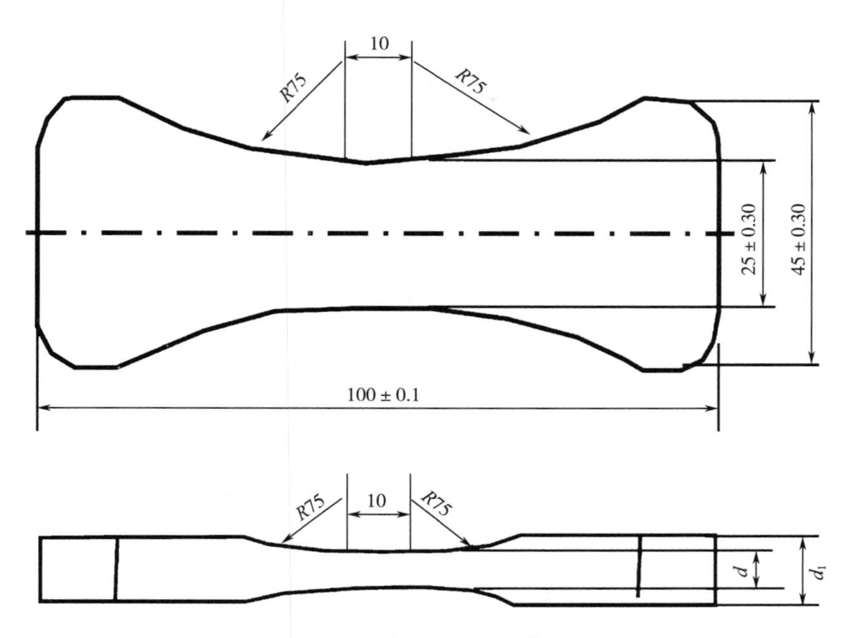

图 5-3 Ⅲ型试样型式（单位：mm）

注：试样厚度为 6 时，厚度 d 为（6±0.5），d_1 为（10±0.5）；试样厚度为 3 时，厚度 d 为（3±0.2），d_1 为（6±0.2）。

（5）在试样工作段安装测量变形的仪表。施加初载（约为破坏载荷的 5%），检查并调整试样及变形测量仪表，使整个系统处于正常工作状态。

（6）测定拉伸应力时连续加载直至试样破坏，记录试样的屈服载荷、破坏载荷或最大载荷及试样破坏形式。

（7）测定拉伸弹性模量，无自动记录装置可采用分级加载，级差为破坏载荷的 5%~10%，至少分五级加载，施加载荷不宜超过破坏载荷的 50%。一般至少重复测定三次，取其两次稳定的变形增量，记录各级载荷和相应的变形值。

（8）测定拉伸弹性模量、断裂伸长率和绘制应力—应变曲线时，有自动记录装置，可连续加载。

（9）若试样出现以下情况应予作废：

①试样破坏在明显内部缺陷处。

②Ⅰ型试样破坏在夹具内或圆弧处。

③Ⅱ型试样破坏在夹具内或试样断裂处离夹紧处的距离小于 10mm。

（10）Ⅲ型试样破坏在非工作段时，仍用工作段横截面积来计算拉伸强度，且应记录试样断裂位置。

（11）计算：

①拉伸应力（拉伸屈服应力、拉伸断裂应力或拉伸强度）按式（5-6）计算。

$$\sigma_t = \frac{F}{b \cdot d} \tag{5-6}$$

式中：σ_t——拉伸应力（拉伸屈服应力、拉伸断裂应力或拉伸强度），MPa；

F——屈服载荷、破坏载荷或最大载荷，N；

b——试样宽度，mm；

d——试样厚度，mm。

②试样断裂伸长率按式（5-7）计算。

$$\varepsilon_t = \frac{\Delta L_b}{L} \times 100 \tag{5-7}$$

式中：ε_t——试样断裂伸长率,%；

ΔL_b——试样拉伸断裂时标距 L_0 内的伸长量，mm；

L_0——测量的标距，mm。

③拉伸弹性模量采用分级加载时按式（5-8）计算。

$$E_t = \frac{L_0 \cdot \Delta F}{b \cdot d \cdot \Delta L} \tag{5-8}$$

式中：E_t——拉伸弹性模量，MPa；

ΔF——载荷—变形曲线上初始直线段的载荷增量，N；

ΔL——与载荷增量 ΔF 对应的标距 L_0 内的变形增量，mm。

其余同式（5-6）、式（5-7）。

④采用自动记录装置测定时，对于给定的应变 $\varepsilon''=0.0025$、$\varepsilon'=0.0005$，拉伸弹性模量按式（5-9）计算。

$$E_t = \frac{\sigma'' - \sigma'}{\varepsilon'' - \varepsilon'} \tag{5-9}$$

式中：E_t——压缩弹性模量，MPa；

σ''——应变 $\varepsilon''=0.0025$ 时测得的拉伸应力，MPa；

σ'——应变 $\varepsilon'=0.0005$ 时测得的拉伸应力，MPa。

九、弹性模量测试（参照 GB/T 1448—2005）

（一）主要实验材料和仪器

银/尼龙环氧树脂复合材料，镍/碳纤维非织造布/双马树脂复合材料，雷击防护膜，剪刀，刻度尺，万能材料实验机等。

（二）实验步骤

（1）试样准备：试样型式和尺寸分别见图 5-4 和表 5-6。

①Ⅰ型试样厚度 d 小于 10mm 时，宽度 b 取（10±0.2）mm；试样厚度 d 大于 10mm 时，宽度 b 取厚度尺寸。

②测定压缩强度时，λ 取 10，若实验过程中有失稳现象，λ 取 6。

③测定压缩弹性模量时，λ 取 15 或根据测量变形的仪表确定。

④Ⅰ型试样采用机械加工法制备，Ⅱ型试样采用模塑法制备或其他成型方法制备。

⑤试样上下端面要求相互平行，且与试样中心线垂直。不平行度应小于试样高度的 0.1%。

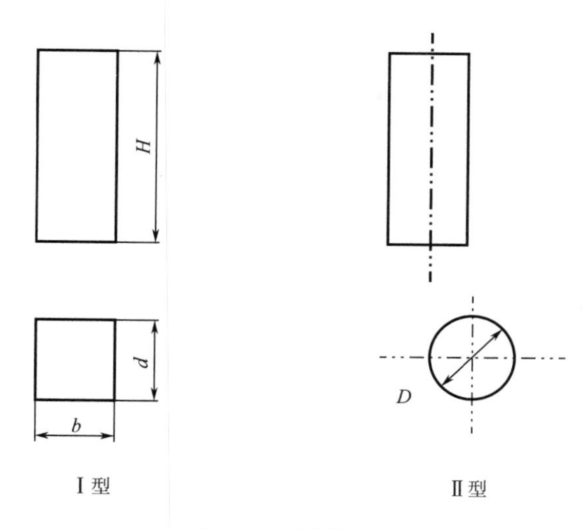

图 5-4　试样型式

表 5-6　试样尺寸　　单位：mm

尺寸符号	Ⅰ型		尺寸符号	Ⅱ型	
	一般试样	仲裁试样		一般试样	仲裁试样
宽度 b	10~14	10±0.2	—	—	—
厚度 d	4~14	10±0.2	直径 d	4~16	10±0.2
高度 H	$\frac{\lambda}{3.46}d$	30±0.5	高度 H	$\frac{\lambda}{4}D$	25±0.5

（2）将试样编号，测量试样任意三处的宽度和厚度，取算术平均值。

（3）安放试样，使试样的中心线与实验机上、下压板的中心对准。

（4）加载速度 2mm/min。

（5）测定压缩应力时加载直至试样破坏，记录试样的屈服载荷、破坏载荷或最大载荷及试样破坏形式。

（6）测定压缩弹性模量时，在试样高度中间位置安放测量变形的仪表，施加初载（约 5%的破坏载荷），检查并调整试样及变形测量系统，使整个系统处于正常工作状态以及使试样两侧压缩变形比较一致。

（7）测定压缩弹性模量时，无自动记录装置可采用分级加载，级差为破坏载荷的 5%~10%，至少分五级加载，所施加的载荷不宜超过破坏载荷的 50%。一般至少重复测定三次，取其两次稳定的变形增量，记录各级载荷和相应的变形值。

（8）测定压缩弹性模量时，有自动记录装置，可连续加载。

（9）有明显内部缺陷或端部挤压破坏的试样，应予作废。同批有效试样不足 5 个时，应重做实验。

（10）计算：

①压缩应力（压缩屈服应力、压缩断裂应力或压缩强度）按式（5-10）计算。

$$\sigma_C = \frac{P}{F} \tag{5-10}$$

$$F_{\text{I}} = b \cdot d$$

$$F_{\text{II}} = \frac{\pi \cdot D^2}{4}$$

式中：σ_C——压缩应力（压缩屈服应力、压缩断裂应力或压缩强度），MPa；

P——屈服载荷、破坏载荷或最大载荷，N；

F_{I}——Ⅰ型试样横截面积，mm^2；

F_{II}——Ⅱ型试样横截面积，mm^2；

b——试样宽度，mm；

d——试样厚度，mm；

D——试样直径，mm。

②压缩弹性模量采用分级加载时按式（5-11）计算。

$$E_C = \frac{L_0 \cdot \Delta P}{b \cdot d \cdot \Delta L} \tag{5-11}$$

式中：E_C——压缩弹性模量，MPa；

ΔP——载荷—变形曲线上初始直线段的载荷增量，N；

ΔL——与载荷增量 ΔF 对应的标距 L_0 内的变形增量，mm；

L——仪表的标距，mm；

b——试样宽度，mm；

d——试样厚度，mm。

③采用自动记录装置测定时，对于给定的 $\varepsilon''=0.0025$、$\varepsilon'=0.0005$ 压缩弹性模量按式（5-12）计算。

$$E_C = \frac{\sigma'' - \sigma'}{\varepsilon'' - \varepsilon'} \tag{5-12}$$

式中：E_C——压缩弹性模量，MPa；

σ''——$\varepsilon''=0.0025$ 时测得的压缩应力，MPa；

σ'——$\varepsilon'=0.0005$ 时测得的压缩应力，MPa。

十、冲击韧性测试（参照 GB/T 1451—2005）

（一）主要实验材料和仪器

银/尼龙环氧树脂复合材料，镍/碳纤维非织造布/双马树脂复合材料，雷击防护膜，剪刀，刻度尺，XCJD-50 型数显简支梁非金属材料冲击实验机等。

（二）实验步骤

（1）试样准备：

①缺口方向与布层垂直的纤维织物试样型式和尺寸如图 5-5 所示。

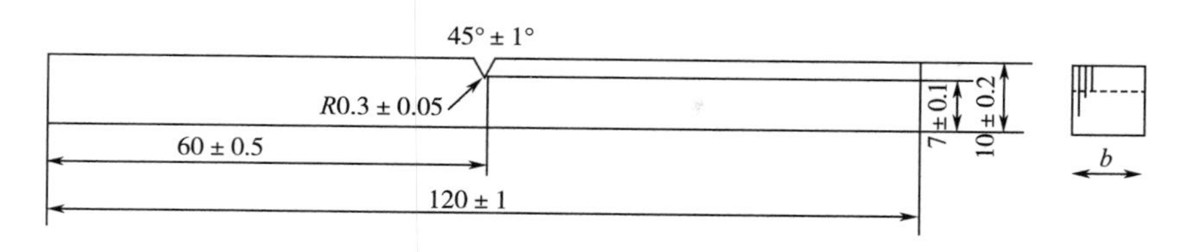

图 5-5　试样型式图一（单位：mm）

注：试样宽度 b 为板的厚度，取 6~10，仲裁试样的宽度为 10±0. 2；当板厚大于 10 时，单面加工至 10±0. 2。

②缺口方向与布层平行的纤维织物试样型式和尺寸如图 5-6 所示。

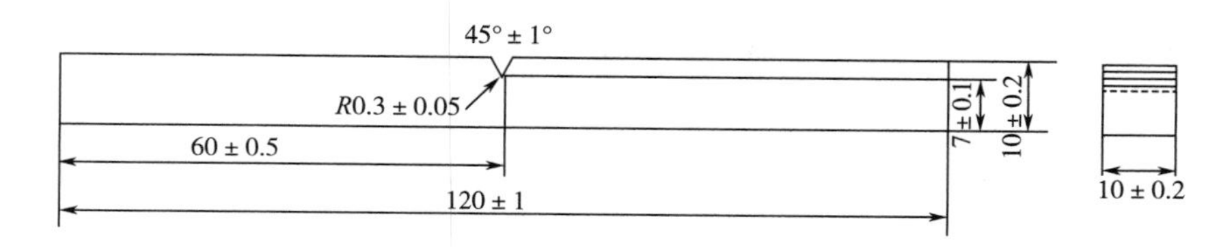

图 5-6　试样型式图二（单位：mm）

注：当板厚大于 10 时，单面加工至 10±0. 2，缺口开在加工面上。

③短切纤维增强塑料的试样型式和尺寸如图 5-7 所示。

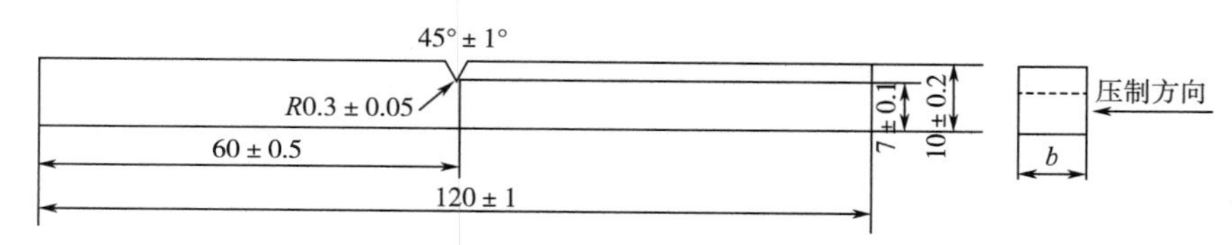

图 5-7　试样型式图三（单位：mm）

注：A. 试样宽度 b 为 6~10，仲裁试样的宽度为 10±0. 2。

B. 缺口方向与压制方向一致，缺口由加工而成。若缺口所在面与底面不平行，则加工缺口所在面，使其与底面相互平行。

（2）将试样进行编号，测量试样缺口处的宽度，用投影仪或其他量具测量缺口处的最小厚度。

（3）选择合适能量的摆锤，使冲断试样所消耗的功率在满量程的 10%~85%范围内。

（4）用标准跨距样板调节支座的跨距，使其为（70±0. 5）mm。

（5）根据实验机打击中心的位置及试样的尺寸，决定是否在支座上加垫片，垫片的尺寸应根据实验机的情况而定。

（6）实验前，须经一次空载冲击，调整实验机读数盘的指针使其指到零点。

（7）将试样带缺口的一面背向摆锤。用试样定位板来安放试样，使缺口中心对准打击中心。

（8）进行冲击，记录冲断试样所消耗的功及破坏形式。

（9）有明显内部缺陷或不在缺口处破坏的试样，应予作废。

（10）冲击韧性按式（5-13）计算。

$$a_k = \frac{A}{b \cdot d} \times 10^3 \tag{5-13}$$

式中：a_k——冲击韧性，kJ/m^2；

A——冲断试样所消耗的功，J；

b——试样缺口处的宽度，mm；

d——试样缺口处的最小厚度，mm。

十一、焦耳热和除冰性能测试

参考实验 24 的焦耳热及除冰性能测试步骤进行测试。

十二、阻燃性能测试

参考实验 5 的阻燃性能测试步骤进行测试。

注意事项

（1）为提高环氧树脂对织物的渗透性，可提高生产时树脂的温度，或适当降低生产速度。

（2）在预浸料的制备过程中必须在胶槽中不断搅拌树脂，防止产生树脂空白区。

思考题

（1）相比传统填充型导电材料，结构—导电材料有何优点？

（2）结构—导电复合材料有哪些应用？

实验 26　印刷电子织物的制备

近年来，电子印刷技术作为一项适合大面积、柔性化、高速度、低成本的绿色环保制造工艺在电子工业领域受到了格外重视。

一、导电油墨的配制

（一）主要实验材料和仪器

棉织物，丝绸织物，化纤长丝织物，瓜尔胶，银粉，银纳米线，去离子水，乙二醇，松油醇，乙基纤维素，分散剂，消泡剂，40 氯醋树脂，（聚偏氟乙烯—六氟丙烯）共聚物

（PVDF—HFP），异佛尔酮，氟表面活性剂，ZnS：Cu 电致发光粉，$BaTiO_3$ 纳米颗粒，异丙醇，磁力搅拌器，机械搅拌器，精密电子天平，超声波分散仪等。

（二）实验步骤

1. 导电银油墨的配制

（1）水基银浆配制：基于水溶性的导电浆料不仅成本相对较低，且生产过程更加环保。选取瓜尔胶作为黏结剂，去离子水作为溶剂，按瓜尔胶和去离子水质量比为 2：98 的比例称量 13g，再添加 4.8g 银粉作为导电填料，1%的助剂（分散剂、消泡剂），使用磁力搅拌器混合搅拌使导电填料在浆料中分布均匀。

各组分质量占比如下：

Ag 粉	27%
瓜尔胶	1.5%
去离子水	70.5%
助剂	1%

（2）醇基银导电墨水配制：将 0.03g 的银纳米颗粒加入 0.03g 乙二醇，超声 1min 使其充分混合即制得银导电墨水。

（3）醇基银复合墨水的配制：按 7：1 称量松油醇和乙基纤维素 10.36g，再加入 6g 银粉，使用磁力搅拌器使其搅拌混合均匀并加入分散剂、消泡剂等助剂。

各组分质量占比如下：

Ag 粉	36%
黏结剂乙基纤维素	7.8%
松油醇溶剂	54.2%
助剂含量	2%

（4）氯醋树脂基银浆配制：

银粉	47.5%
40 氯醋树脂	50.5%
助剂	2%

氯醋树脂既可作为黏结剂也可作为溶剂。

（5）银纳米线墨水的配制：通过将银纳米线分散在体积比为 1：4 的水和异丙醇的混合物中来制备浓度为 2mg/mL 的银纳米线墨水。

（6）弹性导电银墨水的配制：银粉、PVDF—HFP、异佛尔酮和氟表面活性剂的质量比为 3：1：3.5：1，并将混合物在机械搅拌器上以 1000r/min 搅拌 2h 以保证其混合均匀。

2. 交流电致发光墨水的配制

将异佛尔酮作为有机溶剂将 ZnS：Cu 电致发光粉和 $BaTiO_3$ 纳米颗粒分散到 PVDF—HFP 中制备发光层油墨。其中 ZnS：Cu、$BaTiO_3$、PVDF—HFP 和异佛尔酮的重量比固定为 5：1：2：8，并将混合物以 1000r/min 搅拌 1h，使纳米颗粒均匀分散在弹性聚合物中。

二、织物平整化处理

（一）主要实验材料和仪器

棉织物，化纤长丝织物，聚乙烯醇，聚氯乙烯（PVC），热塑性聚氨酯弹性体橡胶（TPU），去离子水，二氧化钛（TiO_2），超声波分散仪，试剂瓶，烧杯，涂布棒，鼓风干燥箱，磁力搅拌器，硫化机。

（二）实验步骤

1. PVA—TiO_2 改性处理

（1）将聚乙烯醇与去离子水以 1∶10 的比例混合，然后在 90℃水浴中加热搅拌 4h，待聚乙烯醇完全溶解于去离子水中即得到聚乙烯醇胶水。

（2）将得到的聚乙烯醇胶水与二氧化钛以质量比 20∶1 混合并超声搅拌 1min 制得悬浊液。

（3）将悬浊液滴至织物上，并用涂布棒涂布均匀。

（4）将织物移至 60℃鼓风干燥箱中干燥 10~20min 完成改性，TiO_2 有助于导电墨水颗粒的烧结。

2. PVC 胶水改性处理

（1）将 PVC 胶水从试剂瓶中取出倒入塑料杯中，注意控制倒入的量。

（2）随后用塑料滴管吸取胶水并滴到织物上，用涂布棒将胶水在基材上涂布均匀。

（3）在室温下 5~10min 干燥固化，完成改性。

3. TPU 膜压

通过热压厚度为 15μm（345kPa，3min，150℃）的 TPU 膜来平整化织物，使织物表面光滑，与直接在织物上印刷相比，可以使印刷后续的银电极层更均匀。

三、银纳米线导电织物的柔性压力传感器的制备

（一）主要实验材料和仪器

棉布，VHB 胶带，丙酮，乙二醇，硝酸银，聚乙烯吡咯烷酮（PVP），氯化铂，无水乙醇，导电银胶，分析天平，恒温干燥箱，超声波清洗器，超纯水机，丝网版，刮板，剪刀，刻度尺，台式离心机等。

（二）实验步骤

1. 丝网印刷制备织物电极

（1）利用电路设计软件 Altium Designer 设计出需要的叉指电极电路（线宽 0.8mm），把设计好的电路交给厂家制作出丝网印版。

（2）把丝网印刷模版放置在棉布基底上，固定好丝网版后在上面倒入导电银浆，用刮板在丝网印版上的导电银浆部位施加一定压力，同时朝丝网印版另一端移动。导电银浆在移动的过程中被刮板从电路部分的网孔中挤压到织物基底上。当刮板刮过整个版面后抬

起，同时丝网印版也抬起，并将导电银浆轻刮至初始位置，至此为一个印刷行程。

（3）按照同样的方法往复三次，即能在织物上印刷出清晰的电路。

（4）把印有电路的织物放置在 80℃的烘箱中干燥 25min 即得织物电极。

2. 银纳米线浸涂制备导电织物

（1）将织物切割成 1.8cm×1.5cm 矩形小片，放入盛有无水乙醇的烧杯中搅拌清洗，以去除织物上的杂质，再用大量的去离子水反复清洗，放入温度为 70℃的烘箱中烘干后即得到干净的织物小片。

（2）然后把棉布完全浸入银纳米线分散液（5mg/mL）中 1min，取出后放入 150℃的烘箱中干燥 10min 即得到银纳米线导电织物。为了得到导电性更好的导电织物，可以重复上面的步骤 2~5 次。

3. 器件组装

织物基压力传感器主要是由银纳米线修饰的导电织物作为压阻层，导电银胶印刷的叉指电极作为底电极以及 VHB 胶带最终封装而成，其制备过程主要包括以下 3 个步骤：

（1）丝网印刷叉指电极作为底电极，处于最底层。

（2）把银纳米线覆盖在纤维表面制备导电织物，作为压阻层，位于中间层。

（3）用 VHB 胶带封装压阻层与叉指电极，实现压力传感器。

四、可拉伸交流电致发光（ACEL）织物的制备

（一）主要实验材料和仪器

黑色织物面料，银粉，ZnS：Cu 电致发光粉，钛酸钡纳米颗粒，银纳米线，PVDF—HFP，含氟表面活性剂（ZONYL FS-300），异佛尔酮，异丙醇，热塑性聚氨酯弹性体（TPU），丝网印刷机，磁力搅拌机，小型热压机，电子天平，交流驱动器等。

（二）实验步骤

1. 丝网印刷底电极

将弹性导电银油墨丝网印刷（325 目）到平面化织物上，并在 130℃的烘箱中干燥 10min，以获得可拉伸的底部电极。1 号电极连接到底部电极，2 号电极用于连接到顶部电极。

2. 丝网印刷发光层

将包含 ZnS：Cu 微粒和 $BaTiO_3$ 纳米粒子的电致发光复合材料层对齐并丝网印刷（165 目）在底部电极上，重复该过程 3 次以获得均匀且致密的发射层。

3. 丝网印刷介电层

介电层油墨配方：

有机溶剂	异佛尔酮
弹性聚合物	PVDF—HFP
质量分数/%	20

其状透明偏黄，在发射层上丝网印刷厚介电层（165 目）以防止电极之间的短路及降低发射层表面粗糙度。

4. 喷印透明顶电极

通过将银纳米线墨水喷涂在介电层上来沉积透明的顶部电极，保证发射光的输出。其中 1 号电极被用于底部电极连接，而 2 号电极被喷涂的银纳米线覆盖用于顶部电极连接。该器件通过形成一个电容器结构来工作，该电容器结构的中间是磷光体作为发射层，电极之间的介电层可防止短路。

5. 器件封装

将厚度约为 30μm 的 TPU 膜热压（5min，150℃）在印刷装置的表面进行封装。

五、电阻、电阻率、电导率性能测试

（一）主要实验材料和仪器

织物电极，银纳米线导电织物，电致发光织物，四探针测试仪，数字源表等。

（二）实验步骤

参考实验 25 的电阻、电阻率、电导率性能测试。

六、压力响应性能测试

（一）主要实验材料和仪器

压力传感织物试样，电子天平（精度为 0.0001g），数字源表等。

（二）实验步骤

（1）将待测压力传感织物与数字源表相连接。

（2）将连接后压力传感织物放置在电子天平上，并清零。

（3）向压力传感织物上施加重物，从天平上读出重物质量，通过数字源表提供的电压测出压力传感织物在此电压下通过的电流。

（4）逐渐增加压力传感织物上的重量，依次读出重物质量、电流和响应时间等。

（5）根据压力与电流相对应值绘制压力电流响应曲线。

（6）将 50g 砝码重复 300 次加载（卸载）到织物传感器上，并实时记录响应电流的变化，绘制电流—次数关系曲线图。

七、拉伸力学性能表征与重复性测试

（一）主要实验材料和仪器

可拉伸交流电致发光织物，电子万能实验机，数字源表等。

（二）实验步骤

（1）将待测可拉伸交流电致发光织物安装在电子万能实验机的夹持器中。

（2）将织物两端夹持分别与数字源表两电极相连接。

（3）设置拉伸测试参数和循环次数。

（4）在拉伸循环过程中，记录拉伸强力和织物伸长，并用数字源表同步记录织物在循环拉伸过程中的电压、电流、电阻等数据。

（5）根据测试数据，绘制单个周期内拉伸强力—电流关系曲线、拉伸伸长—电流关系曲线、电阻—时间关系曲线，周期性拉伸应变下标准化电阻响应曲线等。

八、电致发光光谱和亮度测试

（一）主要实验材料和仪器

可拉伸交流电致发光织物，信号发生器（GWINSTEK AFG－2500），高压放大器（TREK10/10B－HS），示波器（KEYSIGHT DSOX2024A），电子万能实验机，色度计（CS－150）等。

（二）实验步骤

1. 驱动系统组装

驱动系统由信号发生器、高压放大器、示波器及其软件构成。其中信号发生器用来产生正弦交流电压，高压放大器用来放大电压信号，示波器用来显示并记录电压波形。

2. 色度测试系统组装

色度测试系统主要由电子万能实验机，数字万用表，CS－150 色度计，支架等组成。

（1）将电致发光织物装入电子万能实验机中，并与驱动系统相连接。

（2）将色度计安装在支架上，并优化色度计与待测织物试样间的相对位置。

3. 调整参数

改变整个驱动系统的测试频率和电压，由色度计来测定电致发光织物的色坐标和亮度。

4. 测试

固定测试频率为 2kHz 和电压为 50V 时，启动电子万能实验机，记录不同拉伸形变循环下亮度和色度变化曲线图。

注意事项

（1）离子液体［AMIM］Cl 具有较高的电导率，对纤维素纤维具有较好的溶胀效果，在 80℃条件下可溶解纤维素纤维形成均一溶液。

（2）凡是印刷的膜层都应立即烧结（10min，130℃），以除去有机溶剂，以免损坏下面固化层。

思考题

印刷电子织物的耐洗性是一个重要挑战，怎样解决？

实验 27　柔性微缩电子织物材料的制备

当前电子织物材料的功能性和耐久性还不能进行有效的统一，需要从材料、结构、加工方式等方面进行设计与调控，制备出具有耐久的功能性和柔性电子织物。

一、低温烧结印刷电子织物的制备

（一）主要实验材料和仪器

涤纶长丝织物，硝酸银，七水合硫酸亚铁，二水合柠檬酸三钠，硝酸钠，乙醇，丙三醇，乙二醇，苯胺，过硫酸铵，硫酸，盐酸，去离子水，磁力搅拌器，三口烧瓶，恒压滴液漏斗，离心机，离心管，水浴锅，超声振荡器，漩涡振荡器，印花网框（250 目，400 目），刮刀，胶带等。

（二）实验步骤

1. 纳米银颗粒的制备

（1）将 2.5g 硝酸银完全溶解在 22.5mL 去离子水中配制成银前驱体溶液（记为 A）。

（2）将 14g 二水合柠檬酸三钠完全溶解在 21mL 去离子水中配制成分散剂溶液，同时将 7.5g 七水合硫酸亚铁完全溶解在 17.5mL 去离子水中配制成还原剂溶液。紧接着，将分散剂溶液与还原剂溶液均匀混合（记为 B）。

（3）在 25℃磁力搅拌下，用恒压滴液漏斗将 B 完全滴加到 A 溶液中并持续反应 1h，溶液由无色变为粉红色最后至黑色。

（4）待反应完成后，将反应液置于 6000r/min 条件下离心 15min，收集离心管底部黑色沉淀并进行提纯。

2. 纳米银颗粒的提纯

（1）配制 1mol/L 的 $NaNO_3$ 溶液待用。

（2）将 0.5g 黑色沉淀完全溶解在 10mL $NaNO_3$ 溶液中并超声振荡 5min。

（3）将溶解有黑色沉淀的 $NaNO_3$ 溶液置于 6000r/min 条件下离心 15min，再次收集黑色沉淀并反复进行两次。

（4）将收集的沉淀在 30℃下真空干燥 12h 即可得到提纯后的纳米银颗粒。

3. 纳米银导电墨水的制备

（1）将提纯后的纳米银颗粒 3g 加入 7g 醇共溶剂（按体积比为去离子水：乙醇：丙三

醇：乙二醇为24：8：30：38）中。

（2）用旋涡振荡器剧烈振荡至溶解。

（3）再经超声振荡10min后得到固含量（质量分数）为30%的AgNPs胶体溶液。

4. 掺杂态聚苯胺（PANI）的制备

（1）配制200mL浓度为0.3mol/L的稀硫酸溶液；然后取5.8mL的苯胺（C_6H_7N）溶液加入配制好的稀硫酸溶液中，在室温下磁力搅拌至均匀混合，并记为A溶液。

（2）同时，在室温下将14.26g $(NH_4)_2S_2O_8$ 完全溶解在50mL的去离子水中，记为B溶液。

（3）将A溶液与B溶液均匀混合，并在4℃下磁力搅拌反应4h，生成墨绿色黏稠状PANI溶液。

（4）通过布氏漏斗过滤并采用去离子水清洗、烘干后得到墨绿色掺杂态聚苯胺粉末。

5. 低温烧结型导电墨水的制备

（1）制备固含量为30%的AgNPs胶体溶液。

（2）按胶体溶液质量分数为27.8%加入PANI粉末并用旋涡振荡器在2000r/min下振荡10min，获得不同PANI含量的导电墨水。

（3）分别按胶体溶液中AgNPs质量比为0.006加入对应质量的化学烧结剂（对应的稀HCl的物质的量浓度为50mmol/L），再经均匀混合后得到具有不同烧结剂含量的导电墨水。

6. 印刷电子织物的制备

（1）织物平铺于光滑台板上，并固定。

（2）网框置于织物上，并紧贴织物。

（3）倒入适量导电墨水。

（4）放入刮刀，刮刀与网板之间的夹角为45°进行印刷。

（5）将印刷织物在60℃下固化30min。

二、电阻式压力织物的制备

（一）主要实验材料和仪器

硝酸银，聚乙烯吡咯烷酮k-30 $(C_6H_9NO)_n$，硼氢化钠，乙醇，丙三醇，乙二醇，二氯甲烷，二烯丙基二甲基氯化铵（$C_8H_{16}ClN$ 65%水溶液，DADMAC），增稠剂（LYOPRINT® PTF），阴离子水性聚氨酯（Lacper® 4220，固含量40%），去离子水，磁力搅拌器，三口烧瓶，恒压滴液漏斗，离心机，离心管，水浴锅，超声振荡器，旋涡振荡器，印花网框（250目，400目），刮刀，胶带等。

（二）实验步骤

1. AgNPs的制备

（1）将1.63g聚乙烯吡咯烷酮（PVP）和2g硝酸银（$AgNO_3$）完全溶解在100g去离

子水中，随后在25℃下超声振荡成均匀透明的银前驱体溶液。

（2）将0.4g硼氢化钠（$NaBH_4$）溶解在20g去离子水中配制成还原液。

（3）在50℃和磁力搅拌（200r/min）条件下将还原液缓慢地滴加到银前驱体溶液中，待还原液滴加完后，继续反应1h，反应液的颜色逐渐从暗黄色变为亮黄色。

（4）将反应后的混合物溶液在10000r/min离心15min，收集底部沉淀并提纯。

2. AgNPs的提纯

（1）用乙醇溶解收集的沉淀（20mL：1g）并超声10min。

（2）在10000r/min离心15min并收集沉淀。

（3）如此反复两次，得到宝蓝色的AgNPs膏体。

3. AgNPs导电胶制备

（1）将提纯的AgNPs分散在醇共溶剂中（去离子水：乙醇：丙三醇：乙二醇体积分数之比为24：8：30：38）并超声振荡30min后得到0.5g/mL的AgNPs溶胶备用。

（2）按所需的AgNPs固含量换算成胶体溶液的体积来量取，并与相同重量比的水性聚氨酯匀质混合。

（3）加入增稠剂（0.2%~2.0%）并在室温下缓慢搅拌15min获得所需的导电胶。

4. 微尺度褶皱导电织物的制备

（1）将机织涤纶布浸没在乙醇中，并用超声洗涤使织物表面光洁。

（2）再用去离子水将其漂洗15min并在40℃下烘干得到洁净的织物，将处理好的PET织物用作丝网印刷的基材。

（3）刮刀与丝网的夹角为45°，尼龙丝网400目，印刷速度约为100mm/s。

（4）待丝网印刷后，将印刷图案先在40℃下固化。

（5）在室温下浸入由溶液A（阳离子电解质溶液，化学烧结剂）和溶液B（乙醇和二氯甲烷或去离子水，溶胀剂）组成的共溶剂体系中，详见表5-7。

（6）待处理完之后取出样品，用蒸馏水洗涤并在室温下干燥，即可获得印刷导电图案。

表5-7 不同样品的后处理条件及配方

样品序号	溶液A+溶液B
1	5mL DADMAC+5mL 乙醇+10mL 去离子水
2	10mL DADMAC+5mL 乙醇+10mL 去离子水
3	5mL DADMAC+5mL 乙醇+10mL 二氯甲烷
4	10mL DADMAC+5mL 乙醇+10mL 二氯甲烷

5. 电阻式压力传感织物的组装

（1）制备导电涤纶织物后，将两片印有矩形导电图案的涤纶织物（2cm×2cm）以面对面的方式叠放组装在一起。

（2）将两片铝箔纸用银导电浆固定在两片导电织物的末端作为引线。其中，铝箔纸的宽度为 3.5cm 且它的两个固定末端相距 1.5cm 用作压力传感区域。

（3）使用 3M 透明胶带将边缘紧密地粘在一起，形成简易的电阻式柔性压力传感器并用于压力的响应性能测试中。

三、电容式压电传感复合织物的制备

电阻式压力传感器中的导电材料易受环境温度影响，使检测信号发生漂移。结合聚离子液体的合成和静电纺丝技术，制备一种含氟的聚离子液体纳米纤维膜，并作为电容式压力传感器的介电层，用来实现高灵敏度且抗外界干扰和具有耐久性的全织物电容式压力传感器。

（一）主要实验材料和仪器

导电织物，棉织物，氮气，1-乙烯基咪唑（$C_5H_6N_2$），双三氟甲基磺酰亚胺锂（$C_2F_6LiNO_4S_2$），二甲基甲酰胺（DMF），乙酸乙酯（$C_4H_8O_2$），偶氮二异丁腈（$C_8H_{12}N_4$，AIBN），1-溴丁烷（C_4H_9Br），丙酮（C_3H_6O），去离子水，聚丙烯腈［（C_3H_3N）$_n$］，埃尔默液体胶水，铜丝，导电胶，3M 胶带，18-G 针头，精密注射泵，注射管，直流高压电源等，磁力搅拌器，烧杯，恒压滴液漏斗，水浴锅，真空泵，抽滤瓶，过滤漏斗，分液漏斗，真空干燥箱，冰箱，超声振荡器，旋涡振荡器等。

（二）实验步骤

1. 1-乙烯基-3-丁基咪唑溴盐（离子液体，BVIMBr）的制备

（1）将 14.13g（0.15mol）的 1-乙烯基咪唑（VIM）加入 100mL 的烧杯中。

（2）将 20.55g（0.15mol）的 1-溴丁烷逐滴加入 1-乙烯基咪唑中，然后在 70℃下剧烈搅拌并反应 2h。

（3）待烷基化反应完成后，将反应液冷却至室温后得到一种黄色黏稠状溶液。

（4）加入 50mL 丙酮至上述黄色黏稠液中，并剧烈搅拌均匀后在冰箱中（5℃）冷放 1h，即有白色沉淀析出。

（5）再经过抽滤并用丙酮洗涤后，得到提纯后的离子单体白色粉末。

2. 聚 1-乙烯基-3-丁基咪唑溴盐（聚离子液体，PBVIMBr）的制备

（1）将 18.48g 的 BVIMBr 完全溶解在 30g DMF 中。

（2）然后将上述溶液通氮气 30min 后，加入 67mg 的 AIBN 中并升温至 80℃并保证在氮气环境下搅拌反应 19h。

（3）待自由基聚合反应结束后，溶液变成棕红色黏稠状。

（4）在剧烈搅拌下将等体积的去离子水和乙酸乙酯加入上述黏性溶液中并静置分层。

（5）混合溶液分为两层，且上层为无色透明层，下层为淡黄色透明层。

（6）用分液漏斗将下层溶液分离并在 95℃下真空干燥 6h 得到纯化的亮黄色 PBVIMBr 粉末。

3. 聚 1-丁基-3-乙烯基咪唑双三氟甲磺酰亚胺盐（氟化聚离子液体，PBVIMTFSI）的制备

（1）将 2g PBVIMBr 粉末完全溶于 100mL 水中。

（2）将 2.9g 的双三氟甲基磺酰亚胺锂（LiTFSI）完全溶于 5mL 水中。

（3）通过阴离子交换反应将 LiTFSI 溶液逐滴加入 PBVIMBr 溶液中，并在室温下剧烈搅拌反应 10min 后，得到白色沉淀。

（4）将白色沉淀抽滤，提纯后烘干，得到橘红色 PBVIMTFSI。

4. 氟化聚离子液体纳米纤维膜（PILNM）的制备

（1）将 PBVIMBr 溶解在 DMF 中并配制成（质量分数）30%的纺丝液。

（2）将聚丙烯腈（PAN）添加到 PBVIMTFSI 的纺丝液中，并控制 PBVIMTFSI 与 DMF 的质量比固定为 1∶12，然后按照 PAN 与 PBVIMTFSI 的质量比为 0.5∶1 加入 PAN 到纺丝液中，并在 70℃下溶解 4h 后进行静电纺丝。

（3）静电纺丝参数为：注射泵的推进速度为 0.5mL/h，接收筒的距离为 14cm，且旋转速度为 10r/min，电压为 23kV。

5. 可穿戴压力传感织物的制备

（1）利用热熔胶将导电织物（厚度为 150μm，面积为 2.5cm×2.5cm）与棉织物（面积为 3cm×3cm）复合制备成柔性电极，其中棉织物的作用是隔绝导电织物与外界环境的接触。

（2）将聚离子液体（PBVIMTFSI）纳米纤维膜（厚度为 76μm，面积为 3cm×3cm）作为介电层并置于两片柔性电极中间，然后利用埃尔默液体胶水封边。

（3）分别用导电胶将两根铜丝牢固地粘在两个柔性电极的两端作为引线。

（4）再用 3M 胶带将柔性传感织物的四个边封紧，即可得到全织物压力传感器。

6. 可穿戴多像素压力传感织物的制备

多像素传感器阵列的制备与单个压力传感器织物的制备相同，唯一的区别是阵列中单个传感器面积更小且为 1.5cm×1.5cm。本实验利用 9 个相同大小的传感单元集成到一个 3×3 的传感器阵列中，用于大面积测量和压力映射。

四、印刷电子织物的耐弯曲性能测试

（一）主要实验材料和仪器

印刷电子织物，计时器，数字源表，剪刀，刻度尺，记号笔，全自动回卷器等。

（二）实验步骤

（1）裁剪织物，尺寸为 20cm×4cm，每种织物试样 5 块。

（2）在距离织物两端各 2cm 处画一标线，将织物沿长度方向对折。

（3）将织物一端夹持在卷绕杆上，织物另一端悬挂在卷绕杆下方，并由两块不锈钢片夹持，并通过强力夹固定。不锈钢片 2cm×2cm×1cm，强力夹钳口宽 2cm。

（4）然后启动卷绕器进行卷绕，卷绕速度 2cm/min，卷绕到末端，卷绕辊倒转，至织物弯曲伸直，取下织物并平铺，用数字源表记录织物两标线间的电阻值变化。

（5）如此反复“缠绕—释放”300 次循环，并记录下每次弯曲测试后的电阻值。将原始的导电织物的电阻记为 R_0，经过多次弯曲测试后的电阻记为 R_n，电阻的变化率可由式（5-14）计算。

$$\Delta R = \frac{R_n - R_0}{R_0} \times 100\% \tag{5-14}$$

最后，将弯曲次数与电阻变化率作图，反映织物表面印刷电路的耐弯曲导电稳定性。

五、电容式压电传感复合织物性能测试

（一）主要实验材料和仪器

电容式压电传感复合织物，Instron 5566 万能实验机，数字万用表等。

（二）压力响应形成实验步骤

（1）静态压力是由 Instron 5566 在 0~11kPa 范围内由小到大提供的随机值，然后连续记录每个静态压力下相应的电容响应曲线。

（2）采用循环加载（卸载）0.5kPa 的压力到全织物压力传感器上并用来测试它的抗疲劳性，并记录实时的电信号变化。

（三）弯曲响应性能测试

（1）保证压力传感织物的两端可以自由移动。

（2）从初始状态（初始长度为 4.2cm，宽度为 1cm，厚度为 376μm）不断挤压到极端状态（此时的弦长为 1cm）。

（3）再恢复为平坦状态。与此同时，在该过程中记录不同弦长下的电容值并进行数据处理。

六、二维平面压力响应测试

（一）主要实验材料和仪器

多像素压力传感织物，U 形板，数字万用表，计算机，Origin 软件等。

（二）实验步骤

（1）在棉织物上集成了 3×3 的压力传感器矩阵，将该传感阵列贴附在手腕皮肤或手背上，实现二维平面压力测试。

（2）将一块 U 形板置于压力传感阵列表面上，并同时记录每个压力传感单元的电容值。

（3）采用 Origin 软件对九宫格的电容值进行作图分析压力映射结果。

注意事项

（1）在印刷电子织物的制备过程中，要保证图案网孔通透，导电浆黏度适当，导电浆量要足，可多次印刷，保证印刷图案清晰。

（2）印刷完成后，要及时对筛网进行清洗。

思考题

（1）现有电阻织物器件的组装或封装多靠黏合剂实现，但在长期使用过程中，层与层之间会发生扭曲、滑移甚至破坏，极大地降低电子织物的功能稳定性。请思考开发连续式或一体式化的电子织物材料的方法或途径。

（2）纳米纤维作为活性层可以极大地提高电子器件的灵敏度和保留可穿戴电子器件的透气性，但是纳米纤维的力学性能较差，采用什么方法可以解决这个问题？

（3）全柔性纤维晶体管的可行性及相应的开发途径有哪些？

实验 28　织物基 UHF-RFID 标签的制备

RFID（Radio Frequency Identification）技术由于识别速度快、准确率高等优势，得到了广泛的应用和发展，尤其在纺织服装领域，为了提高生产效率、规范管理，超高频（Ultra High Frequency，UHF）RFID 标签在各环节的数据信息采集过程中得到了广泛的运用。织物基 UHF—RFID 标签由基底、天线结构以及芯片组成。芯片是电子标签的核心部分，它起着标签信息存储、信号接收和信号发射的作用。芯片的工作原理是在其进入 UHF 射频场后，标签天线将接收到的能量转换成芯片的内部电源，并给芯片供电；读写器向芯片传达指令，芯片响应并答复。

一、主要实验材料和仪器

导电油墨 ET-4F（黏度为 20000MPa · s，油墨含银量为 65%），尼龙基布，半自动台式丝网印刷机，Chiphiggs-3 芯片，AC365 型各向异性导电胶（固化温度为 80～170℃，固化时间为 4～6s，黏度为 40000MPa · s），封装机等。

二、实验步骤

（一）织物基标签天线的制备

（1）网版与织物基底间的距离为 4mm，保证油墨能够透过网版移印到基材上。

（2）印刷时刮刀与水平面的夹角为 85°，确保印刷时具备足够大的印刷压力。

（3）印刷速度为 170mm/s，保证承印物表面有足够的油墨量。

（4）待标签天线印制完成后，迅速将标签天线转移到真空烘箱中 120℃ 固化 30min。

（5）待固化完成后，应避免天线表面刮擦所造成的天线性能的破坏。

（二）织物基 UHF-RFID 标签天线芯片的倒封装

（1）首先使用封装机上的点胶器将胶水滴加到标签天线的端口处，保证点胶量和点胶位置一致。

（2）然后是芯片的贴片。通过封装机上的吸嘴将芯片小心吸住，扭动旋钮将芯片与带有胶水的天线端口位置对齐，此对齐借助封装机下方显微镜的放大功能，确保芯片与天线端口对齐，保证芯片触角和天线能够完好地接触。

（3）接下来是热压键合工序。将标签天线放置在热压装置下，热压装置上面可添加砝码来控制键合压力的大小，同时热压头具有加热功能。在热压键合工艺中，标签天线和芯片通过导电胶固连，且采用上、下热压头工作面压迫导电胶中的导电粒子形成物理接触，实现标签天线导体和芯片之间的电学导通和机械黏结。

三、标签的读取距离

（一）主要实验材料和仪器

UHF-RFID 读写器，织物基 UHF-RFID 标签，卷尺等。

（二）实验步骤

（1）读写器的工作频段设置为 US 频段 902~928MHz，发射功率为 1MW。

（2）测试时标签与读写器天线保持在同一水平高度。

（3）记录标签能被读取的最远水平距离。

注意事项

测试之前，要进行校准，以去除矢量网络分析仪、同轴线带来的误差。为了减少环境的影响，选择在微波暗箱内进行测试。

思考题

解决织物基 UHF-RFID 标签机洗失效的途径或方法有哪些？

参考文献

［1］马飞祥，丁晨，凌忠文，等．导电织物制备方法及应用研究进展［J］．材料导报，2020，34（1）：01114-01123.

［2］Yu Y，Yan C，Zheng Z. Polymer-Assisted metal deposition（Pamd）：A Full-solution Strategy for

Flexible, Stretchable, Compressible, and Wearable metal Conductors [J]. Advanced materials, 2014, 26 (31): 5508-5516.

[3] 周云, 丁辛, 胡吉永, 等. 化学聚合和电化学聚合对聚吡咯/棉导电织物电性能的影响 [J]. 东华大学学报 (自然科学版), 2016, 42 (6): 822-826, 834.

[4] 崔铮. 印刷电子学——材料、技术及其应用 [M]. 北京: 高等教育出版社, 2012.

[5] Stempien Z, Rybicki E, Rybicki T, et al. Inkjet-printing deposition of silver electro-conductive Layers on textile substrates at low sintering temperature by using an aqueous silver ions-containing ink for textronic applications [J]. sensors and Actuators B: Chemical, 2016, 224: 714-725.

[6] krykpayev B, Farooqui MF, Bilalr M, et al. A wearable tracking device inkjet-printed on textile [J]. microelectronics Journal, 2017, 65: 40-48.

[7] Whittow WG, Chauraya A, Vardaxoglou JC, et al. Inkjet-Printed microstrip Patch Antennas realized on Textile for Wearable Applications [J]. IEEE Antennas and Wireless Propagation Letters, 2014, 13: 71-74.

[8] 张晨洋, 张富勇, 刘元军, 等. 电磁屏蔽涂层织物的屏蔽机理及研究进展 [J]. 纺织科学与工程学报, 2020, 37 (2): 91-97.

[9] 易聪. 轻质多孔导电织物/气凝胶的结构设计及电磁干扰屏蔽性能研究 [D]. 武汉: 武汉纺织大学, 2021.

[10] 吴利胜. 多功能超疏水导电复合材料的制备及其电传感应用 [D]. 扬州: 扬州大学, 2020.

[11] 骆俊晨. 超疏水导电复合织物的制备及其电磁屏蔽应用研究 [D]. 扬州: 扬州大学, 2021.

[12] 刘丽华. 基于 Ag@ CNTs-PDMS 的柔性应力传感性能研究 [D]. 太原: 太原理工大学, 2018.

[13] 衡山. 银纳米颗粒—聚合物柔性应变传感薄膜制备与压阻传感特性研究 [D]. 镇江: 江苏大学, 2020.

[14] 李宁. 化学镀实用技术 [M]. 北京: 化学工业出版社, 2004.

[15] 赵中杰. 结构—导电复合材料的制备及其导电性能研究 [D]. 哈尔滨: 哈尔滨工业大学, 2018.

[16] 刘志崇. 基于聚合物海绵的弹性导电复合材料的制备、结构及其应变传感性能研究 [D]. 上海: 东华大学, 2021.

[17] 李振宝, 王晓, 谢星华, 等. GO/ [AMIM] Cl 导电墨水在纤维素基材印刷电子元器件的应用 [J]. 大连工业大学学报, 2021, 40 (3): 175-178.

[18] 亢佳萌, 汪硕, 张兴业. 纳米银导电墨水的制备及电极性能研究 [J]. 贵金属, 2017, 38 (S1): 80-85.

[19] Homenick cm, James R, Lopinski GP, et al. Fully printed and encapsulated SWCNT-based thin film transistors via a combination of R2R gravure and inkjet printing [J]. ACS Applied materials & In-terfaces, 2016, 8 (41): 27900-27910.

[20] Ye WJ, Li XY, Zhu HL, et al. Green fabrication of cellulose/graphene composite in ionic liquid and its electrochemical and photothermal properties [J]. Chemical Engineering Journal, 2016, 299: 45-55.

[21] 陈传祥, 陶伟娜, 王少君, 等. 离子液体 [AMIM] Cl 中玉米秸秆纤维素的溶解再生性能 [J]. 大连工业学学报, 2013, 32 (2): 104-107.

[22] 周自强．基于导电织物的柔性压力传感器的制备与性能研究［D］．成都：电子科技大学，2019.

[23] 马飞祥．基于织物的全印刷大面积交流电致发光器件的研究［D］．金华：浙江师范大学，2020.

[24] 谢森培．基于纸和织物的柔性电子薄膜制备及印刷工艺研究［D］．深圳：哈尔滨工业大学（深圳），2019.

[25] 秦文峰，游文涛，钟勉，等．碳纳米管薄膜电热特性及其除冰性能［J］．宇航材料工艺，2019（1）：86-90.

[26] 王泽鸿．柔性电子织物材料的微结构设计及功能化应用研究［D］．上海：东华大学，2020.

[27] Jin M L, Park S, Lee Y, et al. An Ultrasensitive, Visco-Poroelastic Artificial Mechanotransducer Skin Inspired by Piezo 2 Protein in Mammalian Merkel Cells [J]. Advanced Materials, 2017, 29 (13): 1605973.

[28] Li R, Si Y, Zhu Z, et al. Supercapacitive iontronic nanofabric sensing [J]. Advanced materials, 2017, 29 (36): 1700253.

[29] Döbbelin M, Azcune L, Bedu M, et al. Synthesis of pyrrolidinium-based poly (ionic Liquid) electrolytes with poly (ethylene glycol) side chains [J]. Chemistry of materials, 2012, 24 (9): 1583-1590.

[30] Tang J, radosz M, Shen Y Q. Poly (ionic liquid) s as optically transparent microwave-absorbing materials [J]. macromolecules, 2008, 41 (2): 493-496.

[31] Santana E R, Delima C A, Piovesan J V, et al. An original ferroferric oxide and gold nanoparticles-modified glassy carbon electrode for the determination of bisphenol A [J]. Sensors and Actuators B: Chemical, 2017, 240: 487-496.

[32] Ren J, Gu J, Tao L, et al. A novel electrochemical sensor of 4-nonylphenol based on a poly (ionic liquid) hollow nanosphere/gold nanoparticle composite modified glassy carbon electrode [J]. Analytical methods, 2015, 7 (19): 8094-8099.

[33] 彭飞．织物基 UHF-RFID 标签的倒封装键合工艺及耐机洗性评价［D］．上海：东华大学，2020.

[34] 张千．织物表面丝印天线基 UHF-RFID 标签机洗失效及涂层优化［D］．上海：东华大学，2021.

[35] 李乐．三维网络结构导电聚合物复合材料的制备及其柔性超级电容器性能研究［D］．上海：东华大学，2020.

第六章　增强用纺织品的制备

纺织基增强材料与金属或其他无机材料相比，除具有无限可塑性，且重量轻、比强度高、比模量高、耐腐蚀、电绝缘、传热慢、隔音、防水、组装方便，在建筑、大飞机、高速列车、高端装备、国防军工、航空航天、风力发电等领域有着广阔的应用前景。先进纤维增强树脂基复合材料的成型属于设计制造一体化，易于大面积整体成型，其成型工艺较多，目前主要使用的有模压成型、层压成型、模塑成型、树脂膜熔融浸渍成型、低压成型、纤维缠绕成型、自动丝束铺放成型、拉挤成型、流化场成型、卷管成型、喷射成型、离心成型、3D 打印成型等。

一、模压成型

模压成型（Compression Molding）又称压缩模塑，是将纤维增强复合材料的预浸料（或纤维、树脂混合物）在模具中铺展叠放，然后加热熔融，再以相应的压力压制，保压冷却成型脱模，如图 6-1 所示。模压成型包括两种成型工艺：固态模压成型（又称干法成型）和流动态模压成型（又称湿法成型）。

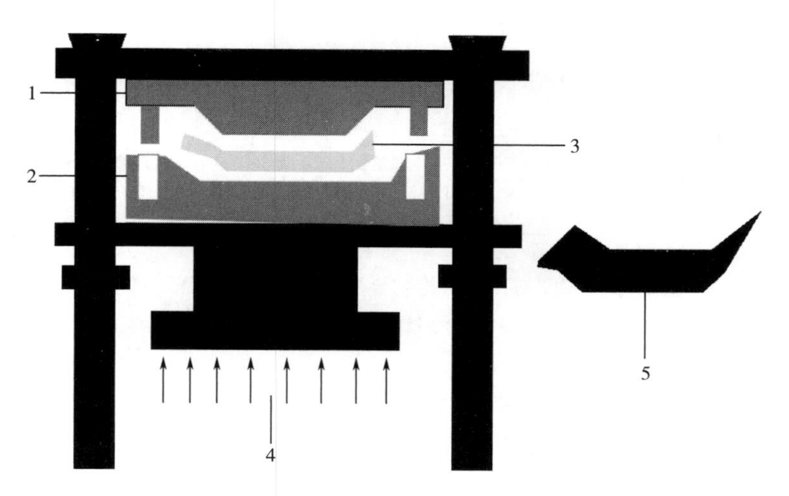

图 6-1　模压成型示意图

1—凸模　2—凹模　3—模压料　4—压力　5—模压制件

纱线增强热塑性复合材料直接在线模压成型（图 6-2），能最大限度保留纤维长度，一次成型制件而省去了半成品储存步骤，降低原料成本。

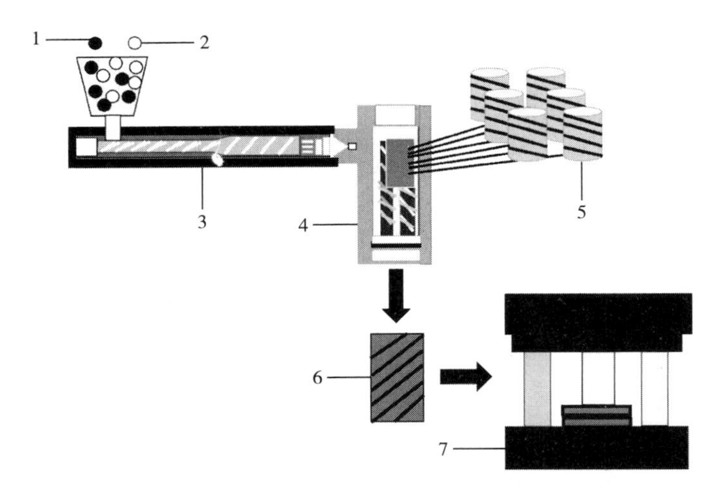

图 6-2 纱丝增强热塑性复合材料成型设备示意图

1—聚合物 2—添加物 3—双螺杆挤出机 4—专用双螺杆挤出机 5—筒纱 6—纱线树脂混合物 7—模压机

二、层压成型

层压成型是将预浸胶布按照产品形状和尺寸进行剪裁、纤维与粉末状或薄膜状树脂交替铺放后，放入两个抛光的金属模具之间，加温加压成型复合材料制品的生产工艺，其过程如图 6-3 所示，与模压成型相似，但纤维树脂层间剪切强度较差。

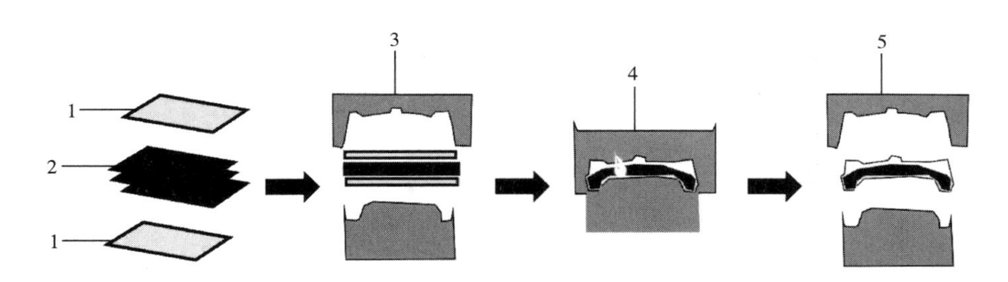

图 6-3 sMC 与预浸料相结合层压模塑成型过程示意图

1—sMC 2—预浸料 3—铺放 4—热压与冷却 5—脱模

层压成型工艺主要用于生产各种规格的复合材料板材，具有机械化、自动化程度高、产品质量稳定等特点，但一次性投资较大，适用于批量生产，并且只能生产板材，且规格受到设备的限制。

三、模塑成型

（一）RTM 技术成型原理

RTM（Resin Transfer Molding，RTM）技术的成型原理如图 6-4 所示，首先将预制体放入模腔中；之后通过升温加热到特定温度后，在一定压力下将液态树脂注入闭合模腔中，通过树脂的流动浸渍在预制体中浸满树脂的同时排出模腔中的气体；最终当树脂充满模腔后，通过继续升温加热使树脂固化，开模后可获得所需的复合材料制件产品。

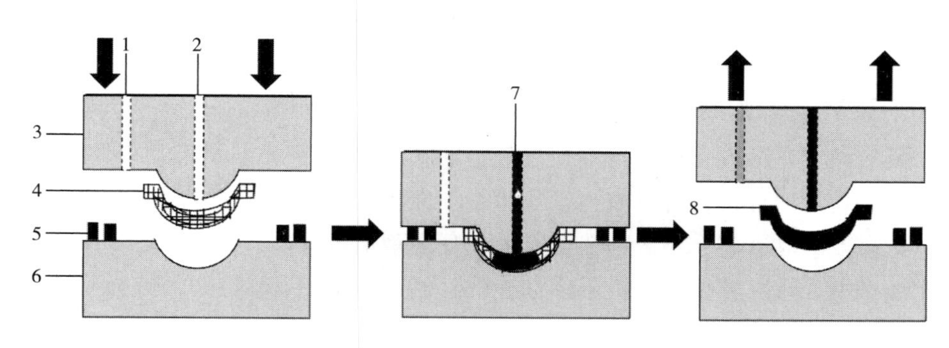

图 6-4　RTM 工艺原理图

1—排气口　2—浇铸口　3—上模　4—增强体　5—密封环　6—下模　7—注射树脂　8—固化体

（二）RTM 工艺及设备

成型工艺：RTM 全部生产过程分 11 道工序，各工序的操作人员及工具、设备位置固定，模具由小车运送，依次经过每一道工序，实现流水作业。模具在流水线上的循环时间，基本上反映了制品的生产周期，小型制品一般只需十几分钟，大型制品的生产周期可以控制在 1h 以内完成。RTM 成型设备主要是树脂压注机和模具。

1. 树脂压注机

树脂压注机由树脂泵、注射枪组成。树脂泵是一组活塞式往复泵，最上端是一个空气动力泵。当压缩空气驱动空气泵活塞上下运动时，树脂泵将桶中树脂经过流量控制器、过滤器定量地抽入树脂储存器，侧向杠杆使催化剂泵运动，将催化剂定量地抽至储存器。压缩空气充入两个储存器，产生与泵压力相反的缓冲力，保证树脂和催化剂能稳定地流向注射枪头。注射枪口后有一个静态紊流混合器，可使树脂和催化剂在无气状态下混合均匀，然后经枪口注入模具，混合器后面设计有清洗剂入口，它与一个有 0. 28MPa 压力的溶剂罐相连，当机器使用完后，打开开关，溶剂自动喷出，将注射枪清洗干净。

2. 模具

RTM 模具分玻璃钢模、玻璃钢表面镀金属模和金属模三种。玻璃钢模具容易制造，价格较低，聚酯玻璃钢模具可使用 2000 次，环氧玻璃钢模具可使用 4000 次。表面镀金属的玻璃钢模具可使用 10000 次以上，金属模具在 RTM 工艺中很少使用。

（三）RTM 原材料

RTM 用的原材料有树脂体系、增强材料和填料。

1. 树脂体系

RTM 工艺用的树脂主要是不饱和聚酯树脂。

2. 增强材料

一般 RTM 的增强材料主要是玻璃纤维，其含量为 25%~45%（重量比），常用的增强材料有玻璃纤维连续毡、复合毡及轴向布。

3. 填料

填料对 RTM 工艺很重要，它不仅能降低成本，改善性能，而且能在树脂固化放热阶段吸收热量。常用的填料有氢氧化铝、玻璃微珠、碳酸钙、云母等。

（四）RTM 工艺的特点

（1）具有高度灵活性，可生产高质量复杂形状制品。

（2）自动化适应性强，并具有模塑压力小、原材料利用率高。

（3）低黏度树脂在闭合模腔内流动，工作环境清洁。

（4）成型制件尺寸精度高，内外表面光洁，制品质量高。

（5）选用树脂种类多，制件纤维含量高（55%~60%）。

（6）注胶压力大（低压为 0.1~1MPa、中压为 1~3MPa、高压为 3~30MPa）。

（五）真空辅助树脂渗透（VARI）成型技术

RTM 工艺是制备复杂形状干态织物铺层、立体机织、三维编织及织物缝合结构复合材料的有效成型工艺。近年来出现了各种 RTM 的改进和变形工艺，如真空辅助 RTM、压缩 RTM、树脂渗透模塑、真空渗透法、结构反应注射模塑、真空辅助树脂注射等多种方法。

1. 技术原理

如图 6-5 所示，将按照结构和性能要求制备好的纤维预成型体放置在模具上，在真空力作用下，液态树脂浸润并填充满预制体，经升温固化后得到复合材料零件。整个 VARI 工艺实施过程中只需要 1 个真空大气压，故成本较低。

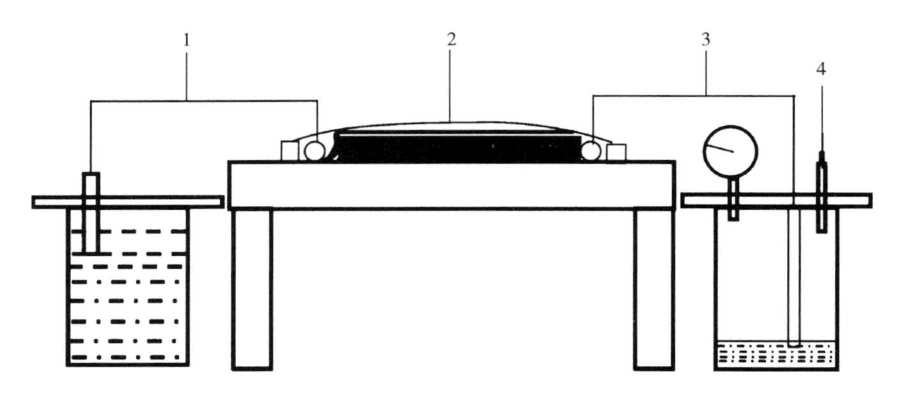

图 6-5 VARI 技术原理图

1—进胶通道 2—纤维预制体 3—出胶通道 4—真空源

2. 工艺流程

利用 VARI 技术原理开发出的真空灌注成型工艺，其成型工艺流程如图 6-6 所示。利用抽真空将低黏度树脂注入具有特定形状的模腔并已加热到特定温度的模具中，树脂浸润纤维后发生反应形成制品。

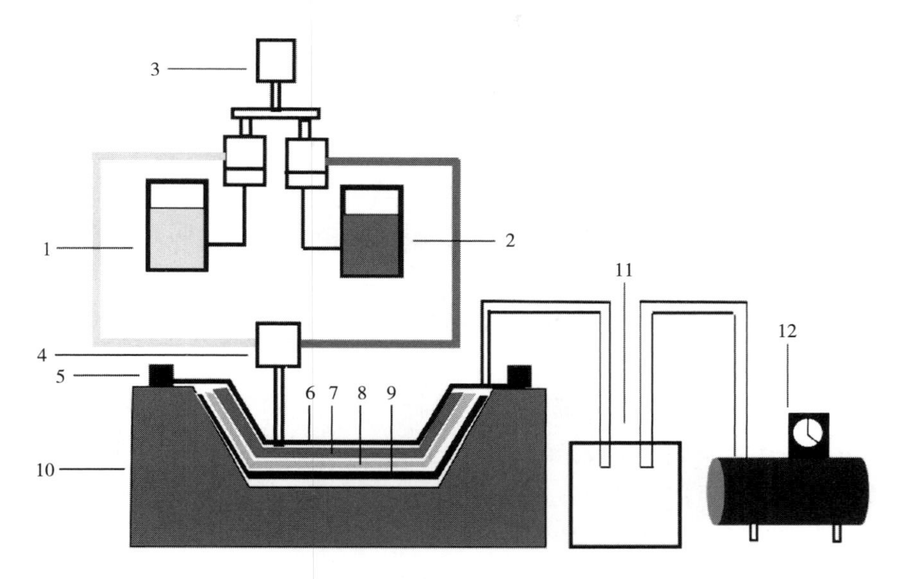

图 6-6　真空灌注成型流程示意图

1—树脂　2—固化剂　3—泵　4—混合头　5—密封胶带　6—真空袋模　7—脱膜布　8—导流网　9—纤维增强材料　10—模具　11—树脂收集器　12—真空泵

3. **制造步骤**

（1）模具表面处理：

①模具表面检查：检查模具表面有无缺陷，如砂眼、伤痕等。如有则避开此位置（伤痕处做好标识，待以后修补）。

②模具表面清洁：先用高压气体把表面吹净，保证气体不能带水分。然后用干净的布把表面擦拭干净。

③脱模材料处理。表面依次打洁模剂，封孔剂、脱模剂。

（2）结构铺层：

①织物铺层：将织物平整地铺设在模具上，打结的区域不超过 1cm，注意每层接缝错开 50mm 左右。

②铺料（脱模剂+带孔隔离膜+导流网）铺层：

a. 将脱模布平整地铺在最上层复合毡的上面，注意脱模布要平整，无折痕，脱模布有效尺寸为产品长、宽方向各增加 15cm。

b. 将带孔隔离膜、导流网依次按顺序平铺在脱模布上面，并用豆粒大小的密封胶条将其固定平整，带孔隔离膜、导流网有效尺寸为产品长、宽方向各减去 3cm。

③胶条+缠绕管+欧姆管+真空袋铺设：

a. 在美纹纸外侧周围 5~6cm 的位置铺设一圈缠绕管并用豆粒大小的密封胶条将其固定住。用覆盖在产品上最外侧的脱模布将其缠绕管盖住，尺寸须刚刚完全遮住缠绕管。

b. 在缠绕管外侧四周距离 5~6cm 的位置铺设一圈密封胶条，注意先不要将隔纸撕下。

c. 注胶口设在顶部中间位置，欧姆管即设在顶部一条。截取一根欧姆管并将欧姆管边缘的毛刺打磨光滑，再将欧姆管从中间锯断，套上三通，三通与欧姆管连接的地方贴上一层胶条，然后缠绕 3~4 圈密封条于三通直通底部上。

d. 剪取一块长、宽均大于密封胶条黏结区域 20cm 的真空袋膜，将真空袋膜抬到产品上侧慢慢放下，从一边开始留足 2cm 余量后，慢慢地扯掉缠绕管四周的密封胶条上的隔纸，铺好真空膜。

e. 使用抽气管将真空系统与树脂收集器连接。

（3）真空保压：

①开启真空泵，把真空袋膜理顺留足余量后，再把三通进胶口位置的真空袋膜剪个口，然后在三通底座端头用密封胶条缠绕两圈，将真空袋膜与三通完全密闭，再将进胶管与欧姆管连接密封，最后用硬纸封住进气口。

②将真空表密封固定抽气管的抽气口。

③开启真空泵，检测真空系统的密封性，真空系统压力抽至 20Mbar 以下，关闭真空泵压 15min 后检测压力，若压力增加不超过 5Mbar，方可进入下一步骤，如真空压力未达到上述要求则须不停检漏，直至无漏气点，并达到上述的要求。

注意事项：

a. 收集器，真空泵，管连接真空密封条必须保证密封。

b. 整个真空袋膜系统保证不漏气。

c. 压力必须达到标准后再灌注树脂。

（4）树脂配制及灌注：

①配制树脂：每次配制需使用干净无杂质的配胶桶，将树脂与固化剂搅拌均匀，搅拌次数不得低于三次。

②真空灌注：将进胶管端部折三折，保证不漏气，然后将进胶口插入树脂中，再慢慢松开弯折。注意整个过程须不断检查，不要漏气。

（5）固化。

（6）脱模：撕去真空辅材，注意操作时要小心，避免产品变形。然后将产品轻抬脱模，注意不要损伤产品面。

（7）产品切割：画好产品切割线，注意保证切割线水平垂直。

四、树脂膜熔融浸渍成型

复合材料树脂膜渗透（Resin Film Infusion，RFI）工艺，其基本工艺原理如图 6-7 所示。采用干态纤维制备干态纤维预制体，将固态或半固态的树脂膜置于干态纤维预制体下方，升温过程中树脂熔融；在真空、压力作用下，树脂流动自下而上渗透预制体，完成对预制体纤维的浸润，树脂完全浸透预制体后升温固化得到复合材料制件。

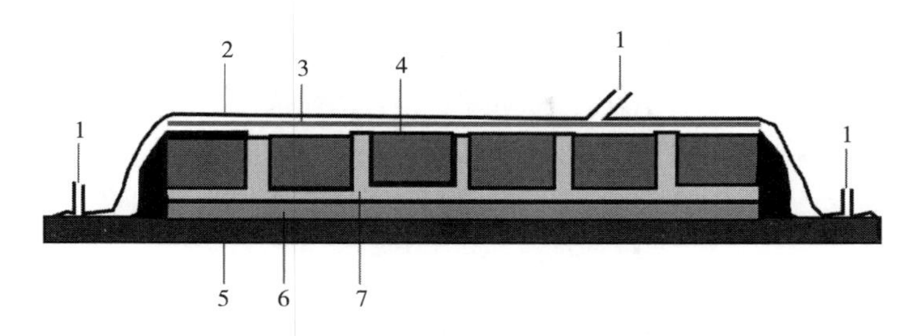

图 6-7　RFI 工艺示意图

1—抽真空　2—真空袋膜　3—吸胶毡　4—上模板　5—下模板　6—树脂胶　7—预成型体

五、低压成型

袋压法、热压釜法、液压釜法和热膨胀模塑法统称为低压成型工艺。其成型过程是用手工铺叠方式，将增强材料和树脂（含预浸材料）按设计方向和顺序逐层铺放到模具上，达到规定厚度后，经加压、加热、固化、脱模、修整而获得制品。四种方法与手糊成型工艺的区别仅在于加压固化这道工序。

以高强度玻璃纤维、碳纤维、硼纤维、芳纶纤维和环氧树脂为原材料，用低压成型方法制造的高性能复合材料制品，已广泛应用于飞机、导弹、卫星和航天飞机，如飞机舱门、整流罩、机载雷达罩、支架、机翼、尾翼、隔板、壁板及隐形飞机等。

（一）袋压法

袋压成型是将手糊成型的未固化制品，通过橡胶袋或其他弹性材料向其施加气体或液体压力，使制品在压力下密实、固化。袋压成型法的优点是产品两面光滑，能适应聚酯、环氧和酚醛树脂，产品性能比手糊成型产品高。

袋压成型分压力袋法和真空袋法两种：

1. 压力袋法

压力袋法是将手糊成型未固化的制品放入一橡胶袋，固定好盖板，然后通入压缩空气或蒸汽（0.25~0.5MPa），使制品在热压条件下固化。

2. 真空袋法

真空袋法是将手糊成型未固化的制品，加盖一层橡胶膜，制品处于橡胶膜和模具之间，密封周边、抽真空（0.05~0.07MPa），使制品中的气泡和挥发物排除。真空袋成型法由于真空压力较小，故此法仅用于聚酯和环氧复合材料制品的湿法成型。

（二）热压釜法

热压釜是一个卧式金属压力容器，未固化的手糊制品，加上密封胶袋，抽真空，然后连同模具用小车推进热压釜内，通入蒸汽（压力为 1.5~2.5MPa），并抽真空，对制品加压、加热，排出气泡，使其在热压条件下固化。

热压釜法综合了压力袋法和真空袋法的优点，生产周期短，产品质量高。热压釜法能够生产尺寸较大、形状复杂的高质量、高性能复合材料制品。产品尺寸受热压釜限制，目前国内最大的热压釜直径为 2.5m、长 18m，已开发应用的产品有机翼、尾翼、卫星天线反射器、导弹载入体、机载夹层结构雷达罩等。此法的最大缺点是设备投资大、重量大、结构复杂、费用高等。

（三）液压釜法

液压釜是一个密闭的压力容器，体积比热压釜小，需要直立放置，生产时通入压力热水，对未固化的手糊制品加热、加压，使其固化。液压釜的压力可达到 2MPa 或更高，温度为 80~100℃。用油作为载体、热度可达 200℃。

此法生产的产品密度高，生产周期短，但缺点是设备投资较高。

热压釜法和液压釜法都是在金属容器内，通过压缩气体或液体对未固化的手糊制品加热、加压，使其固化成型的一种工艺。

（四）热膨胀模塑法

热膨胀模塑法是用于生产空腹、薄壁高性能复合材料制品的一种工艺。其工作原理是采用不同膨胀系数的模具材料，利用其受热体积膨胀不同产生的挤压力，对制品施加压力。热膨胀模塑法的阳模是膨胀系数大的硅橡胶，阴模是膨胀系数小的金属材料，手糊未固化的制品放在阳模和阴模之间。加热时由于阳、阴模的膨胀系数不同，产生巨大的变形差异，使制品在热压下固化。

六、纤维缠绕成型

纤维缠绕成型工艺（Filament Winding Technology）是指通过丝嘴与模具间的相对运动，将连续纤维或带经过树脂浸胶后，或者采用预浸胶纤维或带，按照一定的规律缠绕到芯模上，然后在加热或常温下固化，通过一系列处理最后制成一定形状的制品的一种生产工艺。

纤维缠绕成型工艺可分为一步法和两步法。一步法是指在线浸渍纤维实现纤维浸渍与成型同步进行，又称在线溶液浸渍、原位固结法；而两步法是指纤维浸渍和成型单独进行，其工艺流程分别如图 6-8、图 6-9 所示。

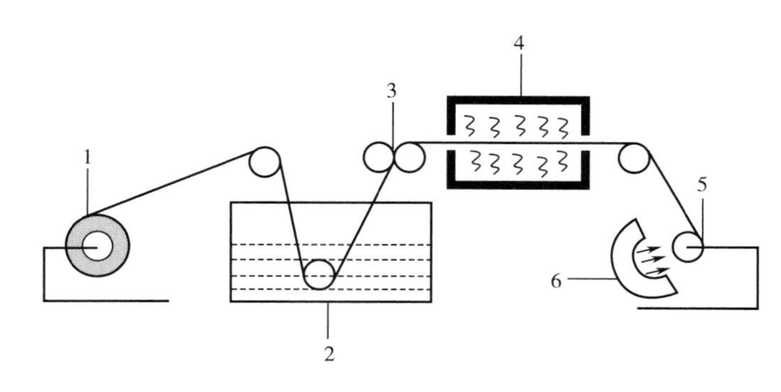

图 6-8 一步法缠绕成型工艺流程图

1—纤维制品辊 2—树脂液槽 3—轧辊 4—洪箱 5—卷绕辊 6—弧形加热器

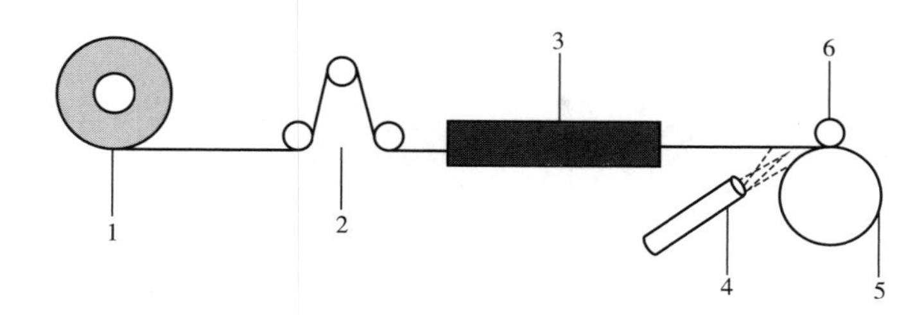

图 6-9 两步法缠绕成型工艺流程图

1—放带卷 2—张力控制器 3—红外加热通道 4—热风枪 5—压力辊 6—芯模

（1）优点：机械自动化程度高、效率高以及稳定性好。

（2）缺点：

①沿制品轴向铺设纯纵向纤维较为困难，限制了它在某些结构类管状制品的应用。

②缠绕得到的制品呈各向异性，层间剪切强度低。

③受限于机器和设备，不能进行任意结构件的成型。

纤维缠绕成型工艺可分为湿法缠绕、干法缠绕和半干法缠绕三种工艺。

（一）湿法成型工艺

湿法工艺又称造纸工艺，如图 6-10 所示。其工艺流程为：入料→混合絮化→沉降成型→排湿→加热塑化→定型复合→成型→切断。

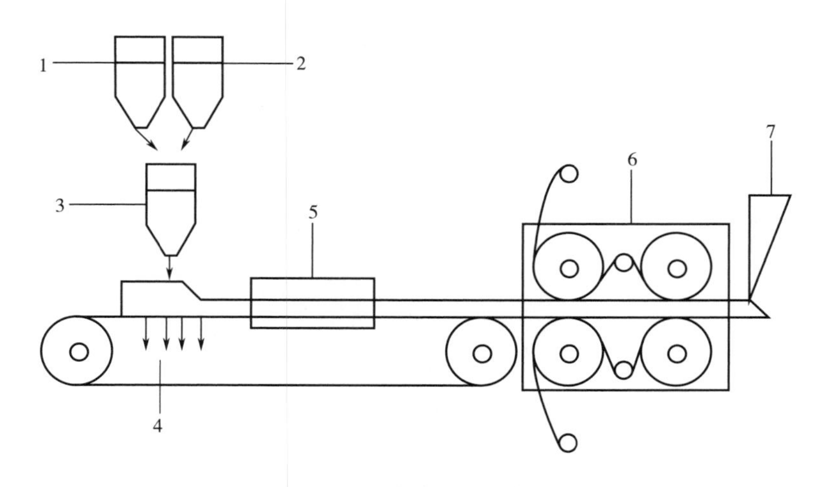

图 6-10 湿法成型工艺流程图

1—纤维盛放器 2—树脂、助剂混合器 3—纤维、悬浮液混合器 4—负压系统
5—加热系统 6—定型系统 7—切断系统

（二）干法成型工艺

干法工艺又称梳理工艺，如图 6-11 所示，其工艺流程为：混合、梳理→热熔混合→铺网→针刺加固→加热塑化→复合定型→冷却成型→切断。

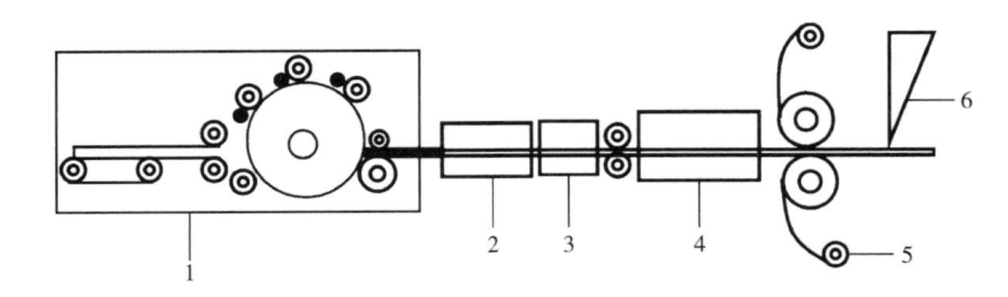

图 6-11　干法成型工艺流程图

1—纤维混合梳理系统　2—铺网机　3—针刺机　4—烘干机　5—胶膜　6—切断

（三）半干法成型工艺

与湿法成型工艺相比，半干法成型工艺是在纤维浸胶到缠绕至芯模的途中增加一套烘干设备，将纱带胶液中的溶剂基本上去除。与干法成型工艺相比较，半干法成型工艺不依赖一整套复杂的预浸渍工艺设备。虽然制品的含胶量在工艺过程中与湿法成型工艺一样不易精确控制且比湿法成型工艺多一套中间烘干设备，工人的劳动强度更大，但制品中的气泡、孔隙等缺陷大为降低。

三种缠绕方法中，以湿法缠绕成型工艺应用最为普遍；干法缠绕成型工艺仅用于高性能、高精度的尖端技术领域。

七、自动丝束铺放成型

自动丝束铺放成型技术，也称为纤维铺放技术，可分为自动铺带技术（Automated Tape Layer，ATL）和纤维自动铺放技术（即自动铺丝技术，Automated Fiber Placement，简称 AFP）。自动铺放技术是将预浸带剪裁、定位、铺叠、压实等功能通过自动化手段集成于一体，并实现工艺参数控制和质量检测的自动化。高速成型、质量可靠，尤其适用于大型复合材料构件制造。

自动铺带主要用于小曲率或单曲率构件的自动铺叠，缺点是应用被限制在小曲率多平面等场合，因为在复杂曲面上进行铺放时极易出现褶皱、翘曲等缺陷。

自动铺丝侧重于实现复杂形状的双曲面，适应范围广。缺点是成型效率要低于自动铺带且对轨迹规划具有更高的要求。

八、拉挤成型

拉挤成型（Pultrusion）是指在牵引设备的作用下，将浸渍树脂的连续纤维或其织物通过模具加热使树脂固化生产复合材料的工艺方法，如图 6-12 所示。类似于金属的挤出工艺，制品长度不受限制，连续高效，多用于加工截面形状不变的制品。

1. 优点

（1）原材料利用率高，树脂纤维含量可精确控制。

（2）生产效率高，易于批量生产，加工成本相对较低。

（3）制造长尺寸的产品，纤维呈纵向且体积比较高（40%~80%），拉挤型材轴向高强。

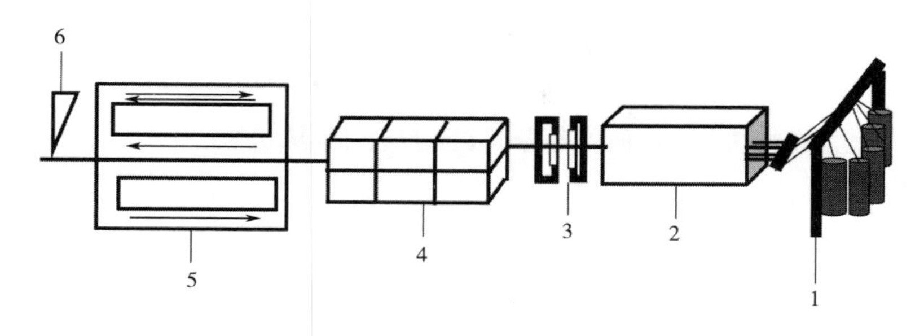

图 6-12　拉挤成型工艺流程示意图

1—纱线支架　2—烘箱　3—预热口模　4—模具（加热段、过渡段、冷却段）　5—牵引装置　6—切割

（4）制品轻质稳定，外观平滑。

2. 注意事项

需外热源加热模具从而达到热固性树脂固化反应的温度条件，而树脂在固化反应过程中会释放出大量热量，从而影响复合材料内部非稳态温度场。

九、流化场成型

如图 6-13 所示，流化场成型工艺流程为：原料及热空气喷入流化场→搅拌→喷出→沉降→胚毡成型→复合成型→冷压成型→切断。

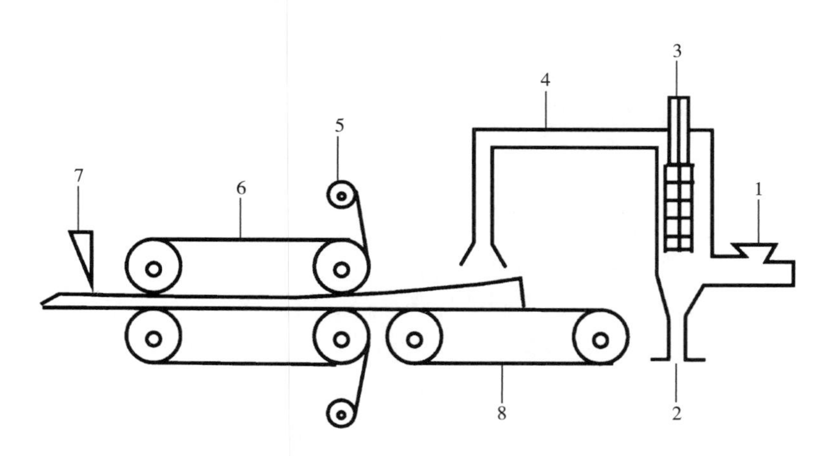

图 6-13　流化场工艺流程图

1—树脂粉末入口　2—硫化空气入口、玻璃纤维及喷动气入口　3—搅拌浆　4—导流管道　5—胶模
6—定型钢带　7—切断　8—输送带

十、卷管成型

卷管成型工艺是用预浸胶布在卷管机上热卷成型的一种复合材料制品成型方法，其原理是借助卷管机上的热辊，将胶布软化，使胶布上的树脂熔融。在一定的张力作用下，辊筒在运转过程中，借助辊筒与芯模之间的摩擦力，将胶布连续卷到芯管上，直到要求的厚

度，然后经冷辊冷却定型，从卷管机上取下，送入固化炉中固化。管材固化后，脱去芯模，即得复合材料卷管。

卷管成型按其上布方法的不同而可分为手工上布法和连续机械法两种。其基本过程如下：

（1）清理各辊筒。

（2）将热辊加热到设定温度，调整好胶布张力。

（3）在压辊不施加压力的情况下，将引头布先在涂有脱模剂的管芯模上缠上约一圈。

（4）放下压辊，将引头布贴在热辊上，同时将胶布拉上，盖贴在引头布的加热部分，与引头布相搭接。引头布的长度为800～1200mm，视管径而定，引头布与胶布的搭接长度一般为150～250mm。

（5）在卷制厚壁管材时，可在卷制正常运行后，将芯模的旋转速度适当加快，在接近设计壁厚时再减慢转速，至达到设计厚度时，切断胶布。

（6）然后在保持压辊压力的情况下，继续使芯模旋转1～2圈。

（7）提升压辊，测量管坯外径，合格后，从卷管机上取出，送入固化炉中固化成型。

十一、喷射成型

喷射成型技术是手糊成型的改进，提升了半机械化程度。

（一）工艺原理

喷射成型工艺是将混有引发剂和促进剂的两种聚酯分别从喷枪两侧喷出，同时将切断的玻璃纤维粗纱，由喷枪中心喷出，使其与树脂均匀混合，沉积到模具上，当沉积到一定厚度时，用辊轮压实，使纤维浸透树脂，排出气泡，固化后形成制品。

（二）优点

（1）用玻璃纤维粗纱代替织物，可降低材料成本。

（2）生产效率比手糊成型高2～4倍。

（3）产品整体性好，无接缝，层间剪切强度高，树脂含量高，抗腐蚀、耐渗漏性好。

（4）可减少飞边，裁布屑及剩余胶液的消耗。

（5）产品尺寸、形状不受限制。

（三）缺点

（1）树脂含量高，制品强度低。

（2）产品只能做到单面光滑。

（3）污染环境，有害工人健康。

喷射成型效率达15kg/min，故适合于大型船体制造。已广泛用于加工浴盆、机器外罩、整体卫生间，汽车车身构件及大型浮雕制品等。

（四）生产准备

1. 场地

喷射成型场地除满足手糊工艺要求外，要特别注意环境排风。根据产品尺寸大小，操作间可建成密闭式，以节省能源。

2. 材料

原材料主要是树脂（主要用不饱和聚酯树脂）和无捻玻璃纤维粗纱。

3. 模具

准备工作包括清理、组装及涂脱模剂等。

（五）喷射成型设备

喷射成型机分泵供式和压力罐式两种。

1. 泵供式胶喷射成型机

将树脂引发剂和促进剂分别由泵输送到静态混合器中，充分混合后再由喷枪喷出，称为枪内混合型。其组成部分为气动控制系统、树脂泵、助剂泵、混合器、喷枪、纤维切割喷射器等。树脂泵和助剂泵由摇臂刚性连接，调节助剂泵在摇臂上的位置，可保证配料比例。在空压机作用下，树脂和助剂在混合器内均匀混合，经喷枪形成雾滴，与切断的纤维连续地喷射到模具表面。这种喷射机只有一个胶液喷枪，结构简单、重量轻、引发剂浪费少，但因系内混合，使完后要立即清洗，以防止喷射堵塞。

2. 压力罐式供胶喷射机

将树脂胶液分别装在压力罐中，靠进入罐中的气体压力使胶液进入喷枪连续喷出。主要由两个树脂罐、管道、阀门、喷枪、纤维切割喷射器、小车及支架组成。工作时，接通压缩空气气源，使压缩空气经过气水分离器进入树脂罐、玻璃纤维切割器和喷枪，使树脂和玻璃纤维连续不断地由喷枪喷出，树脂雾化，玻璃纤维分散，混合均匀后沉落到模具上。这种喷射机是树脂在喷枪外混合，故不易堵塞喷枪嘴。

（六）喷射成型工艺控制

1. 树脂含量

喷射成型的制品中，树脂含量控制在60%左右。

2. 喷雾压力

当树脂黏度为0.2Pa·s，树脂罐压力为0.05~0.15MPa时，雾化压力为0.3~0.55MPa，方能保证组分混合均匀。

3. 喷枪夹角

不同夹角喷出来的树脂混合交距不同，一般选用20°夹角，喷枪与模具的距离为350~400mm。改变距离，要高速喷枪夹角，保证各组分在靠近模具表面处交集混合，防止胶液飞失。

4. 喷射成型应注意事项

（1）环境温度应控制在（25±5）℃。环境温度过高易引起喷枪堵塞；环境温度过低易造成混合不均匀，固化慢。

（2）喷射机系统内不允许有水分存在，否则会影响产品质量。

（3）成型前，模具上先喷一层树脂，然后喷树脂纤维混合层。

（4）喷射成型前，先调整气压，控制树脂和玻璃纤维含量。

（5）喷枪要均匀移动，防止漏喷，不能走弧线，两行之间的重叠覆盖小于1/3，要保证覆盖均匀和厚度均匀。

（6）喷完一层后，立即用辊轮压实，要注意棱角和凹凸表面，保证每层压平，排出气泡，防止带起纤维造成毛刺。

（7）每层喷完后，要进行检查，合格后再喷下一层。

（8）最后一层要喷薄些，使表面光滑。

（9）喷射机用完后要立即清洗，防止树脂固化，损坏设备。

十二、离心成型

离心成型工艺在复合材料制品生产中，主要是用于制造管材（地埋管），它是将树脂、玻璃纤维和填料按一定比例和方法加入旋转的模腔内，依靠高速旋转产生的离心力，使物料挤压密实，固化成型。

离心玻璃钢管分为压力管和非压力管两类，其使用压力为0~18MPa。这种管的管径 φ 一般为400~2500mm，最大管径或达5m，以1200mm以上管径经济效果最佳，离心管的长度为2~12m，一般为6m。

离心玻璃钢管的优点很多，与普通玻璃钢管和混凝土管相比，它强度高、重量轻，防腐、耐磨（是石棉水泥管的5~10倍）、节能、耐久（50年以上）及综合工程造价低，特别是大口径管等；与缠绕加砂玻璃钢管相比，其最大特点是刚度大、成本低，管壁可以按其功能设计成多层结构。离心法制管质量稳定，原材料损耗少，其综合成本低于钢管。离心玻璃钢管可埋深15m，能抗真空及外压。其缺点是内表面不够光滑，水力学特性比较差。

离心玻璃钢管的应用前景十分广阔，其主要应用范围包括给水及排水工程干管，油田注水管、污水管、化工防腐管等。

（一）原材料

生产离心管的原材料有树脂、玻璃纤维及填料（粉状和粒状填料）等。

1. 树脂

应用最广的是不饱和聚酯树脂，可根据使用条件和工艺要求选择树脂牌号和固化剂。

2. 增强材料

主要材料是玻璃纤维及其制品。玻璃纤维制品有连续纤维毡、网格布及单向布等，制造异形断面制品时，可先将玻璃纤维制成预制品，然后放入模内。

3. 填料

填料的作是用增加制品的刚度、厚度、降低成本，填料的种类要根据使用要求选择，一般为石英砂、石英粉、辉绿岩粉等。

（二）工艺流程

离心制管的加料方法与缠绕成型工艺不同，加料系统是把树脂、纤维和填料的供料装置，统一安装在可往复运动的小车上。

（三）模具

离心法生产玻璃钢管的模具，主要是钢模，模具分整体式和拼装式两种：管径 φ 小于 800mm 管的模具，用整体式；管径 φ 大于 800mm 管的模具，可以用拼装式。

模具设计要保证有足够的强度和刚度，防止旋转、震动过程中变形。

模具由管身、封头、托轮箍组成。管身由钢板卷焊而成，小直径管身可用无缝钢管。封头的作用是增加管模端头的强度和防止物料外流。托轮箍的作用是支撑模具，传递旋转力，使模具在离心机上高速度旋转，模具的管身内表面必须平整、光滑，一般都要精加工和抛光，以保证顺利脱模。

十三、3D 打印成型

采用“离散—堆积”原理，以数字模型为基础，高度集成 CADCAE/CAM 技术，使材料逐点累积形成面，逐面累积成体，按照逐层累加材料的方法制造实体物品，是一种新兴制造技术。

实验 29　废弃纤维基复合板的制备

由于世界人口的不断增长和人们生活水平的日益提高，造成了全球性纺织品废弃物的大幅增加。纺织产品废弃物循环再利用对节约保护资源、减少对废弃物污染、降低成本等有重要意义。纺织废料可用于生产乙醇、葡萄糖、纳米纤维素和纤维素纳米晶体（CNC）、微晶纤维素、沼气、隔热隔音材料、混凝土砖、活性炭、染料吸收、非织造布纤维、纱线、织物、造纸和聚合物复合材料等。废弃或废弃纺织品通常可以通过四种可能的方式来开发加固结构，即以织物形式使用废弃纺织品，将废弃织物粉碎成劣质纤维（从废弃纺织品中提取的纤维），转化为纱线、机织物或非织造布，并为聚合物复合材料开发纳米或微米填料。

废旧纺织纤维基复合板材的开发是利用合成纤维生产、纺纱织造、服装加工的任一过程中的废料，生产制造复合板材，使其能够成为建筑、家具、汽车内饰等领域的替代材料，以达到废物利用的目的。

一、化学纤维废丝基板材的制备

（一）主要实验材料和仪器

废棉，废旧聚酯，废旧聚丙烯纤维，开清棉机，梳棉机，针刺机，热压机等。

（二）工艺流程

废丝原料→纤维喂入→预开松→开松→大仓混合→梳理→交叉铺网→预针刺→主针刺→

再生纤维复合毡→热压机预热→恒温加压→冷却定型→脱模→标准制样。

（三）工艺条件

热压温度/℃	200
热压压力/MPa	12
热压时间/min	7
聚丙烯质量分数/%	50
聚酯废丝质量分数/%	45
废棉质量分数/%	5

二、废弃棉、麻、聚氨酯阻燃保温板的制备

利用废弃棉、麻纤维作为增强材料，废弃回收的聚氨酯作为基体材料，通过共混塑炼—热压法制备阻燃纤维板。

（一）主要实验材料和仪器

TPU 基体材料，废弃棉、麻纤维，PM-8001 黏合剂，硬质聚氨酯泡沫，高聚磷酸氨（APP），无卤阻燃剂（Rhtpu-015），SK-160B 双辊塑炼机，平板硫化机，MN 压力成型机等。

（二）实验步骤

1. 原材料的准备

去除废弃棉、麻纤维中的杂质，并剪成 10mm 短纤维。

2. 阻燃纤维板成型工艺

棉麻纤维、TPU 经阻燃处理后共混塑炼→热压制板→冷却定型→脱模→阻燃纤维板。

3. 三层复合夹芯阻燃保温板成型工艺

阻燃纤维板、聚氨酯硬质泡沫与黏合剂制成三层夹芯阻燃保温板。

（三）工艺条件

TPU 质量分数/%	75
棉麻质量配比	40：60
TPU 阻燃剂用量/%	18
棉麻阻燃剂 APP 用量/%	30
热压压力/MPa	15
热压温度/℃	180
热压时间/min	5

三、废弃布—木刨花基板材的制备

我国每年会产生大量的废弃纺织物，其中大多数具有难降解性、难处理对环境造成很大压力。利用废弃纺织物和木刨花制造人造板既可解决废弃纺织物处理难的问题，又可节

约木材资源。废弃化学纤维与木质纤维混合压制复合纤维板可广泛应用于建筑业、家具制造业、交通运输等行业，社会和经济价值高。

（一）实验材料

（1）工厂废布条：废布头、废布条。进行干燥、剪碎、筛选、备用，长 10~25mm，宽 2.5~5.5mm，厚 0.1~0.54mm，含水率 6%。

（2）絮状再生纺织纤维：废布头、废布条打磨成细毛絮状，长 10~20mm，宽 0.05~0.1mm，厚 0.06~0.16mm。

（3）新鲜杨木刨花：由新鲜杨木单板粉碎而得，长 5~15mm、宽 1~2.5mm，厚 0.6~0.8mm，烘箱干燥至含水率 5.5%备用。

（4）胶黏剂：脲醛胶（UF 树脂胶）。

固含量/%	48.6
pH	7.5
黏度（涂-4 杯黏度计测试）	52s

（5）固化剂：氯化铵（分析纯）。

（6）填料：面粉。

（二）仪器设备

平板硫化机，碎料机，搅拌机，电子天平，烘箱，电炉，锯机，砂光机等。

（三）工艺流程

原料计算与称量→拌胶→铺装→预压→热压→成品→试件截取→物理力性能测定→分析。

（四）实验处方及工艺条件

热压温度/℃	120
热压时间/min	8
单位压力/MPa	3
施胶量质量分数/%	12
密度/($g \cdot cm^{-3}$)	0.70
刨花/碎布条质量配比	7∶3
实验板材规格/mm	300×300×10

四、纺织废料增强建筑板材

（一）实验材料

床单和毛巾废料，黄麻纤维，玻璃复丝丝束，环氧树脂及其固化剂。

（二）实验处方及工艺条件

1. 劣质棉网

棉纤维是通过粉碎纺织行业产生的床单和毛巾废料提取的，切碎的纤维被称为劣质纤维，包括完全开放的纤维和一些未开放的硬捻细纱。

梳理滚筒速度/($m \cdot min^{-1}$)　200

单层粗纺网的面密度/($g \cdot m^{-2}$)　27

劣质棉非织造布面密度/($g \cdot m^{-2}$)　200

2. **黄麻针刺布**

针刺密度/[针·($2.54cm^2$)]　150

平均面密度/($g \cdot m^{-2}$)　110

3. **玻璃纤维丝预制件（织物）**

经纱（玻璃复丝丝束）/tex　1200

纬纱（玻璃丝束）/tex　600

经密/(根·$2.54cm^{-1}$)　6

纬密/(根·$2.54cm^{-1}$)　1

面密度/($g \cdot m^{-2}$)　300

（三）建筑板材的制备步骤

（1）制备不锈钢模具（30cm×30cm×0.3cm）。

（2）劣质棉网、黄麻针刺布、玻璃纤维丝织物按照模具尺寸切割。

（3）按照表6-1中的参数，称取复合材料中所需纤维体积分数的网重。

表6-1　纺织废料增强建筑板材

样品序号	棉—玻璃纤维复合板材的结构和成分					
	堆叠次序	棉网体积分数（%）	玻璃纤维体积分数（%）	劣质棉网重（%）	玻璃纤维重量（%）	环氧树脂重量（%）
1	C/G/C	26.1	3.9	30.22	7.64	62.14
2	$C/(G/C)_2$	22.2	7.8	24.92	14.83	60.25
3	$C/(G/C)_3$	18.3	11.7	19.94	21.59	58.47
4	$C/(G/C)_4$	15.6	14.4	15.24	27.96	56.8
样品序号	棉—麻—玻璃纤维复合板材的结构和成分					
	堆叠次序	棉网体积分数（%）	麻体积分数（%）	劣质棉网重（%）	麻重量（%）	环氧树脂重量（%）
5	C/J/C	27	3	32.27	3.59	64.14
6	$C/(J/C)_2$	24	6	28.69	7.17	64.14
7	$C/(J/C)_3$	21	9	25.1	10.76	64.14
8	$C/(J/C)_4$	18	12	21.51	14.34	64.14

注　所有复合材料中的树脂体积分数保持在0.7，C—棉质劣质网，G—玻璃纤维预制件，J—黄麻非织造布。

（4）环氧树脂与固化剂按100∶32的重量比例混合、搅拌、脱泡。

（5）将纤维网放入模具中，在每层上均匀涂抹树脂。

（6）在压缩成型机中，将模具放置在两块涂有特氟龙板的预热不锈钢板之间，在1200℃的模压机中固化一小时。

五、弯曲性能测定（参照 GB/T 1449—2005）

（一）主要实验材料和仪器

纺织废料增强建筑板材，废弃布—木刨花基板材，废弃棉麻、聚氨酯阻燃保温板，化纤废丝基板材，板材弯曲强度测试仪等。

（二）实验步骤

（1）试样准备：试样型式和尺寸见图 6-14 和表 6-2。

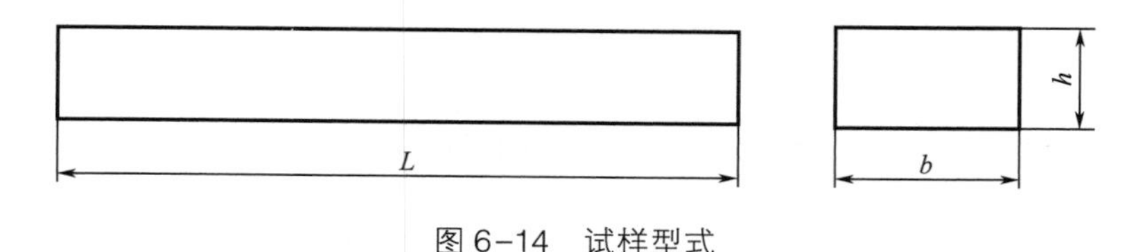

图 6-14　试样型式

表 6-2　试样尺寸　　单位：mm

厚度（h）	纤维增强热塑性塑料宽度（b）	纤维增强热固性塑料宽度（b）	最小长度（L_{min}）
$1<h\leqslant 3$	25±0.5	15±0.5	20h
$3<h\leqslant 5$	10±0.5	15±0.5	
$5<h\leqslant 10$	15±0.5	15±0.5	
$10<h\leqslant 20$	20±0.5	30±0.5	
$20<h\leqslant 35$	35±0.5	50±0.5	
$35<h\leqslant 50$	50±0.5	80±0.5	

（2）将合格试样编号、画线，测量试样中间的 1/3 跨距任意三点的宽度和厚度，取算术平均值。

（3）调节跨距 L 及上压头的位置，准确至 0.5mm。加载上压头位于支座中间，且使上压头和支座的圆柱面轴线相平行。

跨距 L 可按试样厚度 h 换算而得：

$$L=(16\pm1)h$$

注：①对很厚的试样，为避免层间剪切破坏，跨厚比 L/h 可取大于 16，如 32、40。

②对很薄的试样，为使其载荷落在实验机许可的载荷容量范围内，跨厚比 L/h 可取小于 16，如 10。

（4）标记试样受拉面，将试样对称地放在两支座上。必要时，在试样上表面与加载压头间放置薄片或薄垫块，防止试样受压失效。

（5）将测量变形的仪表置于跨距中点处，与试样下表面接触。施加初载（约为破坏载荷的5%），检查和调整仪表，使整个系统处于正常状态。

（6）实验速度 v 为10mm/min。

（7）测定弯曲强度时，连续加载。在挠度或等于1.5倍试样厚度下呈现破坏的材料，记录最大载荷或破坏载荷。在挠度等于1.5倍试样厚度下不呈现破坏的材料，记录该挠度下的载荷。

（8）测定弯曲弹性模量及载荷—挠度曲线时，无自动记录装置可分级加载，级差为破坏载荷的5%~10%（测定弯曲弹性模量时，至少分五级加载，所施加的最大载荷不宜超过破坏载荷的50%。一般至少重复三次，取其中两次稳定的变形增量）。记录各级载荷及相应的挠度。

（9）测定弯曲弹性模量及载荷—挠度曲线时，有自动记录装置可连续加载。

（10）试样呈层间剪切破坏，有明显内部缺陷或在试样中间三分之一以外破坏的应予作废。同批有效试样不足5个时，应重做实验。

（11）弯曲强度（或挠度为1.5倍试样厚度时的弯曲应力）按式（6-1）计算。

$$\sigma_f = \frac{3P \cdot l}{2b \cdot h^2} \tag{6-1}$$

式中：σ_f——弯曲强度（或挠度为1.5倍试样厚度时的弯曲应力），MPa；

P——破坏载荷（或最大载荷，或挠度为1.5倍试样厚度时的载荷），N；

l——跨距，mm；

h——试样厚度，mm；

b——试样宽度，mm。

若考虑挠度作用下支座水平分力引起弯矩的影响，可按式（6-2）计算弯曲强度。

$$\sigma_f = \frac{3P \cdot l}{2b \cdot h^2}\left[1 + 4\left(\frac{S}{l}\right)^2\right] \tag{6-2}$$

式中：S——试样跨距中点处的挠度，mm。

采用分级加载时，弯曲弹性模量按式（6-3）计算。

$$E_f = \frac{l^3 \times \Delta P}{4b \cdot h^3 \cdot \Delta S} \tag{6-3}$$

式中：E_f——弯曲弹性模量，MPa；

ΔP——载荷—挠度曲线上初始直线段的载荷增量，N；

ΔS——与载荷增量 ΔP 对应的跨距中点处的挠度增量，mm；

采用自动记录装置时，对于给定的应变0.0025、0.0005，弯曲弹性模量按式（6-4）计算：

$$E_f = 500(\sigma'' - \sigma') \tag{6-4}$$

式中：E_f——弯曲弹性模量，MPa；

σ''——应变 $\varepsilon'=0.0005$ 时测得的弯曲应力，MPa；

σ'——应变为 $\varepsilon''=0.0025$ 时测得的弯曲应力，MPa。

注：如材料说明或技术说明中另有规定，ε'、ε''可取其他值。

试样外表面层的应变按式（6-5）计算。

$$\varepsilon = \frac{6 \times S \times h}{l^2} \tag{6-5}$$

式中：ε——应变,%。

注意事项

（1）在纤维板材的热压过程中，纤维的比例对纤维板的力学性能影响较大，而纤维的比例和温度、纤维的比例和时间及温度和时间这三个交互作用对纤维板的影响可以忽略。

（2）废弃纤维的种类、长度、细度、强度等性能对纤维板材性能的影响较大，在制备板材前要对废弃纤维的性能进行测试与分析。

思考题

（1）影响纤维板材性能的因素有哪些?

（2）如何调整工艺参数获得综合性能优良的纤维板材?

实验 30　竹木基纤维板的制备

一、高密度阻燃纤维板的制备

纤维板因其材质均匀、各向强度差异小、不易变形等优点，被广泛地应用于建筑装饰装修、家具制造、船舶和车辆内装饰等领域。板材主要采用木质纤维为原材料，与其他木质材料一样，具有易于燃烧的特性，且其燃点较低，燃烧火焰传播速度较快，因此该种高密度纤维板存在极大的火灾隐患。GB 20286—2006《公共场所阻燃制品及组件燃烧性能要求和标识》规定，用于装饰装修的纤维板必须进行阻燃处理。开发阻燃效率高、添加量少且经济实用的阻燃纤维板是一个重要的发展方向。

（一）主要实验材料和仪器

杨木纤维，酚醛树脂胶黏剂（PF），三聚氰胺聚磷酸盐（MPP），次磷酸铝（AHP），高速混合机，热压机等。

（二）实验处方和工艺条件

板材密度/（$g \cdot cm^{-3}$）　　1.30

板材规格/mm	300×300
板材厚度/mm	8
胶黏剂施胶量/%	17（每100份杨木纤维施加17份）
施胶纤维含水率/%	8
阻燃剂（MPP和AHP质量比为2∶1）/%	6（纤维板总质量）
热压/MPa	≤3.9
热轧温度/℃	150
热压时间/($mm \cdot min^{-1}$)	1

（三）工艺流程

溶液浸胶→干燥施胶纤维处方含水率→添加粉状阻燃剂至施胶后的纤维中→混合均匀→铺装→将板坯放置在人造板实验机上→热压固化成型。

二、竹木纤维板材的制备

随着人造板工业的发展，原料供需矛盾日益加剧。利用竹材来替代木质材料或替代部分木质材料生产纤维板，既能改善纤维板材的性能，又对竹材的有效利用、森林资源的保护和可持续发展有着重要的意义。

（一）主要实验材料和仪器

毛竹（3~4年生），木质纤维，三聚氰胺脲醛树脂（MUF），防水剂，防霉剂，多层热压机，小型盘式木材削片机，拌胶机，QM6热磨机，辊式切片机切片，天平，烘干机，砂光机等。

（二）工艺路线与方法

1. 竹纤维制备工艺

竹材→切片→解纤→浆料干燥→干竹纤储备。

毛竹经辊式切片机切片，竹片规格如下：

（1）长度：10~40mm，平均25mm。

（2）宽度：4~25mm，平均10mm。

竹片经QM6热磨机热磨解纤，浆料经太阳晒干后储存备用。

2. 竹木纤维板材制备工艺路线

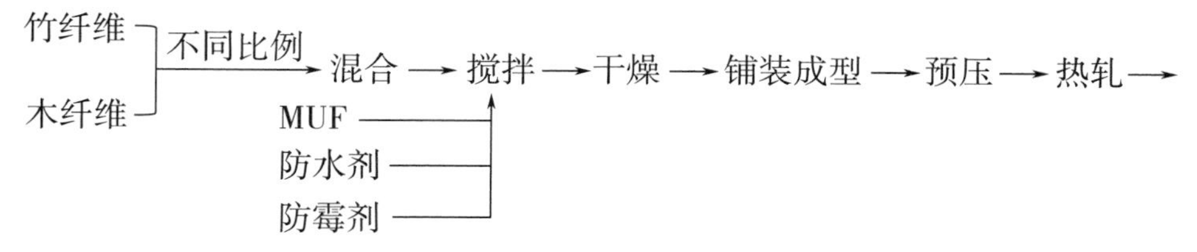

陈放→锯解→检测。

（三）实验处方和工艺条件

竹纤维、松木纤维质量配比	1：1
MUF 胶施胶量/%	12
纤维拌胶后含水率/%	8~10
防水剂/%	0.3~0.5
板坯幅面/mm	400×400
设计密度/(g·cm^{-3})	0.88
厚度/mm	8
热压/MPa	≤3.9
热压温度/℃	160
热压时间/min	7
压机运行速度/(m·min^{-1})	3.2

三、蓖麻秆纤维板的制备

为了满足人们对木材的需求，我国每年都要从国外进口大量的木材，目前我国的木材市场上的进口木材已占据了“半壁江山”。而与此同时，我国又是一个农业大国，具有丰富的农作物秸秆资源，大力开发农作物秸秆人造板，不仅可以减少秸秆焚烧带来的环境污染，还能缓解我国目前木材资源匮乏的现状。

蓖麻秆的综纤维素含量为75.48%，木质素含量为18.68%，其纤维长度的分布范围0.95~1.38mm，平均长度1.13mm；纤维宽度21.8~30.11μm，平均宽度25.17μm；纤维的长宽比范围40~45，平均值45；壁腔比0.16，属于中等纤维长度，而从壁腔比看是属于很好的纤维。蓖麻秆纤维的相对结晶度为69.73%，纤维的强度较高。可见，蓖麻秆是较好的纤维原料，利用该原料生产人造板是非常可行的。

（一）主要实验材料和仪器

蓖麻秆，脲醛树脂胶黏剂（乳白色，固含量为50%，黏度0.3~0.4Pa·s，pH值8左右），固化剂（氯化铵，添加量为绝干胶的1%），热压机，拌胶机，蒸煮机，粉碎机，干燥机，刨片机，热磨机等。

（二）工艺流程

根据木质人造板和木质纤维板的制造工艺，结合蓖麻秆的特点，分别制定蓖麻秆刨花板的工艺流程和蓖麻秆纤维板的工艺流程。

1. 蓖麻秆刨花板

蓖麻秆→粉碎→筛选→干燥→拌胶→铺装→热压→板材。

2. 蓖麻秆纤维板

蓖麻秆→粉碎→蒸煮→热磨→干燥→拌胶→铺装→热压→板材。

（三）实验处方和工艺条件

蓖麻秆纤维含水率/%	8
蓖麻秆刨花/%	8
目标密度/（g · cm^{-3}）	0.80
目标厚度/mm	10
板面尺寸/mm	300×300
胶黏剂用量/%	14
固化剂氯化铵/%	1
热压/MPa	≤3.9
热压温度/℃	180
热压时间/（s · mm^{-1}）	30

（四）热压曲线

采用三段式的热压曲线，如图 6-15 所示。

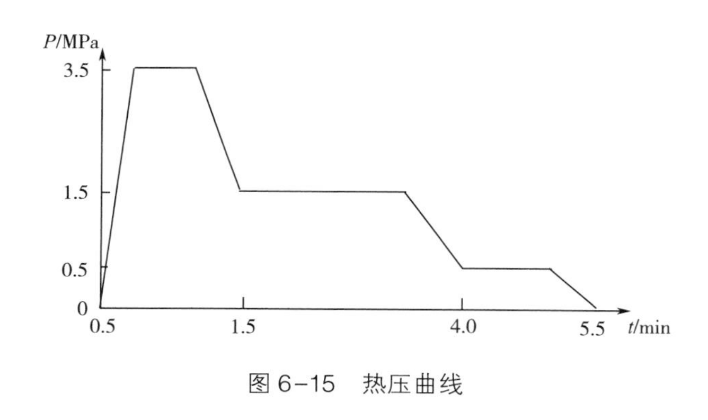

图 6-15 热压曲线

四、苎麻纤维—木材纤维复合板材的制备

在纤维增强材料领域，天然植物纤维作为增强材料凭借其密度小、无毒害、比强度和比模量高、易于表面改性、价格低廉和可再生等优异特性，越来越受到人们的广泛关注。而且随着对天然植物纤维增强复合材料性能及复合机理研究的不断深入，其应用领域也在逐步拓宽，对其性能的要求也越来越高。研究表明，天然植物纤维增强复合材料的性能与工艺条件、纤维的不同处理方式、纤维的含量、纤维的长度、纤维与基体的粘接以及界面的应力传递等都有关。用天然植物纤维改性木材纤维，必将使复合材料的综合性能得到提高。

苎麻单纤维长度为 60~250mm，直径为 17~64μm，横断面呈多角形和椭圆形。苎麻纤维坚韧，富有光泽，湿强度特别大，吸收和发散水分快，散热快，绝缘，耐腐蚀和不易发霉等特性。基于苎麻的这些优越特性，本次实验采用苎麻作为纤维增强材料来制作低密度纤维板，并对板材性能进行测试。

（一）主要实验材料和仪器

胶黏剂：脲醛树脂胶，其固体含量为55%，pH 值为7.5～8.5，游离甲醛含量低于0.2%，黏度为140cp（25℃），石蜡，油酸，氨水和氯化铵，木纤维，苎麻纤维，热压机，电热恒温水浴锅，喷雾拌胶机，干燥箱，精密电子天平（精确度为0.001g），高速搅拌机，电子万用炉，台锯机，打磨机等。

（二）工艺处方和条件

目标厚度/mm　8
目标密度/(g·cm^{-3})　0.5
板坯终含水率/%　10
木纤维施胶量/%　10
苎麻纤维的涂胶量/%　≤30
固化剂/%　1（胶固体含量）
防水剂/%　1（胶固体含量）
干燥温度/℃　60
热压温度/℃　160
单位压力/MPa　0.34
热压时间/s　480

（三）工艺流程

工艺流程如下：

干燥木纤维绝对含水率 ⟶ 计算目标密度为0.5g/cm^{3}基材所用纤维质量 ⟶ 计算胶黏剂用量 ⟶ 计算固化剂用量 ⟶ 计算防水剂用量 ⟶ 施胶苎麻准备 ⟶ 干燥 ⟶ 称重 ⟶ 涂胶 } 干燥 ⟶ 打散 ⟶ 铺装 ⟶ 组坯 ⟶ 热压 ⟶ 板材制品。

五、木塑复合纤维板的制备

木塑复合材料是利用聚乙烯（PE）、聚氯乙烯（PVC）、聚丙烯（PP）、聚苯乙烯（PS）等聚烯烃材料与木粉、稻壳、秸秆等植物纤维复合而成，不但可以解决人造板原料供应不足的问题，而且在一定程度上提高了板材质量，如防潮、抗菌、耐酸碱、不易变形、机械性能改善等。

（一）主要实验材料和仪器

低密度聚乙烯粉料（LDPE），偶联剂马来酸酐（MAPE），杨木纤维，三聚氰胺改性脲醛胶（MUF），有机硅脱模剂，高速混合机，热压机。

（二）工艺流程

工艺流程如下：

木材 ⟶ 削片、水洗 ⟶ 热磨、施胶 ⟶ 干燥
LDPE粉末、偶联剂 ⟶ 高速混合 ⟶ 冷却
} 风选 ⟶ 纤维料仓 ⟶ 铺装、预压 ⟶

热压 ⟶ 堆板冷却 ⟶ 砂光 ⟶ 检验 ⟶ 包装入库。

（三）工艺处方和条件

板材密度/(g·cm^{-3})	0.85
厚度/mm	5
幅面尺寸/mm	400×400
高压压力/MPa	3.5
保压压力/MPa	1.5
木塑质量比	65∶35
热压时间/min	8
偶联剂加入量/%	2（偶联剂占塑料比例）
热压温度/℃	185

（四）制备步骤

1. 塑料种类的确定及施加方式

一般木塑复合材料所使用的塑料品种主要有聚乙烯、聚氯乙烯、聚丙烯、聚苯乙烯等，聚丙烯熔点较高（170℃以上），聚苯乙烯无固定熔点。板材在热压过程中，当热压板温度185℃时，5mm纤维板芯层温度最高能够达到160℃，因此所选塑料的熔点应在160℃以下，再结合生产线的加料方式和塑料的采购成本，选择80~120目LDPE粉料，熔融指数2g/10min（5kg砝码检测）。

将经高混机处理后的LDPE粉末与偶联剂混合物，使用计量螺旋在纤维干燥管道末段负压处与干燥后的纤维在管道中悬浮混合，混合均匀后再经铺装、预压，进入热压机。

2. 偶联剂的选择和使用方式

为促进木纤维与塑料的界面复合，须加入一定比例的偶联剂。本实验主要选取MAPE，接枝率7%~8%，其外观形态与粉状LDPE较接近，有利于原料混合的均匀性。

3. 脱模方式

塑料的性质是热塑性，高温下熔融塑料会黏附在钢板上，无法顺利出板，因此需要采取一定的脱模措施。脱模方式较多，本着原料易得、价低的原则，本实验主要采用钢板涂覆有机硅脱模剂的方法。如果条件限制，在没有冷压工序的条件下，为保证板材在出压机时具有一定的初强度以便锯裁，热压前，纤维施加了较低比例的热固性胶黏剂（5%脲醛树脂胶）。为避免板材高温情况下定型不好上冷翻架后发生形变，可不上冷翻架直接进行堆板。

4. 木纤维处理

用塑料袋密封包装。使用时，施加5%的脲醛树脂胶，再将纤维干燥至含水率为3%~5%。

六、弯曲强度和弹性模量测定（参照 GB/T 17657—2013）

（一）主要实验材料和仪器

高密度阻燃纤维板材，竹木纤维板材，蓖麻秆纤维板材，苎麻纤维—木材纤维复合板材，木塑复合纤维板材，万能力学实验机，游标卡尺，千分尺，秒表等。

（二）实验步骤

（1）试样准备：长 $L_2 \geqslant (20t+50)$ mm，t 为试件基本厚度，且 $150\text{mm} \leqslant L_2 \leqslant 1050\text{mm}$，宽度 $b = (50 \pm 1)$ mm。

（2）测量试件的宽度和厚度：宽度在试件长边中心处测量，厚度在试件对角线交叉点处测量。

（3）调节两支座跨距至少为试件基本厚度的 20 倍，最小为 100mm，最大为 1000mm。测量支座间的中心距，精确至 0.5mm。

（4）试件平放在支座上，试件长轴与支承辊垂直，试件中心点在加荷辊下方。

（5）在整个实验中恒速加载。调整加载速度，以便在（60±30）s 内达到最大载荷。在件中点（在加荷辊正下方）测量试件的挠曲变形，精确至 0.1mm，并根据变形和相应的载荷值绘制载荷挠度曲线图，载荷精确至测量值的 1%。如果挠度变形测得的是增量读数，则至少取 6 对载荷—挠度值。

（6）记录最大载荷，精确至测量值的 1%。

（7）根据板的纵横向，取两组试件进行实验。在每组试件内，测试时一半试件正面向上，一半试件背面向上。

（8）静曲强度计算：试件的屈曲强度按式（6-6）计算，一张板每组试件的静曲强度是同组内全部试件静曲强度的算术平均值，精确到 0.1MPa。

$$\sigma_b = \frac{3 \times F_{max} \times l_1}{2 \times b \times t^2} \tag{6-6}$$

式中：σ_b——试件的静曲强度，MPa；

F_{max}——试件破坏时最大载荷，N；

l_1——两支座间距离，mm；

b——试件宽度，mm；

t——试件厚度，mm。

（9）弹性模量计算：试件的弹性模量 E 按式（6-7）计算，一张板每组试件的弹性模量是同组内全部试件弹性模量的算术平均值，精确至 10MPa。

$$E_b = \frac{l_1^3}{4 \times b \times t^3} \times \frac{F_2 - F_1}{a_2 - a_1} \tag{6-7}$$

式中：E_b——试件的弹性模量，MPa；

l_1——两支座间距离，mm；

b——试件宽度，mm；

t——试件厚度，mm；

F_2——F_1 在载荷—挠度曲线中直线段内载荷的增加量，F_1 值约为最大载荷的 10%，F_2 值约为最大载荷的 40%，N；

a_2——a_1 试件中部变形的增加量，即在力 $F_2 \sim F_1$ 区间试件变形量，mm。

七、内胶合（结合）强度测试

（一）主要实验材料和仪器

高密度阻燃纤维板材，竹木纤维板材，蓖麻秆纤维板材，苎麻纤维—木材纤维复合板材，木塑复合纤维板材，万能力学实验机，卡头，游标卡尺，秒表。

（二）实验步骤

（1）试样准备：长 $l=$（50±1）mm，宽 $b=$（50±1）mm。

（2）试件平衡处理：必要时，将试件和硬木或硬木胶合板卡头置于温度（20±2）℃、相对湿度（65±5）%环境中至质量恒定。相隔 24h 两次称重结果之差不超过试件质量的 0.1%，即视为质量恒定。

（3）在试件的长度、宽度中心线处测量试件宽度和长度。

（4）试件与卡头胶合：把环氧树脂胶或融化的热熔胶等类似胶黏剂均匀涂布在卡头表面，将试件和卡头黏结在一起，除去从胶层挤出的胶。如果使用热熔胶，硬质纤维板的网纹一侧进行砂光，直至得到光滑的表面。如果网纹侧没有砂掉，则可使用环氧树脂胶。

在胶合时，由于胶中的水分和（或）温度升高等原因引起的附加应力会对试件产生影响，应尽可能避免。

（5）将组件放入夹紧装置中并加载直至试件破坏，整个实验应均匀加载，从加载开始在（60±30）s 内使试件破坏，记下最大载荷值，精确至 1%。

（6）若测试时有部分或全部在胶层破坏，或卡头破坏，其结果无效，应在原试样上另取试件重测。

（7）结果表示：试件内胶合强度按式（6-8）计算，一张板的内胶合强度是同一张板内全部试件内胶合强度的算术平均值，精确至 0.01MPa。

$$\sigma_{\perp} = \frac{F_{max}}{l \times b} \tag{6-8}$$

式中：$\sigma_{\perp}$——试件内胶合强度，MPa；

F_{max}——试件破坏时最大载荷，N；

l——试件长度，mm；

b——试件宽度，mm。

八、冲击韧性性能测定

（一）主要实验材料和仪器

高密度阻燃纤维板材，竹木纤维板材，蓖麻秆纤维板材，苎麻纤维—木材纤维复合板材，木塑复合纤维板材，冲击实验机或万能力学实验机，千分尺，游标卡尺等。

（二）实验步骤

（1）测量试件的宽度和厚度。

（2）将试件平稳对称地放在实验机支座上，试件支座和摆锤冲头端头的曲率半径为15mm，两支座间的距离为240mm，支座高应大于20mm，并使试件被侧面对着冲击力的方向，且冲击力作用在试件的中部、实验时一次冲断。

（3）从实验机上读取试件一次冲断时所消耗的能量 Q，精确至1J。

（4）计算：试件的冲击韧性 A 按式（6-9）计算，一张板的冲击韧性是同一张板内所有试件冲击韧性的算术平均值，精确至0.1kJ/m²。

$$A = \frac{1000Q}{b \cdot t} \tag{6-9}$$

式中：A——试件的冲击韧性，kJ/m²；

Q——试件吸收能量，J；

b——试件宽度，mm；

t——试件厚度，mm。

九、拉伸性能测试（参照 GB/T 1447—2005）

（一）主要实验材料和仪器

高密度阻燃纤维板材，竹木纤维板材，蓖麻秆纤维板材，苎麻纤维—木材纤维复合板材，木塑复合纤维板材，冲击实验机或万能力学实验机，千分尺，游标卡尺等。

（二）实验步骤

参照实验25的拉伸性能测试步骤进行测试。

十、难燃性实验测试（参照 GB/T 8625—2005）

（一）主要实验材料和仪器

高密度阻燃纤维板材，燃烧竖炉（燃烧室、燃烧器、试件支架、空气稳流层及烟道等），流量计，风速仪，热电偶，温度记录仪，温度显示仪表及炉内压力测试仪表等。

（二）主要实验步骤

（1）燃烧炉中各组件的校正实验：

①热荷载的均匀性实验：为确保实验时试件承受热荷载的均匀性，将4块1000mm×

190mm×3mm 的不锈钢板放置于试件架上，在距各不锈钢板底部 200mm 处的中心线上，牢固地设置 1 支硅热电偶进行实验，当实验进行 10min 后，从上述不锈钢板上 4 支热电偶所测得的温度平均值应满足（540±15）℃，否则，装置应进行调试，该实验必须每 3 个月进行一次。

②空气的均匀性实验：在燃烧竖炉下炉门关闭的供气条件下，在空气稳流层的钢丝网上取 5 点，距网 50mm 处，采用测量误差不大于 10%的热球式微风速仪或其他具有相同精度的风速仪，测量每个点的风速。5 个测速点所测得的风速的平均值换算成气流量，应满足竖炉规定的（10±1）mm 的供气量，该项实验必须每半年进行 1 次。

③烟气温度热电偶的检查：为确保烟气温度测量的准确，每月至少应进行一次烟气温度热电偶的检查，有烟垢应除去，热电偶发生位移或变形的应校正到规定位置。

（2）试件数目、规格及要求：每次实验以 4 个试样为一组，每块试样均以材料实际使用厚度制作，其表面规格为 1000mm×190mm，实际使用厚度超过 80mm 时，试样制作厚度应取（80±5）mm，其表面和内层材料应具有代表性，均向性材料作 3 组试件，对薄膜、织物及非均向性材料作 4 组试件，其中每 2 组试件应分别从材料的纵向和横向取样制作。

对于非对称性材料，应从试样正、反两面各制 2 组试件，若只需从一侧划分燃烧性能等级，可对该侧面制取 3 组试件。

（3）状态调节：在实验进行之前，试件必须在温度（23±2）℃，相对湿度（50±5）%的条件下调节至质量恒定。其判定条件为间隔 24h，前后两次称量的质量变化率不大于 0.1%，如果通过称量不能确定达到平衡状态，在实验前应在上述温、湿度条件下存放 28d。

（4）将试样垂直固定在试件支架上，组成垂直方形烟道，试样相对距离为（250±2）mm。

（5）保持炉内压力为（−15±10）Pa。

（6）试件放入燃烧室之前，应将竖炉内炉壁温度预热至 50℃。

（7）将试件放入燃烧室内规定位置，关闭炉门。

（8）当炉壁温度降至（40±5）℃时，在点燃燃烧器的同时，启动动计时器按钮，开始实验。实验过程中竖炉内应维持流量为（10±1）m/min、温度为（23±2）℃的空气流，燃烧器所用的燃气为甲烷和空气的混合气：甲烷流量为（35±0.5）L/min，其纯度大于 95%；空气流量为（17.5±0.2）L/min，以上两种气体流量均按气体标准状态式（6-10）计算。

$$\frac{P_0 \times V_0}{T_0} = \frac{P_t \times V_t}{T_t} \tag{6-10}$$

式中：P_0——101325Pa；

V_0——甲烷气 35L/min，空气 17.5L/min；

T_0——273℃；

P_t——环境大气压+燃气进入流量计的进口压力，Pa；

V_t——甲烷气或空气的流量，L/min；

T_t——甲烷气和空气的温度,℃。

(9) 实验中的现象应注意观察并记录。

(10) 实验时间为10min，当试件上的可见燃烧确认已结束或5支热电偶所测得的平均烟气温度最大值超过200℃时，实验用火焰可提前中断。

(11) 试件燃烧后剩余长度的判断:

①试件燃烧后剩余长度为试件既不在表面燃烧，也不在内部燃烧形成炭化部分的长度(明显变黑色为炭化)。

②试件在实验中产生变色，被烟熏黑及外观结构发生弯曲、起皱、鼓泡、熔化、烧结、滴落、脱落等变化均不作为燃烧判断依据，如果滴落和脱落物在筛底继续燃烧20s以上，应在实验报告中注明。

③采用防火涂层保护的试件，如木材及木制品，其表面涂层的炭化可不考虑，在确定被保护材料的燃烧后剩余长度时，其保护层应除去。

(12) 判定同时符合下列条件可认定为燃烧竖炉实验合格:

①试件燃烧的剩余长度平均值应≥150mm，其中没有一个试件的燃烧剩余长度为0。

②每组实验由5支热电偶所测得的平均烟气温度不超过200℃。

注意事项

(1) 在连续化生产时，需控制好LDPE粉料的加料速度，以准确控制木塑比例。

(2) 由于木塑复合纤维板要求纤维的含水率很低，需在胶液中加入一定比例的缓冲剂，以保证胶黏剂的活性，从而顺利脱模并增加板材初期强度。

(3) 以下组合证明是适用的：热熔胶和环氧树脂与金属卡头粘接；热熔胶、环氧树脂、PVAC、UF间苯二酚与硬木、硬木胶合板卡头粘接试件在潮湿状态下进行循环实验或进行浸水实验预处理，则某些胶不适用于试件与卡头的粘接。若试件经过预处理后粘接到卡头上，需把试件的上、下表面稍加砂光，以消除预处理期间出现的表面粗糙现象。

为使拉伸时胶层不发生破坏，胶需有足够时间固化，并使试件含水率均匀分布后进行测定。根据经验，如果使用热熔胶固化很快；如果使用环氧树脂需24h固化；如果使用其他胶，大约需72h才能固化。在这期间，胶合组件放在温度(20±2)℃、相对湿度(65±5)%平衡处理室内。从平衡处理室拿出试件后，应在1h内检测完毕。

(4) 对于在潮湿状态下进行循环实验或浸水实验，以及在潮湿阶段进行检验的试件或胶合组件，不进行平衡处理。

(5) 如果检验薄板(厚度<8.0mm)或高密度板(>800kg/m^3)，建议使用金属卡头。经验表明，在这种情况下用木制卡头，其结果变异性大。

思考题

(1) 阻燃剂的加入对纤维板材力学性能的影响，如何确定阻燃剂的最佳用量?

（2）相对于木材，竹材有哪些特点？
（3）农作物秸秆用于纤维板的制作时，需要注意哪些事项？
（4）木塑板材加工的难点是什么？

实验 31　纤维—水泥复合板材的制备

一、水泥—大麻纤维板材的制备

目前，工业大麻秆的利用率很低，通常被焚烧，不仅浪费资源而且污染环境。本实验以工业大麻秆为原料，水泥为添加剂，通过热压法制备出工业大麻秆纤维板（包括工业大麻秆皮纤维板和工业大麻秆芯纤维板）。水泥作为一种添加剂其主要作用是在保证纤维板基本力学性能的情况下，减少纤维板的水分吸收，并进一步改善纤维板其他性能，如提高阻燃、防腐性能等。水泥纤维板具有较优异的综合阻燃性能，适合用于对防火性能要求较高的场所；与普通建材相比具有良好的防火、阻燃性能，同时也具有较高的耐水、耐候特性和防腐、防虫等特性。

（一）主要实验材料和仪器

工业大麻秆，工业大麻韧皮纤维，脲醛树脂胶黏剂，NH_4Cl，水泥，平板硫化机等。

（二）实验步骤

（1）工业大麻秆含水率 40%~50%，将工业大麻秆破碎成长度为 10~20mm 的碎料。
（2）将碎料置于 100~110℃条件下蒸煮 2~3h。
（3）对蒸煮软化后的碎料进行热磨，磨盘间隙为 0.5~0.8mm，得到工业大麻秆纤维。
（4）纤维干燥至含水率为 10%左右。

（三）板材制备参数

板材幅面/mm	350×350
目标厚度/mm	10
目标密度/($g \cdot cm^{-3}$)	0.75
水泥添加量/%	10（以大麻韧皮或大麻秆纤维的绝干质量为基准）
施胶量/%	12
热压温度/℃	200
热压时间/($s \cdot mm^{-1}$)	60
热压压力/MPa	3.5

同一工艺条件下重复 2 次进行。

二、织物网格增强水泥板材的制备

随着结构件向着更高、更长、更大方向发展，传统的水泥基复合材料已经无法满足需要，织物网格增强混凝土应运而生。相比短切纤维增强水泥基体，织物网格增强水泥基体具有以下优点：力学性能优异，成型方便，避免了基体浇筑时纤维的分散问题。

（一）主要实验材料和仪器

水泥，粉煤灰，硅灰，石英砂，高效减水剂，自来水，耐碱玻璃纤维织物，玄武岩纤维织物织物，天平，模具，搅拌机，振动台，水晶石超薄精密切割机等。

耐碱玻璃纤维织物和玄武岩纤维织物的网孔大小为5mm×5mm，织物结构要求如图6-16所示，织物规格性能参数见表6-3。

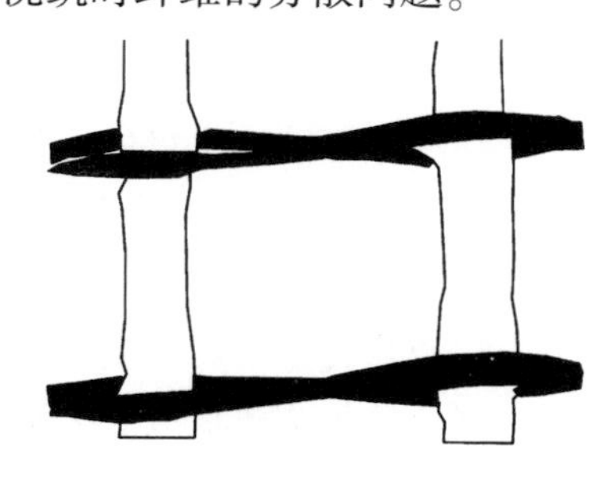

图6-16　织物结构图

表6-3　耐碱玻璃纤维和玄武岩纤维的性能参数

纤维	直径（μm）	抗拉强度（MPa）	断裂伸长率（%）	模量（GPa）	克重（g/m^2）
玻璃	18~22	960~1380	2~3	57~78	160~170
玄武岩	13~16	1100~1400	2~3.1	93~110	185~190

（二）试件制作工艺流程

清理模具并涂油→裁剪网格织物→拌制复合水泥基体（或纤维增强复合水泥基体）→铺设底层复合水泥基体（或纤维增强复合水泥基体）→铺设玄武岩网格并固定→铺设下一层基体与网格→铺设顶层复合水泥基体（或纤维增强复合水泥基体）→轻微振捣密实→覆膜养护24h→拆模→养护28d。

（三）实验步骤

1. 复合水泥基体的配制

按照基体设计配比，见表6-4，通过称重，搅拌均匀，水泥基体养护28d。

表6-4　复合水泥基体配比　　单位：g/L

水胶比	水泥	水	粉煤灰	硅灰	石英砂	减水剂	增稠剂
0.3	793	366	366	61	488	5	0.64

2. 纤维增强复合水泥基体

纤维增强复合水泥基体材料的主要成分与配比见表6-5，分别掺入2.0%体积掺量的聚丙烯（PP）纤维、聚乙烯醇（PVA）纤维和聚乙烯（PE）纤维，纤维增强水泥基体养护28d。

表 6-5 纤维增强复合水泥基体配比 单位：g/L

水胶比	水泥	水	粉煤灰	硅灰	石英砂	纤维 PVA/PP/PE	减水剂	增稠剂
0.3	793	366	366	61	488	26/18/19	5	0.64

3. 分层浇筑

板材设计尺寸为 25cm×25cm×1.5cm（长度×宽度×厚度）。

在纤维网格布铺设中采用基体等质量分层铺设，以保证在织物层数浇筑完毕以后织物在厚度方向上等间距 3mm 分布。

每个基体试样都是在相同模具中浇筑，分层浇筑完成。所用基体材料分别为复合水泥基体和纤维增强复合水泥基体。

浇筑完成的每个模板放到振动台振捣压实和磨平，自然环境养护试样 24h 后脱模，制备得到 TRC 薄板。

4. 成型及养护

脱模后试样放入标养室养护［温度（20±2）℃，湿度不低于 95%］养护 28 天，最后采用水晶石超薄精密切割机切成满足实验尺寸要求的待测试样。

三、纤维水泥板真空挤出成型制备

纤维水泥板作为轻质、高强、耐候性好的 A 类不燃建筑材料，被广泛应用于建筑非承重围护结构、隔墙、幕墙及天花吊顶领域。目前国内外纤维水泥板制造工艺以湿法工艺（抄取法和流浆法）为主流，而真空挤出成型工艺属于干法工艺，具有无废水废渣排放、无回水处理系统等特点。在添加不同增强纤维时，在较低纤维掺量和免蒸压养护条件下，能制备物理力学性能远高于常规湿法工艺的纤维水泥板，是未来纤维水泥板工艺发展的新方向。

（一）主要实验材料和仪器

P·O 42.5 水泥，石英砂（含泥量≤3.0%，SiO_2 含量≥93.0%，200 目筛余≤10%），增塑剂（纤维素醚），润滑剂（硬脂酸镁，白色细粉），增强纤维（长度 0.2~2mm 木质素纤维、长度 0.2~4mm 针叶木浆纤维、长度 3mm 耐碱玻璃纤维、长度 3mm 聚丙烯纤维 PP、长度 3mm 超高分子量聚乙烯纤维 PE 和芳纶），S95 硅灰（SiO_2≥95%），缓凝剂（蔗糖 AR），小型高速混料机，捏合机，真空练泥挤出机等。

（二）纤维增强水泥板的制备

1. 纤维水泥板设计

尺寸：120mm×6mm（宽度×厚度），长度按需裁剪。

2. 工艺配方

真空挤出成型纤维水泥板配方见表 6-6。

表 6-6　真空挤出成型纤维水泥板配方　　单位：%

编号	1	2	3	4	5	6
水泥	48.5	48.5	48.5	48.5	48.5	48.5
石英砂	44.5	44.5	44.5	44.5	44.5	44.5
硅灰	5	5	5	5	5	5
木质纤维素	2	—	—	—	—	—
针叶木浆纤维	—	2	—	—	—	—
耐碱玻璃纤维	—	—	2	—	—	—
PP	—	—	—	2	—	—
PE	—	—	—	—	1	—
芳纶	—	—	—	—	—	0.5
水	22	23	19.5	19	21	18.5

3. **工艺参数**

（1）小型高速混料机：搅拌桶转速 32r/min，高速转子转速 580r/min，干混时间 4min。

（2）捏合机：捏合时间 10min。

（3）真空练泥挤出机：练泥速率 20~30Hz；挤出速率 20~30Hz。

四、力学性能测试（参照 GB/T 50081—2019）

（一）主要实验材料和仪器

水泥—大麻纤维板材，织物网格增强水泥板材，纤维增强水泥板，MTS 多功能实验机，变形测量仪等。

（二）抗拉强度测试实验步骤

（1）试件到达实验龄期时，从养护地点取出后，应检查其尺寸及形状，试件取出后应尽快进行实验。

（2）将试件放置在实验机前，应将试件表面与上、下承压板面擦拭干净。

（3）以试件成型时的侧面为承压面，应将试件安放在实验机的下压板或垫板上，试件的中心应与实验机下压板中心对准。

（4）启动实验机，试件表面与上、下承压板或钢垫板应均匀接触。

（5）实验过程中应连续均匀加荷，加荷速度应取 0.3~1.0MPa/s。当立方体抗压强度小于 30MPa 时，加荷速度宜取 0.3~0.5MPa/s；当立方体抗压强度为 30~60MPa 时，加荷速度宜取 0.5~0.8MPa/s；当立方体抗压强度不小于 60MPa 时，加荷速度宜取 0.8~1.0MPa/s。

（6）手动控制压力机加荷速度时，当试件接近破坏开始急剧变形时，应停止调整实验机油门，直至破坏，并记录破坏荷载。

（7）混凝土立方体抗压强度应按式（6-11）计算，结果精确至 0.1MPa。

$$f_{cc} = \frac{F}{A} \tag{6-11}$$

式中：f_{cc}——混凝土立方体试件抗压强度，MPa；

F——试件破坏荷载，N；

A——试件承压面积，mm^2。

（三）轴心抗压强度实验步骤

（1）试件到达实验龄期时，从养护地点取出后，应检查其尺寸及形状，试件取出后应尽快进行实验。

（2）试件放置实验机前，应将试件表面与上、下承压板面擦拭干净。

（3）将试件直立放置在实验机的下压板或钢垫板上，并应使试件轴心与下压板中心对准。

（4）开启实验机，试件表面与上下承压板或钢垫板应均匀接触。

（5）在实验过程中应连续均匀加荷，加荷速度应取 0.3～1.0MPa/s。当棱柱体混凝土试件轴心抗压强度小于 30MPa 时，加荷速度宜取 0.3～0.5MPa/s；当棱柱体混凝土试件轴心抗压强度为 30～60MPa 时，加荷速度宜取 0.5～0.8MPa/s；当棱柱体混凝土试件轴心抗压强度不小于 60MPa 时，加荷速度宜取 0.8～1.0MPa/s。

（6）手动控制压力机加荷速度时，当试件接近破坏开始急剧变形时，应停止调整实验机油门，直至破坏，然后记录破坏荷载。

（7）混凝土试件轴心抗压强度应按式（6-12）计算：

$$f_{cp} = \frac{F}{A} \tag{6-12}$$

式中：f_{cp}——混凝土轴心抗压强度，MPa；

F——试件破坏荷载，N；

A——试件承压面积，mm^2。

（四）静力受压弹性模量实验步骤

（1）将试件从养护地点取出，并将试件外表与上下承压板面擦干净。

（2）按照轴心抗压强度实验步骤测定混凝土的轴心抗压强度（f_{cp}），3 个试件用于测定混凝土的弹性模量。

（3）在测定混凝土弹性模量时，变形测量仪应安装在试件两侧的中线上并对称于试件的两端。

（4）将试件直立放置在实验机的下压板或钢垫板上，并使其轴心与下压板的中心线对准。

（5）开动压力实验机，试件表面与上、下承压板或钢垫板均匀接触。

（6）应加荷至基准应力为 0.5MPa 的初始荷载值 F_0，保持恒载 60s 并在以后的 30s 内记录每测点的变形读数 ε_0，应立即连续均匀地加荷至应力为轴心抗压强度 f_{cp} 的 1/3 的荷载值 F_a，保持恒载 60s 并在以后的 30s 内记录每一测点的变形读数 ε_a。

（7）当以上这些变形值之差与它们平均值之比大于20%时，应重新对准试件后重复本条步骤（5）的实验。如果无法使其减少到低于20%时，则此次实验无效。

（8）以与加荷速度一样的速度卸荷至基准应力0.5MPa（F_0），恒载60s；然后用同样的加荷和卸荷速度以与60s的保持恒载（F_0与F_a）至少进展两次反复预压。在最后一次预压完成后，在基准应力0.5MPa（F_0）持荷60s并在以后的30s内记录每一测点的变形读数ε_0；再用同样的加荷速度加荷至F_a，持荷60s并在以后的30s内记录每一测点的变形读数ε_a。

（9）卸除变形测量仪，以同样的速度加荷至破坏，记录破坏荷载；如果试件的抗压强度与f_{cp}之差超过f_{cp}的20%时，应在报告中注明。

（10）混凝土弹性模量值应按式（6-13）计算。

$$E_c = \frac{F_a - F_0}{A} \times \frac{L}{\Delta n} \tag{6-13}$$

式中：E_c——混凝土弹性模量，MPa；

F_a——应力为1/3轴心抗压强度时的荷载，N；

F_0——荷载，N；

A——试件承压面积，mm^2；

L——测量标距，m。

变形值的计算见式（6-14），混凝土受压弹性模量计算准确至100MPa。

$$\Delta n = \varepsilon_a - \varepsilon_0 \tag{6-14}$$

式中：Δn——最后一次从F_0加荷至F_a时试件两侧变形的平均值，mm；

ε_a——F_a时试件两侧变形的平均值，mm；

ε_0——F_0时试件两侧变形的平均值，mm。

（五）劈裂抗拉强度实验步骤

（1）试件到达实验龄期时，从养护地点取出后，应检查其尺寸及形状，试件取出后应尽快进行实验。

（2）试件放置实验机前，应将试件表面与上、下承压板面擦拭干净。在试件成型时的顶面和底面中部画出相互平行的直线，确定出劈裂面的位置。

（3）将试件放在实验机下承压板的中心位置，劈裂承压面和劈裂面应与试件成型时的顶面垂直；在上、下压板与试件之间垫以圆弧形垫块及垫条各一条，垫块与垫条应与试件上、下面的中心线对准并与成型时的顶面垂直。宜把垫条及试件安装在定位架上使用。

（4）开启实验机，试件表面与上、下承压板或钢垫板应均匀接触。

（5）在实验过程中应连续均匀地加荷，当对应的立方体抗压强度小于30MPa时，加载速度宜取0.02~0.05MPa/s；当对应的立方体抗压强度为30~60MPa时，加载速度宜取0.05~0.08MPa/s；当对应的立方体抗压强度不小于60MPa时，加载速度宜取0.08~0.10MPa/s。

（6）采用手动控制压力机加荷速度时，当试件接近破坏时，应停止调整实验机油门，直至破坏，然后记录破坏荷载。

（7）试件断裂面应垂直于承压面，当断裂面不垂直于承压面时，应做好记录。

混凝土劈裂抗拉强度应按式（6-15）计算，计算准确到 0.01MPa。

$$f_{ts}=\frac{2F}{\pi A}=0.637\times\frac{F}{A} \tag{6-15}$$

式中：f_{ts}——混凝土劈裂抗拉强度，MPa；

F——试件破坏荷载，N；

A——试件劈裂面面积，mm^2。

（六）抗折强度实验步骤

（1）从养护地取出试件并将试件外表擦干净。

（2）按图 6-17 装置试件，安装尺寸偏差不得大于 1mm。试件的承压面应为试件成型时的侧面。支座与承压面与圆柱的接触面应平稳、均匀，否则应垫平。

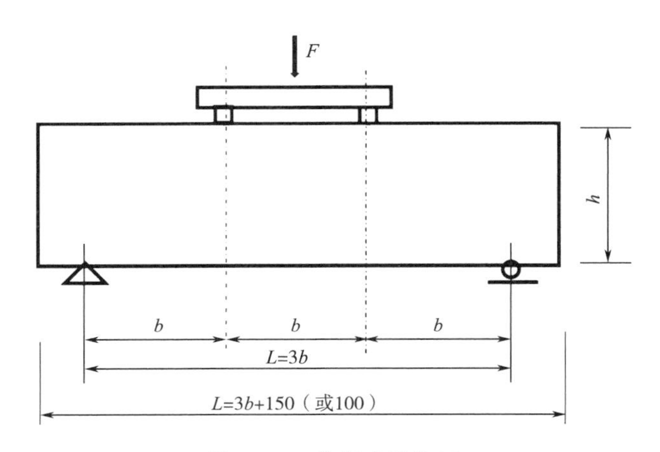

图 6-17　抗折实验装置

（3）施加荷载应保持均匀、连续。当混凝土抗压强度低于 30MPa 时，加荷速度取 0.02～0.05MPa/s；当混凝土抗压强度为 30～60MPa 时，取 0.05～0.08MPa/s；当混凝土抗压强度不小于 60MPa 时，取 0.08～0.10MPa/s，至试件接近破坏时，应停止调整实验机油门，直至试件破坏，然后记录破坏荷载。

（4）记录试件破坏荷载的实验机示值与试件下边缘断裂位置。

（5）假如试件下边缘断裂位置处于两个集中荷载作用线之间，如此试件的抗折强度 f_f 按式（6-16）计算，应准确至 0.1MPa。

$$f_f=\frac{F\times l}{b\times h^2} \tag{6-16}$$

式中：f_f——混凝土抗折强度，MPa；

F——试件破坏荷载，N；

l——支座间跨度，mm；

h——试件截面高度，mm；

b——试件截面宽度，mm。

五、含水率、吸水率和孔隙率测试（参照 GB/T 7019—2014）

（一）主要实验材料和仪器

板材，切割器，天平，烘箱，水，毛巾，恒温恒湿室等。

（二）实验步骤

板材经真空挤出成型后，放置快速养护箱中养护，养护温度为 70℃，相对湿度≥90%，养护 24h。养护完毕后的板材，按照测其相关性能。

（1）切割试件后，将试件置于室内自然通风条件下至少 7d 用天平立即称取每个试件的质量 m，保留至 0. 1g。

（2）将试件置于（105±5）℃的干燥箱内烘干 24h，取出置于干燥器中冷却至室温，称取试件的质量 m_1，保留至 0. 1g。

（3）将试件放入 5℃以上的水槽中 24h，然后将试件用夹子夹住悬吊于水中称取试件在水中的质量 m_2，称量时试件不能接触容器壁，保留至 0. 1g。

（4）从水中取出试件，用湿毛巾小心地擦去试件表面附着的水后，立即称取饱水试件的质量 m_3，保留至 0. 1g。

（5）含水率按式（6-17）计算。

$$H = \frac{m_0 - m_1}{m_1} \times 100\% \tag{6-17}$$

式中：H——试件的含水率，%；

m_0——自然状态试件的质量，g；

m_1——干燥状态试件的质量，g。

吸水率按式（6-18）计算，保留至 0. 1%。

$$X = \frac{m_3 - m_1}{m_1} \times 100\% \tag{6-18}$$

式中：X——试件的吸水率，%；

m_1——干燥状态试件的质量，g；

m_3——饱水试件在空气中的质量，g。

表观密度按式（6-19）计算，保留至 0. 01%。

$$\rho = \frac{m_1 \times \rho_0}{m_3 - m_2} \tag{6-19}$$

式中：ρ——试件的表观密度，g/m^3；

ρ_0——水的密度，g/cm^3。

孔隙率按式（6-20）计算，保留至 0. 1%。

$$K = \frac{m_3 - m_1}{m_3 - m_2} \times 100\% \qquad (6-20)$$

式中：k——试件的孔隙率,%；

m_1——干燥状态试件的质量，g；

m_2——饱水试件在水中的质量，g；

m_3——饱水试件在空气中的质量，g。

六、平板干收缩率、湿涨率测试

（一）主要实验材料和仪器

千分尺，干燥箱，水槽等。

（二）实验步骤

1. 试件的制备

距板边 200mm 处的中间对称位置切取，试件的尺寸 260mm×260mm，每张板干缩率试件 2 个，湿涨率试件 2 个。

2. 实验步骤

（1）干缩率测试：将试件放置于室内自然通风条件下放置 7d 以上，在试件四边测量部位刻上标线，用外径千分尺测量 4 个边长 l_1，然后将试件放进干燥箱里，保持（60±5）℃，24h 后取出放在干燥器中冷却至室温，再测量 4 个边的长度 l_2，测量结果均保留至 0.01mm。

干缩率按式（6-21）计算，结果保留至 0.01%。

$$\Delta l = \frac{l_1 - l_2}{l_1} \times 100\% \qquad (6-21)$$

式中：Δl——干缩率,%；

l_1——自然状态试件长度，mm；

l_2——（60±5）℃烘干后试件长度，mm。

（2）湿涨率测试：将试件放进干燥箱里开始升温，在（105±5）℃温度下烘干 24h，取出放在干燥器中冷却至室温，在试件四边测量部位刻上标线，用外径千分尺测量 4 个边长 l_4；然后将试件浸入不低于 5℃的水槽中 24h，取出后用湿毛巾擦净，再次测量四边的 4 个边长 l_3。测量结果均保留至 0.01mm。

试件在浸水、烘干过程中，应用夹子夹住试件，保证试件处于悬挂状态，以防止产生起拱变形。

湿涨率按式（6-22）计算，结果以两块试件 8 个数据的算术平均值表示，保留至 0.01%。

$$\varepsilon = \frac{l_3 - l_4}{l_3} \times 100\% \qquad (6-22)$$

式中：ε——湿涨率,%；

l_3——饱水后试件长度，mm；

l_4——（105±5）℃烘干后试件长度，mm。

注意事项

（1）抗压强度值应符合如下规定：

①以三个试件测值的算术平均值作为该组试件的强度值（准确至0.1MPa）。

②三个测值中的最大值或最小值中如有一个与中间值的差值超过中间值的15%时，则把最大值与最小值一并舍除，取中间值作为该组试件的抗压强度值。

③如最大值和最小值与中间值的差均超过中间值的15%，则该组试件的实验结果无效。

④混凝土强度等级<C60时，用非标准试件测得的强度值均应乘以尺寸换算系数，其值为对200mm×200mm×200mm试件为1.05；对100mm×100mm×100mm试件为0.95。当混凝土强度等级≥C60时，宜采用标准试件；使用非标准试件时，尺寸换算系数应由实验确定。

（2）弹性模量按三个试件测值的算术平均值计算；如果其中有一个试件的轴心抗压强度值与用以确定检验控制荷载的轴心抗压强度值相差超过后者的2%时，如此弹性模量值按另两个试件测值的算术平均值计算；如有两个试件超过上述规定时，则此次实验无效。

（3）劈裂抗拉强度值确实定应符合如下规定：

①三个试件测值的算术平均值作为该组试件的强度值（准确至0.01MPa）。

②三个测值中的最大值或最小值中如有一个与中间值的差值超过中间值的15%时，则把最大与最小值一并舍除，取中间值作为该组试件的抗压强度值。

③如最大值与最小值与中间值的差均超过中间值的15%，则该组试件的实验结果无效。

④采用100mm×100mm×100mm非标准试件测得的劈裂抗拉强度值，应乘以尺寸换算系数0.85；当混凝土强度等级≥C60时，宜采用标准试件；使用非标准试件时，尺寸换算系数应由实验确定。

（4）抗折强度值如下规定：三个试件中假如有一个折断面位于两个集中荷载之外，则此混凝土抗折强度值按另两个试件的实验结果计算。假如这两个测值的差值不大于这两个测值的较小值的15%时，则该组试件的抗折强度值按这两个测值的平均值计算，否则该组试件的实验无效。假如有两个试件的下边缘断裂位置位于两个集中荷载作用线之外，则该组试件实验无效。

当试件尺寸为100mm×100mm×400mm非标准试件时，应乘以尺寸换算系数0.85；当混凝土强度等级≥C60时，宜采用标准试件；使用非标准试件时，尺寸换算系数应由实验确定。

思考题

(1) 真空挤出成型养护工艺有哪些优点?

(2) 哪些纤维适用于增强水泥基体，有何特点?

(3) 哪些织物适用于增强水泥基体，有何特点?

(4) 复杂结构的水泥基体构件，对增强织物有何要求?

实验 32 麻纤维增强轻质板材的制备

一、防火保温板材的制备

膨胀玻化微珠有低价、轻质、防火保温、绿色环保无污染、吸声效果好等特点。将酚醛树脂和膨胀玻化微珠相结合，降低成本的同时，保持了其优异的防火保温性能，其复合材料具有广阔的发展前景。

(一) 主要实验材料和仪器

80 目膨胀玻化微珠，酚醛树脂，无水乙醇，麻纤维（长度≥15mm），去离子水，搅拌机，钢质模，烘箱，天平等。

(二) 制备步骤

1. 微珠—酚醛树脂复合板材的制备

(1) 将膨胀玻化微珠置于 105℃下干燥 2h。

(2) 取一定量的无水乙醇将酚醛树脂稀释，将膨胀玻化微珠与酚醛树脂乙醇溶液搅拌均匀，其中膨胀玻化微珠和酚醛树脂的质量比为 2∶3。

(3) 按照 1∶1.2 的压缩比置于钢质模具内并压实抚平。

(4) 置于 160℃烘箱内固化 4h，得到膨胀玻化微珠—酚醛树脂复合板材。

2. 微珠—酚醛树脂—麻纤维复合板材的制备

(1) 将膨胀玻化微珠置于 105℃下干燥 2h。

(2) 取一定量的无水乙醇将酚醛树脂稀释，将膨胀玻化微珠、酚醛树脂乙醇溶液、麻纤维混合均匀，其中膨胀玻化微珠/酚醛树脂/麻纤维的质量比为 2∶3∶0.8。

(3) 按照 1.2∶1 的压缩比置于钢质模具内并压实抚平，置于 160℃烘箱内固化 4h，得到膨胀玻化微珠—酚醛树脂—麻纤维复合板材。

二、汽车内饰板的制备

汽车工业不断在寻求成本低、质量轻、强度高、油耗低，且可回收利用、可生物降解的新材料。麻韧皮纤维具有天然的隔音、吸音、抗菌、透气、抗霉变、可生物降解、可回收利用、刚度好、硬挺、不污染环境等优点。聚丙烯纤维（PP）具有较好的强度、耐磨性、弹性回复性，且耐酸、耐碱、耐腐蚀性优于其他合成纤维，密度小，价格低廉，易于回收利用，更重要的是聚丙烯纤维熔点很低（165℃），宜作为复合材料中的基体固结纤维网，满足了汽车内饰衬板热压和模压工艺的需要。

本实验以麻和PP为原料（质量比为70：30），采用针刺和层模压法，旨在制备出具有质轻、吸音、防臭、抗菌、防霉、阻燃、防污、延伸性好、低耗、环保、舒适的汽车内饰板材。

（一）主要实验材料和仪器

脱胶精练麻，WA阻燃剂，聚丙烯纤维，纺黏涤纶非织造布，装饰布，胶黏剂（PP+EVA胶片），抓棉机，开棉机，梳理机，铺网机，针刺机，液压机，模具等。

（二）工艺路线

汽车内饰麻纤维板制备路线如下：

脱胶精练麻 ⟶ 水洗 ⟶ 阻燃整理 ⟶ 脱水 ⟶ 焙烘 ┐
聚丙烯纤维 ┘ ⟶ 抓棉机 ⟶ 开棉 ⟶ 梳理 ⟶

铺网 ⟶ 异位对刺固结热轧衬板毛坯 ⟶ 两面涂胶黏剂 ⟶ 铺覆背面遮盖纺黏涤纶布和装饰布 ⟶ 模压 ⟶ 冷却定型 ⟶ 裁切定型。

（三）制备步骤

1. 阻燃整理

在温度达到80℃时，对精练麻浸渍40min，使阻燃剂均匀分散并附着于纤维上，再经脱水、抖松、焙烘、干燥。

2. 开松混合

原则是多松少打。先利用锯齿滚筒开棉机将黄麻纤维块预开松，再用梳针滚筒开棉机对麻块进行细致的开松，降低打手速度，缩短尘棒间隔距，增大打手与尘棒间隔距，具体工艺配置如下：

锯齿型打手转速/($r \cdot min^{-1}$)	480
梳针打手转速/($r \cdot min^{-1}$)	900
尘棒间隔距/mm	6
打手与尘棒间隔距/mm	11×18

3. 梳理

胸锡林用SBT-4型金属针布，主锡林用SRC-102型金属针布，胸锡林上的工作辊和剥棉辊均用SBT-5型金属针布，隔距为0.50mm、0.35mm、0.38mm，主锡林上的前3个工作辊用SRW-102型金属针布，后3个工作辊用SRW-104型金属针布，剥麻辊均用SRT-108型金属针布，隔距为0.38mm、0.35mm、0.33mm、0.27mm、0.35mm。

4. 四帘式铺叠成网

铺网帘往复运动速度为20m/min，成网帘输出速度为1m/min，铺叠后纤维宽度为4m，道夫输出的薄网宽度为2m。

5. 异位对刺固结

17号R型刺针：从上往下刺时，针刺深度为11mm，针刺密度为7000针/m^2，针频为600次/min；从下往上刺时，针刺深度为7mm，针刺密度为8000针/m^2，针频为500次/min。

6. 层压及黏合

将纤维毡放置在液压机上，先通过10t的预压，再经过20t的主压成为内饰衬板毛坯，在衬板两面喷洒胶黏剂，背面覆盖上纺黏涤纶非织造布，正面覆盖装饰布，温度170℃，时间3min，层压重量为20t。

三、绿色复合板材的制备

热塑性复合材料具有更高的韧性和损伤容限及可以反复加工和回收利用等传统热固性复合材料不可比拟的优点，能满足各种实际应用对材料性能的要求，其制品在航空航天、汽车、电子电器等众多领域得到了广泛的应用。麻纤维具有较高的比强度和比模量。与热塑性树脂（如聚丙烯）结合，可以开发出可降解和可再生的绿色复合材料，因此具有潜在的工业应用价值。

（一）主要实验材料和仪器

亚麻纤维，PP纤维，PP长丝，PP树脂等材料，硫化机，横机，花式捻线机，织机等。

（二）工艺流程

纤维梳理→纤维束混合→包覆纱→针织物→机织物→裁剪织物（280mm×280mm）→织物和聚丙烯称重→织物和聚丙烯铺层（板材铺设方式分别为0°、0°和0°、90°）→装模加热加压→升温塑化熔融→保温保压流动浸渍→冷却固化成型→脱模取出成品。

（三）实验步骤

1. 包覆纱的制备

将PP纤维梳理成束，与麻纤维束混合并束（麻质量分数为80%），同时引入PP长丝，在花式捻线机上制备包覆纱。

2. 针织物的制备

包覆纱线经过络筒，分别编织1+1罗纹组织、畦编组织以及半畦编组织织物。

3. 机织布的制备

以所纺纱线为纬纱，PP长丝为经纱，平纹组织，经密46根/10cm，纬密70根/10cm，幅宽为1.5m。

4. 板材试样的制备

热压成型主要是利用聚丙烯纤维与麻纤维熔点的差异，在热压机上使聚丙烯纤维熔融，包覆在麻纤维的表面，在一定的压力下黏合成型，冷却后即可制成具有一定强度、硬度的复合材料板材。

热压工艺为先将热压板的上下板面预热到60℃，将织物放入热压机，闭合上下热压板并施加压力至15MPa，平稳升温至190℃，并保持20min，关闭电源使其在室温下保压降至室温，脱模后进行板材修整并裁制成90mm×90mm×3mm试样。

四、吸声系数测试（参照JJF 1223—2009）

（一）主要实验材料和仪器

麻纤维增强轻质板材，SW002驻波管、BSWA VS. 302USB双声学分析仪和BSWA-100型功率放大器，线性网络，声压级为90dB粉红噪声源，Spectra LAB的声学软件等。

（二）实验步骤

当扬声器发出声波在驻波管内传播时，驻波管内形成驻波声场，沿管轴向方向会出现声压极大与极小的交替分布，利用可以移动的探管传声器接收声压信号，然后根据声压极大值与极小值的比值可计算出材料的吸声系数。

（1）准备好声源及接收设备，检查各仪器设备的接线是否正确，并使声频信号发生器等电子设备接通电源，预热15min后使用。

（2）将试件（自选）装入试件筒内并用凡士林将试件与筒壁接触处的缝隙进行密封，然后用夹具将试件筒固定在驻波管顶盖中。

（3）调节声频讯号发生器频率开关，依次发出自125~4000Hz的各1/3倍频程声频信号，通过扬声器在驻波管中建立驻波声场。

（4）移动活筒小车在任一位置，改变接受滤波器的中心频率，使发声信号与接收信号频率一一对应。

（5）将探管端部从试件表面慢慢移开，缓慢移动小车以找到声压的极大值和极小值，并记录读数，对每频率要反复进行三次测量和读数。

（6）将测得的不同频率（125Hz、160Hz、200Hz、250Hz、315Hz、400Hz、500Hz、630Hz、800Hz、1000Hz、1250Hz、1600Hz、2000Hz）的驻波声压极大值和极小值读数代入公式求出各频率时的n值，再计算材料吸声系数a_0。

（7）改变材料后空，选择30mm或50mm后空，调整声频发生器的信号输出开关，移动传声器探管找到声压极大值时、声压极小值，计算材料的吸声系数a_0值。

五、导热系数测试

（一）主要实验材料和仪器

待测样品，导热系数测试仪，杜瓦瓶，游标卡尺等。

（二）实验步骤

（1）用游标卡尺测量待测样品和散热盘的直径和高度。

（2）安装、调整整个实验装置。安放样品时，须使插入热电偶的小孔与杜瓦瓶、数字电压表位于同一侧。调节散热盘下面的三个螺旋测微头，使待测样品的上下表面与加热盘和散热盘紧密接触。热电偶热端插入小孔底，保证热电偶热端与样品或铜盘接触良好。热电偶冷端插入杜瓦瓶中，浸入冰水混合物中。

（3）根据稳态法，为得到稳定的温度分布，可先将电源电压打到“高”档，几分钟后 $\theta_1=4.00$mV 即可将开关拨到“低”档，通过调节电热板电压“高”“低”及“断”电档，使 θ_1 读数在±0.03mV 范围内，同时每隔 30s 读 θ_2 的数值，如果在 2min 内样品下表面温度 θ_2 示值不变，即可认为已达到稳定状态。记录稳态时与 θ_1，θ_2 对应的 T_1，T_2 值。

加热过程中打开散热盘下面的微型轴流式风扇，以形成一个稳定的散热环境。稳态后取下一支热电偶，插入散热盘小孔，记录稳态时散热盘温度值 T_3。

（4）取出样品，使加热盘与散热盘直接接触再加热。当散热盘温度比稳态时的 T_3 高出约 10℃（电压表读数约增加 0.5mV）时，停止加热，并立即移去加热盘，让散热盘开始自然冷却，并马上每隔 30s 记录一次散热盘的温度值，直到电压表读数比稳态时低约 0.5mV 为止。

（5）求冷却速率。以时间为轴温度为 Y 轴作出散热盘的冷却曲线，画出经过冷却曲线上 T_3 点的切线，其斜率即为某温度时散热盘的冷却速率。

六、气味等级测试（参照 Q/JQ 11052—2010）

（一）主要实验材料和仪器

汽车内饰材料，天平，钢尺，密封容器，热控制室等。

（二）实验步骤

（1）取样：

①在实验前样品应在标准状态下放置至少 24h。

②裁剪样品尺寸：100mm×100mm×产品厚度。如果不采用以上尺寸，面积应与上述值相等。如果内饰材料总重量为 20g 或以上，样品重量应为 20g。如果内饰材料总重量在 20g 以下，样品重量取产品实际值。

③对于发泡材料，样品重量应为 20g，尺寸为 10mm×10mm×10mm。但产品重量为 20g 或更少时，样品重量取产品实际值。

（2）将 3 块试样分别放置在 3 个密封的容器中，在温度为（80±2）℃的热控制室中保温 3h。

（3）然后将样品取出，至少 3 个人对样品分别评估，评价标准依照表 6-7。

表 6-7 气味等级评价表

等级	气味描述
5	没有明显的气味
4	轻散但不明显的气味
3	有一定的气味，但不足以刺鼻

续表

等级	气味描述
2	有强烈的刺激性气味
1	有非常强烈的刺激性气味

七、压痕恢复率测试

（一）主要实验材料和仪器

汽车顶棚材料，天平，钢球，压力器，圆盘等。

（二）实验步骤

（1）点负荷：顶棚在常温环境中，安装状态下，用直径为12mm的钢球沿表面法向用22N的力压5min后，静置17h后压痕需完全恢复。

（2）面负荷：顶棚在常温环境中，安装状态下，用面积为2500mm^{2}的圆盘，沿表面法向用7.5N（5kPa）的力压1h后，静置17h后压痕需全部恢复。

八、耐热冷湿循环性

（一）主要实验材料和仪器

麻纤维增强轻质板材，切割机，冷热交变箱等。

（二）实验步骤

（1）取样面积不少于500mm^2，取试样3个。

（2）实验按照表6-8中条件进行，测试连续七个循环。

表6-8　热冷湿循环

循环顺序	1	2	3	4	5	6
温度（℃）	85±2	室温	-30±2	室温	38±2	室温
湿度（%）	—	—	—	—	95	—
持续时间（h）	5.5	2.5	5.5	2.5	5.5	2.5

（3）室温下目测试样，无分层、鼓包、异味、变色等外观缺陷，无影响外观和装配的尺寸变化。

九、耐热老化性能测试

（一）主要实验材料和仪器

麻纤维增强轻质板材，切割机，恒温箱。

（二）实验步骤

（1）取样：面积不少于500mm^2，试样3个。

（2）将试样放入恒温箱中。

（3）热处理：在（85±2）℃下加热 168h。

（4）取出放置至室温。

（5）室温下目测试样，无分层、鼓包、异味、变色等外观缺陷，无影响外观和装配的尺寸变化。

十、耐水性能测试

（一）主要实验材料和仪器

麻纤维增强轻质板材，蒸馏水或去离子水，水槽，切割机等。

（二）实验步骤

（1）取样：面积不少于 500mm^2，试样 3 个。

（2）将试样浸入常温去离子水中，试样完全投入水中 24h 后，取出晾干。

（3）室温下目测试样，无分层、鼓包、异味、变色等外观缺陷，无影响外观和装配的尺寸变化。

十一、阻燃性能测试（参照 GB 8410—2006）

（一）主要实验材料和仪器

麻纤维增强轻质板材，燃烧箱，试样支架，燃气灯，燃气，金属梳，秒表，温度计，钢板尺，通风橱等。

（二）实验步骤

（1）试样准备：标准试样形状和尺寸如图 6-18 所示，试样的厚度为零件厚度，但不超过 13mm。

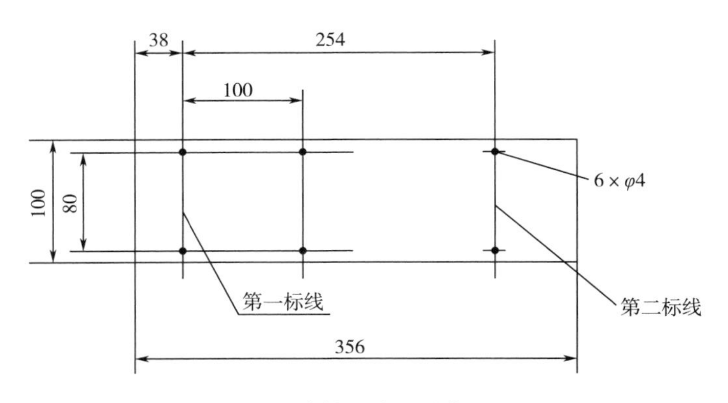

图 6-18　试样尺寸（单位：mm）

以不同种类材料进行燃烧性能比较时，试样必须具有相同尺寸（长、宽、厚），通常取样时必须使试样沿全长有相同的横截面。

当零件的形状和尺寸不足以制成规定尺寸的标准试样时，则应保证下列最小尺寸试样，但要记录：

①如果零件宽度介于3~60mm，长度应至少为356mm，在这种情况下试样要尽量接近零件的宽度。

②如果零件宽度大于60mm，长度应至少为138mm。此时，可能的燃烧距离相当于从第一标线到火焰熄灭时的距离或从第一条标线开始至试样末端的距离。

③如果零件宽度介于3~60mm，且长度小于356mm或零件宽度大于60mm，长度小于138mm，则不能按本标准实验；宽度小于3m的试样也不能按本标准进行实验。

（2）取样：应从被试零件上取下至少5块试样。如果沿不同方向有不同燃烧速度的材料，则应在不同方向截取试样，并且要将5块（或更多）试样在燃烧箱中分别实验。取样方法如下：

①当材料按整幅宽度供应时，应截取包含全宽并且长度至少为500mm的样品，并将距边缘100mm的材料切掉，然后在其余部分上彼此等距、均匀取样。

②若零件的形状和尺寸符合取样要求，试样应从零件上截取。

③若零件的形状和尺寸不符合取样要求，又必须按本标准进行实验，可用同材料同工艺制作结构与零件一致的标准试样（356mm×100mm），厚度取零件的最小厚度且不得超过13mm进行实验。此实验结果不能用于鉴定、认证等情况，且必须在实验报告中注明制样情况。

④若零件的厚度大于13mm，应用机械方法从非暴露面切削，使包括暴露面在内的试样厚度为13mm。

⑤若零件厚度不均匀一致，应用机械方法从非暴露面切削，使零件厚度统一为最小部分厚度。

⑥若零件弯曲无法制得平整试样时，应尽可能取平整部分，且试样拱高不超过13mm；若试样拱高超过13mm，则需用同材料同工艺制作结构与零件一致的标准试样（356mm×100mm），厚度取零件的最小厚度且不得超过13mm进行实验。

⑦层积复合材料应视为单一材料进行实验，取样方法同上。

⑧若材料是由若干层叠合而成，但又不属于层积复合材料，则应由暴露面起13mm厚之内所有各层单一材料分别取样进行实验，取样示例如图6-19所示。

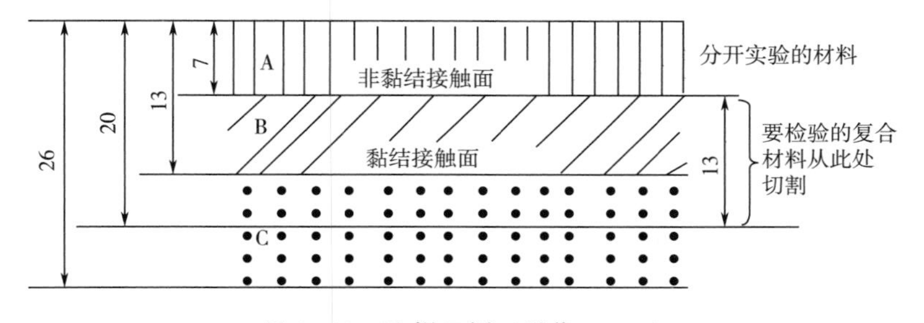

图6-19　取样示例（单位：mm）

如图 6-17 所示，材料 A 与材料 B 之间分界面未黏接，材料 A 单独进行实验。材料 B 在厚度 13mm 以内，且与材料 C 紧密结合，所以材料 B、C 应作为层积复合材料，切取 13mm 进行实验。

（3）预处理：实验前试样应在温度（23±2）℃和相对湿度 45%～55%的标准状态下状态调节至少 24h，但不超过 168h。

（4）将预处理过的试样取出，把表面起毛或簇绒的试样平放在平整的台面上，用金属梳在起毛面上沿绒毛相反方向梳两次。

（5）在燃气灯的空气进口关闭状态下点燃燃气灯，将火焰按火焰高度标志板调整，使火焰高度为 38mm。在开始第一次实验前，火焰应在此状态下至少稳定地燃烧 1min，然后熄灭。

（6）将试样暴露面朝下装入试样支架：安装试样使其两边和一端被 U 形支架夹住，自由端与 U 形支架开口对齐。当试样宽度不足，U 形支架不能夹住试样，或试样自由端柔软和易弯曲会造成不稳定燃烧时，才将试样放在带耐热金属线的试样支架上进行燃烧实验。

（7）将试样支架推进燃烧箱，试样放在燃烧箱中央，置于水平位置。在燃气灯空气进口关闭状态下点燃燃气灯，并使火焰高度为 38mm，使试样自由端处于火焰中引燃 15s，然后熄掉火焰（关闭燃气灯阀门）。

（8）火焰从试样自由端起向前燃烧，在传播火焰根部通过第一标线的瞬间开始计时。注意观察燃烧较快一面的火焰传播情况，计时以火焰传播较快的一面为准。

（9）当火焰达到第二标线或者火焰达到第二标线前熄灭时，同时停止计时，计时也以火焰传播较快的一面为准。若火焰在达到第二标线之前熄灭，则测量从第一标线到火焰熄灭时的燃烧距离。燃烧距离是指试样表面或内部已经烧损部分的长度。

（10）如果试样的非暴露面经过切割，则应以暴露面的火焰传播速度为准进行计时。

（11）燃烧速度的要求不适用于切割试样所形成的表面。

（12）如果从计时开始，试样长时间缓慢燃烧，则可以在实验计时 20min 时中止实验，并记录燃烧时间及燃烧距离。

（13）当进行一系列实验或重复实验时，下次实验前燃烧箱内和试样支架最高温度不应超过 30℃。

（14）计算：燃烧速度式（6-23）计算，燃烧速度以所测 5 块或更多样品的燃烧速度最大值为实验结果。

$$V = 60 \times \frac{L}{T} \tag{6-23}$$

式中：V——燃烧速度，mm/min；

L——燃烧距离，mm；

T——燃烧距离 L 所用的时间，s。

（15）结果表示：

①如果试样暴露在火焰中 15s，熄灭火源试样仍未燃烧，或试样能燃烧，但火焰达到

第一测量标线之前熄灭，无燃烧距离可计，则被认为满足燃烧速度要求，结果均记为 *A*—0mm/min。

②如果从实验计时开始，火焰在 60s 内自行熄灭，且燃烧距离不大于 50mm，也被认为满足燃烧速度要求，结果记为 *B*。

③如果从实验计时开始，火焰在两个测量标线之间熄灭，为自熄试样，且不满足步骤（2）项要求，则按步骤（14）要求进行燃烧速度的计算，结果记为 *C*—燃烧速度实测值 mm/min。

④如果从实验计时开始，火焰燃烧到达第二标线，或者存在步骤（12）情况（主动结束实验），则按步骤（14）要求进行燃烧速度的计算，结果记为 *D*—燃烧速度实测值 mm/min。

⑤如果出现试样在火焰引燃 15s 内已经燃烧并到达第一标线，则认为试样不能满足燃烧速度的要求，结果记为 *E*。

十二、层间剥离强度测试（参照 Q/JQ 5500—2012）

（一）主要实验材料和仪器

汽车顶棚内饰材料，裁剪器，织物强力机等。

（二）实验步骤

1. 取样

在幅面材料的纵向上取宽度为（50±1）mm、长度为 200mm 的试样 5 个，接着从幅面材料横向上再取 5 个试样。

2. 分层

顶棚各层，从试样的窄边开始，沿着平行于其表面方向对顶棚进行机械分离，分离长度至少 40mm，分离过程中各层本身不允许有明显的损坏。

如果各层难以分离，可将试样浸泡在适当的溶剂中或溶剂蒸气中，浸泡长度大约为 40mm，使其变得容易被分离。紧接着在不高于 70℃ 环境下干燥，去除溶剂，如果通过这种处理还不能使各层分离，那么实验就不可以进行。

若实验的覆盖层很薄且试样的强度低于分离力，可用无溶剂的聚氨酯胶把试样层与

层之间粘在一起来进行加强，然后用机械方法只将覆盖层进行分离，分离长度至少 40mm。

3. 拉伸

把分开的两层分别固定在实验机的夹钳中，然后拉开直至试样完全分离，夹钳的拉到速度为（100±10）mm/min，必须在报告中说明。

实验过程中，试样尚未被分离的一端应始终与拉力方向垂直，分离过程作为力—位移曲线被记录下来。

如果试样按照溶剂或溶剂蒸气分离的，固定在拉力实验机夹钳上以后，再拉分离约

40mm，才可进行分离实验。

如果产品是由多层组成，则要对产品进行至少2次取样实验，如果在第二次取样实验时，在分离过程中试样分离层被损坏，则第一次实验结果视为无效，应当从头开始实验。

注意事项

（1）预浸带厚度不能太厚。

（2）成型过程中，防止空气氧化对板材性能的影响。

（3）增强纱线选择粗纱，细度相似。

思考题

（1）成型工艺对板材机械性能有何影响？

（2）增强纱线含量对板材性能有何影响？

（3）与现有的玻璃纤维汽车内饰板相比，麻纤维汽车内饰板有何特点？

（4）影响麻纤维基汽车内饰板性能的主要因素有哪些？

实验33　热塑性高强纤维板的制备

一、玻璃纤维/聚丙烯织物基层压板的制备

玻璃纤维增强环氧树脂复合材料（GFRP）具有耐热、耐化学腐蚀及较高比强度、比模量和轻质等优异特性，广泛应用于航空航天、船舶、能源、汽车等工业领域。本实验以玻璃纤维（GF）增强聚丙烯（PP）混纤纱织物为基体，通过层压工艺制备板材，分析层压工艺参数对板材性能的影响。

（一）主要实验材料和仪器

GF/PP混纤纱机织物（2/2斜纹布，平纹布），平板硫化机，马弗炉等。

（二）实验步骤

（1）将6层180mm×200mm GF/PP机织物平铺置于模具内并合模，平纹织物、斜纹织物各6层。

（2）将含有复合材料的模具置于平板硫化机上，在一定的温度、压力、时间条件下进行层压成型。

（3）待模具冷却后脱模，得到层压复合板材。

（三）实验方案

（1）层压温度对板材性能的影响：层压压力为 9MPa，保压时间为 40min，层压温度分别设置为 180℃、200℃、220℃、240℃、260℃。

（2）成型压力对板材性能的影响：层压温度为 220℃，保压时间为 40min，成型压力分别为 3MPa、5MPa、7MPa、9MPa、12MPa。

（3）保压时间对板材性能的影响：层压温度为 220℃，层压压力为 9MPa，保压时间分别为 10min、25min、40min、55min、70min。

（4）冷却速度对板材性能的影响：成型温度为 220℃，成型压力为 9MPa，成型时间为 40min 时，冷却速度分别为 0.5℃/min、2.5℃/min、5℃/min、7.5℃/min、10℃/min。

二、MWCNTs/GF 增强环氧树脂板材的制备

多壁碳纳米管（MWCNTs）以其超高的模量和机械强度、优良的热传导性、密度小等优点，将 MWCNTs 引入传统玻璃纤维增强聚合物基复合材料，构建同时含有微米尺度和纳米尺度增强体的多尺度结构是实现复合材料低成本、高性能的有效手段之一。

由于 MWCNTS 表面呈化学惰性，相互之间存在较强的范德华力，且高比表面积和长径比使其极易团聚和缠绕，很难在树脂中均匀分散。更由于增强体的位阻作用，MWCNTs 难以均匀分布在增强体中。在纤维表面包覆 MWCNTs 可以使复合材料中 MWCNTs 分散均匀，有效改善纤维与树脂间的界面结合性能。

（一）主要实验材料和仪器

玻璃纤维单向织物（面密度 1200g/m^2），羧基化多壁碳纳米管，环氧树脂（LY1564），固化剂（A3486），γ-氨丙基三乙氧基硅烷（KH550），无水乙醇，VARIM 成型设备，多频超声波清洗器等。

（二）实验步骤

1. MWCNTs/GF 增强体的制备

（1）将 0.1g 的 KH550 缓慢滴入 100mL 无水乙醇中，搅拌 15min 后，加入 0.05g 羧基化多壁碳纳米管，超声 45min 后得到碳纳米管分散液。

（2）然后将 200mm×300mm 的玻璃纤维织物浸入分散液 15s，取出织物后置于 90℃的真空干燥箱中，8h 后得到静电吸附的增强体。

（3）将 0.05g 羧基化多壁碳纳米管直接超声分散于 100mL 无水乙醇中，取相同尺寸玻璃纤维织物浸渍、干燥后得到物理沉积的增强体。

2. MWCNTs/GF 增强环氧树脂板材的制备

（1）将两层或四层的 MWCNTs/GF 增强体封装于 VARIM 设备中，检查完真空袋气密性后保持真空待用。

（2）按照 100∶34 的比例分别称取 LY1564 和 A3486，加入 250mL 的烧杯中混合均匀后，将其置于真空干燥箱（40℃，真空度为 0.1MPa）中抽气 15min。

（3）室温下将树脂灌入纤维织物，灌注完毕关闭真空阀，并室温固化 24h，最后在 70℃下后固化 6h 得到复合材料。

三、CF/PPS 交织物基复合板的制备

具有优异的耐热性、阻燃性、介电性能、尺寸稳定性、耐化学腐蚀性等优点的聚苯硫醚（PPS）因其脆性大、耐冲击强度低需与纤维等增强材料复合改性，改善其力学性能和韧性。本实验以碳纤维纱（CF）为经纱，聚苯硫醚纤维为纬纱，采用交织法制得平纹布，然后通过模压成型工艺制备出碳纤维增强聚苯硫醚层压板。

（一）主要实验材料和仪器

3K 碳纤维纱（400D），聚苯硫醚纤维纱（400D），硅烷偶联剂（KH560），半自动打样机，平板硫化机。

（二）制备步骤

1. 织物织造

以 3K 碳纤维为经纱，以多股聚苯硫醚纤维为纬纱，通过半自动打样机织造平纹织物。

2. 织物退浆

目前商业级碳纤维上浆剂主要是环氧树脂类热固性上浆剂，由于其耐热性差，在高温下易分解，阻碍树脂浸渍，从而降低界面强度，因此需要将上浆剂去除。将交织物放入丙酮或质量分数为 10%的稀硝酸溶液中浸泡 24h，然后放入 80℃烘箱中烘 24h。

3. 织物偶联处理

分别配制浓度为 2%的 KH550、KH560、KH70 硅烷偶联剂溶液，并用醋酸调节 pH 值至 4. 5~5. 5。将退浆后织物放入硅烷偶联剂溶液中浸泡 4h，拿出晾干，待溶剂挥发后，放入 80℃烘箱中烘 24h。

4. 板材制备

对交织物进行裁剪，尺寸为 200mm×200mm，放入压制板材厚度为 4mm 的模具中，再用平板硫化机进行板材压制。

（三）实验方案设计

研究铺层层数、热压温度、热压时间、树脂含量和处理混编织物的硅烷偶联剂种类对复合板材力学性能的影响。

1. 不同铺层层数的复合板材的制备

在热压温度 330℃，热压时间 30min，树脂质量分数为 50%，硅烷偶联剂为 KH560 的条件下，改变铺层层数（分别为 14 层、16 层、18 层、20 层、22 层）制备不同铺层层数的复合板材。

2. 不同热轧温度下的复合板材的制备

在热压时间 30min，树脂质量分数为 50%，硅烷偶联剂为 KH560、铺层层数为 20 层的条件下，在分别在不同热压温度（300℃、310℃、320℃、330℃、340℃）下制备复合

板材。

3. **不同热压时间的复合板材的制备**

在热压温度330℃，树脂质量分数为50%，硅烷偶联剂为KH560、铺层层数为20层的条件下，分别热压不同时间（10min、20min、30min、40min、50min）下制备复合板材。

4. **不同硅烷偶联剂的含量的复合板材的制备**

在热压温度330℃，热压时间30min，硅烷偶联剂为KK560、铺层层数为20层的条件下通过调织物整浸渍次数和浸渍时间，制备硅烷偶联剂质量分数分别为30%、40%、50%、60%、70%的复合板材。

四、层间剥离强度测试

参考实验32的层间剥离强度测试步骤进行测试。

五、板材弯曲性强度和弹性模量测试

参考实验30的弯曲强度和弹性模量测定步骤进行测试。

注意事项

（1）所选纱线捻度不宜过大，如无捻长丝纱等。

（2）GF/PP混纤纱应为粗纱。

（3）平纹织物密度要尽可能小，形成网格。

（4）织物规格应尽量相似。

思考题

（1）多壁碳纳米管（MWCNTs）在复合板材中的作用是什么？

（2）织物组织对层压板材的力学性能有何影响？

（3）增强纤维材料的含量对复合材料有何影响？

实验34　空心微珠基浮力板材的制备

固体浮力材料已被广泛用于浮标、浅标、浮筒、浮缆、有缆遥控潜水器、无缆遥控潜水器、载人潜器、隔水管浮力块等领域。目前固体浮力材料主要是由低密度填充剂填充到热固性树脂中，空心玻璃微珠是最常用的填充剂，由于环氧树脂具有良好的黏结强度和耐腐蚀性、热稳定性强、吸水率低，因此被首选用来做固体浮力材料的基体。空心玻璃微珠/环氧树脂基固体浮力材料已成为研究热点，主要集中在提高抗压强度、降低吸水率和降低密度三个方面。固体浮力材料除了要满足强度高、密度小、吸水率低等要求外，还要满足韧性好、隔热隔声、阻燃、对环境无污染等要求。

一、空心玻璃微珠/环氧树脂浮力材料的制备

（一）主要实验材料和仪器

环氧树脂，正丁基缩水甘油醚（稀释剂），2-乙基-4-甲基咪唑（固化剂），空心玻璃微珠（平均粒径55μm），碳纤维，3-氨基丙基三乙氧基硅烷（又称γ-氨丙基三乙氧基硅烷，简称KH-550），浓硫酸，浓硝酸，丙酮，无水乙醇，去离子水，异丙醇，电子天平，数显游标卡尺，集热式恒温加热磁力搅拌器，脱泡搅拌机，超声清洗机，真空干燥箱，热压机，冷压机，电热鼓风干燥箱等。

（二）实验步骤

1. 空心玻璃微珠预处理

空心玻璃微珠与有机材料的相容性不好，可能会存在界面效应，所得产品比较脆，容易开裂，为改善玻璃微珠和树脂基体的相容性，对空心玻璃微珠表面进行硅烷偶联剂处理，具体步骤如下：

（1）将2份KH550分散到98份酒精水溶液（酒精浓度为90%）形成分散液。

（2）取50份空心玻璃微珠加入分散液中，移入三口瓶中并在80℃下回流搅拌4h，将上层白色块状物干燥、研碎，获得表面带有偶联剂的空心玻璃微珠。

2. 空心玻璃微珠/环氧树脂浮力材料的制备

（1）称取100份环氧树脂置于70℃的真空干燥箱中充分融化。

（2）加入12份稀释剂和6份固化剂。

（3）搅拌（搅拌时间为1min，转速为2000r/min，脱泡时间为30s）。

（4）分批加入预处理的空心玻璃微珠（空心玻璃微珠体积分数为60%）。

（5）搅拌，搅拌时间为2.5min，转速为2000r/min，脱泡时间为15s。

（6）均匀形成预混料。

（7）注入涂有脱模剂的模具中（长度50mm×宽度50mm×厚度20mm）。

（8）真空干燥（80℃×60min）。

（9）真空干燥（120℃×5min）。

（10）真空热压处理（压力为4MPa，120℃×175min）。

（11）固化成型。

（12）冷却至室温（5min，压力为4MPa）。

（13）脱模。

（14）样品。

二、碳纤维/空心玻璃微珠/环氧树脂浮力材料的制备

（1）浓硫酸和浓硝酸按照质量比 3∶1 进行混合。

（2）加入适量的碳纤维。

（3）室温下搅拌 10h。

（4）抽滤碳纤维。

（5）去离子水反复洗涤碳纤维表面直至滤液的 pH 为 7。

（6）真空干燥。

（7）研磨成粉。

（8）加入熔融环氧树脂（氧化碳纤维和环氧树脂质量比为 5∶95），磁力搅拌 1h，均匀形成预混料。

（9）制备固体浮力材料，方法与空心玻璃微珠—环氧树脂浮力材料的制备方法相同。

三、碳纳米管/碳纤维/空心玻璃微珠/环氧树脂浮力材料的制备

（1）将 0.5%的氧化碳纤维和 0.5%的氨基化碳纳米管置于烧杯中。

（2）加入 80mL 酒精和 1g 偶联剂，超声分散处理 72h。

（3）加入适量环氧树脂（CF—MWCNT 含量为 0.5%），并充分搅拌和超声分散。

（4）真空蒸干酒精，均匀形成预混料。

（5）形成固体浮力材料，方法与空心玻璃微珠/环氧树脂浮力材料的制备方法相同。

四、混杂功能化碳纳米管/空心玻璃微珠/环氧树脂浮力材料的制备

（一）聚乙二醇碳纳米管（CNT—PEG）

（1）PEG-400 加热熔融（100mL）。

（2）加入适量羧基化碳纳米管。

（3）磁力搅拌 1h。

（4）恒温超声振荡 24h。

（5）抽滤出 CNT—PEG。

（6）去离子水反复冲洗。

（7）真空干燥。

（8）研磨碎化。

（二）壳聚糖碳纳米管（CNT—CS）

（1）按质量比为 1∶3 称取壳聚糖与羧基化碳纳米管。

（2）置于 1%乙酸溶液在冰浴中充分搅拌混合。

（3）低温超声振荡 24h。

（4）抽滤出 CNT—CS。

（5）去离子水反复冲洗。

（6）真空干燥。

（7）研磨碎化。

（三）聚甲基苯基硅氧烷碳纳米管（CNT—PMPS）

（1）按质量比为 1∶5 称取聚甲基苯基硅氧烷与羧基化碳纳米管。

（2）置于 90%酒精溶液中在冰浴中充分搅拌混合。

（3）低温超声振荡 24h。

（4）抽滤出 CNT—PMPS。

（5）去离子水反复冲洗。

（6）真空干燥。

（7）研磨碎化。

（四）固体浮力材料的制备

（1）混杂功能化碳纳米管放入酒精中。

（2）超声振荡。

（3）加入环氧树脂。

（4）80℃磁力搅拌。

（5）80℃真空蒸干酒精。

（6）均匀形成预混料。

（7）固体浮力材料，方法与空心玻璃微珠/环氧树脂浮力材料的制备方法相同。

五、密度测定

（一）主要实验材料和仪器

浮力材料试样，电子天平，游标卡尺等。

（二）实验步骤

（1）用电子天平称取样品质量（m）。

（2）再用数显游标卡尺测得样品的长度、宽度和高度，计算样品体积（V）。

（3）由密度（ρ）公式 $\rho = m/V$ 计算出密度。

（4）每种样品测试 5 次，取其平均值作为最终实际密度。

六、压缩强度测试（参照 GB/T 8813—2020）

（一）主要实验材料和仪器

浮力材料试样，裁剪器，电子天平，游标卡尺，压缩实验机等。

（二）实验步骤

1. 试样准备

（1）尺寸：

①试样厚度应为（50±1）mm，使用时需带有模塑表皮的制品，其试样应取整个制品的原厚，但厚度最小为10mm，最大不得超过试样的宽度或直径。

②试样的受压面为正方形或圆形，最小面积为25cm^2，最大面积为230cm^2，首选使用受压面为（100±1）mm×(100±1）mm的正四棱柱试样。

③试样两平面的平行度误差不应大于1%。

④不允许几个试样叠加进行实验。

⑤不同厚度的试样测得的结果不具可比性。

（2）制备：制取试样应使其受压面与制品使用时要承受压力的方向垂直。如需了解各向异性材料完整的特性或不知道各向异性材料的主要方向时，应制备多组试样。通常，各向异性材料的特性用一个平面及它的正交面表示，因此考虑用两组试样。制取试样应不改变泡沫塑料材料的结构，制品在使用中不保留模塑表皮的，应除去表皮。

（3）数量：从硬质泡沫塑料制品的块状材料或厚板中制取试样时，取样方法和数量应参照有关泡沫塑料制品标准的规定。在缺乏相关规定时，至少要取5个试样。

（4）状态调节：温度（23±2）℃，相对湿度（50±10）%，至少调节6h。

2. 实验测试

实验条件应与试样状态调节条件相同。测量每个试样的三维尺寸，将试样放置在压缩实验机的两块平行板之间的中心，尽可能以每分钟压缩试样初始厚度h_0的10%的速率压缩试样，直到测得压缩强度σ_m或10%相对变形时压缩应力σ_{10}。

如果要测定压缩弹性模量，应记录力—位移曲线，并画出曲线斜率最大处的切线。

3. 压缩强度计算

压缩强度σ_m（MPa），按式（6-24）计算。

$$\sigma_m = 10^3 \times \frac{F_m}{A_0} \tag{6-24}$$

式中：F_m——相对形变$\varepsilon<10\%$时的最大压缩力，N；

A_0——试样初始横截面积，mm^2。

4. 相对形变计算

将力—位移曲线上斜率最大的直线部分延伸至力零位线，其交点为“形变零点”，测量从“形变零点”至用来计算形变的整个位移。

如果力—位移曲线上无明显的直线部分或用这种方法获得的“形变零点”为负值，则不采用这种方法。此时，“形变零点”应取压缩应力为（250±10）Pa所对应的形变。

相对形变ε_m（%），按式（6-25）计算。

$$\varepsilon_m = \frac{\chi_m}{h_0} \times 100 \tag{6-25}$$

式中：χ_m——达到最大压缩力时的位移，mm；

h_0——试样初始厚度，mm。

5. 压缩应力计算

相对形变为 10%时的压缩应力 σ_{10}（MPa），按式（6-26）计算。

$$\sigma_{10} = 10^3 \times \frac{F_{10}}{A_0} \tag{6-26}$$

式中：F_{10}——使试样产生 10%相对形变的力，N；

A_0——试样初始横截面积，mm^2。

6. 压缩弹性模量的计算

压缩弹性模量 E（MPa），按式（6-27）及式（6-28）计算。

$$E = \sigma_t \times \frac{h_0}{x_t} \tag{6-27}$$

$$\sigma_t = 10^3 \times \frac{F_t}{A_0} \tag{6-28}$$

式中：F_t——在比例极限内的压缩力（力—位移曲线中有明显的直线部分），N；

x_t——F_t 时的位移，mm。

七、吸水性能测试（参照 GB/T 1034—1998）

（一）主要实验材料和仪器

待测试样，天平，烘箱，容器（20mm×20mm×20mm），干燥器，刻度尺等。

（二）实验步骤

方法 1：23℃水中吸水量的测定

（1）将试样放入（50.0±2.0）℃烘箱内干燥至少 24h，然后在干燥器内冷却至室温，称量每个样品，精确至 0.1mg（质量 m_1），重复本步骤至试样的质量变化在±0.1mg 内。

（2）将试样放入盛有蒸馏水的容器中，根据相关标准规定，水温控制在（23.0±1.0）℃或（23.0±2.0）℃。如无相关标准规定，公差为±1.0℃。

（3）浸泡（24±1）h 后，取出试样，用清洁干布或滤纸迅速擦去试样表面所有的水，再次称量每个试样，精确至 0.1mg（质量 m_2）。试样从水中取出后，应在 1min 内完成称量。

（4）若要测量饱和吸水量，则需要再浸泡一定时间后重新称量。标准浸泡时间通常为 24h、48h、96h、192h 等。经过这其中每一段时间±1h 后，从水中取出试样，擦去表面的水并在 1min 内重新测量，精确至 0.1mg。

方法 2：沸水中吸水量的测定

（1）将试样放入（50.0±2.0）℃烘箱内干燥 24h，然后在干燥器内冷却至室温，称量每个样品，精确至 0.1mg（质量 m_1），重复本步骤至试样的质量变化在±0.1mg 内。

（2）将试样完全浸入盛有沸腾蒸馏水的容器中。浸泡（30±2）min 后，从沸水中取出试样，放入室温蒸馏水中冷却（15±1）min。取出后用清洁干布或滤纸擦去试样表面的水，再次称量每个试样，精确至0.1mg（质量 m_2）如果试样厚度小于1.5mm，在称量过程中会损失能测出的少量吸水，最好在称量瓶中称量试样。

（3）若要测量饱和吸水量，则需要每隔（30±2）min重新浸泡和称量，在每个间隔后，试样都要如上所述从水中取出，在蒸馏水中冷却，擦干和称量。

（4）重复浸泡和干燥后可能形成裂缝。如果是这样，在实验报告中注明首次发现裂缝的实验周期数。

方法3：浸水过程中水溶物的测定

（1）如果已知或怀疑材料中含有水溶物，则需要用材料在浸水实验中失去的水溶物对吸水性进行校正。

（2）完成浸水后，经干燥步骤一样重复至试样的质量恒定（质量 m_3），如果 $m_3<m_2$，则需要考虑在浸水实验中水溶物的损失。对于这类材料，吸水性应该用在浸水过程中增加的质量与水溶物的质量和来计算。

方法4：相对湿度50%环境中吸水量的测定

（1）将试样放入（50.0±2.0）℃烘箱内干燥24h，然后在干燥器内冷却至室温，称量每个试样，精确至0.1mg（质量 m_1），重复本步骤至样品的质量变化在±0.1mg内。

（2）根据相关标准规定，将试样放入相对湿度为（50±5）%的容器或房间内，温度控制在（23.0±1.0）℃或（23.0±2.0）℃。如无相关标准规定，温度控制在（23.0±1.0）℃。

（3）放置（24±1）h后，称量每个试样，精确至0.1mg（质量 m_2），试样从相对湿度为（50±5）%的容器或房间中取出后，应在1min内完成称量。

（4）若要测量饱和吸水量要将试样再放回相对湿度50%的环境中，按照方法1给出的称量步骤和时间间隔进行。

（5）吸水质量分数计算：计算每个试样相对于初始质量的吸水质量分数，用式（6-29）或式（6-30）计算，实验结果以在相同暴露条件下得到的三个结果的算术平均值表示。

$$c = \frac{m_2 - m_1}{m_1} \times 100\% \tag{6-29}$$

或：

$$c = \frac{m_2 - m_3}{m_1} \times 100\% \tag{6-30}$$

式中：c——试样的吸水质量分数，%；

m_2——浸泡后试样的质量，mg；

m_1——浸泡前干燥后试样的质量，mg；

m_3——浸泡和最终干燥后试样的质量，mg。

在某些情况下，需要用相对于最终干燥后试样的质量表示吸水百分率，用式（6-31）计算。

$$c = \frac{m_2 - m_3}{m_3} \times 100\% \tag{6-31}$$

注意事项

（1）空心玻璃微珠的粒径对固体浮力材料胶液黏度有一定影响，粒径较大的胶液黏度相对略低。

（2）碳纤维的长度影响其中复合材料的分布，进而影响浮力材料的力学性能，要通过预实验选择合适长度的碳纤维。

（3）当材料的吸水率大于或等于1%时，样品需要精确称量至±1mg，质量波动允许范围为±1mg。

①实验前应小心干燥试样。如在50℃，需要干燥1~10d，确切的时间依赖于试样厚度。

②在浸水过程中为了避免水中的溶出物变得过浓，试样总表面积每平方厘米至少用8mL蒸馏水，或每个试样至少用300mL蒸馏水。

③将每组三个试样放入单独的容器内完全浸入水中或暴露在相对湿度为50%环境中（方法4）。组成相同的几个或几组试样在测试时，可以放入同一容器内并保证每个试样用水量不低于300mL。但试样之间或试样与容器之间不能有接触面，建议使用不锈钢栅格，以确保每个试样之间的距离。对于密度低于水的样品，样品应放在带有锚的不锈钢栅格内浸入水中，注意样品表面不要接触锚。

④浸入水中的时间经相关方协商可采用更长时间。对此应采用下列措施：

a. 在23℃水中实验时，每天至少搅动容器中的水一次。

b. 在沸水中实验时，应经常加入沸水以维持水量。

⑤在称量时试样不应吸收或释放任何水，试样应从暴露环境取出（如需要，除去任何表面水）后立即称量，对于薄试样和高扩散系数的材料尤其应当小心。

思考题

（1）非共价修饰剂改性羧基化碳纳米管表面，有何目的和意义？

（2）混杂功能化碳纳米管对固体浮料压缩强度有何影响？

（3）修饰过的碳纤维对浮力材料性能有何影响？

实验35　间隔型织物增强复合板材的制备

间隔织物由于具有上下面层结合中间间隔纱的特殊三维立体结构，常被用作复合材料的增强体。间隔织物具有良好的缓冲性能，其作为复合材料的增强体可以较为明显地提升材料的各项力学性能，同时间隔织物良好的结构整体性简化了复合材料的生产工艺，有利于工业化生产。

一、角联锁结构织物复合板材的制备

机织三维角联锁结构织物具有设计性强、强度高和耐冲击等特点，选择机织三维角联锁结构织物作为增强材料，通过将其与树脂复合，制备力学性能优异的复合板材。

（一）主要实验材料和仪器

210tex 涤纶线（捻系数为 94），197 双酚 A 型不饱和聚酯树脂，全自动剑杆织机，电子精密天平，不锈钢水环式真空泵等。

（二）间隔织物的设计与织造

以线密度为 210tex 的涤纶线为原料，3 层、5 层和 8 层机织三维角联锁结构织物结构如图 6-20 所示，织物设计参数如下：

总经纱根数	130
穿筘	每筘齿入 1 根经纱
经密/(根·$10cm^{-1}$)	85
纬密/(根·$10cm^{-1}$)	120

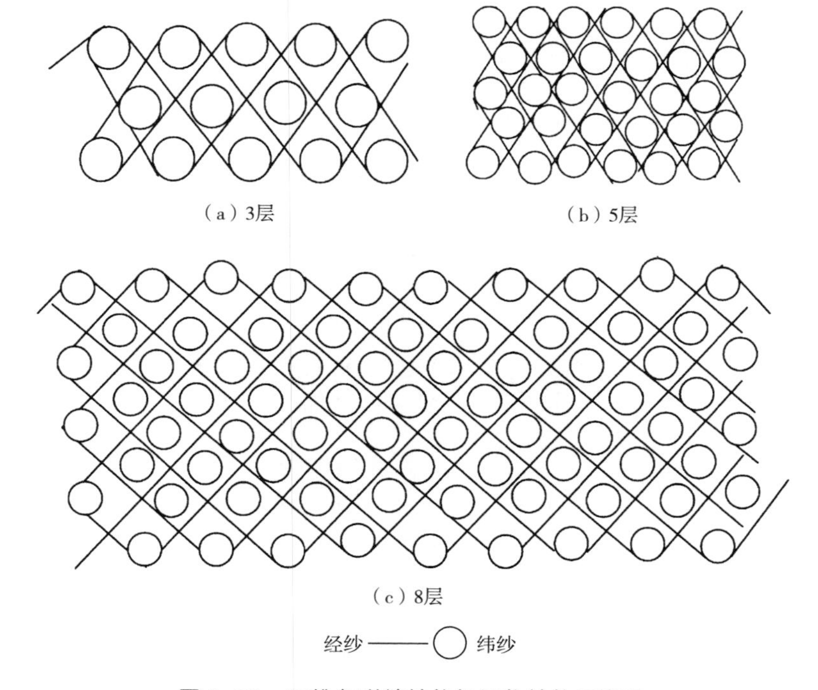

图 6-20　三维角联锁结构机织物结构示意图

（三）复合板材的制备步骤

采用真空灌注法制备复合板材。

（1）准备密封袋模具和吸入管：吸入管的一端置于密封袋模具的上端，另一端置于温度为60℃、黏度较小的熔融态树脂中。密封袋模具的底端插入一根真空管，真空管通过接入中间辅助袋后与真空泵连接，利用真空泵产生的负气压将熔融态树脂吸入密封袋模具中，对织物进行注脂。

（2）降温至20℃使树脂凝固，2h后去除密封袋模具，即制得结构织物复合板材。

（四）实验方案

1. 不同纤维含量的结构织物复合板的制备

通过改变树脂的用量，制备单位体积纤维含量为35%、45%、50%、55%和60%的5层结构织物复合板材，以及相同单位体积纤维含量的纤维随机分布复合板材。

2. 不同层数结构织物复合板的制备

制备单位体积纤维含量为55%的不同层数（3层、5层、8层）的结构织物复合板材。

二、间隔机织物结构对复合板材

（一）主要实验材料和仪器

1111dtex/192f高强低伸型涤纶长丝纱线，环氧树脂，聚酰胺树脂，多亚甲基多苯基多异氰酸酯，组合聚醚，模具，玻璃板，无水乙醇，天平，织机等。

（二）织物的制备

1. 织物设计

平纹作为面层组织的间隔织物的经向截面如图6-21所示，在上下两层织物之间采用经纱连接，连接经纱与上下面层之间采用“W”形固结，其他组织的设计原理基本相同。

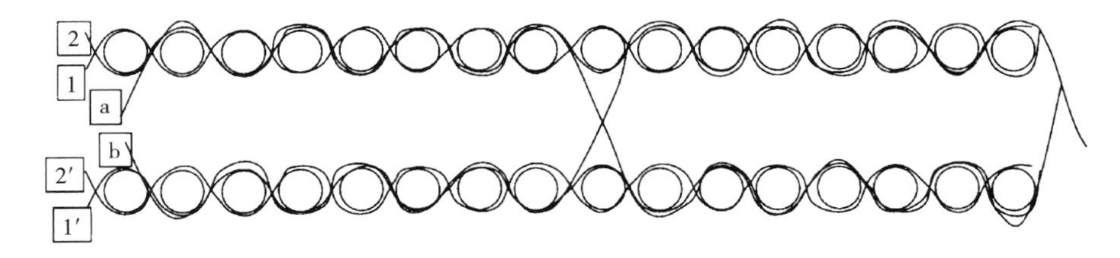

图6-21　间隔织物截面图

1，2—上层经纱　1′，2′—下层经纱　a，b—两根接结纱　○—纬纱

2. 织物设计参数

上下两面层间的厚度/mm	15
接结纱经纬向隔距/mm	10
经纱完全循环/根	16
纬纱完全循环/根	32
面层组织经纱密度/(根·$10cm^{-1}$)	80
地径与连接经排列比	14∶2

按照截面图设计织物上机图并进行织造。

（三）织物填充

（1）采用模具将间隔机织物固定，保证上下面层平整，且使间隔空腔充分打开。

（2）将组合聚醚和多亚甲基多苯基多异氰酸酯以 1∶1 的比例混合搅拌（300r/min）10s，混合均匀后迅速填充到间隔织物内，材料在模具中迅速发泡成型，合理控制填充密度为 0.09g/cm^3。

（3）10min 后卸去模具，完成填充。

（四）填充织物固化

（1）选用环氧树脂作为基体材料、聚酰胺树脂作为固化剂。将环氧树脂和聚酰胺树脂按 1∶1 的比例倒入同一个容器中，同时加入树脂总质量 10%的无水乙醇作为稀释剂搅拌均匀。

（2）调节黏度适中后采用手糊法对填充织物进行树脂复合，控制复合树脂量为 750g/m^2。

（3）平铺于干净的玻璃板上常温固化 24h。

三、板材的弯曲性能测试

参照实验 29 的弯曲性能测试步骤进行测试，将材料裁成长宽高为 17cm×2cm×1.5cm 的测试样。实验设备采用电子万能实验机，测试速度为 30mm/min。

四、板材拉伸性能测试

参照实验 25 的拉伸性能测试步骤进行测试。

五、冲击性能测试

参照实验 30 冲击韧性性能测试步骤进行测试，冲击试样根据标准裁剪成 100mm×60mm 的尺寸，冲击位置均为四个接结点中间的非接结位置。

六、侧压性能测试（参照 GB/T 1454—2021）

（一）主要实验材料和仪器

试样，游标卡尺，裁剪器，板材压力实验机等。

（二）实验步骤

（1）试样准备：形状尺寸见图 6-22，厚度与夹层结构制品厚度相同，推荐芯子厚度 15mm，面板厚度 0.5～1mm；推荐试样宽度 60mm，对于蜂窝、波纹等格子型芯材宽度至少应该包括 4 个完整格子；试样无支承的高度应不大于厚度的 8 倍，$t:b:H$ 为 1∶4∶6。支承高度 h 为 10～20mm；推荐试样长度为 100m。

（2）将合格试样编号，测量试样任意三处的宽度、厚度，取算术平均值。面板厚度取名义厚度或同一批试样的平均厚度。

（3）将试样两端装在支承夹具中，夹持距离70mm，轻旋螺丝至使试样不致落下，然后放在实验机的球形支座上，注意对中，调整实验机零点。

（4）设置参数，最大位移8mm，加载速度0.5~2.0mm/min。

（5）测定侧压强度时，调整球形支座，使试样两面板均匀受压，然后匀速加载直至破坏，记录破坏载荷和破坏形式。

（6）测定侧压模量和泊松比时，在试样无支承部位居中两侧对称地安装上纵向和横向变形计，然后放在实验机上、下压头之间，调整球形支座，使两面板均匀受力，施加初载（破坏载荷5%左右），调整变形计的零点，加载至最大载荷的15%，观察变形测量仪器读数，若两侧的读数差距超过均值的10%，调整支座重新加载以0.5~2.0mm/min匀速加载至破坏载荷的40%~50%，记录载荷—变形数据。

（7）有明显内部缺陷或端部挤压破坏的试样，应予作废，同批有效试样不足5个时，应重做实验。

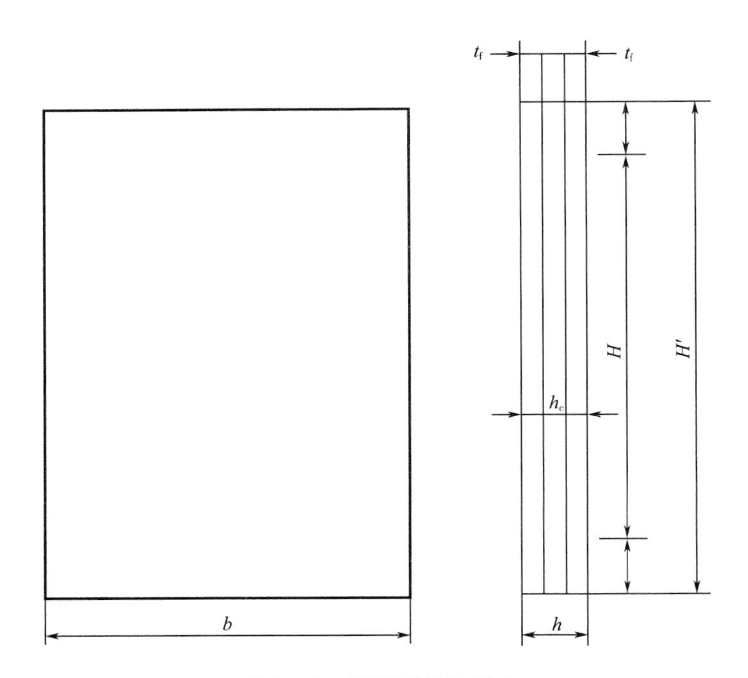

图6-22　试样形状和尺寸

H'—试样总高度　H—试样无支承高度　d—支承高度　b—试样宽度　h—试样厚度　t_f—面板厚度　h_c—芯子厚度

（8）夹层结构强度：按式（6-32）计算。

$$\sigma_b = \frac{P_b}{b \times h} \tag{6-32}$$

式中：σ_b——夹层结构侧压强度，MPa；

P_b——破坏载荷，N。

（9）夹层结构侧压弹性模量：按式（6-33）计算。

$$E = \frac{l \times \Delta P}{b \times h \times \Delta l} \tag{6-33}$$

式中：E——夹层结构侧压弹性模量，MPa；

l——变形计标距，mm；

ΔP——载荷—变形曲线上初始直线段的载荷增量值，N；

Δl——对应于 ΔP 标距 l 的变形增量值，mm。

（10）面板的侧压强度：按式（6-34）计算。

$$\sigma_{\mathrm{f}} = \frac{P_{\mathrm{b}}}{2b \times t_{\mathrm{f}}} \tag{6-34}$$

式中：σ_{f}——面板的侧压强度，MPa；

t_{f}——面板厚度，mm。

（11）面板的侧压弹性模量：按式（6-35）计算。

$$E_{\mathrm{f}} = \frac{l \times \Delta P}{2b \times t_{\mathrm{f}} \times \Delta l} \tag{6-35}$$

式中：E_{f}——面板侧压弹性模量，MPa。

注：σ_{f}、E_{f} 的计算公式中已略去芯子本身的强度和弹性模量。

（12）泊松比：按式（6-36）计算。

$$\mu = \frac{l_1 \times \Delta l_2}{l_2 \times \Delta l_1} \tag{6-36}$$

式中：μ——夹层结构或面板的泊松比；

l_1，l_2——纵向、横向变形计标距，mm；

Δl_1，Δl_2——对应于标距 l_1 和 l_2 内的变形增量值，mm。

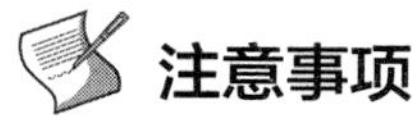

注意事项

（1）根据产品的具体用途，合理选择原料和制备方法，设计产品参数。

（2）织物表面的除杂和改性，有利于复合。

思考题

（1）能否将织物中的部分纱线替换成不锈钢丝，形成不锈钢网络结构，开发电磁屏蔽功能的板材？

（2）比较两种结构织物板材的优缺点。

参考文献

[1] 张一风，李贵阳．再生聚酯/聚丙烯纤维复合板材的制备与研究［J］．产业用纺织品，2015（3）：26-29.

[2] 李丛滩，吕丽华，崔永珠，等．废弃棉麻/聚氨酯阻燃保温板的制备及性能［J］．大连工业大学学报，2015，34（4）：250-253.

[3] 孙照斌，张国粱，王新建．废弃纺织物/木刨花复合板制备工艺［J］．林业科技开发，2012，26（4）：102-105.

[4] 唐启恒，郭文静．三聚氰胺聚磷酸盐/次磷酸铝对高密度纤维板阻燃和力学性能的影响［J］．材料导报，2021，35（16）：16166-16171.

[5] Kamble Z，Behera B K. Sustainable hybrid composites reinforced with textile waste for construction and building applications［J］. Construction and Building materials，2021，284（12）：1-11.

[6] 宋孝金，叶忠华，叶友章，等．福建省几种竹材在纤维板工业上的利用研究［J］．木材加工机械，2000（3）：3-7.

[7] 李晓平，施静波，潘明珠．蓖麻秆制造人造板研究初探［J］．林业科技开发，2008，22（3）：77-79.

[8] 白化奎，纪良．苎麻增强木材纤维压制纤维板初探［J］．林业机械与木工设备，2008，36（10）：27-29.

[9] 鲍洪玲，王新明，田静．木塑复合纤维板生产工艺研究［J］．中国人造板，2021，28（2）：22-25.

[10] 肖瑞，龚迎春，李晓平，等．水泥对工业大麻秆纤维板性能的影响［J］．西南林业大学学报，2014（6）：104-106.

[11] 朱德举，高炎鑫，李高升，等．玄武岩织物增强水泥基复合材料拉伸力学性能［J］．湖南大学学报（自然科学版），2018，45（9）：38-45.

[12] 王丽娜，龙飞，李阳，等．真空挤出成型工艺制备纤维水泥板的研究［J］．混凝土世界，2020（3）：74-77.

[13] 蔡静平，刘露，陈鑫涛，等．剑麻纤维增强膨胀玻化微珠/酚醛树脂复合保温板的研究［J］．新型建筑材料，2012（4）：19-22，57.

[14] 高春燕．黄麻/聚丙烯纤维板成型工艺及阻燃性能研究［D］．上海：东华大学，2005.

[15] 魏有堂，张璐，刘丽妍，等．聚丙烯/亚麻复合材料的制备及其冲击性能的研究［J］．中国塑料，2016，30（4）：45-48.

[16] 刘丽妍，宋雪飞，樊金海．制备工艺对黄麻/聚丙烯针织复合材料性能的影响［J］．纺织学报，2013，34（1）：46-49.

[17] 曾铮，郭兵兵，孙天，等．连续玻璃纤维增强聚丙烯混纤纱织物层压成型工艺研究［J］．玻璃钢/复合材料，2018（1）：79-84.

[18] 曾少华，申明霞，段鹏鹏，等．碳纳米管玻璃纤维织物增强环氧复合材料的结构与性能［J］.

材料工程，2017，45（9）：38-44.
[19] 张佳新，梅启林 .CF/PPS 编织复合材料的制备及力学性能研究［J］. 复合材料科学与工程，2020（1）：76-81.
[20] 王瑛，段景宽，杨小瑞，等 . 环氧树脂/空心玻璃微珠复合浮力材料制备及性能［J］. 工程塑料应用，2020，48（9）：44-48.
[21] 王耀声，亚斌，周秉文，等 . 碳纤维增强固体浮力材料性能研究［J］. 功能材料，2018，49（8）：8205-8210.
[22] 王耀生 . 先进碳材料增强固体浮力材料［D］. 大连：大连理工大学，2019.
[23] 杨治强 . 轻质高强空心微珠/纳米管/环氧复合材料的结构与性能研究［D］. 天津：天津大学，2011.
[24] 王瑛，段景宽，杨小瑞，等 . 环氧树脂/空心玻璃微珠复合浮力材料制备及性能［J］. 工程塑料应用，2020，48（9）：44-48.
[25] 张默，贺晓亚 . 机织三维角联锁结构织物复合板材的制备与力学性能研究［J］. 产业用纺织品，2021，39（2）：14-17.
[26] 孙云娟，贾立霞，李瑞洲，等 . 间隔织物面层组织对其增强板材性能的影响［J］. 产业用纺织品，2011（12）：20-23.

第七章　车用纺织品的制备

汽车用纺织品可分为装饰性车用纺织品和功能性车用纺织品两大类。装饰性车用纺织品起装饰作用，给人舒适温馨的乘车环境，增加汽车豪华感，主要用于车顶、门饰、护壁、窗帘、座椅面料、地毯、篷盖布等。功能性车用纺织品起某种功能作用，对提高汽车轻量化、安全性、环保性等有重要意义，主要用于遮阳板、门窗封条、安全带、安全气囊、过滤材料、轮胎、行李箱、发动机壳等构件中的复合材料。在实际应用中，汽车用纺织品可以兼具装饰性和功能性。

实验 36　轮胎帘子布的制备

帘子布是粗的帘子线和细的稀疏排列的纬纱交织的机织布。帘子线由若干根加有捻度的长丝经复捻制成，各股长丝的捻向和帘子线的捻向相反。加捻帘子线的设备分三类：环锭捻线机、直捻机和倍捻机。帘子线的捻度一般较高，可达 400 捻/m 左右。以帘子线作经纱，配以密度稀疏的纬纱（40~80 根/m），在剑杆、喷气或有梭织机上织成帘子布。纬纱的主要作用是在帘子布处理过程中保持经纱的间隔距离，如在上橡胶和压延加工时，相对较细的纬纱可防止经纱错位，而对帘子布层和轮胎的性能均不起作用。

帘子布要先经黏结压延涂胶约 1mm 厚，再经热定型改善物理性能。一旦经纱固定于橡胶中，纬纱就失去了作用，在以后的制作过程中帘子线的分布位置则随轮胎的形态而变化，实际上这时纬纱的存在可能对轮胎受力分布的均匀性和帘子布的几何形状产生不利影响。为了避免出现这种情况，可把纬纱拉断或采用伸长较大的纬纱。伸长较大的纬纱可选用包芯纱，纱芯为尼龙或聚酯纤维未拉伸丝，伸长可达 200%，外层为棉纤维。延伸性很强的纱芯能确保轮胎成型时经纱排列均匀，外层纤维则提供足够的刚性，使帘子布能够经受处理和压延工序，而后在轮胎成型时断裂。

帘子布组织采用普通的平纹结构，帘子线按一定的经密排列，以使每根帘子线都有橡胶隔离，避免使用中的互相摩擦。帘子布的纬线只对经线起固定、支撑作用，故纬密很低，目前涤纶轮胎帘子布加工的工艺流程如图 7-1 所示。

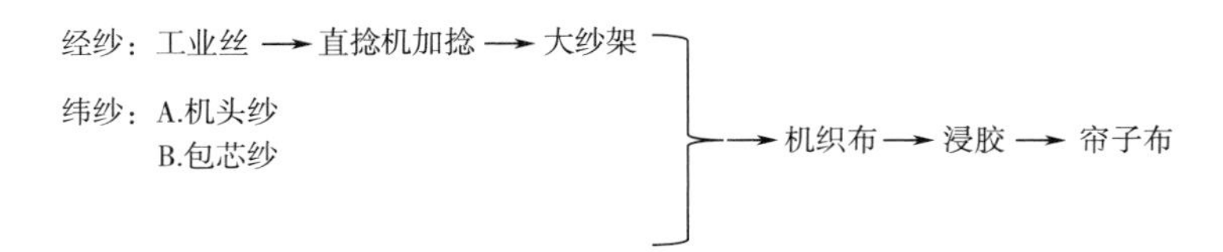

图 7-1　直捻机加大纱架帘子布工艺流程

1. 捻线工艺

加工设备直捻机。

原丝	166.7tex（1500 旦）PET
初捻	（400±10）捻/m，Z 捻
复捻	（400±10）捻/m，S 捻

2. 织造工艺参数

织机	喷气织机
经纱	166.7tex（1500 旦）/2，400 捻/m，S 捻
纬纱	20^s 涤纶包芯纱
机头纱	32tex/2 玻璃丝+29tex/4 棉纱
经密	93.6 根/10cm
纬密	8 根/10cm
机头纱纬密	55 根/10cm
中间过渡纱密度	20 根/10cm
坯布幅宽	154cm
白坯布长度/m	1735
织机速度/($r \cdot min^{-1}$)	650±50
纬缩率/%	3.6
织机上机综片数/页	4
筘号	90，通入数为 1
组织结构	平纹

3. 织造工艺流程

纱架→集丝板→喂入装置→加压辊→导纱辊→后梁→经停机构→综框→钢筘→卷曲辊。

4. 坯布的织法（图 7-2）

（1）先织 1m 的小样，小样的两端各留有 10cm 台边，起到固定小样的作用。

（2）再织造 30cm 的台边后开始织造白坯布。

（3）到最后同样织造 30cm 的台边以及和前面一样的小样，以便进行再测试以确定产品达到各项标准。

（4）织造白坯布时应注意每架纱第一卷头、卷尾留坯布样，布头快侧，合格后开机。

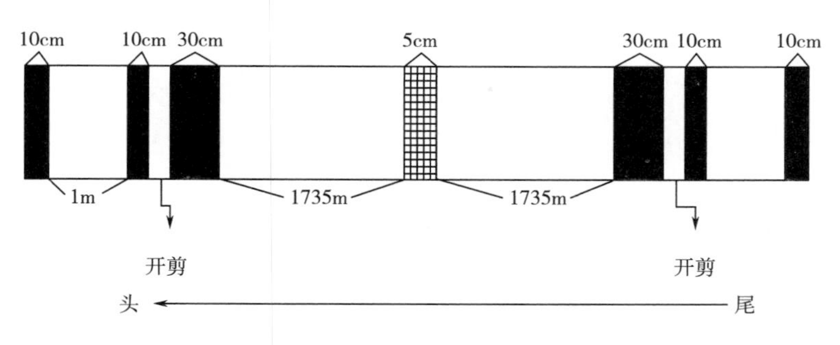

图 7-2　坯布织法

一、摩托车轮胎用锦纶帘子布的制备

采用特殊的纱线、组织结构、浸胶工艺，旨在开发具有高强、高模、低伸、耐热、耐疲劳、抗冲击等特性的摩托车轮胎骨架材料。

(一) 主要实验材料和仪器

锦纶纱 930dtex/2，棉纱 30 支，己内酰胺（分子量：19100±300），聚合反应釜，切粒机，纺牵联合机，捻线机，剑杆帘子布机，浸胶机等。

(二) 织造工艺参数

幅宽/英寸	58
经纱锦纶 6/dtex	930/2
纬纱棉纱/支	30
经密/(根·英寸$^{-1}$)	28
纬密/(根·英寸$^{-1}$)	4
捻度/(捻·m^{-1})	280

(三) 织造工艺流程

熔融→聚合→萃取→干燥→纺丝牵伸→捻线→织造→浸胶→检验→包装。

(四) 制备步骤

1. 聚合

聚合系统采用直径为 1200mm 聚合管，联苯循环加热技术，分为前聚加压、后聚减压两个阶段。

(1) 前聚：熔融的己内酰胺在一定的压力、温度下根据配比加入适量的开环剂，发生水解开环反应。

(2) 后聚：在抽真空状态下，迅速提高缩聚反应速度，以去除水分和减少低聚物的生成。

开环剂的配比、前聚压力、后聚抽真空是本工序技术关键所在，开环剂的加入量、前聚加压能有效控制反应的进程，后聚抽真空能保持聚合分子量的稳定和抑制低聚物的产生。

2. 注带

聚合熔体经计量泵定量注入注带组件，形成细流，经水槽冷却冷凝固化，经切粒机切成大小均一的切片颗粒。

本工序的技术关键为水槽冷却水温度的控制，采用先冷却后保温多级温度控制点和逆流循环水控制装置，既可防止带条的发软和切片的白芯现象，又可提高切片的结构均匀性，避免了纺丝硬头丝的出现，同时循环水的利用有效节约了水资源，降低了污染。

3. 干燥

采用热氮气循环加热去湿技术，通过控制氮气的含氧量、含湿量、温度、流量等工艺参数，使切片含水率降到0.03%以下。

4. 纺丝

在纺丝工序中，干切片经输送系统进入纺牵联合机，在螺杆作用下加热熔融，经纺丝组件、喷丝板形成均匀稳定的熔体细流，在恒温、恒湿的骤冷室甬道中迅速凝固成为细丝，细丝再经过导丝辊不同的牵伸（牵伸倍数为5.08）、交络、定型，形成一定规格的牵伸丝。

5. 捻线

为满足机车类用帘子布对H抽出的特殊性能需要，捻线捻度设计为（280±15）捻/m。

6. 织造

布幅/cm	161±1
经纬密度	58×28
纬纱/支	棉纱（30）
经纱/dtex	锦纶6（930/2）
组织结构	平纹

7. 浸胶

速度为35m/min。

二、轿车轮胎用涤纶帘子布的制备

采用高模低收缩涤纶工业丝加捻而成的股线作经线，用中、细支单纱作纬，帘子布制织后浸胶，旨在开发单层子午胎帘子布轿车轮胎，具有重量轻、省油和车速快等优点。

（一）主要实验材料和仪器

（1）经纱：高模低收缩涤纶工业丝1667dtex/2，捻度为400捻/m，捻向为S捻。

（2）纬纱：26tex弹性纬纱。

（3）机头纱：棉纱29tex/4+玻璃丝32tex/2。

（4）直捻机、喷气织机等。

（二）织造工艺参数

1. 捻线工艺

初捻	（400±10）捻/m，Z 捻
复捻	（400±10）捻/m，S 捻

2. 织造工艺

经纱	166.7tex（1500 旦）/2，400 捻/m，S 捻
纬纱	20^s 涤纶包芯纱
机头纱	32tex/2 玻璃丝+29tex/4 棉纱
经密	93.6 根/10cm
纬密	8 根/10cm
机头纱纬密	55 根/10cm
中间过渡纱密度	20 根/10cm
坯布幅宽	154cm
白坯布长度/m	1735
织机速度/($r \cdot min^{-1}$)	650±50
织机弹簧张力/N	11
经纱收缩率/%	1.5
纬缩率/%	3.6
织机上机综片数/页	4
筘号	90 齿，通入数为 1
组织结构	平纹

3. 织造工艺流程

纱架→集丝板→喂入装置→加压辊→导纱辊→后梁→经停机构→综框→钢筘→卷曲辊。

（三）浸胶步骤

浸胶的目的在于调节延伸，提高尺寸稳定性及与橡胶的黏合性能。典型的浸胶方式是二浴浸胶，在第一浴中按美国杜邦公司生产的 D417 浸胶液配方进行前处理，二浴采用通用轮胎公司生产的 RFL 浸胶液进行浸胶。

1. 浸胶工艺流程

导开→贮布架→1 号张力架→一浴浸胶槽→1 号烘箱、2 号烘箱→2 号张力架→3 号烘箱→3 号张力架→二浴浸胶槽→4 号烘箱、5 号烘箱→4 号张力架→6 号烘箱→5 号张力架→贮布架→卷取。

1 号张力架和 2 号张力架之间为第一牵伸区，2 号张力架和 3 号张力架之间为第二牵伸区，3 号、4 号、5 号张力架之间为回缩区。

2. 浸胶参数

浸胶机的烘箱共有 6 个，每个烘箱都有 5 个热机，共分为 2 浸，每浸有 3 个烘箱。在浸胶工艺中除浸胶液配方外，主要控制温度、时间和张力。

（1）温度：烘箱温度及车速见表 7-1。牵伸区的目的主要是使涤纶的大分子发生舒展并沿轴向取向，而回缩区是为了消除纤维内应力并提高结构稳定性。加之胶液的热处理要求，两区都需要较高的温度来实现。

表 7-1 烘箱温度及车速

烘箱编号	高度（m）×来回数	1 号风机（℃）	2 号风机（℃）	3 号风机（℃）	4 号风机（℃）	5 号风机（℃）	车速（m/min）
1	27×2	155	155	155	155	135	75
2	22×2	180	180	180	180	165	
3	22×3	240	240	240	240	200	
4	27×1	155	155	155	155	135	
5	22×2	170	170	170	170	160	
6	22×3	250	250	250	250	160	

（2）时间：浸胶车速的调节，影响帘子布在烘箱内的停留时间及加热时间，改变热处理效果。由表 7-1 可知，车速为 75m/min，由烘箱高度及在烘箱中的来回数可知，总共经过 8min 的烘烤最终成为成品帘子布。

（3）张力：浸胶张力对帘子线的物理性能影响最大。涤纶本身就是延伸率小的纤维，故不必像尼龙那样做高拉伸处理，1 号到 5 号张力架的张力值见表 7-2。通过合理配置张力架的张力值，使总牵伸率为 1.5%，热处理效果比较好。

表 7-2 各张力架的张力值

张力架	1 号	2 号	3 号	4 号	5 号
张力值（dN）	185	950	2600	2500	450

三、浸胶后帘子布拉伸性能测试（参照 GB/T 31334.5—2017）

（一）主要实验材料和仪器

帘子布，剪刀，刻度尺，拉力实验机，恒温恒湿室等。

（二）实验步骤

（1）试样制备：距离布端至少 1m 的位置剪取长度为 1m 的布样，布样不应有扭曲、褶皱等缺陷。在布样距离布边至少 100mm 的位置，沿经向、纬向各剪取数块毛坯试样。

（2）实验前，毛坯试样应在标准大气环境下平衡（24±2）h。

（3）采用扯边法或剪口法将平衡后的毛坯试样制备成为实验用试样。

①扯边法：沿纵向将毛坯试样两边的纱线扯去，使试样的实际宽度接近试样的有效宽度，保留 4~6 根的经线或纬线作为保护线，保护线不能被夹具夹住。

②剪口法：用剪刀在毛坯试样每一纵向边沿、纵向中心处各剪一个开口，使试样的有效宽度满足要求。

（4）经向、纬向拉伸性能实验的试样数量分别为5个，备用试样若干。

（5）试样尺寸：

①试样长度应保证夹具能够有效夹持，且有效测试长度为200mm。

②试样有效宽度可采用（10.0±0.5）mm、（25.0±0.5）mm或（50.0±0.5）mm。

（6）首先校正拉力实验机的零位，调整实验机的上下夹持器，使其平行、对齐，并保证试样被夹持后不产生扭曲、歪斜。

（7）调整上下夹持器距离，使试样的有效测试长度为200mm。

（8）将试样分别夹持于上下夹持器内，确认试样在夹持器内不会发生滑移，按表7-3的规定对试样施加预加张力。

（9）启动拉力实验机按（100±10）mm/min或（300±10）m/min拉伸试样直至断裂，记录试样的拉伸性能数据或绘制强力—伸长曲线。

（10）实验时，如发生试样在夹持器内打滑或在夹持器的钳口处断裂（断裂点距夹持器小于或等于10mm）等异常情况，应剔除该试样并重新选取预备试样进行实验。

表7-3　预加张力表

断裂强力（N）	预加张力（N）
≤1970	5
>1970且≤2940	10
>2940且≤4905	20
>5905	30

四、黏合强度测试（参照GB/T 32109—2015）

（一）主要实验材料和仪器

帘子布，刻度尺，剪刀，拉力实验机等。

（二）实验步骤

（1）试样准备：浸胶纱线斜交剥离试样的尺寸为（150.0±5.0）mm×(25.0±0.5) mm，其他试样尺寸为（200.0±5.0）mm×(25.0±0.5) mm。

（2）将试样夹持于上下夹持器上，夹持角约为180°，实验中剥离线应尽可能与夹在两夹持器中的试样两部分的中心线位于同一平面。

（3）设定拉力实验机动夹持器的移动速度为（100±10）mm/min。

（4）启动拉力实验机并进行连续剥离，同时应记录至少稳定剥离100mm长度的剥离力数据或打印剥离曲线图，实验中试样不应与除夹持器以外的物体接触。

（5）依次剥离剩余试样。

注意事项

（1）纺丝：纺丝的关键技术是提高牵伸丝强力、控制牵伸丝伸长。应采用熔压自控装置，在熔体压力超高或偏低时会自动报警，同时进行自检，保证了纺丝分子量的稳定。在骤冷室甬道，采用倾斜状态的多孔板，用来克服风窗垂直面风速分布不均匀的缺点，采用金属薄板蜂窝式结构使冷却风呈层流状态水平送出，针对PA6纺丝的发烟现象加装了抽吸装置。

（2）捻线捻度：较常规增加了20捻/m，需对捻线工艺进行相应的调整，从而避免了因捻度的增加而造成的强力损失，保证了强力的稳定，满足了织造工序的生产和产品的设计要求。

（3）经密：要求均匀分布并对称，布边4cm左右范围内的偏差和50cm左右范围内的偏差都应该控制在一定的标准范围内。

（4）缝纫接头：应该符合标准（接头强度≥85%），接头长度在6~7cm内，一卷布中接头的数量应控制在客户要求的范围内，有的轮胎公司要求接头均匀分布在布幅中间80%的区域内，特别是经线，不允许有接头存在。

（5）卷曲成型：布卷应居中，端面平整，无塌边，凹进或凸出的不该超出一定的范围，无放射状纹路存在。

（6）帘子布的幅宽：主要根据轮胎厂规格不同而定，不同的产品其幅宽要求不同，张力也存在差异。

思考题

（1）直捻机一次捻成两股丝并完成合股，其优点体现在哪些方面？

（2）高模低缩涤纶帘子布有何优点？

（3）摩托车轮胎帘子布和汽车轮胎帘子布有何区别？

实验37 安全气囊织物的制备

安全气囊作为汽车部件中最为重要的安全部件之一，是各国关注和研究的重点。安全气囊领域的知名企业有瑞典奥托立夫（Autoliv）、日本高田（Takata）、美国天合（TRW Automotive）、德国采埃孚（RF Friedrichshafen AG）、美国百利得（Bailey Enterprises of North Florida，INC），大部分市场份额也基本由这些企业占有。中国自有品牌方面主要为锦州锦恒、东方久乐和华懋科技等。

一、织物类型

根据是否有涂层，安全气囊可以分为涂层织物、非涂层织物和混合型气囊用织物。

（一）涂层织物

氯丁橡胶是最早用于安全气囊的涂层原料，对外部环境的敏感性低，抗老化性能好，价格便宜，但氯丁橡胶受高热时分解产生有毒的氯化物气体，给织物带来酸性环境，使其脆化；在高温环境下易与强氧化剂反应，自身会发生老化，失去原有性能；从加工上考虑，氯丁橡胶与尼龙很难融合，且在尼龙织物上涂覆氯丁橡胶成本高昂。

硅橡胶具有优良的环境稳定性和化学稳定性、耐极限热能力强、耐磨耐久性能好、触感好、易折叠。

（二）非涂层织物

非涂层型安全气囊织物通过织物本身的孔隙排出灼热空气，因加工工序少而降低成本，织物更加轻薄柔软，主要有缝制型和全成型两种。

缝制型气囊织物由两层不同规格、不同透气率的织物缝制而成。通常朝司乘人员的一层具有较小的透气率，另一层的透气率较大，使气囊内大部分高温气体可以迅速从背面排出，减少对人体的伤害。

全成型气囊在织机上直接加工成袋状，其织物通过改变平纹组织的组织点位置来改变两层织物或织物中某一区域透气率，生产效率较传统气囊织物更高，生产浪费少，单位成本更低，相应的生产效率也更高。德国 GST 集团和法国力克公司（Lectra）合作，通过预生产软件和最新的激光裁剪技术，可以做到一开始便能生产出没有瑕疵的全成型气囊袋，有效地减少了原料浪费。2015 年延锋百利得公司公布过一种主体采用异形截面纱，经编成型的全成型气囊袋。2017 年，厦门的华懋材料公司公布了由新型内腔织物构成的全成型气囊，该气囊内外的封边都根据位置特征进行了组织设计，内腔织物也由不同结缝区域连接构成，这样的织物结构在保证气密性的同时，提高了气囊的织物强度和缓冲能力，使其能更有效地承受气体冲击。

（三）混合型气囊用织物

这种类型的织物在面向人体的一面采用涂层织物，保证气囊的气密性，在背面用透气良好的非涂层织物，用于排出灼热气体，使两类织物的优势得到更大体现。

二、织物结构与性能要求

当汽车发生碰撞并达到一定的冲击强度时，气囊在气体发生器的作用下迅速被高温高速气流充胀，并在瞬间排出气体保护乘员，因此气囊织物不能熔融燃烧，并且要有较好的力学性能和一定的气密性，特定的使用场所要求其能够在 -35～85℃ 的环境下压缩保存 15 年。为了更好地实现安全气囊的安全性，气囊织物应满足下列要求。

（一）织物结构

稳定的织物结构能够更好地保证安全气囊的安全性。

1. 纱线细度

气囊织物常用的长丝规格是470dtex/120根，以聚酰胺为原料的织物纱线细度一般为110~940dtex。

2. 织物组织

在相同条件下，$\frac{1}{1}$平纹、$\frac{2}{2}$斜纹、$\frac{2}{2}$重平3种不同组织的织物，斜纹织物的透气量最大，平纹最小，相比另外两个组织，平纹组织浮长最短，结构稳定性最高，织物硬挺，相同条件下透气量更小，织物强度也更大。

3. 平方米质量

气囊织物的平方米质量一般要求为195~260g/m²，在气囊包装上，要求体积足够小，因此织物需足够轻、薄，当织物经纬密度不变时，降低原料比重，可以降低织物平方米质量；气囊工作时，气囊袋对人体的冲击力大小受织物平方米质量的影响。

4. 织物厚度

织物单层厚度影响折叠尺寸的大小，且安全气囊的储存空间有限，一般要求其厚度为0.28~0.381mm。

（二）透气性

非涂层安全气囊主要依靠织物本身的透气性来排气。根据ASTM标准，气囊织物经密不小于18根/cm，纬密不小于18.5根/cm。如果织物密度过低，气囊很可能起不了保护作用；密度过高，则织物透气性差，手感过于硬挺，气囊弹出时可能会伤害到人体。

发生碰撞时，气囊需要在35ms以内快速膨胀至形状饱满，要求织物有足够小的透气量；气囊内气体在人体向前撞击的10ms内迅速排出，防止人体反弹，这又要求气囊织物有一定的透气性，因此必须要精确控制非涂层织物的透气量。在500Pa的压差下，非涂层气囊织物的透气量要求为朝向人体的正面为5L/(m²·min)，背面为10L/(m²·min)。

1. 织物密度

织物密度能够在最大程度上影响非涂层织物的气密性。对于缝制型安全气囊织物，可根据上、下层织物不同透气率的要求，经纬纱可以采用不同特数、不同捻度或不同的织物经纱密度；对于全成型气囊，封边要考虑其可织性能和牢固程度，还要考虑到其和囊身相接处的气密性，在设计、织造时改变封边组织的经纬纱浮长或减少经纱每筘穿入数，可以改善封边的可织性。

2. 干热收缩率

非涂层织物的透气性也受长丝干热收缩率的影响。对于织物的热定型处理，不同原料的热收缩率不同，热定型处理时，如果长丝的热收缩率较大，织物的收缩程度也会较大，织物密度增加，也在一定程度上改变了织物的透气性。因此，要根据原料的热收缩率来控制织物的变形程度，以此影响织物的透气率。

3. 力学性能

气囊织物力学性能要考虑的因素较多，在工作时要求织物强度高、抗撕裂、弹性好、耐摩擦，能够快速充放气。同时由于气囊的可使用年限要求高，因此要求织物有良好的尺寸稳定性、抗老化性能。

（1）撕裂性能：对于非涂层织物，织物撕裂强力与纱线强力呈近似正比关系。织物发生撕裂时，纱线间相对滑移，形成撕裂三角区域，该区域的纤维共同承受撕裂强力。当织物涂层后，撕裂强力由织物和涂层薄膜共同承担，由于涂层的渗透，纱线间和纤维间有所粘连，相对滑移减少，使切口处的应力更加集中，织物的撕裂强力降低。另外，织物组织、织物织缩、经纬密以及织物的后整理也对织物撕裂强力有较大影响，一般平纹组织织物的撕裂强力最小。

（2）织物强力：安全气囊展开时，一方面承受乘员瞬间撞击气囊所产生的冲击，另一方面承受高压、高速、高温气流对气囊本身的冲击和拉伸作用，因此要求其弹性好、初始模量低、伸长大，使气囊展开时织物伸长大，吸收冲击能量大。织物强度主要由其规格结构和原料本身的强度决定，织物的经纬密度合适，一般强力不会过低，同时要注意织造过程的把控，尽量减少织造时的强力损失，保持织物经纬向强力均匀；若断裂强力不够，气囊引爆时织物易断裂引起气囊失效。对于涂层织物，降低涂层的硅胶黏度能够有效改善织物的拉伸性能，不同规格气囊织物断裂强度见表7-4。

表7-4　气囊织物断裂强度表

纤度（dtex）	密度（根/cm）		撕裂强度（cN/dtex）	理论拉伸强度（N/5cm）
	经	纬		
235	70	28	72.7	2354
235	70	28	84.1	2722
350	60	24	81.1	3354
350	60	24	81.1	3354
470	49	19	72.7	3295
470	49	19	81.4	3692
570	46	18	84.9	3615
585	45	18	81.8	4239
700	38	15	75	3926
940	32	13	77.9	4615

（3）摩擦性能：织物良好的耐磨性可以保证气囊展开时产生的热量小，不易导致燃烧。气囊织物在后道加工工序中需要进行磨绒整理，要求气囊在摩擦后不能有明显的强力损失，所以织物的动摩擦因数应足够小，对聚酰胺气囊织物采取轧光整理和起绒整理，可以使纤维皱缩，填充织物间隙，使织物表面光洁，减小动摩擦因数，织物更加柔软，即使发生碰撞，也能避免更多的意外织物擦伤。在轧光整理时要注意参数的控制，合适的轧辊速度、压力和温度的合理配置，都有助于改善织物的摩擦性能。

4. 热学性能

当气囊充气时，瞬时达到高温，织物的耐高温性和阻燃性能要好。纤维的高熔点、高热焓值能使其有效地阻燃，在同样条件下，热焓值高的织物温度上升速度低、耐热性好，在这一点上锦纶明显优于涤纶。标准 GB 8210—2006《汽车内饰材料的燃烧特性》规定，汽车内部的织物燃烧火焰在 60s 内自行熄灭。燃烧长度不超过 50mm，对气囊织物的阻燃要求要更高。气囊织物的耐热性主要由原料本身决定，其次也受到涂层性能和后道加工的影响，比如阻燃后整理。

三、非涂层气囊织物的制备

（一）主要实验材料和仪器

锦纶 66，锦纶 6，高强力丝光尼龙线，特种整经油剂 DR-22A，纯碱，脂肪酸皂，净洗剂 209，高速整经机，并轴机，喷水织机，卷染机，烘燥热定型拉幅机，环曲烘干机等。

（二）织物设计参数

1. 全成型气囊织物

（1）结构：全成型为封闭式的方形结构，如图 7-3 所示。气囊外形尺寸为 70cm×70cm，其中四周封边宽均为 2cm。气囊囊身为利用全成型的织造原理而形成的空心袋体，四周的单层织物构成气囊的封边部分，囊身上下两层设计成气密性良好的平纹组织。

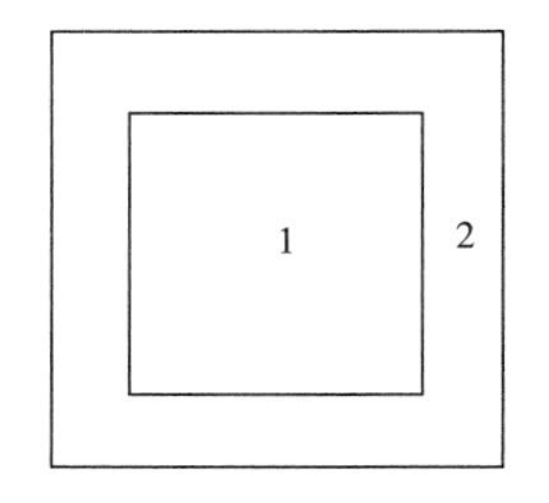

图 7-3　全成型安全气囊织物

1—囊身，两层平纹织物

2—封边，单层斜纹或重平织物

（2）规格：

①靠近司乘人员一面：

经纱组合为 278dtex×2，锦纶 6，20 捻/10cm。

纬纱组合为 233dtex×2，锦纶 66。

②背离司乘人员一面：

经纱组合为 233dtex×2，锦纶 66，20 捻/10cm。

纬纱组合为 278dtex×2，锦纶 66。

③囊身织物：

囊身每层织物经密 P_j = 195 根/10cm。

囊身每层织物纬密 P_w = 195 根/10cm。

左右侧封边部分织物经密 P_{j1} = 195 根/10cm。

上下侧封边部分织物纬密 P_{w1} = 195 根/10cm。

织物总经根数 = 2896 根。

上下侧封边部分纬纱根数 n_w = 48×2 根。

左右侧封边部分经纱根数 n_j = 48×2 根。

囊身织物完全组织经纱数 R_j = 8。

囊身织物完全组织纬纱数 $R_w=2896$。

2. 缝制型气囊织物

(1) 结构：缝制型安全气囊织物如图 7-4 所示。

(2) 规格：根据囊身上、下层织物不同透气率的要求，上下两层织物的经纱可以采用不同特数、不同捻度或不同的织物经纱密度，同样纬纱也可采用不同的特数和捻度。

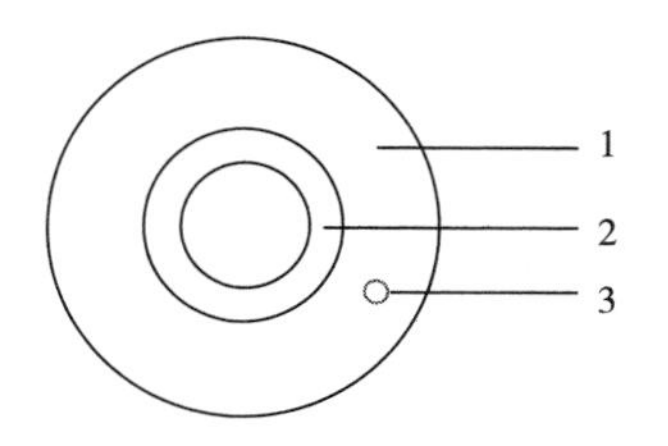

图 7-4　缝制型安全气囊织物
1—缝制型安全气囊袋
2—法兰连接接口　3—超微透气孔

(三) 织造步骤

1. 加捻上浆

(1) 工艺流程：纱线加弱捻（或并丝、捻丝）→分条整经→轴对轴浆纱（低上浆率）。

(2) 捻度选择：纱线加弱捻后，其单丝抱合力有所增加，有利于轴对轴上浆后的分纱。纱线经加捻、上浆后强力增加、耐磨性提高，织造时梭口清晰，布面质量均匀。由于加弱捻，织物的透气率略有增加，织物柔软性有所减小，所以在综合考虑纱线可织性及织物工作性能和使用性能（气密性、柔软性）的条件下，选择捻度为 10~20 捻/10cm。

2. 织造

(1) 工艺流程：原料检验→整经→并轴→穿综筘→织造→精练→水洗→干燥→热定型。

(2) 参数选择：

①准备：为了减少丝饼长丝之间的张力差异，整经前将丝饼放置 24h，温度为 5~45℃，相对湿度为 45%~80%。

②整经：

整经速度/($m \cdot min^{-1}$)	150
单根纱退绕张力/(cN · 根$^{-1}$)	30
卷曲张力/(cN · 根$^{-1}$)	45
毛羽感应灵敏度	6~7
特种整经油剂 DR-22A	经纱质量的 0.2%

③并轴：

并轴速度/($m \cdot min^{-1}$)	150
单丝张力/(cN · 根$^{-1}$)	80
卷取总张力/N	2940

④织造：

织轴硬度	肖氏硬度 80
织机速度/($r \cdot min^{-1}$)	700
单丝张力/(cN · 根$^{-1}$)	180
卷取总张力/N	7350
开口时间/(°)	330
边丝/旦	20 尼龙长丝

左右剪刀剪切时间	30°/0°

(四) 生坯织物处理步骤

气囊织物的使用性能要求浆液残留量不大于0.6%，有较高的气密性和织物表面光洁度。因此通过退浆和热轧加工，减小交织点间的空隙，达到理想的织物气密性和织物表面光洁程度。

1. 工艺流程

前处理→水洗→烘干→热轧定型。

2. 工艺参数

(1) 前处理：

Na_2CO_3/(g·L^{-1})	0.5
脂肪酸皂/(g·L^{-1})	3
净洗剂209/(g·L^{-1})	2
浴比	1∶30
温度/℃	90
时间/min	60

(2) 水洗：

浴比	1∶50
第一次水洗温度/℃	90
第一次水洗时间/min	10
第二次水洗温度	常温
第二次水洗时间/min	10

(3) 烘干：

温度/℃	120

(4) 热轧定型：

压力/MPa	10
温度/℃	150
织物速度/(m·min^{-1})	15
正面	轧一次
反面	轧一次

(五) 缝制工艺

非涂层缝制型和全成型织物都要经过缝制，才能达到所规定的尺寸和形状要求。全成型因织机一次成型，无须封边缝纫，但按要求仍要开法兰盘连接口。

缝制直径	70cm
缝制方式	上下两层
缝线	高强力丝光尼龙线

沿边缝制止口	1～3cm
气袋与法兰盘连接处	用多层织物缝纫
气袋内襻带	2～4 根

四、汽车安全气囊涂层织物的制备

（一）主要实验材料和仪器

锦纶 66 气囊织物，A 型硅胶，涂层机。

（二）实验参数

1. 织物参数

纱线材料	锦纶 66
纱线线密度/dtex	470
织物组织	平纹
面密度/(g·m^{-2})	190
经密/(根·$10cm^{-1}$)	195
纬密/(根·$10cm^{-1}$)	195

2. 涂层参数

A 型硅胶	黏弹系数 2000
涂层厚度/mm	0. 33
烘干温度/℃	150

（三）涂层步骤

（1）坯布经过前处理后经卷轴牵引进入刮刀涂剂箱，由刮刀和布的移动速度来控制涂剂的均匀程度和涂剂量。

（2）然后进入 150℃ 温度的连续式烘箱，烘干后卷绕，放置在相对湿度 65%，温度 25℃ 的恒温恒湿室中 24h 以上。

（3）涂层后织物厚度在 0. 33mm，面密度为 215g/m^2。

五、动态透气性测试（参照 ASTM D 6476—2012）

（一）主要实验材料和仪器

安全气囊织物，可拆卸测试头，压力容器（≥400kPa），电磁阀，测试室，50cm^2 的圆孔，调压装置，压力传感器，刚性壁拾取管，空气压缩机，电点火脉冲源，空气干燥器筒，安装夹具，数据采集系统，放大器，定时器等。

（二）实验步骤

（1）取样：

①试样是实际进行测试的织物。按照材料规范或同等规范的规定，从实验室样品中的

每一层织物末端切割或标记样品。从全宽织物样品上切割 165mm×330mm 的矩形试样，或在全宽织体样品上标记类似尺寸的区域，而不切割单个试样。

②如果在未切割单个试样的情况下对全幅织物区域进行测试，则应将代表整个长度和宽度的测试区域定位，最好沿着实验室样品的对角线，且距离边缘的距离不得超过其宽度的十分之一。

（2）调节：实验前，将试样置于标准大气条件下平衡。当以不少于 2h 的间隔进行的连续称重中，试样质量的增加不超过试样质量的 0. 1%时，即视为达到平衡。

（3）将织物试样安装在实验夹具上，确保夹持机构以最小张力紧紧夹住织物，且没有损坏或起皱。

（4）将样本编号输入数据采集的记录部分。

（5）确保用干燥空气将压力容器加压至足够高的压力，以便在规定的压力范围内测试试样。

（6）根据适用材料规范或实验室指南，为待测织物类型选择并安装合适的测试头。

（7）预设启动、上限和下限压力。除非客户规范中另有规定，否则应选择实验头尺寸和启动压力，以便在实验期间达到（100±10）kPa 的平均峰值压力。此外，除非客户规范中另有规定，否则下限应设置为 30kPa，上限应设置为 70kPa。

（8）建立数据采集系统对压力输入的响应。

（9）启动测试程序，并记录数据采集系统的响应，以验证气流是否成功。

（10）记录最大压差（kPa）、达到最大压力的时间（ms）或材料规范要求的任何数据点。

（11）从实验台上取下试样，并将其标记为已测试。

（12）在实验报告上记录测试数据。

注意事项

（1）温度是轧光工艺的关键。温度过高会使织物强力下降，甚至熔融；温度过低，轧光效果不明显，气密性能难以改善。一般温度控制在纤维软化点温度以下。

（2）压力也直接影响轧光效果，压力越大，纱线越易被压扁，气密性越好；但压力过大时，易造成织物强力下降，手感板硬。

（3）轧光次数越多，交织点之间的空隙越小，越有利于提高织物气密性，但过多的热轧次数会使织物手感恶化。

思考题

（1）经纱捻度对气囊织物性能有哪些影响？

（2）网络经纱能否实现免浆安全气囊织物的制备？

实验 38　汽车座椅面料的制备及性能

一、层压汽车座椅面料的制备

纺织行业将“层压织物”定义为由两层或多层材料（至少有一层为织物），通过黏合的方式将上下两层或多层材料紧密贴合在一起。汽车座椅面料是层压复合材料，由表层织物、聚氨酯海绵及背衬织物经层压而成。汽车座椅面料的性能除由纱线类型、织造结构、整理工艺等因素决定，复合工艺在很大程度上也影响着汽车座椅面料的性能。目前，汽车座椅面料应用最广的是火焰层压工艺，该工艺便捷、经济。但当聚氨酯海绵经过明火燃烧时会释放出气体，污染环境，因此各生产企业都在理性选择和改善层压工艺。

（一）主要实验材料和仪器

表层面料（纯涤纶斜纹组织面料），背衬织物（纬编单面平布），聚氨酯泡棉，PUR 热熔胶，水性 PU 胶，乙酰乙酮，乙酸铵，100%乙醇，热熔层压机，火焰层压机，喷枪，胶水层压机，恒温水浴锅，烘箱，玻璃器皿等。

（二）实验步骤

1. 火焰层合法

聚氨酯海绵经过火焰口（火口温度 850℃，火焰高度 50mm，复合车速 20m/min）→面料、背衬加压复合→打卷→成品。

2. 热熔层压法

聚氨酯海绵施胶（复合车速 20m/min）→面料、背衬加压贴合→打卷→熟化（8h）→成品。

3. 水性黏合剂层合法

聚氨酯海绵喷枪施胶（复合车速 20m/min）→面料、背衬加压贴合→焙烘（160℃）→打卷→成品。

二、光敏变色印花汽车座椅面料的开发

传统纺织品的色彩是“静态”的，即纺织品经染色或印花后，织物便呈现出一种不变的色泽或花型。但随着生活水平的提高，人们的消费观念不断更新，对商品的需求更加多样化，人们不但要考虑纺织品的材质及功能，而且特别注重产品的外观风格。因此，本实验研制光敏变色印花汽车座椅面料产品，使汽车内饰座椅织物上的图案由常规的“静态”变为新奇的“动态”，让驾乘人员在使用的时候感受到变化莫测的乐趣。

（一）主要实验材料和仪器

涤纶（8.3tex/72f），DTY 低弹网络丝，FDY 牵伸丝，光敏色浆，增稠剂，黏合剂，抗紫外线剂，抗菌剂，阻燃剂，纳米型环保改性透明硅胶，分散染料，扩散剂 NNO，磷酸二氢铵，醋酸，整经机，卡尔·迈耶 HKS3 高速经编机，高温高压溢流染色机，拉幅热定型机，转移印花机，热转移涂层机。

（二）设计思路

采用微胶囊技术把光变染料包覆于胶囊中，以隔离酸碱、杂色、空气等化学环境，增加光敏变色染料的耐化学环境和耐疲劳性，提高其光稳定性和纺织品的使用寿命。采用涂料印花法将光敏变色染料胶囊粉末混合于树脂液等黏合剂中，再使用此色浆对织物进行印花，经高温处理，形成具有一定弹性和耐磨性的透明薄膜，将涂料固着于纤维上从而获得光敏变色织物。在印花后增加了一道透明硅胶涂层，提高耐摩擦色牢度。

（三）加工流程

原料→检验→整经→织造→坯布检验→染底色→定型→检验→印花→检验→涂层→成品检验→包装→入库。

（四）加工步骤

1. 整经

在整经开始前 12h，将原料从包装物中打开，将涤纶原料筒管挂到挂纱车上或挂到整经机备用纱架上，使原料与车间环境一致。车间温度应控制在（25±3）℃，相对湿度控制在（65±5）%。在整经的过程中要求经纱张力均匀一致，并在整个卷绕过程中保持恒定，使经轴平整、松紧适度。

2. 织造参数

机号/[针·（25.4mm）$^{-1}$]	28
工作幅宽/cm	427
克重/(g·m^{-2})	255
纵密/[横列·（5cm）$^{-1}$]	95
车间温度/℃	25±3
相对湿度/%	65±5

（1）梳栉 GB1：

垫纱数码	1-0/3-4//
原料	8.3tex/72f 涤纶，DTY 低弹网络丝
穿纱方式	满穿
整经根数/根	588
盘头数/个	8
送经量/(mm·rack^{-1})	2350

(2) 梳栉 GB2：

垫纱数码	1-0/1-2//
原料	8.3tex/72f 涤纶，DTY 低弹网络丝
穿纱方式	满穿
整经根数/根	588
盘头数/个	8
送经量/$(mm \cdot rack^{-1})$	1500

(3) 梳栉 GB3：

垫纱数码	1-2/1-0//
原料	8.3tex/72f 涤纶，FDY 牵伸丝
穿纱方式	满穿
整经根数/根	588
盘头数/个	8
送经量/$(mm \cdot rack^{-1})$	1400

3. **染色**

(1) 染色工艺曲线：染色温度曲线如图 7-5 所示。

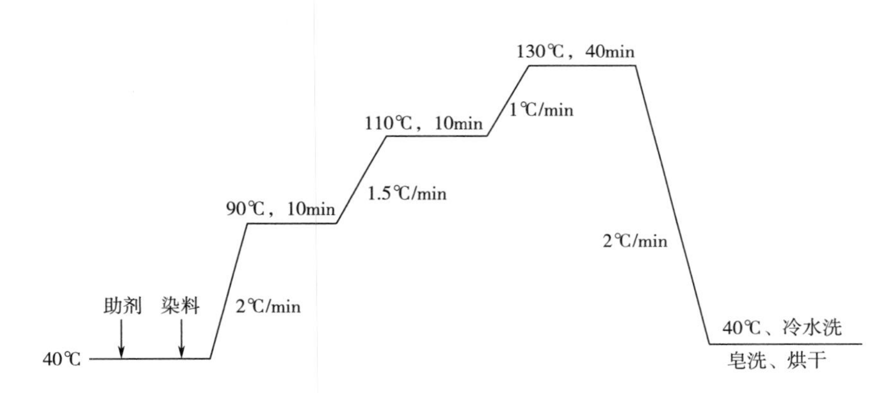

图 7-5　染色升温工艺曲线

(2) 处方和工艺条件：

分散染料 (o.w.f)/%	1.5
扩散剂 NNO/$(g \cdot L^{-1})$	1.2
磷酸二氢铵/$(g \cdot L^{-1})$	2.5
醋酸调节 pH 值	4~5
抗紫外线剂/$(g \cdot L^{-1})$	2
浴比	1∶60

4. **定型**

温度/℃	70~190

速度/(m·min^{-1})	20
超喂/%	±3
幅宽/cm	155

5. 印花工艺参数

无纸热转移印花是将染料制成印浆，再通过印刷的方式将花纹印制在一种特殊的基材上，基材与织物相贴后经过加热，使基材上的花纹被转印并固着在织物上，得到印花产品，而特殊的基材可以重复使用，因此不耗用纸张，也不产生因耗纸带来的间接耗水和水污染。

温度/℃	200~220
压力/N	0.49~0.59
速度/(m·min^{-1})	40~50
光敏色浆/%	10
增稠剂/%	3
黏合剂/%	25
水/%	62

6. 涂层工艺参数

隔距/mm	0.5~0.8
温度/℃	150~170
速度/(m·min^{-1})	30~40
纳米型环保改性透明硅胶/%	4
渗透剂/%	1
阻燃剂/%	2
抗菌剂/%	3
水/%	90

7. 超双疏自清洁整理

（1）工艺处方：

拒水拒油整理剂/(g·L^{-1})	30
浴比	1∶50
浸渍时间/min	1

（2）工艺流程：浸轧拒水拒油整理液（轧液率 80%）→烘干（90℃，3min）→焙烘（180℃，2min）。

8. 柔软后处理

柔软整理剂/(g·L^{-1})	2
浴比	1∶50
温度/℃	45
处理时间/min	10

烘干温度/℃　　110

三、阻燃性能测试

参考实验 32 的阻燃性能测试步骤进行测试。

四、剥离强度测试

参照实验 7 的剥离强度测试步骤进行测试。

五、防水性能测试

参照实验 1 的防水性能测试步骤进行测试。

六、拒油性能测试

参照实验 6 的拒油性能测试步骤进行测试。

七、光敏变色性能的评价

（一）主要实验材料和仪器

光敏变色印花汽车座椅面料，刻度尺，D65 光源，计时器，剪刀，灰色样卡等。

（二）实验步骤

（1）将试样置于模拟室外（D65+UV）光源下照射规定的时间 5min。

（2）立即使用灰色样卡 GB/T 250—2008《纺织品色牢度实验评定变色用灰色样卡》评定试样的色变。

（3）将试样置于室内 D65 光源下照射，照射规定的时间 5min。

（4）立即使用灰色样卡 GB/T 250—2008《纺织品色牢度实验评定变色用灰色样卡》评定试样的色变。

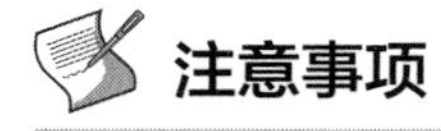

注意事项

（1）在转移印花加工前，首先将坯布缝头使之连续，缝头要平、齐，幅宽一致。

（2）加工时控制张力和纬斜。

（3）织物与基材的速度保持一致、紧贴，不能有空隙和滑移。

思考题

汽车座椅面料的性能需求及发展趋势有哪些？

实验 39　汽车内饰用经编仿麂皮绒面料的制备

随着汽车工业的蓬勃发展，汽车内饰面料的生产量也在迅速增长。人们认为手感柔软的面料具有高档质感，属于高档产品，因此手感柔软、外观华丽、舒适高雅的仿麂皮绒面料被应用于汽车内饰面料。为了实现仿麂皮绒风格的柔软滑糯感，必须使用涤纶长丝，一般使用超细海岛纤维。

涤纶长丝线密度一般选择56~220dtex，当线密度小于56dtex时，起毛密度小，达不到仿麂皮绒面料较好的外观效果；当线密度大于220dtex时，起毛时针布阻碍变大，导致外观表面粗糙。但是，相对于其他的汽车用面料（如真皮、机织物、绒布等），使用此超细纤维的仿麂皮绒面料比较容易吸附灰尘，而且耐磨性差。

一、主要实验材料和仪器

半消光高收缩 FDY 83dtex/48f，海岛丝纤维 75dtex/37f，单针床经编机（28 针/25.4mm），PN-G 去油纱剂，起毛剂，开纤促进剂，NaOH，分散染料，匀染剂，醋酸，拉幅定型机，高温高压溢流染色机，钢丝起毛机，带有 4 根砂皮辊和 4 根碳素辊混合立式磨毛机。

二、织物设计

经编仿麂皮绒面料的绒面主要由前梳延展线构成，其延展线通过起毛、染色、磨毛等工艺形成短、密、匀、齐的绒毛。

梳栉数/把	3
起毛用面纱组织	2~3 个针距垫纱组织
纵密/[根·(25.4mm)$^{-1}$]	32~40
地组织	1-0/1-2
绒组织	1-0/3-4
幅宽/cm	230

三、实验步骤

（一）织物织造

1. 梳栉 GB1

原料	海岛丝 75dtex/37f
穿纱方式	1 空 1 穿
整经根数/根	260

盘头数/(只·幅$^{-1}$)	5
送经量/mm	2100

2. 梳栉 GB2

原料	海岛丝 75dtex/37f
穿纱方式	1 空 1 穿
整经根数/根	260
盘头数/(只·幅$^{-1}$)	5
送经量/mm	2100

3. 梳栉 GB3

原料	半消光 FDY 83dtex/48f
穿纱方式	满穿
整经根数/根	520
盘头数/(只·幅$^{-1}$)	5
送经量/mm	1300

（二）前处理

刚下机的毛坯布幅宽大，不利于后道工序的预定型，因此需要对坯布进行前处理以缩小幅宽，前处理设备选用高温高压溢流染色机。前处理工艺处方及条件如下：

PN-G 去油纱剂/%	2
温度/℃	80
时间/min	20
幅宽收缩/cm	50

（三）预定型

预定型的工艺参数如下：

起毛剂/(g·L^{-1})	30
温度/℃	170
布速/(m·min^{-1})	35
超喂/%	2
幅宽收缩/cm	18~22

（四）拉毛

拉毛工艺参数如下：

单面拉毛/次	6~8
织物绒面起毛的完全割断率/%	28~38
幅宽收缩/cm	2~3

（五）开纤

开纤过程在高温高压溢流染色机中进行。

1. **开纤工艺曲线**

开纤工艺曲线如图 7-6 所示。

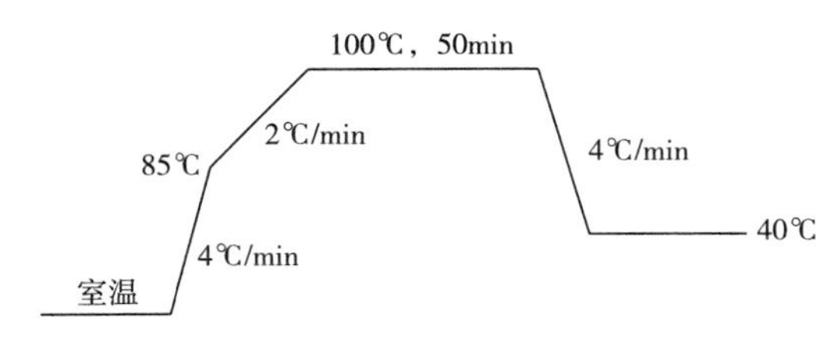

图 7-6　开纤工艺曲线

2. **定开纤工艺处方**

NaOH（o. w. f）/%	12~15
开纤促进剂/（$g \cdot L^{-1}$）	0. 5
浴比	1 ∶ 30
减量率/%	25±1

（六）染色

1. **染色处方**

分散染料质量分数/%	2
匀染剂/（$g \cdot L^{-1}$）	2~3
pH 值	用醋酸调至 4~5
浴比	1 ∶ 20

2. **染色升温曲线**

染色升温曲线如图 7-7 所示。

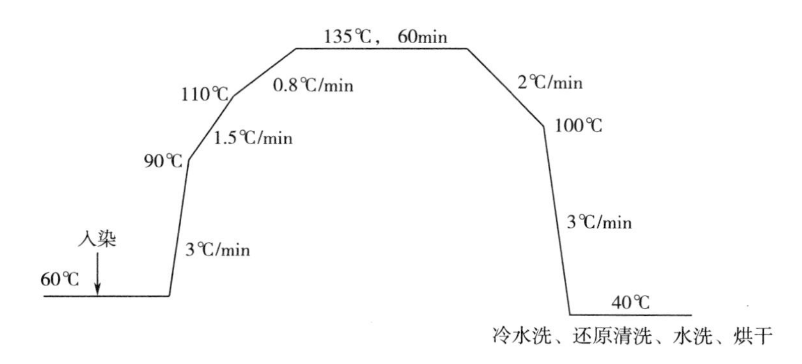

图 7-7　染色升温曲线

（七）定型

定型后的布面不必完全烘干，烘至九成干即可，给织物适当的超喂，使织物处在松式状态，以便后道工序的磨毛。定型工艺数据如下：

定型温度/℃	170
车速/(m·min^{-1})	20~30
超喂/%	2

(八) 磨毛

磨毛整理是将织物以一定的张力和压力以及进布速度喂入磨毛机的磨毛区域，在高速运转的砂磨辊或碳素辊与织物接触摩擦下，织物表面产生一层短而密的绒毛。面料在磨毛机前先通过一个轧水预烘装置，消除布面折皱，使布面平整滑爽，减小线圈与磨毛辊的摩擦因数，有利于磨毛绒面的丰满均匀，同时可以降低对织物强力的损伤。磨毛工艺参数如下：

砂纸目数/目	300~600
车速/(m·min^{-1})	12~18
织物幅宽/cm	130

(九) 定型

磨毛后布边卷曲、布面不平整，需要定型来稳定其结构。定型温度不能太高，否则影响染色牢度和仿麂皮风格，只要幅宽达到要求，尽量降低定型温度。定型工艺参数如下：

定型温度/℃	170
速度/(m·min^{-1})	20~30
超喂/%	2
织物幅宽/cm	155

四、耐磨性能测试

参照实验 8 的耐磨性能测试步骤进行测试。

五、抗起毛起球测试（参照 GB/T 4802.2—2008）

(一) 主要实验材料和仪器

汽车内饰用经编仿麂皮绒面料，磨料，马丁代尔耐磨仪，取样器，刻度尺，评级箱等。

(二) 实验步骤

1. 试样准备

(1) 预处理：如需预处理，可采用双方协议的方法水洗或干洗样品。

(2) 取样：试样夹具中的试样为直径 140_{0}^{+5}mm 的圆形试样，起球台上的试样可以兼剪直径为 140_{0}^{+5}mm 的圆形或边长为（150±2）mm 的正方形试样。

在取样和试样准备的整个过程中的拉伸应力尽可能小，以防止织物被不适当地推伸。

(3) 试样的数量：至少取 3 组试样每组含 2 块试样，1 块安装在试样夹具中，另 1 块作为磨料安装在起球台上。如果起球台上选用羊毛织物磨料，则至少需要 3 块试样进行测试。如果实验 3 块以上的试样，应取奇数块试样。另多取 1 块试样用于评级时的比对样。

（4）试样的标记：取样前在需评级的每块试样背面的同一点作标记，确保评级时沿一个纱线方向评定试样，标记应不影响实验的进行。

2. 试样的安装

对于轻薄的针织织物，应特别小心，以保证试样没有明显的伸长。

（1）试样夹具中试样的安装：从试样夹具上移开试样夹具环和导向轴，将试样安装辅助装置小头朝下放置在平台上，将试样夹具环套在辅助装置上。

翻转试样夹具，在试样夹具内部中央放入直径为（90±1）mm 的毡垫。将直径为 140_{0}^{+5}mm 的试样，正面朝上放在毡垫上，允许多余的试样从试样夹具边上延伸出来，以保证试样完全覆盖住试样夹具的凹槽部分。

小心地将带有毡垫和试样的试样夹具放置在辅助装置的大头端的凹槽处，保证试样夹具与辅助装置紧密密合在一起，拧紧试样夹具环到试样夹具上，保证试样和毡垫不移动，不变形。

重复上述步骤，安装其他的试样。如果需要，在导板上和试样夹具的凹槽上放置加载块。

（2）起球台上试样的安装：在起球台上放置直径为 140_{0}^{+5}mm 的一块毛毡，其上放置试样或羊毛织物磨料，试样或羊毛织物磨料的摩擦面向上。放上加压重锤，并用固定环固定。

3. 起球测试

测试直到第一个摩擦阶段（表 7-5），进行第一次评定。评定时，不取出试样，不清除试样表面。评定完成后，将试样夹具按取下的位置重新放置在起球台上，继续进行测试。在每一个摩擦阶段都要进行评估，直到达到表 7-5 规定的实验终点。

表 7-5　起球实验分类

类别	纺织品种类	磨料	负荷质盘（g）	评定阶段	摩擦次数
1	装饰织物	羊毛织物磨料	415±2	1	500
				2	1000
				3	2000
				4	5000
2①	机织物 （除装饰织物以外）	机织物本身（面/面） 或羊毛织物磨料	415±2	1	125
				2	500
				3	1000
				4	2000
				5	5000
				6	7000

续表

类别	纺织品种类	磨料	负荷质盘（g）	评定阶段	摩擦次数
3①	针织物（除装饰织物以外）	针织物本身（面/面）或羊毛织物磨料	155±1	1	125
				2	500
				3	1000
				4	2000
				5	5000
				6	7000

①对于2、3类中的织物，起球摩擦次数不低于2000次。在协议的评定阶段观察到的起球级数即使为4~5级或以上，也可在7000次之前终止实验（达到规定摩擦次数后，无论起球好坏均可终止实验）。

实验表明，通过7000次的连续摩擦后，实验和穿着之间有较好的相关性。因为，2000次摩擦后还存在的毛球，经过7000次摩擦后，毛球可能已经被磨掉了。

4. 起毛起球的评定

评级箱应放置在暗室中。

沿织物纵向将已测试样和一块未测试样（经或不经过前处理）并排放置在评级箱的试样板的中间。如果需要，采用胶带固定在正确的位置。已测试样放置在左边，未测试样放置在右边。如果测试样在起球测试前经过预处理，则对比样也应为经过预处理的试样；如果测试样在测试前未经过预处理，则对比样应为未经过预处理的试样。

为防止直视灯光，在评级箱的边缘，从试样的前方直接观察每一块试样进行评级。

依据表7-6中列出的级数对每一块试样进行评级。如果介于两级之间，记录半级，如3.5。

表7-6　视觉描述评级

级数	状态描述
5	无变化
4	表面轻微起毛和（或）轻微起球
3	表面中度起毛和（或）中度起球，不同大小和密度的球覆盖试样的部分表面
2	表面明显起毛和（或）起球，不同大小和密度的球覆盖试样的大部分表面
1	表面严重起毛和（或）起球，不同大小和密度的球覆盖试样的整个表面

注：

（1）由于评定的主观性，建议至少2人对试样进行评定。

（2）在有关方的同意下可采用样照，以证明最初描述的评定方法。

（3）可采用另一种评级方式，转动试样至一个合适的位置，使观察到的起球较为严重。这种评定可提供极端情况下的数据，如将试样表面转到水平方向沿平面进行观察。

（4）记录表面外观变化的任何其他状况。

5. 测试结果

记录每一块试样的级数，单个人员的评级结果为其对所有试样评定等级的平均值。

样品的实验结果为全部人员评级的平均值，如果平均值不是整数，保留至最近的 0.5 级，并用“-”表示，如 3-4。如单个测试结果与平均值之差超过半级，则应同时报告每一块试样的级数。

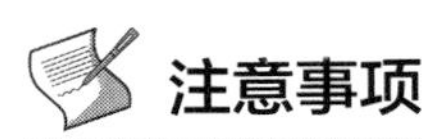

注意事项

（1）预定型温度不宜太高，否则不利于磨毛，且后道工序产生的折皱不易去除，其温度只需将布面折皱去除，使布面平整、幅宽一致即可。

（2）起毛剂用量为 30g/L，用量太多，很容易造成起毛时产生拉伸现象，致使绒面不平整；用量过少，会导致织物手感偏硬、没有弹性、毛感差。

（3）织物绒面起毛的完全割断率小于 25%时，起毛密度大，仿麂皮绒风格的表面外观感差，灰尘难以去除；当完全割断率大于 45%时，耐磨性差。

（4）起毛原则遵循低起毛条件下多次反复起毛加工。

（5）开纤工艺中碱的用量不能太高，否则减量率太大，对面料损伤大，影响织物强力和耐磨性等指标；用量也不能太少，太少会导致减量率不足，海岛纤维的海组分不能充分溶解，达不到仿麂皮绒效果。

思考题

纤维超细而强力较低，在加工过程中对超细纤维也有一定的损伤，进而会影响织物的耐磨性能，怎样解决这一难题？

参考文献

［1］王玮玲，茅明华，孙杰．涤纶浸胶帘子布的生产实践［J］．纺织导报，2014（10）：66，67.

［2］岳明，唐继春，周燕，等．2858 新型专用锦纶帘子布的研制开发［J］．江苏纺织，2005（8）：31，32.

［3］侯翠芳．HMLS 聚酯轮胎帘子布的织造生产实践［J］．纺织导报，2008（11）：64，65.

［4］诸文旎，祝国成．安全气囊织物发展现状［J］．现代纺织术，2021，29（2）：40-44.

［5］方一芳，蒋世祥．安全气囊织物的研制与开发［J］．丝绸，2000（11）：28-31.

［6］蒋菲，吴志勇．层压工艺对汽车座椅面料复合效果的影响［J］．印染，2017（10）：39-41.

［7］马小淋．光敏变色印花汽车座椅面料的开发［J］．针织工业，2015（9）：39-41.

［8］田心杰，徐静静，臧红，等．汽车内饰用经编仿麂皮绒面料的研发［J］．针织工业，2014（8）：15-18.

第八章　健康用纺织品的制备

健康用纺织品是以纤维为基础，纺织技术为依托，医疗保健应用为目的的一类纺织品，主要应用于医学临床诊断、治疗、修复、替换以及人体保健与防护的一类纺织品。

一、安全卫生用纺织品

安全卫生用纺织品是用于保持医院环境清洁和预防病菌的一类产品，侧重于隔离病菌和杀灭病菌，同时兼顾耐用性和舒适性。产品主要包括隔离服、病人服、医护人员工作服、防辐射服、床单、枕套、被罩、医用纱布、绷带、手术用罩布、口罩、裤垫、护具(头、颈、肩、肘、腕、腿等部位)、康复手套、弹力围腰、保健鞋垫、医用夹板、压力衣和压力袜等。

二、组织工程支架

组织工程最终目标是利用细胞和支架材料的复合来培养再生组织器官，对人体受损组织器官进行修复或替代。组织工程支架在组织工程中承担细胞外基质的角色，对细胞起到支持和保护的作用，是组织工程中的重要组成部分。组织工程支架作为细胞种植场所和组织再生的模板，本身应该具有以下五个方面的优点：

（1）良好的生物相容性，不但本身和降解产物要求无毒，不会引起炎症，而且要有利于种子细胞的黏附生长和增殖。

（2）多孔三维立体结构、高孔隙度和较高比表面积可以为细胞生长提供较多的空间，有利于细胞和微细血管等的生长，也有利于新陈代谢的物质交换。

（3）良好表面活性，有利于细胞黏附增殖，维持细胞正常形态。

（4）可控的生物降解性，其降解速率应与新组织生长速率相匹配。

（5）良好的加工性和适宜的力学性能，不但要易于加工成型，而且具有一定机械强度，为新生组织提供支持直至新生组织具有相应力学特性等。

总之，组织工程支架不仅要模拟人体中的细胞外环境，还要保证物质与信息的交换传递，而且不会引发免疫反应。

三、载药纺织品

载药纺织品的药物缓释性能可以提高载药效率和作用时间，减少药物的毒副作用，提高治病疗效。将药物和纺织材料相结合，可开发出具有缓释功能和靶向功能的载药纺织品。

四、理疗保健用纺织品

将理疗保健功能材料与纺织材料相结合，持续释放并作用于人体，引起人体发生有益反应而产生理疗保健功能的纺织品称为理疗保健用纺织品，包括但不限于以下功能：

（1）促进细胞代谢，平衡内分泌。

（2）促进血液循环，改善微循环状态。

（3）促进炎症消退，消除肿胀和疼痛。

（4）提高红细胞的携氧能力。

（5）降低血液黏度，增强和改善人体免疫功能，提高人体对疾病的抵抗能力。

（6）消除疲劳，促进体力恢复。

（7）调节神经系统，消除失眠和精神紧张。

（8）燃脂减肥。

（9）护肤美白。

实验 40　防护口罩的制备

口罩既可用于医疗病毒防护，又可阻挡可吸入颗粒物，在雾霾等粉尘防护方面有着不可替代的作用。

一、PVDF/PSU 纳米纤维口罩滤膜的制备

（一）主要实验材料和仪器

PVDF（MW＝680000），PSU（MW＝67000～72000），DMF，电子天平，磁力恒温加热搅拌器，多通道静电纺丝机，注射器，针头，烘箱等。

（二）处方及条件

PVDF 溶液（质量分数）/%	15
PSU 溶液（质量分数）/%	26
溶液推进速度/($mL \cdot h^{-1}$)	2
接收距离/cm	25
纺丝电压/kV	30
环境温度/℃	23±1
相对湿度/%	45±5
滚筒转速/($r \cdot min^{-1}$)	50
滚筒直径/cm	20

（三）制备步骤

1. PVDF/PSU 两层复合纤维膜的制备

（1）取 15%的 PVDF 溶液 3mL。

（2）静电纺 12min 制备出 PVDF 纳米纤维膜。

（3）再取 26%的 PSU 溶液 3mL，进行静电纺丝 48min。

2. PVDF/PSU IPN 复合纤维膜的制备

PVDF 与 PSU 喷头比例为 1：4 进行静电纺丝。

二、鼻炎灵药物口罩的制备

（一）主要实验材料和仪器

鹅不食草，辛夷，白芷，藿香，薄荷，冰片，苍耳子，重楼，茜草，40 目筛，乙醇，纱袋，塑料袋，大号多层纱布口罩，电子天平，搅拌器，粉碎机，中药炮制设备等。

（二）实验处方（单位：质量/kg）

鹅不食草	1.5
辛夷	1.5
白芷	1
藿香	1.5
薄荷	0.7
冰片	0.05
苍耳子	2
重楼	1.7
茜草	2.5

（三）制备方法

取炮制合格的除冰片以外的八味中药粉碎后过 40 目筛，冰片以少量乙醇润湿后单独粉碎过 40 目筛，二者用等量递加法混合均匀，置于容器中按照 12g/袋规格分装入纱袋中，按 10 袋×1 包分装于塑料袋中。

取大号多层纱布口罩，将 2 袋药粉塞入口罩夹层中，每天戴药物口罩不少于 2h，每天换药一次，十天为一疗程。

三、头痛宁口罩的制备

（一）主要实验材料和仪器

当归，川芎，白芷，细辛，冰片，六号筛，七号筛，粉碎机，电子天平，搅拌器，口罩，封膜机等。

（二）实验处方及工艺条件

归粉末质量/g	40

川芎粉末质量/g	33
白芷粉末质量/g	20
细辛粉末质量/g	6
冰片粉末质量/g	1
粉碎速度/($r \cdot min^{-1}$)	2500
粉碎时间/min	15
粉末尺寸	通过六号筛且不通过七号筛

（三）制备步骤

（1）分别取当归、川芎、白芷、细辛、冰片适量，使用粉碎机以2500r/min的速度粉碎15min，收取通过六号筛且不通过七号筛的粉末。

（2）分别取当归粉末40g、川芎粉末33g、白芷粉末20g、细辛粉末6g、冰片粉末1g，混合均匀，装入空白口罩的夹层内，每个口罩的装量为5g，密闭包装即得。

四、热疗口罩的制备

最常见的温度敏感型疾病是过敏性鼻炎，该疾病在温度变化较大的季节发病率较高，会使患者产生鼻涕、鼻塞、鼻痒、阵发性喷嚏等症状，对患者的生活和工作造成较大的影响。临床研究表明，通过使患者鼻部周围温度维持在43℃以上15~20min，可以有效地缓解过敏性鼻炎的相关症状。目前，常用的热疗法主要有微波热疗法、水蒸气热疗法、传统热敷法等。微波热疗法和水蒸气热疗法具有区域局限性，且需要耗费较多的时间和费用；而传统热敷法主要是通过热毛巾、热水袋等进行加热，其加热温度和加热时间均没有办法得到有效的控制，而且在鼻部的使用上存在着诸多不便。因此，一种便携式可重复使用的鼻部加热设备被开发出来，且能满足热疗时间和温度的需求，对于过敏性鼻炎症状的缓解及治疗，具有重要的意义。

（一）主要实验材料和仪器

石蜡P62-64，SEBS（G1654），烧杯，搅拌器，防毒硅胶面罩（3M HF-52），电子天平，模具（直径为80mm，厚度为25mm），搅拌器，玻璃容器，电热恒温鼓风干燥箱，小型家用台钻，平板硫化机等。

（二）实验处方及工艺条件

石蜡P62-64质量分数/%	75
SEBS质量分数/%	25
加热温度/℃	85
硫化温度/℃	135
硫化时间/min	10

（三）实验步骤

1. 石蜡/SEBS 复合相变块的制备

（1）将石蜡 P62-64 分别放入 85℃的烘箱中加热至完全熔化。

（2）将熔化后的石蜡按照石蜡质量分数为 75%与 SEBS 在玻璃容器中搅拌混合，并将混合后的材料放回 85℃烘箱中，每隔 30min 搅拌一次，通过多次搅拌后得到混合均匀的石蜡/SEBS 复合相变材料。

（3）将混合均匀的复合相变材料放入定制的模具中，通过平板硫化设备，在 135℃的温度下，硫化约 10min，并经过多次排气，得到圆柱形石蜡/SEBS 复合相变块。

2. 热疗口罩的制作

（1）将认定为形状稳定的相变块按照一定的分布钻取 37 个直径为 3mm 的孔洞，以确保空气能顺利通过并将其加热。

（2）分别将开孔后的相变块替换市场上防毒硅胶面罩滤盒中原有的滤芯，制备得到具有加热功能的热疗口罩。

五、透气性能测试

（一）主要实验材料和仪器

PVDF/PSU 纳米纤维口罩滤膜，鼻炎灵药物口罩，热疗口罩，透气性测试仪等。

（二）实验步骤

参照实验 1 透气性测试步骤进行测试。

六、过滤性能测试

（一）主要实验材料和仪器

PVDF/PSU 纳米纤维口罩滤膜，鼻炎灵药物口罩，热疗口罩，NaCl 固体气溶胶，油性气溶胶，流量计，电子压力传感器，计时器，厚度仪，过滤器（LZC-H），刻度尺，剪刀等。

（二）实验步骤

（1）取样，裁剪测试面积为 15cm×15cm 的有效区域。

（2）实验温度为（24±2）℃。

（3）设置参数，连续的气流量可在 0~90L/min 范围内进行调控，每次过滤测试的时间为 1min。

（4）向待测试样发送直径在 0.3~10μm 的电中性的单分散的 NaCl 固体气溶胶和油性气溶胶，过滤压阻由流量计与两个电子压力传感器协同分析测试获得。

七、热疗口罩的性能评价

（一）主要实验材料和仪器

热疗口罩，烘箱，滤盒，热电偶，相变块，面罩等。

（二）实验步骤

（1）首先将开孔后的相变块放在90℃的烘箱中加热约45min，确保相变材料完全发生相变。

（2）接着将加热后的相变块立即放入热疗口罩的滤盒中，并将两根热电偶分别置于相变块和面罩中，来探测相变块和通过相变块后空气的温度。

（3）将其佩戴于成年志愿者身上，并通过温度数据采集仪记录在人体呼吸过程中，热疗口罩中相变块和通过相变块加热后空气的温度变化。

注意事项

（1）PVDF溶液、PSU溶液的配制均选择DMF为溶剂。

（2）选择旋转滚筒作为PVDF/PSU纳米纤维膜的接收装置，且喷丝头能够以一定的速度匀速运行。

思考题

功能性口罩的结构及加工方法有哪些?

实验41　成人失禁裤芯的制备

全球有数百万的成年人因各种因素（如怀孕、分娩、糖尿病、前列腺问题、老龄化等）罹患失禁病征，成人失禁用品市场前景非常广阔。成人失禁裤（垫）作为成人失禁用品中的一员，受到了失禁病人的青睐，其为他们的正常社交生活带来了极大的便利。

成人失禁裤（垫）一般由面层、导流层、吸收芯层、防漏底层组成，其中吸收芯层在整个系统中起着关键作用。市面上的成人失禁裤（垫）芯主要由高吸水树脂（SAP）、绒毛浆、木浆纤维组成，虽然能够容纳大量的液体，但SAP一旦吸水即膨胀成为水凝胶，这会降低吸收芯层的吸液能力。

黏胶纤维具有良好的吸湿透气性，来源广泛，能自然降解，不会污染环境。但黏胶纤维吸湿后强度明显下降，其织物的尺寸稳定性也较差。丙纶的纤维强度高，耐磨性好，耐酸、耐腐蚀等性能优于其他合成纤维，而且不霉不蛀，卫生性好。本实验选择在黏胶纤维原料中混入少量丙纶，并采用针刺和热风加固的非织造技术，改善黏胶纤维织物尺寸稳定性差的情况，旨在开发出具有较好吸液性能、持液性能和尺寸稳定性的成人失禁裤（垫）芯。

一、主要实验材料和仪器

黏胶纤维，丙纶纤维，竹纤维，竹炭，液体穿透仪，织物透湿仪，开松机，大仓混棉箱，气压棉箱，双道夫杂乱梳理机，交叉铺网机，预针刺机，主针刺机，烘箱等。

二、实验处方和工艺条件

（一）黏胶纤维/丙纶纤维失禁裤芯

黏胶纤维/丙纶纤维质量比	85∶15
面密度/$(g \cdot m^{-2})$	200
针刺密度/(刺·cm^{-2})	1000
热风温度/℃	165
热风时间/min	5

（二）竹纤维/丙纶纤维失禁裤芯

竹纤维/丙纶纤维质量比	85∶15
面密度/$(g \cdot m^{-2})$	200
针刺密度/(刺·cm^{-2})	1000
热风温度/℃	165
热风时间/min	5

（三）竹纤维/丙纶纤维/竹炭失禁裤芯

竹纤维/丙纶纤维/竹炭质量比	85∶15∶5
面密度/$(g \cdot m^{-2})$	200
针刺密度/(刺·cm^{-2})	1000
热风温度/℃	165
热风时间/min	5

三、吸液率和持液率测试（参照 GB/T 24218.6—2010）

（一）主要实验材料和仪器

成人失禁裤芯，干燥箱，电子天平，刻度尺，剪刀，支架，计时器，吸液垫，标准压块（1.2kg）等。

（二）实验步骤

（1）称取一定质量（M_1）的干燥试样，试样尺寸为100mm×100mm。

（2）将其浸没在去离子水中，1min后立即取出并垂直悬挂2min，立即称取此时的试样质量（M_2）。

（3）迅速地将湿态试样放在标准吸液垫上，同时将1.2kg的标准压块压在试样上，

1min 后立即称取此时的试样质量（M_3）。

（4）计算。吸液率（L_a）以试样所吸收的液体质量与试样干燥质量之比的百分数表示，持液率（L_h）以试样加压吸收后残留的液体质量与试样干燥质量之比的百分数表示，具体分别见式（8-1）、式（8-2）。每种试样测 5 次，结果取平均值。

$$L_a = \frac{M_2 - M_1}{M_1} \times 100\% \tag{8-1}$$

$$L_h = \frac{M_3 - M_1}{M_1} \times 100\% \tag{8-2}$$

四、液体穿透时间（参照 GB/T 24218.8—2010）

（一）主要实验材料和仪器

成人失禁裤芯，标准吸液垫（由五层标准滤纸组成），模拟尿液（9g/L 氯化钠溶液），50mL 滴定管，支架，漏斗（配有电磁排液阀），环架，穿透盘，耐腐蚀电极，环氧树脂胶，基板，电子计时器，量筒（10mL），剪刀，刻度尺等。

（二）实验步骤

（1）将漏斗夹持在环架上，将滴定管的尖嘴置于漏斗内。

（2）将标准吸液垫平放在基板上，再将一块试样平铺在标准吸液垫上，使试样接触皮肤的一面朝上。确保穿透盘中的电极保持清洁。将穿透盘放置在试样上，盘中心与试样中心重叠。滴定管和漏斗的中心均位于穿透盘中心上方。

（3）调整漏斗的高度，使其尖嘴位于穿透盘的圆形腔上方（5±0.5）mm 处（即距离试样上方 30mm）。

（4）接通电极与电子计时器，开启电子计时器并使其显示为零。

（5）将模拟尿液加入滴定管中，关闭漏斗的排液阀，使 5.0mL 的液体从滴定管流入漏斗中。

（6）打开漏斗的电磁排液阀，流出 5.0mL 的液体。液体流到穿透盘的圆形腔后接通电极，电子计时器开始自动计时。当液体全部渗入标准吸液垫，液面降到电极下面时，计时器停止计时。

（7）记录电子计时器上显示的时间。

（8）按上述实验步骤对其他试样进行实验。

（9）结果表达：计算每个样品（10 块试样）的液体穿透时间平均值，单位为 s，以及变异系数。

五、溢流量测试（参照 GB/T 24218.11—2012）

（一）主要实验材料和仪器

成人失禁裤芯，试样台（丙烯酸树脂或类似材质，台面角度可调），夹具，水平仪，支座，标准吸液垫，标准接收垫，模拟尿液，排液管，铁架台，注液装置，计时器，分析天平，25°角板，刻度尺，剪刀等。

（二）实验步骤

（1）试样制备和调湿：剪取至少 5 块试样，每块试样尺寸为（140±2）mm×(280±2) mm，其中长度方向沿纵向剪取。

（2）试样应在标准大气中调湿。

（3）调整试样台台面倾斜至 25°±10′。

（4）用水平仪确保试样台顶部边缘保持水平。

（5）设置排液管流速：在（4.0±0.1）s 内，排放（25.0±0.5）g 实验液体。

采用以下方法检查排放液体的质量：在排液管底部，放置 1 个已知质量并且可容纳(25±0.5）g 液体的洁净干燥的圆筒。启动计时器，收集并称量排出的液体质量。如果收集液体的质量超过（25±0.5）g 限度，通过控制泵调节发动机速度来调整液体的流速，继续测试和调整，直到至少 3 个连续测量值都在规定的限度内为止。

（6）放置铁架台，将排液管竖直放置，保证其下端口位于试样台上参考线中心上方 27mm 处。

（7）将标准吸液垫放置在试样台上，滤纸（或吸液材料）光面向上，其下端刚好遮盖住下参考线。

（8）将所有试样小心存放，以免在实验区域内受到污染。

（9）将试样放置在标准吸液垫上面，测试面朝上，保证试样下端超出吸液垫下端(5±1) mm。

（10）用夹具居中固定吸液垫和试样。

（11）调整排液管与试样之间的垂直距离为（25±1）mm。

（12）称量标准接收垫的质量，记录其质量（m_1），精确至 0.01g。

（13）将接收垫放置在支座上。

（14）开始排放实验液体。

（15）实验液体排完后，等待 5s。

（16）称量已收集液体的标准接收垫的质量，记录其质量（m_2），精确至 0.01g。

（17）在测定下一个试样前，保证试样台完全干燥且更换新的标准吸液垫。

（18）上述步骤，对其他剩余试样进行测试。

（19）结果表达：按式（8-3）计算每个试样的溢流量 RO。

$$RO = m_2 - m_1 \tag{8-3}$$

式中：RO——溢流量，g；

m_2——收集溢出液体后接收垫的质量，g；

m_1——标准接收垫的初始质量，g。

计算 RO 的平均值（精确至 0.01g）和标准偏差。

如果需要，按式（8-4）计算溢流百分比 ω，精确至 0.1%。

$$\omega = \frac{\overline{RO}}{25} \times 100\% \tag{8-4}$$

式中：ω——溢流百分比,%；

$\overline{RO}$——溢流量平均值，g。

六、返湿量测试（参照 GB/T 24218.14—2010）

（一）主要实验材料和仪器

成人失禁裤芯，标准吸液垫，模拟尿液，吸纸，滴定管（50mL，配支架），漏斗（配电磁阀），环架，穿透盘，基板，电子计时器，模拟婴儿负荷等。

（二）实验步骤

（1）将漏斗夹持在环架上，确保电子计时器和传导器接通，并确认电极被接通。

（2）剪取试样，尺寸 125mm×125mm。

（3）准备 10 层滤纸，正面朝上层层摞叠放置，组成 1 组标准吸液垫。

（4）称量标准吸液垫的质量，然后将其正面朝上放置在基板上。在返湿量测试中，滤纸的质量（m）将作为一个参数用来确定液体的总量（Q）。液体总量（Q）由滤纸质量（m）乘以滤纸负载系数 LF 计算，建议滤纸的负载系数为 3. 30。

（5）将试样放置在标准吸液垫之上。放置试样时，应保证实验液体的流向与试样使用时一致。例如，对于个人卫生用品，与使用者皮肤接触的那一面应朝上放置。

（6）将穿透盘放置在试样上，其中心与试样中心重叠，漏斗的中心正对着穿透盘圆形腔的中心。

（7）调整漏斗的高度，使其出液端口位于基板上方（45±1）mm 处。

（8）检查计时器是否指示为零，否则，需重新设置。

（9）为避免滴定管或 5. 0mL 移液管中的部分液体流入漏斗，应确保漏斗的电磁排液阀处于关闭状态。

（10）打开漏斗电磁排液阀，排放 5. 0mL 液体。当流出的液体通过穿透盘的圆形腔时接通电极，电子计时器开始自动计时，当液体已经渗透到试样和标准吸液垫中，且观察到穿透盘中电极水平面线以下开始有液滴滴落时，计时器将会停止计时。同时，按动秒表。

（11）记录电子计时器上的显示时间（STT-1）。

（12）用秒表记录 60s 间隔，在此间隔内，将 5. 0mL 实验液体加入漏斗内。

（13）当秒表读到 60s 时，重复步骤（10）~（12），测试第 2 次穿透时间 STT-2。

（14）当秒表读到 60s 时，重复步骤（10）和（11），测试第 3 次穿透时间 STT-3。

（15）为了达到规定的实验液体用量（Q），需加入额外量的实验液体（Q_{add}），按照式（8-5）计算。

$$Q_{add} = Q - 15 \tag{8-5}$$

（16）从穿透设备上移开带试样和滤纸的基板。

（17）轻轻将模拟婴儿负荷放置于试样之上。

（18）将模拟婴儿负荷放置3min，确保实验液体均衡扩散。

（19）在不碰触试样的情况下，移开模拟婴儿负荷。

（20）称量2层吸纸的质量，精确至0.001g，记录质量（m_1）并将它们放置在试样上。

（21）将模拟婴儿负荷轻轻放回吸纸上之前，用干燥的棉纸将模拟婴儿负荷与试样接触面上的残留液体抹干。负荷的移动速率宜保持在5cm/(5±1) s。

（22）将模拟婴儿负荷放置于吸纸上停留2min±2s，这期间会发生返湿。

（23）移开模拟婴儿负荷，并重新称量2层吸纸的质量，记录质量（m_2），精确至0.001g。

（24）返湿量按照式（8-6）计算。

$$m_{WB} = m_2 - m_1 \tag{8-6}$$

式中：m_2——返湿后吸纸的质量，g；

m_1——吸纸的初始质量，g。

（25）对其他试样重复进行测试。建议每块样品至少取3个试样进行实验。

注：如STT-3大于20s，表明试样是非耐久处理的非织造布，仅需重新进行一次剂量的测试。在STT-1之后，加入额外量的实验液体（$Q_{add}=Q-5mL$），并按步骤（6）~（24）测试返湿量。

七、透湿性测试（参照GB/T 12704.1—2009）

（一）主要实验材料和仪器

成人失禁裤芯，透湿杯，垫圈，压环，螺帽，恒温恒湿箱，硅胶干燥器，电子天平，剪刀，刻度尺等。

（二）实验步骤

（1）将试样放置在装有35g干燥剂的透湿杯上，用垫圈、压环、螺帽等固定，组成实验组合体。

（2）将试样组合体置于温度为38℃、相对湿度为90%的实验箱中平衡1h，迅速盖上透湿杯杯盖并放在20℃的硅胶干燥器中平衡30min，称量此时透湿杯杯盖及实验组合体的质量。

（3）移走透湿杯杯盖，将实验组合体再次放入温度为38℃、相对湿度为90%的实验箱内，经1h实验时间后取出，并迅速盖上同一个透湿杯杯盖，称量此时透湿杯杯盖及实验组合体的质量。

（4）试样的透湿性以单位时间内试样单位面积的透湿量（即“透湿率”）表示，按式（8-7）计算。每种试样测3次，结果取平均值。

$$WVT = \frac{\Delta m}{A \cdot t} \tag{8-7}$$

式中：WVT——透湿率，g/(m^2·h)；

Δm——透湿杯杯盖及试样组合体 2 次称得质量之差，g；

A——试样有效实验面积，0.00283m^2；

t——实验时间，h。

注意事项

在针刺之前，将活性炭均匀撒入纤维网中。

思考题

活性炭在垫芯中所起的作用是什么？

实验 42 导湿、凉爽防护用织物的制备

一、单向导湿防护织物的制备

在织物背面形成一定形状和分布规律的拒水点，如拒水点大小为 0.5~1.0mm，拒水点间距为 0.5~1.0mm，可将人体汗液等排斥到拒水点之间的缝隙中，在毛细力的作用下，人体汗液等沿织物法向被直接输送到织物正面。当织物正面碰到人的体液等液体时，因为织物背面有拒水点，会对这些液体产生由内向外的排斥力，故外来液体不会向织物里面渗透，也不会向下流淌，只会在织物正面铺展。将这种性能赋予手术服，能对医护人员起到有效的保护作用。本实验采用静电喷雾技术，将拒水剂乳液均匀地喷洒在织物背面，实现织物的单向导湿。

（一）主要实验材料和仪器

涤/棉或全棉练漂织物，食盐，氟系拒水剂，轧车，烘箱，静电喷雾器，移液管，电子天平，烧杯，搅拌器，轧车，烘箱，定型机。

（二）实验处方（单位：质量/g）

1. 亲水整理配方

亲水整理剂	30
水	970

2. 拒水整理配方

氟系拒水剂	30
食盐	40
水	1000

（三）实验步骤

1. 亲水整理

二浸二轧（轧液率为 80%）亲水整理液后，在 180℃下在拉幅定型机中定型 60s。

2. 拒水整理

将织物置于喷洒设备的织物输送机构上，以 30m/min 的速度传送，由气动喷嘴对从其下方经过的织物喷洒拒水整理液非离子型含氟拒水整理剂，气动喷嘴的给液量为 $1mL/m^2$。

3. 拉幅定型

将织物输入拉幅定型机中定型，定型机速度为 30m/min，烘箱温度为 180℃。

二、凉爽型防护服织物的制备

防护服面料阻隔效果好，但是透气透湿导热性能差，医务人员长时间穿着防护服会产生闷热不适。本实验采用辐射降温原理，制备出凉爽型防护服面料。

（一）主要实验材料和仪器

DMF，丙酮，PVDF（分子量为 15×10^4），二氧化硅（SiO_2，粒径为 2μm），聚丙烯非织造布，一次性医用防护服，静电纺丝机，磁力搅拌器，试样瓶，加热管，测温计。

（二）实验处方和工艺条件

PVDF 质量/g	15
SiO_2 质量/g	2.25
DMF 质量/g	49.65
丙酮质量/g	33.1
搅拌温度/℃	70
磁力搅拌时间/h	8
纺丝静电压/kV	18
推进速度/($mm\cdot min^{-1}$)	0.8
纺丝温度/℃	26
纺丝湿度/%	35

（三）实验步骤

1. SiO_2/PVDF 纳米纤维的制备

（1）分别称取相应质量的 PVDF 和 SiO_2。

（2）将质量比为 3∶2 的 DMF 和丙酮配制成溶剂。

（3）将 PVDF 粉末和 SiO_2 粉末倒入溶剂中，于 70℃恒温下加热，磁力搅拌 8h 后，超声分散 30min。

（4）将上述配制好的纺丝液进行静电纺丝。

2. SiO_2/PVDF 防护服面料的制备

通过热压法，将静电纺丝层 SiO_2/PVDF 辐射降温纳米纤维封装在两层非织造布之中，得到辐射降温防护服面料。

三、吸湿速干能测试（参照 GB/T 21655.2—2019）

（一）主要实验材料和仪器

单向导湿防护织物，三级水，氯化钠溶液（9g/L），剪刀，刻度尺，液态水动态传递性能测试仪等。

（二）实验步骤

（1）取样及试样准备：

①样品采集的方法和数量按产品标准或有关各方协商进行。每个样品剪取 0.5m 以上的全幅织物，取样时避开匹端 2m 以上，纺织制品至少取 1 个单元。

②将每个样品剪为两块其中一块用于洗前实验，另一块用于洗后实验，洗涤方法按 GB/T 8629—2017《纺织品实验用家庭洗涤和干燥程序》中的程序洗涤 5 次，洗后样在不超过 60℃的温度下干燥或自然晾干。

③分别裁取洗前和洗后试样各 5 块，试样尺寸为（90±1）mm×（90±1）mm。裁样时应在距布边 150mm 以上区域内均匀排布，各试样都不在相同的纵向和横向位置上并避开影响实验结果的疵点和褶皱；如果制品由不同面料构成，试样应从主要功能部位上选取。

④织物表面的任何不平整都会影响检测结果，必要时试样可采用压烫法烫平。

（2）用干净的镊子轻轻夹起待测试样的角部，将试样平整地置于仪器的两个传感器之间，通常穿着中贴近身体的一面作为浸水面，对着测试液滴下的方向放置。

（3）启动仪器，在规定时间内向织物的浸水面滴入（0.2±0.01）g 测试液，并开始记录时间与含水量变化状况，测试时间为 120s，数据采集频率不低于 10Hz。

（4）测试结束后，取出试样，仪器自动计算并显示相应的测试结果。

（5）用干净的吸水纸吸去传感器板上多余的残留液，静置至少 1min，再次测试前应确保无残留液。

（6）重复步骤（2）~（5），直到 5 个试样测试完毕。

（7）吸水速率 A 计算：按式（8-8）分别计算浸水面平均吸水速率 A_T 和渗透面平均吸水速率 A_B，数值精确至 0.1。

$$A=\sum_{i=T}^{t_p}\left(\frac{U_i-U_{i-1}}{t_i-t_{i-1}}\right)/(t_p-T)\times f \tag{8-8}$$

式中：A——平均吸水速率（分为浸水面平均吸水率 A_T 和渗透面平均吸水速率 A_B），%/s，若 $A<0$，取 $A=0$；

U——浸水面或渗透面含水率，%；

T——浸水面或渗透面浸湿时间，s；

t_p——进水时间，s；

U_i——浸水面或渗透面含水率变化曲线在时间 i 时的数值；

f——数据采样频率。

（8）液态水扩散速度 S 计算：按式（8-9）计算液态水扩散速度 S，数值精确至 0.1。

$$S = \sum_{i=1}^{N} \frac{r_i}{t_i - t_{i-1}} \tag{8-9}$$

式中：S——液态水扩散速度（分为浸水面液态水扩散速度 S_T 和渗透面液态水扩散速度 S_B），mm/s；

r_i——测试环的半径，mm；

t_i 和 t_{i-1}——液态水从 i-1 环到 i 环的时间，s；

N——浸水面或渗透面最大浸湿测试环数。

（9）单向传递指数 O 计算：按照式（8-10）计算单向传递指数 O，数值保留至 0.1。

$$O = \frac{\int U_B - \int U_T}{t} \tag{8-10}$$

式中：O——单向传递指数；

t——测试时间，s；

$\int U_T$——浸水面的吸水量；

$\int U_B$——渗透面的吸水量。

（10）液态水动态传递综合指数 M 计算：按式（8-11）计算液态水动态传递综合指数 M，数值保留至 0.01。

$$M = C_1 A_{BD} + C_2 O_D + C_3 S_{BD} \tag{8-11}$$

式中：C_1，C_2 和 C_3——权重值（$C_1 = 0.25$，$C_2 = 0.5$，$C_3 = 0.25$）。

A_{BD}、O_D、S_{BD} 是渗透面吸水速率 A_B、单向传递指数 O 和渗透面扩散速度 S_B 的无量纲化计算值，按式（8-12）~式（8-14）计算。

$$A_{BD} = \frac{A_B - A_{B,\ min}}{A_{B,\ max} - A_{B,\ min}} \tag{8-12}$$

$$O_D = \frac{O - O_{min}}{O_{max} - O_{min}} \tag{8-13}$$

$$S_{BD} = \frac{S_B - S_{B,\ min}}{S_{B,\ max} - S_{B,\ min}} \tag{8-14}$$

当 A_{BD}、O_D、$S_{BD} \geqslant 1$ 时按 1 计，$\leqslant 0$ 时按 0 计。

$A_{B,max}$、$A_{B,min}$、O_{max}、O_{min}、$S_{B,max}$、$S_{B,min}$ 是常量，分别取表 8-1 中 A_B、O、S_B 的上限值和下限值。

（11）评级：按照表 8-1 要求进行评级。

表 8-1 性能指标分级

性能指标	1 级	2 级	3 级	4 级	5 级
浸湿时间 T（s）	>120.0	20.1~120.0	6.1~20.0	3.1~6.0	<3.0
吸水速率 A（%/s）	0~10.0	10.1~30.0	30.1~50.0	50.1~100.0	>100.0
最大浸湿半径 r（mm）	0~7.0	7.1~12.0	12.1~17.0	17.1~22.0	>22.0
液态水扩散速度 S（mm/s）	0~1.0	1.1~2.0	2.1~3.0	3.1~4.0	>4.0
单向传递指数 O	<-50.0	-50.0~100.0	100.1~200.0	200.1~300.0	>300.0
液态水动态传递综合指数 M	0~0.20	0.21~0.40	0.41~0.60	0.61~0.80	0.81~1.00

注 浸水面和渗透面分别分级，分级要求相同；其中 5 级程度最好，1 级最差。

（12）吸湿速干性能评定：如果需要，可按表 8-2 评定产品相应性能，产品洗涤前和洗涤后的相应性能均达到表 8-2 技术要求的，可在产品使用说明中明示为相应性能的产品。

表 8-2 织物的吸湿速干性能技术要求

性能项目		要求
吸湿性[①,②]	浸湿时间	≥3 级
	吸水速率	≥3 级
速干性[②]	渗透面最大浸湿半径	≥3 级
	渗透面液态水扩散速度	≥3 级
	单向传递指数	≥3 级
排汗性[②]	单向传递指数	≥3 级
综合速干性	单向传递指数	≥3 级
	液态水动态传递综合指数	≥2 级

①浸水面和渗透面均应达到。

②性能要求可以组合，如吸湿速干性、吸湿排汗性等。

注意事项

（1）液滴的施加量根据织物行进速度和织物面密度计算，其质量分数为 10%~15%。

（2）液滴尺寸约 100μm，液滴间距约 100μm 为宜。

思考题

（1）单向导湿织物的制备方法有哪些？影响单向导湿的因素有哪些？

（2）设计出具有单向导湿、导热的医用防护服制备方案。

实验 43　药物控释用纳米纤维制品的制备

在传统药物释放体系中，药物在人体内浓度不稳。药剂量过高会产生副作用甚至中毒，过低则无法达到疗效。为了保证血液中恒定的药物浓度进而达到安全有效的治疗效果，药物的缓释已经成为载药材料选择的首要问题。

根据药物分布可分为纤维内载药、纤维间载药、组合式载药等。纤维内载药包括共混载药和同轴载药。共混载药适用于可溶于纺丝溶剂的药物，将药物直接溶解于聚合物溶液，通过纺丝过程制备出包裹药物的纤维。药物颗粒细小、分散性较好、释放过程相对稳定。同轴载药纤维一般具有芯壳两层结构，芯层作为载药层，壳层聚合物作为保护层，防止芯层药物受到外界侵蚀而失去活性。三层结构的载药纤维，药物一般置于中间层和最内层，壳层不仅能提供扩散屏障，减少初始释放，并且还能控制中间和核层药物浓度，使药物呈现梯度分布，固定释放速率从而消除了拖尾释放。纤维间载药可以通过后整理或网络互穿法实现。通过药物浸渍或药物涂层对所纺纳米纤维膜进行药物整理，优点是简便易行，缺点是缓释效果不理想。药物喷洒和纺丝同时进行，药物和纤维形成网络互穿共同沉积成膜。相比药物后整理法，该法的药物的分布和缓释性能均有明显优势。

载药纤维的缓释行为受到纤维的孔隙率、形态和几何形状和药物亲疏水性能的影响。疏水性药物的传递机制通常是扩散，药物会从纤维间的孔隙中扩散到缓冲液里。亲水性药物的传递机制主要为溶解，缓冲液会渗透到纤维膜内部，发生溶胀，水溶性药物会溶解到缓冲液中。亲水性聚合物载体可以实现药物的快速释放，而疏水性聚合物释放负载药物非常缓慢，从而可以有效地进行药物控释。

在药物治疗过程中，通常需要采用多种组分配合的复方制剂，既能够提高治疗效果，又可以防止细菌或病毒产生抗药性。载药纳米纤维具有良好的力学性能、生物活性和可调控的降解性等优点，在生物医学、组织工程、载药方面有着潜在的应用价值。

一、单药份共混纤维的制备

（一）主要实验材料和仪器

PLGA（LA/GA，85/15，分子量 20 万），明胶，六氟异丙醇（HFIP），戊二醛，磷酸盐缓冲液（PBS），去离子水，芬布芬粉末，高压直流电源，静电纺丝机，注射器，针头，磁力搅拌器，精密天平（精度 0.1mg），棕色密闭容器，真空干燥箱，通风橱。

（二）实验处方和工艺条件

PLGA（质量体积分数）/%	10
明胶（质量体积分数）/%	10

溶剂	HFIP
PLGA/明胶质量比	4∶1
芬布芬/($mg \cdot mL^{-1}$)	2
纺丝静电压/kV	12
注射速度/($mL \cdot h^{-1}$)	1
接收距离/cm	10
交联剂	戊二醛
交联时间/h	12
真空干燥时间/h	24

（三）实验步骤

（1）将 PLGA 和明胶溶于六氟异丙醇中，分别配制成为 10%（质量体积分数）的 PLGA 和明胶溶液。

（2）两种溶液以体积比 4∶1 混合搅拌均匀，在纺丝液中加入芬布芬，使其浓度达到 2mg/mL，室温下搅拌 12h，得到溶解完全均匀的含药溶液。

（3）混合溶液在纺丝电压 12kV、注射速率 1mL/h 的条件下进行纺丝。

（4）采用戊二醛蒸汽对 PLGA/明胶载药纤维进行 12h 交联。

（5）交联后的样品在室温下真空干燥 24h。

二、双药份共混纤维的制备

（一）主要实验材料和仪器

甲硝唑粉末，其他同单药份共混纤维的制备。

（二）实验处方和工艺条件

PLGA（质量体积分数）/%	10
明胶（质量体积分数）/%	10
PLGA/明胶质量比	4∶1
芬布芬/($mg \cdot mL^{-1}$)	1
甲硝唑/($mg \cdot mL^{-1}$)	1
纺丝静电压/kV	12
注射速度/($mL \cdot h^{-1}$)	1
接收距离/cm	10
交联时间/h	12
真空干燥时间/h	24

（三）实验步骤

（1）以六氟异丙醇为溶剂，分别配制为 10%（质量体积分数）的 PLGA 和明胶溶液，二者以体积比 4∶1 混合搅拌均匀。

（2）将甲硝唑和芬布芬共同混入纺丝液中，二者浓度各为 1mg/mL。

（3）纺丝。

三、双层复合载药纤维膜的制备

（一）主要实验材料和仪器

同双药份共混纤维的制备。

（二）实验处方和工艺条件

PLGA（质量体积分数）/%	10
明胶（质量体积分数）/%	10
PLGA/明胶质量比	4∶1
芬布芬/($mg \cdot mL^{-1}$)	2
甲硝唑/($mg \cdot mL^{-1}$)	2
纺丝静电压/kV	12
注射速度/($mL \cdot h^{-1}$)	1
接收距离/cm	10
交联时间/h	12
真空干燥时间/h	24

（三）实验步骤

（1）分别制备甲硝唑纺丝液和芬布芬纺丝液，二者药物浓度分别为 2mg/mL。

（2）先制备甲硝唑纤维膜，在甲硝唑纤维膜上电纺相同体积的芬布芬纤维膜，形成双层复合载药纤维膜。

四、双药互穿网络纤维膜的制备

（一）主要实验材料和仪器

同双药份共混纤维的制备。

（二）PLGA—芬布芬纺丝处方及条件

PLGA（质量体积分数）/%	10
芬布芬/($mg \cdot mL^{-1}$)	2
纺丝静电压/kV	12
注射速度/($mL \cdot h^{-1}$)	1
接收距离/cm	10

（三）明胶—甲硝唑纺丝处方及条件

明胶（质量体积分数）/%	10
甲硝唑/($mg \cdot mL^{-1}$)	2

纺丝静电压/kV	12
注射速度/($mL \cdot h^{-1}$)	1
接收距离/cm	10
交联时间/h	12

（四）实验步骤

（1）分别制备 PLGA—芬布芬纺丝液和明胶—甲硝唑纺丝液，二者药物浓度分别为 2mg/mL。

（2）将 PLGA—芬布芬纺丝液装入注射管中，接入纺丝针头。

（3）将明胶—甲硝唑纺丝液装入注射管中，接入纺丝针头。

（4）调整两纺丝液针头相对互喷，进行网络互穿静电纺丝。静电纺参数如下：

纺丝静电压/kV	12
供液速率/($mL \cdot h^{-1}$)	1
接收距离/cm	10

五、药物释放标准曲线的绘制

（一）主要实验材料和仪器

磷酸盐缓冲液（PBS），芬布芬，甲硝唑，去离子水，磁力搅拌器，精密天平（精度 0.1mg），真空干燥箱，紫外分光光度计。

（二）单药物释放标准曲线的绘制

（1）以 PBS 溶液为溶剂，配制 20 组已知浓度（0.002~0.02mg/mL）的芬布芬溶液。

（2）对于每组已知浓度芬布芬溶液，采用紫外分光光度计在波长 $\lambda = 280nm$ 处测定其吸光度。

（3）以浓度为横坐标，吸光度为纵坐标，绘出浓度与吸光度的标准曲线并得出相应方程式。

（三）双药物释放标准曲线的绘制

采用双波长分光光度法测定双药物释放中甲硝唑和芬布芬的释放量。甲硝唑以 310nm 为测定波长，250nm 为参比波长，芬布芬以 280nm 为测定波长，340nm 为参比波长。通过测定一系列已知浓度的药物溶液的吸光度，绘制出甲硝唑与芬布芬药物的标准释放曲线，并得到药物浓度与吸光度对应的方程式。

六、药物释放曲线测定

（一）主要实验材料和仪器

载药纤维膜，磷酸盐缓冲液（PBS），去离子水，磁力搅拌器，精密天平（精度 0.1mg），真空干燥箱，紫外分光光度计。

（二）单药物释放曲线测定步骤

（1）取三组载药样品于 37℃下分别放入 10mL PBS 溶液（pH＝7.4）中，特定时间后取出样品放入新的 10mL PBS 溶液中。

（2）采用紫外分光光度计测量释药 PBS 溶液的吸光度。

（3）并通过标准曲线确定释药 PBS 溶液中样品所释放的芬布芬的含量。

（4）通过累积最终获得药物芬布芬的释放曲线。

（三）双药物释放标准曲线测定步骤

（1）取三组相同的载药样品于 37℃下放入 10mL PBS 溶液（pH＝7.4）中，特定时间后更换新的 10mL PBS 溶液。

（2）采用双波长紫外分光光度计测量释药 PBS 溶液的吸光度。

（3）并通过标准曲线确定释药 PBS 溶液中样品所释放的芬布芬、甲硝唑的含量。

（4）PBS 溶液中所含的甲硝唑与芬布芬的释放量通过标准曲线求出。

注意事项

（1）芬布芬和甲硝唑为药物牙周康的主要成分，二者之间不会发生化学反应，采用紫外检测释放量时也不会产生相互干扰，而且二者均可溶于纺丝溶剂，因此在本实验中采用芬布芬和甲硝唑作为药物模型。

（2）双药缓释性能测试中，要分别测试各种药物的缓释行为。

思考题

（1）明胶易溶解于水，怎样减少其水溶性对支架性能的影响？

（2）PLGA/明胶纤维的降解对其药物的控释能力是否有影响，怎样调控 PLGA/明胶纤维的降解速率？

实验 44　蛋白微球—纳米纤维骨组织工程支架的制备

药物及蛋白缓释微球载体可避免其遭到体内酶等物质作用而发生降解，提前失去活性。PLGA 因其良好的生物相容性，被美国食品和药物管理局（FDA）批准为可用于人体的高分子材料之一，常被用来作为药物运输的载体。将负载药物或蛋白的多孔 PLGA 微球与支架材料进行复合，不仅可以保持微球和支架的良好形态，保证生长因子的生物活性，达到很好的控释效果，而且能够为细胞和组织的再生提供必要的力学支持。

一、主要实验材料和仪器

聚乙烯醇（PVA），乳酸羟基乙酸共聚物（PLGA，LA：GA＝50：50），聚乳酸（PLLA），牛血清白蛋白（BSA），BCA 蛋白浓度测定试剂盒（增强型），二氯甲烷（DCM），聚己内酯（PCl），四氢呋喃（THF），六氟异丙醇（HFIP），骨形态发生蛋白-2（BMP-2），正己烷，磷酸缓冲液（PBS），叠氮化钠（NaN_3），真空冷冻干燥机，微量电子天平，超纯水系统，细胞超声粉碎仪，台式高速冷冻离心机，超低温冰箱，集热式恒温加热磁力搅拌器，电热鼓风干燥箱，恒温振荡器。

二、实验步骤

（一）BMP-2/PLGA 微球制备

（1）称取 0.3g PLGA 溶于 3mL DCM 中。

（2）将 2mg BMP-2 溶解到 1mL 去离子水中，配成浓度为 2mg/mL 的 BMP-2 溶液。

（3）将 500μL BMP-2 溶液加入 3mL PLGA 溶液中。

（4）将 0.25g PVA 溶于 250mL 去离子水中，在 60℃下搅拌至 PVA 完全溶解后冷却至室温。

（5）将 PVA 溶液和 PLGA 溶液放入盛有冰块的烧杯中进行冰浴使其降温。

（6）取 500μL PBS 加入 PLGA/DCM 溶液中，用超声细胞破碎仪在 200W 功率下超声分散 10s 至液体呈乳白色。

（7）用滴管滴加乳白色溶液到 PVA 溶液中，继续超声分散 2min 至液体呈淡乳白色后，放置于磁力搅拌器上搅拌 4h，以挥发二氯甲烷有机溶剂。

（8）待微球成型后，在 4000r/min 转速条件下离心 5min，弃去上清液，用去离子水清洗沉淀，重复离心清洗三次后。放入-20℃冰箱中冷冻，真空干燥后即得 BMP-2/PLGA 微球。

（二）BMP-2/PLGA—PCl 冷冻干燥纳米纤维支架的制备

（1）称取一定质量的 PCl，溶于四氢呋喃中，60℃条件下加热搅拌至完全溶解。

（2）将溶液转入用 2.5mL 注射器制成的模具中，并迅速转入-80℃的超低温冰箱中。

（3）隔夜取出后用刀片切成厚度为 1mm 左右的薄片，放入冰水混合溶液中并置于 4℃冰箱，每天换 3 次去离子水，以保证完全置换出材料中的四氢呋喃。

（4）3 天后取出材料并冷冻干燥，即可得到 PCl 纳米纤维支架。

（5）称取 10mg 制备好的微球，均匀分散在 1mL 正己烷中。

（6）取 500μL 滴在干燥的 PCl 纳米纤维支架的一面，待正己烷挥发后将另一 500μL 含有微球的正己烷滴在支架的另一面。

（7）将支架浸泡在体积比为 9：1 的正己烷和四氢呋喃溶液中，使 PLGA 微球能够物理黏合到 PCl 纳米纤维支架的表面，放入干燥箱真空干燥至少 3 天至完全除去有机溶剂，即得负载微球的 PCl 纳米纤维支架。

（三）BMP-2/PLGA—PLLA 静电纺纳米纤维支架的制备

（1）称取一定质量的 PLLA，溶于 HFIP 中（溶液的质量体积比为 10%），并用转子在磁力搅拌器上不停地搅拌 12h，得到静电纺丝溶液备用。

（2）用 10mL 一次性注射器吸取上述纺丝液，连接上 9 号针头后置入推进泵当中，并连接高压发生器。电压设置为 13～16kV，推进泵的速率设为 1mL/h，接收距离为 15～20cm，之后启动进行静电纺丝制备出 PLLA 纳米纤维膜。将制备的纳米纤维膜放入真空干燥箱中抽真空处理 24h，除去残留的 HFIP 后放在干燥柜中备用。

（3）将上述制备所得的纳米纤维膜用剪刀剪成 2～3cm 的碎片，并将其分散在装有叔丁醇的烧杯中混合均匀，随后利用匀浆机将烧杯中的纳米纤维片进行匀浆破碎处理，转速设置为 6000r/min，匀浆时间为 15min，最后可以得到均匀的纳米短纤维浆液。

（4）称取 10mg 制备好的微球加入纳米短纤维浆液中，转速设置为 6000r/min，匀浆时间为 5min。

（5）将该浆液倒入 24 孔细胞培养板中，放入冰水混合溶液中并置于 4℃ 冰箱，每天换 3 次去离子水，以保证完全置换出材料中的叔丁醇。

（6）放入-80℃ 冰箱中冷冻 2h，再进行冷冻干燥 24h，即可得到三维支架。

三、支架形貌测试

（一）主要实验材料和仪器

微球样品，无水乙醇，移液枪，铝箔，超声波，导电胶，扫描电镜，喷金设备等。

（二）实验步骤

（1）对于微球复合支架，先将其超声分散在无水乙醇中，然后用移液枪吸取分散液滴到铝箔上，待无水酒精挥发后将铝箔用导电胶粘贴在电镜载物台上。

（2）对于支架样品，直接将其用导电胶粘贴在载物台上。

（3）对样品进行喷金处理后，在 10kV 加速电压条件下进行 SEM 观察，每个样品选取至少三个部位进行拍摄。

（4）利用 Image-Pro Plus 6.0 软件测量 SEM 照片中 PLGA 微球粒径的大小。

（5）至少选取三张不同部位的 SEM 照片进行测定，最后得出平均的粒径。

四、降解性能测试

（一）主要实验材料和仪器

微球支架，NaN_3，PBS 溶液，离心管，摇床，冷冻干燥器，电子天平。

（二）实验步骤

（1）将干燥的复合支架放入含 2.0mL（含 0.2% NaN_3）PBS 溶液的 5mL 离心管中。

（2）然后将离心管置于温度为37℃、转速为100r/min的摇床中。

（3）在特定的时间点取样，测定降解液的pH值，将复合支架取出冷冻干燥并称重。

（4）计算降解百分比，绘制质量损失曲线及pH变化曲线。

五、生物相容性测试

（一）主要实验材料和仪器

微球支架，SD大鼠，PBS溶液，超净工作台，超净工作台，外科手术器材一套，胰酶，培养箱，胶原酶Ⅰ，青霉素，链霉素，胎牛血清，DMEM低糖，EDTA。

（二）实验步骤

1. *成骨细胞的获取和培养*

（1）选取SD大鼠繁殖后的新生乳鼠（1周龄），在超净工作台内取出颅骨片放置在含1mL PBS溶液的6孔板中，用剪刀剪碎成小的组织块，加入2mL胰酶，在培养箱中消化30min。

（2）离心去除胰酶，加入2mL胶原酶Ⅰ，继续放入培养箱中处理1h。

（3）离心后去掉上清液，用添加1%青霉素、链霉素和含10%胎牛血清的DMEM低糖培养基悬浮细胞，再转入细胞培养板中培养。

（4）待细胞密度达到80%～90%时，用含EDTA的胰酶消化，转移到细胞培养瓶中，放置于37℃、5% CO_2的恒温培养箱继续培养。

（5）24h后更换新鲜培养基，以除去未贴壁的细胞。

（6）以后每3天换液1次，逐渐除去其他杂细胞使成骨细胞纯化。待细胞密度达到80%～90%时，接着按1∶2的比例进行传代培养，并用于后续的细胞实验。

2. *细胞实验前材料的处理*

（1）在细胞种植前，将复合支架先置于紫外灯下灭菌3h。

（2）同样置于75%的酒精蒸汽罐中熏蒸过夜。

（3）所有样品用无菌PBS洗3遍，再用培养基浸泡材料过夜后备用。

3. *细胞的种植和培养*

（1）在含支架样品的48孔板中加入无菌钢环，用于材料的固定。

（2）将300μL的成骨细胞悬液（1.0×10^5细胞/mL）种植到支架上，使材料完全浸没在培养基中，将其放入37℃、5% CO_2的恒温培养箱中进行培养。

（3）每2天更换1次新鲜的培养基。

4. *活细胞荧光染色*

（1）用低糖培养基配制含有20mg/mL的Pluronic F-127溶液，取4μL钙黄绿素试剂加入上述2mL溶液中，得到钙黄绿素染色工作液。

（2）到预定的时间点，将48孔板从恒温培养箱取出，吸除旧的培养基，用无菌PBS洗2遍后，每孔加入300μL的钙黄绿素染色工作液，再放入恒温培养箱中孵育0.5h。

（3）用无菌 PBS 洗 2 遍，放置于载玻片上，用荧光显微镜观察活细胞形态和数目并获取荧光图片。

5. 细胞增殖评价

（1）用无血清、无双抗的培养基稀释 10 倍配制 CCK-8 工作液，将细胞以 3×10^4 细胞/孔的接种密度分别接种于 48 孔板内复合支架上。

（2）待细胞在恒温培养箱中培养到预定的时间点后，吸出培养基，用 PBS 洗 2 遍。

（3）往孔板内加入 300μL 的 CCK-8 工作液，并将其置于 37℃ 恒温培养箱中培养 1h。

（4）从中吸取 100μL 上清液置于 96 孔板中，并通过酶标仪在 450nm 处测定其吸光度。

六、碱性磷酸酶（ALP）活性测定

成骨细胞是骨形成的主要功能细胞，负责骨基质的合成、分泌和矿化。成骨细胞在骨形成的过程中经历成骨细胞增殖、细胞外基质成熟、细胞外基质矿化和成骨细胞凋亡 4 个阶段，而 BMP-2 能够诱导成骨细胞分化，通过测定骨细胞的碱性磷酸酶（ALP）活性来表征细胞的成骨分化。

（一）主要实验材料和仪器

成骨细胞，48 孔板，微球支架，恒温箱培养，β-甘油磷酸钠，抗坏血酸，碱性磷酸酶，检测试剂盒，BCA 蛋白检测试剂盒，冰，对硝基苯酚（p-Nitrophenol）溶液。

（二）实验步骤

（1）将成骨细胞以 5×10^4 细胞/孔分别接种于 48 孔板内支架上。

（2）放置于 37℃ 恒温箱培养 24h，然后吸除培养基，加入 300μL 的成骨诱导培养基（100mL 完全培养基中含有 3.0611mg/mL β-甘油磷酸钠和 0.034mg/mL 抗坏血酸）。

（3）在诱导培养 7 天和 14 天后，吸去培养基并用 PBS 清洗 2 遍，加入细胞裂解液裂解成骨细胞。离心（10000r/min，5min）取上清液，根据 ALP 检测试剂盒的操作说明测定其 ALP 浓度，同时利用 BCA 蛋白检测试剂盒测定其蛋白浓度，ALP 活性用测定出的 ALP 含量除以反应时间和总蛋白值来表示，标记为 nmol/min/mg 总蛋白。

（4）检测 ALP 活性：

①将 ALP 检测试剂盒中的所有试剂取出恢复至室温待用。

②取一管显色底物，溶解于 2.5mL 的检测缓冲液中，充分溶解和混匀，并于冰上放置。

③配置标准品工作液，取 10μL p-Nitrophenol 溶液（10mM），用检测缓冲液稀释至 0.2mL，得到 0.5mM 的标准品工作液。

④根据 ALP 检测试剂盒中的说明书作标准曲线，并取 50μL 收集的上清液参与反应，放入 37℃ 恒温培养箱中孵育 30min 后，每孔放入 100μL 反应终止液结束反应，并在 405nm 处测定吸光度。

七、茜素红（ARS）染色

（一）主要实验材料和仪器

成骨细胞，12孔板，微球支架，恒温箱培养，PBS溶液，多聚甲醛，茜素红染液，去离子水，显微镜，氯化十六烷吡啶，离心管，离心机，酶标仪等。

（二）步骤

为了测定成骨过程中的矿化能力，通过ARS染色进行观察，并通过溶解着色后的茜素红进行定量分析。具体的实验步骤如下：

（1）将成骨细胞以5×10^4细胞/孔接种于含支架的12孔细胞培养板中，支架上均添加成骨诱导培养基300μL，放置于37℃恒温培养箱中培养14天和21天。

（2）在预定的时间点，移出培养基用PBS洗2遍后，用4%多聚甲醛在4℃下固定4h。

（3）用去离子水洗1遍后用pH为4.1~4.3的2%茜素红染液（20mg/mL）在室温下染色20min。

（4）用去离子水清洗数次以除去多余的茜素红染液，再用显微镜进行拍照观察。

（5）为了定量测定每个样品中矿化程度，将10%氯化十六烷吡啶溶液加入每个样品中，待样品在室温下孵育1h后，将孔板内的液体吹打均匀并移入离心管中13000r/min离心15min。每个样品吸取100μL上清液加入96孔板中，用酶标仪检测570nm处的吸光值。

八、动物体内成骨性能测试

（一）主要实验材料和仪器

PLLA/PLGA/PCl纳米纤维支架材料组（直径10mm，厚度1mm），BMP-2/PLGA-PLLA/PLGA/PCl复合支架材料，恒温培养箱，96孔板，戊巴比妥钠，4周龄雄性裸鼠，外科手术器材，碘伏或酒精，盐酸，酒精棉，4%福尔马林，苏木素，脱蜡机，环锯，灭菌锅，手术缝纫线，超净台，紫外灯，苯胺蓝液，醋酸，Masson染色试剂盒，Goldner染色试剂盒，OCN免疫组化染色试剂盒，磷钼酸水溶液，EDTA抗原修复缓冲液，摇床，DAPI，光学显微镜，冰箱。

（二）异位成骨性能实验步骤

（1）支架材料分别放入96孔板中，再将成骨细胞以10×10^4个细胞每孔分别接种于支架材料上，放入37℃恒温培养箱中培养3天。

（2）通过腹腔注射戊巴比妥钠（1%，0.1mL）麻醉裸鼠。

（3）用刀片在裸鼠背部脊椎上方划开皮肤，将准备好的植入材料放入皮下，再用缝合线缝合皮肤，用碘伏或者酒精棉擦拭缝合好的皮肤。整个过程均在超净工作台上进行，每组样品3只裸鼠。

（4）分别在4周、8周时取样，将材料放入4%福尔马林溶液中浸泡，4℃冰箱中储存。

（5）对每个样品进行石蜡切片，进行 Masson 染色、Goldner 染色及 OCN 染色，得到的切片在光学显微镜下观察并拍照。

（三）原位成骨性能实验步骤

（1）将支架制成直径为 4mm 左右，厚度为 1mm 左右的圆柱状，置于超净台内紫外灯下照射进行过夜灭菌。

（2）SD 大鼠随机分组：植入 PLLA/PLGA/PCl 纳米纤维支架材料组和 BMP-2/PLGA-PLLA/PLGA/PCl 复合支架材料组，每组平均 3 只大鼠。

（3）构建颅骨缺损动物模型：

①将 SD 大鼠用戊巴比妥钠进行全身麻醉，在其头部切割出大小为 2~2.5cm 的切口，剥离颅骨表面的骨膜。

②在颅骨处用直径为 4mm 的环锯钻孔，同时不断地用冷 PBS 进行冲洗，使其温度不会过高。

③将已灭菌的支架材料植入大鼠的颅骨缺损处。

④用缝合线缝合切口并用苦味酸对大鼠进行标记，整个过程均在超净工作台内操作完成。

（4）在原位成骨实验 18 周后取样，将材料放入 4%福尔马林溶液中浸泡，4℃冰箱中储存，最后对每个样品进行石蜡切片，分别进行苏木精—伊红染色（H&E 染色）、Masson 染色及骨钙素免疫荧光染色，得到的切片在光学显微镜下观察并拍照。

（四）H&E 染色步骤

（1）将切片脱蜡后放入 Harris 苏木精染色液中染 3~8min。

（2）用自来水洗，用 1%的盐酸酒精分化数秒，再用自来水冲洗，用 0.6%氨水返蓝。

（3）流水冲洗后，放入伊红染液中染色 1~3min。

（4）脱水封片。

（5）用显微镜观察采集图像。

（五）Masson 染色步骤

（1）将切片脱蜡后使用 Masson 染色试剂盒内 Weigert 铁苏木精染色液中染 5min。

（2）用自来水洗，用 1%的盐酸酒精分化数秒后，再用自来水冲洗，流水冲洗数分钟返蓝。

（3）进行丽春红染色后，用 Masson 染色试剂盒内磷钼酸水溶液处理 3~5min，不用水洗，直接用苯胺蓝液复染 5min，1%冰醋酸处理 1min。

（4）脱水封片。

（5）用显微镜观察采集图像。

（六）OCN 染色步骤

（1）将组织切片置于盛满 EDTA 抗原修复缓冲液（pH=9.0）的修复盒中于微波炉内进行抗原修复 10min。

(2) 自然冷却后将玻片置于 PBS (pH=7.4) 中并在脱色摇床上晃动洗涤 3 次，每次 5min。

(3) 将切片稍甩干后在圈内滴加 3% BSA 均匀覆盖组织，室温封闭 30min。轻轻甩掉封闭液，在切片上滴加 PBS 按一定比例配好的一抗 (1∶100)，切片平放于湿盒内 4℃孵育过夜。

(4) 接着置于 PBS (pH=7.4) 中在脱色摇床上晃动洗涤 3 次，每次 5min，当切片稍甩干后在圈内滴加与一抗相应种属的二抗 (1∶400) 覆盖组织，避光室温孵育 50min。

(5) 用 DAPI 复染细胞核，封片并镜检拍照。

(6) 利用 Image-Pro Plus 6.0 软件计算 OCN 染色后图片的荧光强度，定量分析样品中的 OCN 表达量。

注意事项

(1) PLGA 微球采用 50∶50 的单体比例能够较快地降解，但不同的单体比例在 BMP-2 的缓释方面的能力可进一步加以研究。

(2) 本实验采用双乳化法制备的 PLGA 微球，粒径均在一定范围之内，而孔径的控制条件可以进一步加以研究，以实现 BMP-2 的可控释放。

思考题

(1) 能否将 PLGA 微球用于其他药物的负载，怎样负载?

(2) 能否将载药 PLGA 微球与静电纺纳米纤维复合，怎样复合?

实验 45　纳米纤维—生长因子皮肤组织工程支架的制备

表皮生长因子 (EGF) 能够强烈地促进皮肤 HaCaT 细胞与 FEK4 细胞的增殖与迁移能力。但临床表明 EGF 的使用具有很大的剂量依赖性，而且其半衰期很短，给药局限性很大。因此，如何缓释 EGF 并保证其活性与用药浓度是组织工程领域的研究热点之一。

一、主要实验材料和仪器

聚己内酯 (PCl，80kda)，透明质酸 (HA，150kda)，EGF，三氯甲烷 (TCM)，甲酸 (FA)，司班-80 (Span-80)，溴化钾 (KBr)，人表皮永生化角质细胞 (HaCaT)，人皮肤成纤维细胞 (HSF)，三蒸水，PBS，优质胎牛血清青霉素，链霉素，碳酸氢钠，L-谷氨酰胺，胰蛋白酶，MTS 试剂盒，4′，6-二甲脒基-2-苯基吲哚（DAPI），总 RNA 提取试剂盒，引物，反转录 CDNA 合成试剂盒，染料法实时荧光定量试剂盒，24 孔板，Transwell 小室，24 孔培养板，96 孔培养板，25mL、75mL 细胞培养瓶，pH 酸度计，直流高压电源，注射泵，旋转式滚筒接收装置，点胶针，10mL 注射器，锡箔纸，通风橱，倒置相差荧光显微镜，压片机等，高压蒸汽灭菌锅，电子天平，超净工作台，37℃ CO_2 恒温孵箱，血小球计数板，光学显微镜，旋涡振荡仪，微量离心机。

二、实验步骤

（一）乳化纺丝液的配制

（1）将 1g PCl 溶于 10mL TCM 溶剂中，制备 10%（质量体积分数）PCl 溶液。

（2）将 0.02g HA 溶于 1mL TCM：FA=2：1（体积比）的溶剂中，制备 2%（质量体积分数）HA 溶液。

（3）将得到的 2 种溶液按 PCl：HA 为 10：1（体积比）的最终比例混合，加入 50μL Span-80，搅拌过夜，作为油相备用。

（4）将 10μL EGF 工作液（含 10μg EGF）溶入 400μL 0.2% BSA 水溶液中，轻微搅匀，作为水相备用。

（5）室温下将水相逐滴加入油相中，并伴随剧烈搅拌，搅拌至少 2h 形成稳定均一的乳液，4℃冰箱中储存备用。

（二）纳米纤维的制备

（1）将制备好的乳液装入带有内径为 0.6mm 的 22g 不锈钢平头针头的 10mL 注射器中。

（2）纺丝环境：温度 25℃，空气湿度 60%，通风。

（3）电纺参数：流速 1mL/h，电压 16~18kV，滚筒转速 300r/min，针头与接收器之间的距离为 12cm。

（4）将制备好的薄膜支架材料放入 4℃冰箱，保存备用。

（三）常用试剂配制

（1）DMEM 培养液的配制：取 1L 装 DMEM 培养基成品粉末袋装一袋，溶于 1L 三蒸水中，待溶解后加入 2.2g 碳酸氢钠和 0.33g 谷氨酰胺，准确调节 pH 值至 7.2，加入双抗后利用 22μm 过滤膜过滤除菌，4℃保存。

（2）PBS 的配制：取一包 1L 装 PBS 干粉溶于 1L 三蒸水中，待充分溶解后利用 22μm 滤膜过滤除菌，装至 500mL 玻璃瓶中，封口，4℃保存备用。

（3）双抗的配制：分别将青霉素与链霉素利用 PBS 稀释至使用浓度 10000μL/mL，利用 22μm 过滤膜过滤除菌，-20℃保存备用。

（4）胰酶的配制：分别准确称取胰酶与 EDTA 0.5g 与 0.02g，待完全溶解于 200mL PBS 溶液后，利用 22μm 过滤膜过滤除菌，4℃保存。

（四）材料灭菌

（1）将纳米纤维材料裁剪为尺寸大小为2cm×2cm的正方形，利用医用无菌透明胶布固定于24孔培养板底部。

（2）用体积分数为75%的酒精浸泡1h，倒掉酒精后用四倍浓度双抗的无菌PBS冲洗3~5次，每次2min。

（3）紫外照射2h后加入300μL无血清的DMEM细胞培养液，在细胞培养箱中孵育过夜，备用。

（五）细胞的复苏与培养

（1）将冻存于液氮罐中的细胞取出，在37℃水浴锅中快速解冻，用移液枪转移至1mL 10% FBS的DMEM培养液中。

（2）放入5% CO_2、37℃、饱和湿度的细胞培养箱中培养，隔天换液。

（3）待细胞生长进入对数期，覆盖培养瓶总面积的80%时用0.25%胰蛋白酶进行消化传代。

（4）培养过程中每2天换液一次，培养至9~16代的细胞可用于细胞实验。

（六）SD大鼠全皮层创伤模型制备

（1）将7%水合氯醛采用腹腔注射法对SD大鼠进行全身麻醉，注射剂量为0.5mL/100g。

（2）待5min后大鼠进入麻醉状态，在背部选取4cm×4cm面积大小的区域，用剪刀剪毛。

（3）分别用75%的酒精和碘伏消毒后选取1.8cm×1.8cm面积大小的区域用眼科镊和外科手术刀逐层划去皮肤组织。

（七）纳米纤维支架材料移植

（1）将进行紫外照射处理过的纳米纤维支架材料剪成与伤口面积大小相同的尺寸。

（2）利用75%酒精再次进行消毒处理，用眼科镊小心夹起，将其覆盖在大鼠背部伤口处，覆盖两层。

（3）喷洒碘伏，消毒后用自黏附弹性绷带进行包扎，并做好标记。

（4）材料移植手术后将大鼠放回原饲养环境中喂养、观察，每隔三天进行一次绷带更换。

（5）分别在1周、2周、4周时拆除绷带，观察伤口愈合情况并拍照处理，统计伤口面积，制作伤口愈合速率曲线。

（6）分别在饲养至2周、4周、8周时处死大鼠，用外科手术刀划取伤口处皮肤全皮层组织，并进行组织切片染色观察。

（八）表皮生长因子的释放曲线的绘制

（1）每组各取3个样品，每个样品裁成50mm×50mm×200μm（长×宽×厚）规格大小，浸入每孔加入有3mL PBS的六孔板中，37℃避光，恒温振荡。

（2）分别在1h、3h、6h、12h、24h、48h、4天、8天、16天和32天时取1mL上清

液，4℃保存备用，并补充等量的新鲜 PBS。

（3）将取好的上清液分别用 BSA、HA 和 EGF 酶联免疫吸附试剂盒（ELLSA）检测 HA 和 EGF 的含量，并分别绘制释放曲线。

（九）组织切片的制备

（1）固定：分别从移植手术后 2 周、4 周、8 周的大鼠背部取伤口处新生全皮层组织，剪取大约 1cm×1cm 大小的方块，4%多聚甲醛 4℃固定 24h。

（2）脱水：取出固定好的组织块，用自来水进行冲洗三次，每次 1min。梯度浓度酒精脱水，从 50%、70%、85%、95% 直至纯酒精即无水乙醇，每个梯度浓度脱水时间为 1h。

（3）透明：将脱水完毕后的组织放入新鲜的二甲苯中进行透明，时间 1h。

（4）浸蜡与包埋：

①将固体石蜡放入 70℃ 恒温烘箱中融化，如果石蜡中含有其他明显杂质，则进行过滤。

②将组织块放入装有蜡液的包埋盒中，70℃恒温烘箱浸蜡 30min，取出包埋盒，待蜡液表层开始凝固用镊子迅速将组织块移植包埋盒中央位置，迅速将包埋盒放入 4℃冰箱中冷却、凝固。

（5）切片：用刀片将包埋好的蜡块进行修剪，待修剪成规整的四方体后固定在切片机的蜡块钳内，调整蜡块的高度，使蜡块的切面与切片机的刀刃平行，旋紧固定。设定切片厚度为 10μm，连续切片。

（6）展片：

①用镊子轻轻夹取切片并转移到捞片机的恒温水槽中，3～5min 后待切片展开，将切片转移到防脱玻片上在展片机上烘烤。

②将组织切片放入 60℃烘箱内烘烤，平放 2h 让切片充分展开并固定在载玻片上，然后纵放 2h，让石蜡流下来。

③取出，常温保存。

三、细胞增殖性测试

（一）主要实验材料和仪器

人表皮永生化角质细胞（HaCaT），人皮肤成纤维细胞（HSF），纳米纤维支架，紫外灯，细胞计数器，培养板，培养箱，水浴锅，FBS，DMEM 培养液，MTS 试剂盒，冰箱，二氧化碳，96 孔培养板，水浴锅，酶标仪等。

（二）实验步骤

（1）分别将两种细胞接种于事先灭菌处理过的纳米纤维材料上，每组材料设置三个孔。

（2）待细胞计数后，按照 HSF 细胞接种浓度 5×10^3 个/孔，HaCaT 细胞 1×10^4 个/孔

接种，每孔加入 300μL 5% FBS 的 DMEM 培养液。

（3）将培养板放入细胞培养箱（5% CO_2，37℃，饱和湿度）中培养，分别在 1、3、5、10 天后取样检测。

（4）事先将储存于-20℃冰箱里的 MTS 试剂放入 37℃恒温水浴锅预热溶化处理。

（5）取出细胞培养箱里的 24 孔细胞培养板，用移液枪小心抽去培养液，加入 360μL MTS 试剂工作液（300μL 无血清培养液+60μL MTS 试剂），在细胞培养箱中培养 4h。

（6）将每孔溶液混匀，吸取 100μL 至 96 孔培养板中，每孔设置两个重复。

（7）用酶联免疫检测仪在 490nm 波长下测量每孔的吸光度，取三孔平均值进行分析。

四、细胞迁移性测试

（一）主要实验材料和仪器

共聚焦显微镜，其他同细胞增殖性测试。

（二）实验步骤

（1）将纳米纤维支架材料裁剪成 1cm×1cm 尺寸大小的方块，平铺于与 24 孔板配套的 Transwell 小室底部，进行材料灭菌。

（2）将生长位于对数期的 HSF 细胞用胰蛋白酶进行消化吹打成单细胞悬浮液，利用血球计数板准确计数后，按照 3×10^3 个/孔种植于改进后的 Transwell 小室中，其中上层使用 2% FBS 浓度的培养液，下层使用 10% FBS 浓度的培养液，每组材料重复三次。

（3）培养 7 天后取出纳米纤维支架，4%多聚甲醛固定后 DAPI 染色 15min，共聚焦显微镜层扫制图分析。

五、组织切片观测

（一）主要实验材料和仪器

切片，二甲苯，乙醇，蒸馏水，苏木精，自来水，滤纸，盐酸，PBS 溶液，灭菌锅，伊红染料等。

（二）实验步骤

1. 脱蜡脱水

（1）将切片放入装有二甲苯的样品槽中进行脱蜡 2 次，每次脱蜡 15min。

（2）利用梯度酒精进行脱水，每次 5min，梯度浓度从无水乙醇、95%乙醇、85%乙醇、75%乙醇、50%乙醇直至蒸馏水。

2. 染色

（1）将脱蜡完毕的切片用自来水冲洗 1min，利用苏木精染色 20~30min。

（2）自来水冲洗 1min，滤纸吸去多余水分。

（3）利用 1%盐酸酒精分化 20s，自来水冲洗 1min，吸去多余水分。

（4）PBS 反蓝 1min，自来水冲洗 1min，吸去多余水分。

（5）伊红染色 20s~1min，自来水冲洗 30s。

3. 脱水（单位：时间/min）

利用梯度酒精脱水，依次为：

85%酒精	1min
90%酒精	1min
95%酒精	2min
95%酒精	3min
无水乙醇	3min
无水乙醇	5min

4. 透明

将脱水处理后的切片放入装有二甲苯的样品插槽中，2min 后更换新鲜的二甲苯，重复 1 次。

5. 封片与拍照

将透明后组织切片室温放置 5~10min，待二甲苯挥发完毕后用中性树脂封片，在倒置相差显微镜下观察并拍照。

注意事项

（1）本实验中所用 PCl、胶原材料等材料可由其他生物材料代替，根据具体的应用环境要求进行选择。

（2）纳米纤维支架的厚度对支架的力学性能、降解性能、影响因子含量及释放速率、创伤修复均有明显影响，根据组织修复的要求，设计合理厚度的纤维支架。

思考题

（1）纤维的直径与孔径，对细胞向材料内部迁移造成一定的阻碍，控制纤维支架孔径的措施有哪些？

（2）支架内部加入血管内皮生长因子（VEGF），两种因子共同释放，能否进一步加快创伤修复？

实验 46　功能性敷料的制备

一、防水透湿 PU 纤维膜的制备

为了提升伤口护理的舒适性和透气性，需要制备具有一定防水透气性的敷料。三维随机取向的电纺纤维膜具有特殊的孔结构，可以保证一定量的气液小分子运输。另外，可调控的孔径能够赋予纤维膜以防水性。

（一）主要实验材料和仪器

水性聚氨酯（PU，固含量 35%±2%），聚甲基氢硅氧烷（PMHS），环氧基硅氧烷（ES），无水乙醇，磁力搅拌器，静电纺丝机，精密电子天平，烘箱。

（二）PU 纺丝溶液的配制

（1）将 PU 分散液倒在玻璃板上，并静置使其流平，随后置于真空烘箱中在 80℃条件下干燥 24h 后取出。

（2）称取 0.1g PMHS 和 1g PU，溶解于 10mL 无水乙醇中，在室温下搅拌直至完全溶解。

（3）在进行静电纺丝之前将 0.05g ES 添加到 PU 溶液中，搅拌 10min 至交联剂完全溶解。

（三）PU 纤维膜的制备

用注射器吸取纺丝溶液并进行静电纺丝，静电纺丝参数如下：

纺丝静电压/kV	30
纺丝液供液速度/($mL \cdot h^{-1}$)	3
接收距离/cm	15

通过调整纺丝时间控制纤维膜的厚度在（20±5）μm，制得的纤维膜放在真空干燥箱里 40℃烘 2h，以除去残留的溶剂。

二、自黏附明胶纤维水凝胶的制备

在敷料实际应用于关节伤口时，需具有一定的组织黏附性以满足在四肢运动过程中牢固、稳定地附着在皮肤组织上。

仿贻贝黏附蛋白分泌—固化机理，将 DA、EDC、NHS 与明胶在酸性条件下（pH≈4）初步纺制原位交联明胶纳米纤维膜，以保留 DA 中邻苯二酚基团的非氧化形式。通过乙醇交联、弱碱（pH≈8）环境，邻苯二酚基团在氧化条件下进行共价交联而显著提升黏性和强度。

（一）主要实验材料和仪器

明胶（GT），盐酸多巴胺（DA），1-乙基-（3-二甲基氨基丙基）-3-乙基碳二亚胺（EDC），*N*-羟基琥珀酰亚胺，冰乙酸，无水乙醇，去离子水，精密天平，可加热磁力搅拌器，静电纺丝机，针头，注射管等。

（二）明胶纺丝溶液的配制

配置质量分数 30% GT，质量分数 0.5% EDC/NHS（MEDC：MNHS=4：1），1% DA，质量分数 20%乙酸水溶液。具体配置步骤如下：

（1）使用电子精密天平称取 3g 的明胶粉末，溶解于 5mL 去离子水中，30℃水合 30min，随后升温至 50℃直至完全溶解。

（2）加入 2g 的乙酸水溶液，在 50℃下继续水合 1h，再转移至磁力搅拌器上继续搅拌。

（3）待溶液冷却至室温后，称取0.1g的DA粉末加入溶液中，避光搅拌直至DA完全溶解。

（4）将0.01g NHS、0.04g EDC依次加入溶液中，在室温下搅拌直至完全溶解。

（三）GT纤维膜的制备

（1）用10mL注射器分别吸取一定量纺丝溶液进行静电纺丝，一定尺寸的油光纸作为接收基材。

（2）调整参数静电纺丝：静电压25kV，供液速度为1mL/h，纺丝距离为15cm，温度控制为（22±2）℃，湿度严格控制为（50±5）%，制备出的纤维膜的厚度严格控制在（40±5）μm。

（3）将纺制好的纤维膜放在真空干燥箱里40℃烘2h，以除去残留的溶剂。

（四）GT纤维水凝胶的制备

（1）交联液的配制：制备质量分数70%的乙醇水溶液，搅拌均匀后，置于2~8℃冰箱中储存。

（2）纤维膜的交联：将上述制备好的纤维膜置于乙醇交联液中，室温下浸泡交联24h，得到纤维水凝胶。

三、PU/GT敷料的制备

（一）主要实验材料和仪器

水性聚氨酯（PU），聚甲基氢硅氧烷（PMHS），环氧基硅氧烷（ES），碳酸铵[$(NH_4)_2CO_3$]，明胶（GT），盐酸多巴胺（DA），1-乙基-（3-二甲基氨基丙基）-3-乙基碳二亚胺（EDC），*N*-羟基琥珀酰亚胺，乙酸，乙醇，可加热磁力搅拌器，静电纺丝机，针头，注射管等。

（二）PU/GT纤维膜的制备

用注射器分别吸取一定量GT纺丝溶液，以先前制备好的PU纤维膜作为接收基材，其中静电纺丝参数同上，制备出的PU/GT双层纤维膜的厚度严格控制在（60±2）μm，放在真空干燥箱里在40℃下烘干2h，以除去残留的溶剂。

四、耐静水压性能测试

（一）主要实验材料和仪器

织物渗水性测试仪，纤维膜。

（二）实验步骤

升压速度为6kPa/min，试样的测试面积为225cm^2，具体步骤参考实验5耐静水压测试。

五、透湿性能（参照 ASTM E96/E96M—2014 标准）

（一）主要实验材料和仪器

待测纤维膜，恒温恒湿箱，去离子水，透湿杯，剪刀，电子天平等。

（二）实验步骤

（1）首先启动机器，设置箱内温度为 38℃，湿度为 50%，等待其达到设定的平衡温湿度。

（2）将待测试样裁剪成与透湿杯一样大小的尺寸，将约 34g 去离子水倒入透湿杯中，然后在其上固定裁剪好的纤维膜，去掉盖子，倒放入已平衡好的温湿度箱内。

（3）1h 后，取出透湿杯并盖上杯盖，称重，记录质量 m_0。

（4）再次去掉杯盖，重新放入透湿仪内，平衡 1h 后，重复上一步骤，称重记录为 m。

（5）根据式（8-15）计算得到纤维膜的透湿量。

$$WVT_{\text{rate}} = \frac{m_0 - m}{A} \tag{8-15}$$

式中：m_0——示测试前的质量，g；

m——测试后的质量，g；

A——测试面积，m^2。

六、溶胀性能测试

（一）主要实验材料和仪器

待测纤维膜，PBS 溶液，计时器，恒温箱，电子天平，滤纸等。

（二）实验步骤

（1）将样品（2.5cm×2.5cm）称重，记录为 W_0。

（2）将样品浸入 PBS 中于 37℃恒温箱中孵育。

（3）在 0.3h、0.7h、1h、2h、4h、8h 和 12h 时，从 PBS 中取出样品，用滤纸轻轻吸干并称重（W_1）。

（4）根据式（8-16）计算纤维的溶胀率（SR_w）

$$SR_w = \frac{W_1 - W_0}{W_0} \tag{8-16}$$

每组测量三个平行样品，然后取其平均值。

七、降解性能测试

（一）主要实验材料和仪器

明胶纤维膜，电子天平，恒温箱，去离子水，计时器，冷冻干燥机，电子天平等。

（二）实验步骤

（1）使用电子精密天平将样品（2.5cm×2.5cm）称重，质量记为 W_0。

（2）将试样在恒温（37℃）下浸入 PBS（pH=7.4）中于 37℃恒温箱中孵育。

（3）分别在一定时间，取出样品，并用水冲洗以去除多余的盐分。

（4）将去盐试样冷冻干燥 24h 并称重，质量记为 W_t。

（5）通过式（8-17）计算纤维水凝胶的剩余重量比率（D）：

$$D = \frac{W_0 - W_t}{W_0} \times 100\% \tag{8-17}$$

其中，W_0 和 W_t 分别是初始纤维水凝胶冷冻干燥后的重量和在不同时间点降解后剩余纤维水凝胶的冻干重量。

八、黏附性能测试（参照 YY/T 0148—2006 标准）

（一）主要实验材料和仪器

猪皮，INSTRON 万能实验机，剪刀，刻度尺，恒温恒湿室，砝码，计时器等。

（二）实验步骤

（1）将新鲜的猪皮（10cm×3cm）洗净，切成两半，随后将纤维膜样品（3cm×2cm）粘在两块待测基底之间，保证两张猪皮的接触面积正好为试样的面积。

（2）将 200g 砝码施加到样品上 1min 以增强黏合性，使用配备有 50N 称重传感器的万能实验机以 10mm/min 的拉伸速率进行测试。

在整个测试过程中，黏合区域和猪皮肤保持湿润，每个样品测试五次，然后取平均值，黏附强度通过测量的最大载荷除以黏合面积计算得到。

九、细胞毒性测试

（一）主要实验材料和仪器

纤维水凝胶，PBS 溶液，小鼠成纤维细胞（L929），人类永生化表皮细胞（HaCaT），24 孔培养板，DMEM 培养基，ETHD-1 细胞染料，AM 细胞染料，CO_2 培养箱，荧光显微镜等。

（二）实验步骤

（1）将纤维水凝胶（φ=1cm）在 PBS（pH=7.4，RT）中浸洗 3 次，以去除多余盐分。

（2）将 L929 和 HaCaT 分别接种在 24 孔培养板中（每孔 5×10^4 个细胞）不同的膜上。

（3）以纤维水凝胶为基底孵育细胞 1 天后，分别加入 ETHD-1 和 AM 细胞染色液，将细胞置于 37℃ CO_2 培养箱中避光染色 30min。

（4）通过荧光显微镜对细胞成像。ETHD-1 激发蓝色荧光，用于检测活细胞；AM 激发绿色荧光，用于检测死细胞。

十、细胞增殖性能测试

（一）主要实验材料和仪器

纤维水凝胶，24 孔培养板，CCK-8 检测试剂盒，DMEM 培养基，酶标仪，24 孔培养板，96 孔培养板，培养箱，PBS 溶液，灭菌锅，移液枪等。

（二）实验步骤

（1）将 L929 和 HaCaT 细胞在纤维水凝胶上培养一定时间。

（2）将纤维水凝胶（φ=1cm）在 PBS（pH=7.4，RT）中浸洗 3 次，以去除多余盐分。

（3）将 L 929 和 HaCaT 细胞分别接种在 24 孔培养板的不同膜中（每孔 1×10^5 细胞），每组三个重复的孔。

（4）在纤维水凝胶共培养 1 天、3 天、7 天后，将培养基替换为含 20μL CCk-8 的 200μL 培养基。将样品再孵育 1~4h，将每个孔的 100μL 培养液转移到新的 96 孔培养板中。

（5）使用酶标仪测量 450nm 处的吸光度。

十一、动物体内性能测试

（一）主要实验材料和仪器

PU/GT 纤维支架，雄性小鼠（20~30g，4~5 周龄），无菌手术台，异氟烷蒸气，剃毛器，打孔器，商品敷料，绷带，记号笔，刻度尺，福尔马林，乙醇，去离子水，H&E 染料，Masson 染料，光学显微镜等。

（二）实验步骤

（1）将所有小鼠随机分为 3 组，分别是对照组、试样。在手术前使所有小鼠适应 1 周，所有手术程序均在无菌条件下进行。

（2）用异氟烷蒸气麻醉小鼠，将尾巴和头部之间的毛剔除。

（3）用打孔器制造约 7mm 直径的全层皮肤伤口。由于皮肤张力作用，伤口的实际形状会有所变化。

（4）分别在伤口上施加约 10mm 直径的商品敷料、试样。

（5）将伤口用 2cm×5cm 的商品敷料覆盖加以固定。

（6）为了监测伤口面积，分别在第 0、5 天、10 天、15 天，对伤口进行拍照和观察，并通过在绘图纸上描绘伤口边界来测量伤口面积。使用式（8-18）计算伤口收缩率（%）。

$$\text{伤口收缩率}=\frac{\text{伤口面积(原始)}-\text{伤口面积(第}\,n\,\text{天)}}{\text{伤口面积(原始)}}\times100\% \tag{8-18}$$

其中“n”代表观察日期，例如第 0、5 天、10 天、15 天。

（7）在第 15 天，处死小鼠，取创面与周围皮肤组织，采用 4%的福尔马林固定，进行乙醇梯度脱水，将创面中央切片固定在载玻片上，用 H&E 和 Masson 染色。在光学显微镜下观察组织形貌，皮肤组织再生和胶原的沉积。

注意事项

（1）除 PU 和 GT 原料外，生物相容性良好的聚合物（CS、胶原、聚己内酯）和交联剂（单宁酸、京尼平）均可用于组织工程支架的制备。

（2）将药物、趋化因子和生长因子引入敷料中，能显著增强伤口愈合能力。

思考题

（1）将药物、趋化因子和生长因子引入敷料中的途径有哪些，各有什么特点？

（2）请根据战场环境，结合本实验技术，设计一款多功能战伤敷料。

实验 47　小口径血管纤维支架的制备

一、管状编织支架的制备

（一）主要实验材料和仪器

PLGA（LA/GA90/10）纱线 36（旦）/12f，四氢呋喃（THF），氯化钠，去离子水，2-（*N*-吗啉）乙磺酸-水物（MES），肝素钠，无水乙醇，NHS，EDC，24 锭编织机，聚四氟乙烯模具，移液器，电子天平，真空干燥箱，磁力搅拌器，医用注射器，电热鼓风干燥箱，超低温冰箱，真空冷冻干燥机

（二）实验处方和工艺条件

PLGA（LA/GA90/10）纱线/(旦 · f^{-1})	36/12
芯管直径/mm	4
编织角/(°)	60
编织组织	规则编织组织结构
编织机转速/(r · min^{-1})	150
定型温度/℃	70
定型时间/min	15

（三）实验步骤

1. 管状支架编织

将 PLGA 纱线锭子置于编织机上，规则编织组织结构、芯管直径 4mm、编织角为 60°、

转速为150r/min的给纱速率、带芯编织。

2. 管状编织支架的热定型

带芯定型，定型温度70℃，定型时间15min。定型结束后冷却至室温，抽出芯管。

3. 复合管状支架的制备

（1）将编织管状支架套在模具芯柱上，组成一套新的模具（模具主要由芯轴和外管组成，用于制备管状支架）。

（2）按质量比6：4依次称取PLCL和PLLA，加入四氢呋喃（THF）中并在60℃搅拌溶解配制成10%（质量体积分数）浇铸液。

（3）将浇铸液迅速浇铸到步骤（1）置入了PLGA管状编织支架的聚四氟乙烯模具内。

（4）迅速放置在-80℃条件下使其相分离，放置时间12h以上。

（5）取出模具，将管状支架从模具上褪下并浸泡在0℃去离子冰水混合物中，每隔6h换一次水，共浸泡48h。

（6）从去离子水中取出管状支架，放入-20℃或-80℃冰箱中让水分结冰后，放入真空冷冻干燥机中干燥2天即可制得大孔径管状支架。

4. 肝素接枝

（1）将支架浸泡在乙醇中，置于真空干燥箱中抽真空直至将支架内部气泡除去，将支架取出浸泡在超纯水中，更换5次水将乙醇完全洗去。

（2）将支架浸泡在新配置的0.05mol/L MES中30min。

（3）再将支架浸泡在含0.06mol/L NHS、0.12mol/L EDC、0.5mol/L NaCl、1g/L肝素钠，pH值为5.5的0.05mol/L MES缓冲液中，避光缓和振荡24h，用去离子水清洗后冷冻干燥得到肝素化的支架。

二、负载双因子大孔纳米纤维血管支架的制备

（一）主要实验材料和仪器

PLCL（50/50），PLLA，PLGA（LA/GA80/20），HVSMCs，HUVECs，SMCs，四氢呋喃（THF），去离子水，氯化钠，2-（N-吗啉）乙磺酸（MES），肝素钠，无水乙醇，NHS，EDC，血小板衍生生长因子（PDGF-BB），基质细胞衍生生长因子-1α（SDF-1α），NH_2-PEG-NH_2（di-NH_2-PEG），24孔板，96孔板，管状浇铸模具，移液器。

（二）实验处方和工艺条件

支架结构	双层
内层支架PLLA/PLGA/PLCL	质量比20：20：60
外层支架PLLA/PLGA/PLCL	质量比30：40：30
支架塑形	溶液浇铸
溶剂脱除	低温相分离

支架固化　　　　　　　　　　　　　　　　　　冷冻干燥

（三）实验步骤

1. 双层大孔纳米纤维血管支架的制备

（1）称取质量比为 20∶20∶60 的三元 PLLA/PLGA/PLCL 混合物，溶解在 THF 中，60℃条件下不断搅拌得到浓度为 10%（质量体积分数）的均一溶液。

（2）将溶液铸入第一套已预热到 60℃的管状模具中，迅速置于-80℃超低温冰箱中相分离 12h。

（3）从冰箱中取出聚合物凝胶，浸泡在 0℃的冰水混合物中进行溶剂置换，每 8g 更换 1 次冰水混合物，处理 48h。

（4）将湿态的聚合物支架冷冻干燥 2 天，得到干燥的 PLLA/PLGA/PLCL 小孔纳米纤维管状支架。将该管状支架套在第二套模具的芯柱上，重新组装成一套新的管状模具。

（5）称取质量比为 30∶40∶30 的三元 PLLA/PLGA/PCl 混合物溶解在 60℃的 THF 中得到浓度为 10%（质量体积分数）的均一溶液。

（6）将溶液注入新组装的模具内，经相同的低温相分离、溶剂置换和冷冻干燥步骤，即可制得三元复合体系双层纳米纤维血管支架。

2. 肝素接枝步骤

（1）将湿润的支架浸泡在 0.01mol/L 的 NaOH 溶液中预处理 10min 使其表面羧基活化，取出后用去离子水清洗 3 次。

（2）将活化的支架置于新配置的 0.05mol/L MES（pH 5.5）中平衡 1h。

（3）将平衡后的支架浸泡在含 1mg/mL di-NH_2-PEG、0.5mol/L NaCl、0.12mol/L EDC 和 0.06mol/L NHS 的 0.05mol/L MES（pH 5.5）缓冲液中，室温下避光缓和搅拌 16h。

（4）取出支架用去离子水清洗 3 次，即可得到氨基化修饰的支架。

（5）将氨基化支架浸泡在含 1mg/mL 肝素钠、0.5mol/L NaCl、0.12mol/L EDC 和 0.06mol/L NHS 的 0.05mol/L MES（pH 5.5）缓冲液中，室温下避光缓和搅拌 24h。

（6）将支架取出用去离子水清洗 3 次，即得肝素修饰的复合支架。

3. 生长因子固定步骤

（1）取长 10mm 左右的肝素化血管支架，采用数显千分尺测量出血管支架的内径和外径尺寸，计算出内腔的体积以及内腔表面积、支架外层表面积。

（2）生长因子 SDF-1α 管状支架内腔接枝密度为（121.12±1.19）ng/cm^2，生长因子 PDGF-BB 管状支架外层接枝密度为（122.42±0.03）ng/cm^2。

（3）将湿态的肝素化双层血管支架的两端堵住，随后将其浸入已计算好溶液体积和浓度的 PDGF-BB 溶液中，4℃条件下静置 8h。

（4）取出血管支架放入 96 孔细胞培养板内，放在通风橱中通风处理约 6h，使支架表面多余的水分挥发。

（5）将血管支架立在孔板内，将血管支架被堵的一端弄通，用移液器将已配置好的

SDF-1α 溶液注入血管支架内腔，使溶液充满整个内腔，在 4℃ 条件下静置 8h 使生长因子固定在内腔表面。

（6）用移液器将固定后的生长因子溶液吸除。

（7）将被堵住的另一端也开口，即可得到内层表面负载 SDF-1α、外层负载 PDGF-BB 的双层血管支架。

三、管状支架 SEM 测试

（一）主要实验材料和仪器

管状支架，扫描电子显微镜（SEM），游标卡尺，Image J 软件，计算机，液氮罐等。

（二）实验步骤

（1）将复合管状支架置于液氮中约 1min 后取出迅速脆断，截取一小段支架材料置于载物台上，放置过程中不要破坏支架材料的表面结构。

（2）对样品进行喷金处理，真空度 6mm Hg，电流 10mA，时间约为 50s，纤维形貌使用 SEM 来观察表征。

（3）用软件 Image J 分析复合支架的孔径和纤维直径，每个样品随机测量 100 根，测得的数据取平均值。用游标卡尺测量复合支架的外径，记录测量值，每个样品重复 5 次，取平均值。

四、管状支架力学性能测试

（一）主要实验材料和仪器

管状支架，游标卡尺，高压灭菌锅，生物医用材料多功能强力仪，生物管道压缩测试仪，真空干燥箱。

（二）实验步骤

1. 径向拉伸实验步骤

支架须具有一定的力学性能，起到支撑和保持血流畅通的作用。

（1）从复合管状支架上截取一段长 20mm 的管状样品。

（2）将管状样品套在柱状夹具外面，并固定在机器上，仔细确保实验样品没有扭曲和拉伸，其中用来径向拉伸的柱状夹具是由两个半圆柱组成，拉伸时两个半圆柱状夹具分别向两边移动，测试以 50mm/min 的速度稳定拉伸至管状样品断裂。

（3）每个样品测试 3 次。

2. 径向单次压缩实验步骤

径向压缩测试使用生物管道压缩测试仪进行测试。该仪器上端连有柱状传感器，下端是放置待测样品的平台，通过柱状传感器的升降来测试径向压缩性能。

（1）将材料制备成 10mm 长的管状样品，设置压缩距离为 2.5mm（压缩距离为管状血管外径的 50%），压缩速度为 0.2mm/s，待压缩至最大压缩距离时，记录此时强力作为最大径向压缩强力。

（2）之后压缩慢慢移除压力，待外力完全移除至 0 时，管状支架的形变回复量与压缩至最大压缩距离时的形变量之比作为弹性回复率。

（3）每个样品测试 3 次。

3. 径向连续压缩测试

（1）将材料制备成 10mm 长的管状样品。

（2）设置压缩距离为 2.5mm（压缩距离为管状血管外径的 50%），压缩速度为 0.2mm/s，反复压缩 10 次作为一个测试结果。待压缩至最大压缩距离时，记录此时强力作为最大径向压缩强力。

（3）之后压缩慢慢移除压力，待外力完全移除至 0 时，管状支架的形变回复量与压缩至最大压缩距离时的形变量之比作为弹性回复率。

（4）每个样品测试 3 次。

五、体外降解、生长因子释放性能测试

（一）主要实验材料和仪器

负载生长因子的管状支架，酯酶，恒温振荡器，烘箱，PBS，去离子水，真空干燥箱，电子天平，离心机，离心管，摇床，ELISA 试剂盒等。

（二）实验步骤

1. 体外降解性能实验步骤

（1）体外降解实验的培养环境是使用 37℃ 恒温振荡器，转速 80r/min 振荡操作。

（2）将管状样品（长度 20mm）放入烘箱中烘干称重，记录起始重量 W_0。

（3）将样品置于 10mL 的 100μL/mL 酯酶溶液中（酯酶每隔三天换一次），37℃ 恒温振荡状态下进行降解。

（4）在设定的时间取样，用去离子水轻轻漂洗样品三次以上。

（5）60℃ 真空干燥 3 天以上，记录降解后的干燥样品的重量 W_1，计算其质量剩余的百分数，即质量剩余率见式（8-19）。

$$\text{质量剩余率} = \frac{W_1}{W_0} \times 100\% \tag{8-19}$$

2. 生长因子的体外释放性能实验步骤

（1）将湿态的负载生长因子的双层血管支架浸入装有 3mL PBS 溶液（含 0.02% NaN_3）的 5mL 离心管中。

（2）随后将离心管放入 37℃、100r/min 的摇床中，分别在第 1 天、2 天、3 天、5 天、10 天、20 天、40 天、80 天从摇床中取出离心管，收集生长因子释放液，并重新补充 3mL 新鲜的 PBS 溶液。

（3）采用 ELISA 试剂盒检测各时间点释放液中的生长因子含量，最后汇总绘制生长因子累计释放曲线，每种样品测量 3 个平行样品。

六、相容性能测试

（一）主要实验材料和仪器

肝素化管状支架，未肝素化管状支架，新鲜 SD 大鼠血液，柠檬酸钠溶液，真空采血管，无水乙醇，去离子水，恒温振荡器，PBS 缓冲液，二甲基亚砜（DMSO），2.5%戊二醛，DMEM 高糖培养基，PIECS 细胞，胰酶，双抗，胎牛血清，ELISA 试剂盒，水浴锅，培养瓶，超净台，细胞计数器，MTT 试剂，真空干燥箱，扫描电镜，14mm 打孔器，24 孔培养板，CO_2 培养箱，酶标仪等。

（二）实验步骤

1. *血液相容性测试*

（1）将新鲜 SD 大鼠血液快速放入含柠檬酸钠溶液的真空采血管（2mL），迅速晃动采血管几下防止血液的凝固，待用。

（2）将肝素化和未肝素化修饰的管状支架（10mm 长）用 70%乙醇浸泡 15min 灭菌。

（3）用去离子水清洗。

（4）放入含有新鲜 SD 大鼠血的真空采血管中，在 37℃条件的恒温振荡器中缓慢摇晃处理 2h。

（5）用 PBS 缓冲液轻轻清洗支架 10 次，保证将未黏附的血液成分洗去。

（6）将支架浸泡在 2.5%的戊二醛 PBS 缓冲液中 4℃固定 2h。

（7）采用梯度乙醇溶液法对支架进行脱水处理（30%、50%、70%、90%、100%，3 次），每步脱水时间为 15min。

（8）脱水后的支架干燥后喷金，SEM 观察材料表面血小板的黏附情况。

2. *生物相容性测试*

（1）材料准备与消毒：

①将制备的管状支架沿轴向剖开，使用 14mm 打孔器制备细胞培养时用的膜片。

②将膜片浸泡在 75%酒精中灭菌 24h，放入 24 孔细胞培养板，PBS 清洗三次，每次 15min 左右。

③然后用 DMEM 培养基浸泡预处理材料，放入培养箱中，所有关于无菌要求的操作均在超净台内完成。

（2）细胞复苏：

①复苏细胞的原则是快速融化且防止冻存管爆裂。

②细胞冻存管中的冻存液中含有二甲基亚砜，对细胞具有一定的毒性，因此在复苏细胞时应快速溶解，并离心弃去冻存液。

③冻存的细胞从液氮中取出立即放入 37℃水浴快速解冻，离心弃除上清液，加 2mL 培养基吹打制成细胞悬液转移到培养瓶内，将培养瓶放入细胞培养箱中培养，每隔 2 天更换一次培养基。

（3）细胞种植与培养：

①从培养箱内取出培养瓶弃去旧培养液。

②并且用 PBS 清洗除去死细胞，加入 1mL 消化液（胰酶）。

③细胞消化适度时弃去消化液，用 PBS 快速清洗细胞并加入新鲜的培养液，然后将已经消化的细胞从培养瓶中吹脱下来。

④用细胞计数器计数细胞，并稀释成所需要的浓度。

⑤在 24 孔培养板的对应孔中分别加 200μL 含有 1%双抗和 10%胎牛血清的 DMEM 高糖培养基。

⑥用移液枪吸取 200μL 细胞悬液，PIECS 的种植密度为 1.0×10^4 细胞/孔，种植在 24 孔培养板的对应孔中。

⑦然后放入 CO_2 培养箱培养，每隔 2 天更换一次培养液。

⑧细胞培养 1 天、2 天、3 天后用 5%的戊二醛溶液于常温下固定 2h，再用 PBS 洗 3 次，每次 10min。然后依次经过 30%、50%、60%、70%、80%、90%和 100%的梯度酒精脱水处理，每次脱水 5~10min。

⑨真空干燥后，SEM 观测细胞在支架表面的形貌。

（4）MTT 分析：

①以 1.0×10^4 细胞/孔的密度将 PIECS 细胞种植在材料膜片上，在第 1 天、3 天、5 天、7 天时通过 MTT 法检测细胞增殖情况，玻片作为对照。

②待培养到相应时间时，弃去原培养基，用 PBS 缓冲液清洗 3 次。

③在每孔中加入 360μL 的 DMEM 高糖培养液（未加胎牛血清和双抗）和 40μL 的 MTT 溶液，在 CO_2 培养箱培养 4h 后有蓝紫色结晶沉淀产生。

④弃去培养基，每孔加入 400mL DMSO 振荡 30min 使结晶物溶解，形成紫色溶液。

⑤用移液枪吸取 100μL 溶液转移至 96 孔培养板中，使用酶标仪测 570nm 波长处吸光值 OD，每组材料测试 3 个平行样品。

七、动物体内血管再生性能测试

（一）主要实验材料和仪器

管状支架，PLGA 带针缝合线，无水乙醇，去离子水，SD 大鼠，戊巴比妥钠，手术刀片，不锈钢手术剪刀，外科手术止血钳，动脉夹，持针钳，显微手术剪刀，显微手术镊子，显微手术持针钳，医用脱脂纱布，超净工作台，扫描电镜，组织切片染色及观测设备等。

（二）实验步骤

（1）将所有与手术有关的器械及物品均用高压灭菌锅进行灭菌，用灭菌水配制 75%的医用酒精用于手术中消毒。

（2）将支架浸渍在 75%乙醇中消毒 24h，之后将材料取出用无菌 PBS 处理置换除去乙醇。

（3）将 SD 大鼠称重并施以相应的麻醉剂（30 戊巴比妥钠，1mL/kg）进行全身麻醉，同时耳廓静脉注射肝素钠溶液以抗凝和肌肉注射硫酸庆大以抗炎。

（4）将动物呈仰卧位固定于手术台，剔除待植入部位的毛发，于颈部位置用手术刀片划开外皮肤找到颈总动脉位置，分离血管周围的其余组织使血管完全暴露。

（5）用两个动脉夹分别在近心端和远心端夹持血管（两动脉夹之间留有 20~30mm 的长度），然后用显微剪刀垂直将血管部分剪除，采用端对端吻合手术，取 15mm 左右浸泡于肝素钠溶液中的血管支架进行手术，使用 PLGA 带针手术缝合线先缝合一端，然后缝合另一端。

（6）手术完成后，释放动脉夹检查是否有流血或渗血情况出现。

（7）进行伤口缝合手术。

（8）术后共设置了 7 个时间点，即 1 周、2 周、1 个月、3 个月、6 个月、9 个月和 12 个月。每个时间点包含 3 只动物的移植物，1 只用于 SEM 测试，2 只用于组织学分析。并使用大鼠的自体血管作为阳性对照，植入前的小口径血管支架作为阴性对照。在设定好的时间点取出血管支架，在生理盐水溶液中，快速剥离支架中多余的脂肪等异物。

注意事项

在支架纤维形貌观察过程中，不要破坏支架材料的表面结构。

思考题

（1）纳米纤维管状支架的制备方法有哪些？并说明各自的优缺点。

（2）小口径血管组织工程支架的研究进展及方向如何？

实验 48　护肤理疗面膜的制备

近年来在“天然”“草本”等理念的推动下，来源丰富、价格低廉、刺激性低、安全有效的天然植物提取物及其应用已成为市场研究开发的热点。

一、白芷美白保湿液的制备

白芷还具有保湿、美白等作用，在美容护肤方面被广泛应用。白芷中主含香豆素类、挥发油类、脂肪酸类等化合物，其中香豆素类化合物是白芷的主要活性成分，包括欧前胡素、异欧前胡素等。现代药理学研究表明，白芷中香豆素类化合物不仅具有解热镇痛、抗炎、抗高血压、抗凝血、抗微生物等药理活性，而且可通过抑制酪氨酸酶活性，从而抑制黑色素形成而具有显著的美白作用。

（一）主要实验材料和仪器

禹白芷，甲醇，乙醇，去离子水，羊毛脂，液体石蜡，二甲基硅油，吐温-60，司盘-60，甘油，山梨酸，L-酪氨酸，茉莉香精等，高速中药粉碎机，精密电子天平，旋转蒸发仪，全自动切片机，超声波发生器，灭菌容器等。

（二）实验处方（单位：质量/g）

羊毛脂	40
液体石蜡	16
二甲基硅油	16
司盘-60	5.2
吐温-60	8.8
甘油	10
香精	适量
山梨酸（防腐剂）	适量
蒸馏水	96
欧前胡素	2.652
异欧前胡素	2.226

（三）实验步骤

1. 欧前胡素、异欧前胡素的提取

（1）精密称取白芷药粉650g置于容量瓶中，并加6500mL水。

（2）在80℃下超声处理（功率300W，频率50kHz）1h。

（3）取出冷却，并过滤取续滤液。

（4）浓缩干燥。

2. 面膜基质液的配制

水包油型乳剂（O/W）型基质易于涂布，油腻感小，黏性小，易清洗，渗透性强，故选O/W型乳剂基质为面膜基质。

（1）组分：

油相	羊毛脂、液体石蜡、二甲基硅油
水相	蒸馏水、保湿剂、香精、防腐剂
保湿剂	甘油
乳化剂	吐温-60、司盘-60
防腐剂	山梨酸

（2）配制：

①按面膜基质的处方组成分别称取配制油相、水相成分置于烧杯中。

②并在90℃恒温水浴中同一方向搅拌20min。

③缓慢把油相加入水相中混匀，继续在90℃水浴中，同一方向搅拌20min。

④取出，冷却，得到面膜基质。

⑤将2.652g欧前胡素和2.226g异欧前胡素加入面膜基质中，搅拌混匀，加入灭菌容器中，密封保存。

二、白芷—茯苓美白保湿液的制备

（一）主要实验材料和仪器

白芷，白茯苓，黄原胶，尼泊金甲酯，甜菜碱，海藻糖，甘油，辛酸癸酸聚乙二醇甘油酯，苯氧乙醇，甜橙精油，乙醇，1，1-二苯基-2-三硝基苯肼（DPPH），L-酪氨酸，酪氨酸酶，去离子水，超声波清洗仪，多功能粉碎机等。

（二）白芷、白茯苓有效成分的提取

将白芷和白茯苓中药材分别于粉碎机中进行粉碎，过孔径0.42mm（40目）筛，密封于塑料袋中，放在阴凉干燥处备用。

1. 白芷提取原液的制备

（1）称取50g白芷粉末加入1L圆底烧瓶，边搅拌边加入500mL蒸馏水。

（2）35℃水浴加热提取8h。

（3）过滤，离心取上清液浓缩至50mL，原液质量浓度为1.0g/mL。

（4）低温保存备用。

2. 白茯苓提取原液的制备

（1）称取50g白茯苓粗粉。

（2）加入500mL体积分数70%乙醇，在25℃下超声（200Hz）提取20min。

（3）过滤，滤渣重复上述操作2次，合并滤液，浓缩至500mL。

（4）离心取上清液，减压浓缩至50mL，低温保存备用，原液质量浓度1g/mL。

3. 面膜基质液的配制

（1）配方：面膜基质液的配方（成分用量均为质量分数）见表8-3。

表8-3 基质面膜液的配方

成分		组别		
		1	2	3
A相	去离子水	加至100	加至100	加至100
	黄原胶（胶凝剂）	0.20	0.20	0.20
	尼泊金甲酯（保湿剂）	0.15	0.15	0.15
	甜菜碱（流量调节剂）	3.00	3.00	3.00
	海藻糖（保湿剂）	2.00	2.00	2.00
	甘油（保湿剂）	10.00	10.00	10.00

续表

成分		组别		
		1	2	3
B相	辛酸癸酸聚乙二醇甘油酯（增溶剂）	0.50	0.50	0.50
	苯氧乙醇（保湿剂）	0.40	0.40	0.40
	甜橙精油	0.15	0.15	0.15
	白芷提取液	2.00	3.00	5.00
	白茯苓提取液	4.00	3.00	1.00

（2）配制：

①A相：搅拌下，将40mL蒸馏水加入250mL三口瓶中，70℃保持20min，依次加入准确称取的黄原胶、尼泊金甲酯、甜菜碱、海藻糖、甘油，并搅拌至溶解，灭菌完毕后，降温到40℃，得A相。

②B相：搅拌下，将35.45mL蒸馏水加入100mL三口瓶中，依次加入准确称取的辛酸癸酸聚乙二醇甘油酯、苯氧乙醇、甜橙精油、白芷提取液、白茯苓提取液，并搅拌至溶解，得B相。

③将A相物质灭菌完毕后，降温到40℃，将B相缓慢加入A相中，继续搅拌至溶液清亮、均一，即得3种基质面膜液，中药成分的质量浓度为60mg/mL。

三、桑叶—去脂美白液的制备

桑叶主要含黄酮及其苷类、甾体及三萜类化合物、多糖、生物碱等多种化学成分，具有降血糖、降血脂、抗氧化、增强免疫等药理学功效，同时能够美容去脂护肤，主要有平衡油脂分泌、抑菌、疏通并收敛毛孔、清除皮肤内毒素杂质、促进受损血管神经细胞的生长和修复、恢复皮下毛细血管细胞活力、紧致细滑肌肤等作用。

（一）主要实验材料和仪器

中药桑叶，维生素E，碳黑，二甲基硅油，赛比克305，冰片，卡波姆，超纯水机，旋转黏度计，pH计，煎煮罐，天平，搅拌器等。

（二）桑叶提取液的制备

（1）取合格中药桑叶置于煎煮罐中。

（2）加适量蒸馏水煎煮两次，每次煎煮1h。

（3）两次煮液合并放置12h后过滤。

（4）所得滤液浓缩至所需提取液浓度20%，备用。

（三）美白液的制备

（1）取赛比克和卡波姆各1g溶于100mL蒸馏水中，加入20%的桑叶提取液溶解，制成A相。

（2）另取50mL蒸馏水，加入0.5g冰片、1g碳黑、少量维生素E和15g二甲基硅油搅拌溶解成 B 相。

（3）将 A 相和 B 相同时加入烧杯中，并水浴加热 20min，温度保持在 37℃，混匀制得面膜。

四、抗衰老茶多酚面膜基质液的制备

茶多酚是指茶叶中一大类组成复杂、分子量和结构差异很大的多酚类及其衍生物的混合物，主要由儿茶素、花色素、黄酮醇、酚酸及其缩酚酸等组成的有机化合物，具有清除自由基、抗氧化、防衰老、降血脂、降血压、防辐射、防癌治癌等多种生物活性，是一类安全、无毒、多功能的天然抗氧化剂。在美容护肤方面，茶多酚具有抗皮肤衰老、消炎杀菌、防晒消斑、促进皮肤微循环等功效，是一种良好的化妆品功能性添加剂，越来越广泛地应用于化妆品产品中。

（一）主要实验材料和仪器

茶多酚（99%），维生素 C 乙基醚，汉生胶，甘油，透明质酸，RH-40，香精，杰马 BP，福林酚，Na_2CO_3，均质机，电动搅拌器，电子天平，温度计，pH 计等。

（二）实验处方

实验处方见表 8-4。

表 8-4　茶多酚面膜基质液处方　　单位：g

组分	配方 1	配方 2	配方 3	配方 4
透明汉生胶	0.3	0.3	0.3	0.3
透明质酸	0.05	0.05	0.05	0.05
甘油	3.0	3.0	3.0	3.0
香精	0.005	0.005	0.005	0.005
RH-40	0.1	0.1	0.1	0.1
杰马 BP	0.2	0.2	0.2	0.2
去离子水	96.35	96.35	96.35	96.35
茶多酚	—	0.3	—	0.3
维生素 C 乙基醚	—	—	0.1	0.1

（三）实验步骤

（1）将去离子水加热至 90℃，维持 20min，取 5g 备用。

（2）将透明质酸、汉生胶加入去离子水中，搅拌溶解，降温至 40℃。

（3）将香精、RH-40 搅匀，加入 5g 冷却的备用去离子水，搅拌溶解，加入体系，搅拌均匀。

（4）加入甘油、杰马 BP，搅拌均匀，出料。

（5）添加茶多酚 0.3g，维生素 C 乙基醚 0.1g 搅拌溶解。

（6）铝膜袋密封包装。

五、番茄红素抗衰老液的制备

番茄红素是自然界中已发现的最强抗氧剂之一，约为维生素 E 的 100 倍、β-胡萝卜素的 2 倍，有“植物黄金”的美誉，使其作为新型化妆品原料，应用于防晒用品、护肤品等各类化妆品中具有很大潜力。

（一）主要实验材料和仪器

新鲜番茄，甘油，尿囊素，蓖麻油，单甘酯，三乙醇胺，无水乙醇，DPPH，卡波 U20，杰马 BP，去离子水，恒温水浴锅，电子天平，循环水式真空泵，均质机，离心机，冰箱。

（二）番茄红素的提取

将新鲜番茄洗净，擦干后去蒂切块，放入榨汁机中榨成糊。准确称取适量番茄糊，加入 3 倍量的氯仿溶剂 40℃避光提取 70min，抽滤，冷冻干燥后得番茄红素提取物。

（三）实验处方（单位：质量分数/%）

尿囊素	0.2
羟乙基纤维素	0.3
EDTA-2Na	0.05
蓖麻油	10
甘油	6
单甘酯	3
卡波 U20	0.1
泛醇	0.5
番茄红素提取物	5
香精	0.1
杰马 BP	0.3
三乙醇胺	0.15
乙醇	≤0.1
蒸馏水	To 100

（四）面膜基质液的配制

（1）A 相的制备：将羟乙基纤维素倒入适量蒸馏水中搅拌，待分散均匀后加入尿囊素及 EDTA-2Na 继续搅拌加热至 80℃恒温 15min。

（2）B 相的制备：在甘油中加入卡波 U20 搅拌，待卡波分散均匀后加入适量蒸馏水继续搅拌，待体系均匀后再加入蓖麻油和单甘酯并加热搅拌至 80℃恒温 15min。

（3）C 相的制备：加入提取出来的番茄红素，泛醇和适量水，并滴加少量乙醇，温热至 55℃并用超声波溶解。

（4）将 B 相组分加入 A 相组分中，于 80℃搅拌 15min 后冷却。待冷却至 55℃，加入溶解均一的 C 相组分，并使产品继续冷却。待产品冷却至 45℃加入香精和防腐剂，最后加入三乙醇胺，加去离子水至 100mL，搅拌均匀即可。

六、黄芪枸杞抗衰老液的制备

（一）主要实验仪器和材料

羧甲基纤维素钠，黄原胶，三乙醇胺，聚乙二醇 400，氢化蓖麻油，无水甜菜碱，甘油，对羟基苯甲酸甲酯，1，1-二苯基-2-三硝基苯肼，无水乙醇，黄芪，枸杞，紫外分光光度计，电子天平，超声清洗器，旋转蒸发器，恒温水浴锅，电热恒温鼓风干箱，冰箱，pH 计，球磨机。

（二）实验处方（单位：质量分数/%）

1. A 相

甘油	5.0
氢化蓖麻油	0.2
黄原胶	0.1
无水甜菜碱	0.5
聚乙二醇 400	4.0
羧甲基纤维素钠	0.3

2. B 相

黄芪提取液	10.0
枸杞提取液	20.0

3. C 相

对羟基苯甲酸甲酯	0.3
水	加水至 100mL

（三）实验步骤

1. 黄芪提取液的制备

（1）称取黄芪 100g。

（2）碎成粗粉。

（3）按料液比 1∶10（g/mL）加水，煎煮提取 2 次，每次 1.5h。

（4）过滤，滤渣按料液比 1∶8（g/mL）加水，煎煮 1h。

（5）过滤，合并滤液，浓缩至 2g/mL，得到黄芪提取液。

2. 枸杞提取液的制备

（1）称取枸杞 30g。

（2）按料液比 1∶40（g/mL）加水。

（3）用水浴锅热浸（80℃）提取枸杞 40min，过滤。

（4）滤液浓缩至 1g/mL，得到枸杞提取液。

3. 抗衰老液的制备

(1) 在75℃水浴锅中预先分散0.3%的羧甲基纤维素钠等增稠剂。

(2) 然后向其中加入5.0%的甘油及A相物质，搅拌均匀后降温至40℃。

(3) 依次加入B相提取液和C相（0.3%的对羟基苯甲酸甲酯和所需余量水），并搅拌至透明状。

(4) 密封冷冻保存备用。

七、抗光老化复合液的制备

长期的UVB照射还可诱发皮肤氧化应激反应，形成氧自由基和过氧化脂质，使皮肤组织的分化能力和皮脂分泌能力减弱，真皮中的胶原物质减少，水分的保持能力下降，皮肤弹性降低，变得松弛、干燥，进而出现皱纹。人参皂苷既能增强皮肤细胞的自然再生功能，加快其再生速度，又能减缓皮肤细胞的衰老，提高细胞寿命，防止皮肤老化及皱纹的产生。鹿茸肽和鳕鱼胶原蛋白具有高效天然生物活性的小分子肽，具有很好的抗氧化和抗衰老活性，能够促进表皮层和真皮层细胞的生长。透明质酸钠可以有效地调节皮肤中的水分，使皮肤水活保湿、富有弹性。

（一）主要实验材料和仪器

75.4%人参皂苷，鲜鹿茸，90.2%鳕鱼水解胶原蛋白，透明质酸钠（99%，分子量5000），卡波姆940，苯氧乙醇，甘油，丙二醇，胰蛋白酶，去离子水，冷冻干燥机，恒温水浴锅，恒温磁力搅拌器，低速大容量多管离心机，超净工作台。

（二）实验处方（单位：质量/g）

75.4%人参皂苷	100
鲜鹿茸	469.5
90.2%鳕鱼水解胶原蛋白	100
透明质酸钠	50

（三）实验步骤

1. 鹿茸肽的提取

(1) 称取469.5g新鲜鹿茸。

(2) 鹿茸剁成5cm×5cm小块。

(3) 蒸馏水冲洗数次，直至完全无血色。

(4) 粉碎机粉碎。

(5) 加入8倍量的水回流提取3次（第1次2h，第2次1h，第3次1h）。

(6) 3次滤液合并，浓缩至原来体积的1/6，冷却至室温。

(7) 浓缩液用胰蛋白酶进行酶解，得到小于1kda的鹿茸肽酶解液。

(8) 酶解液经微滤。

(9) 冷冻干燥成粉末，保存于干燥器中。

2. 抗光老化复合液的配制

（1）将甘油 6mL、丙二醇 3mL、苯氧乙醇 0.2mL 加入去离子水搅拌均匀。

（2）加入 0.3g 透明质酸钠，使其溶解。

（3）向溶液中缓慢撒入 0.6g 卡波姆 940，搅拌使其充分浸润，室温下静置 12~15h 使其充分溶胀、分散均匀。

（4）滴加三乙醇胺调节 pH 值为 5~7。

（5）再加入 0.3g 人参皂苷、0.3g 鹿茸肽、0.4g 鳕鱼水解胶原蛋白，加水至 100g，均质搅拌；离心脱去气泡，静置后即得。

八、柳树皮水杨酸基抗菌抗衰老液的制备

柳树皮是一种含有大量水杨酸的中草药，水杨酸不仅具有抗菌止痒的作用，而且具有清除粉刺、缩小毛孔、加速除去死皮衰老细胞的作用。

（一）主要实验材料和仪器

新鲜柳树皮，聚乙烯醇，羧甲基纤维素纳，当归，杏仁和茯苓，95%乙醇，香精，旋转蒸发仪，循环水式多用真空泵，电子天平，紫外可见分光光度计，微型植物试样粉碎机，集热式恒温磁力搅拌器，电陶炉等。

（二）实验步骤

（1）将嫩绿的柳树条上的柳树皮剥成长条，然后剪成碎末，称取碎末 5.64g 置于 100mL 烧杯中，加入 50g 乙醇浸泡 2~3 天，取其滤液 45mL 进行旋蒸，旋蒸后加入 10mL 蒸馏水将其固体溶解得到柳树皮乙醇提取液，倒入 100mL 烧杯中。

（2）称取 100g 当归、60g 杏仁和 18g 茯苓置于 2000mL 的烧杯中，加入 750mL 的蒸馏水，提前浸泡一天，小火慢煮 1.5h，取其 20mL 药水于 50mL 烧杯中。

（3）称取 50g 聚乙烯醇，置于 100mL 烧杯中，加入 100g 蒸馏水放置一天，然后在 75℃ 的恒温水浴磁力搅拌中加热搅拌，直至完全溶解。

（4）称取 30g 羧甲基纤维素钠，置于 100mL 烧杯中，加入 75g 蒸馏水，在 75℃ 的恒温水浴磁力搅拌器中加热搅拌，直至完全溶解。

（5）将煮好的聚乙烯醇加入煮好的羧甲基纤维素钠中，于 78℃ 的恒温水浴磁力搅拌器中继续加热 10min 并充分搅拌，混合均匀。将其混合液冷却至 46℃ 再加入上述准备好的柳树皮乙醇提取液和药水溶液，充分搅拌，直至混合均匀。

（6）最后滴加三滴香精，再次充分搅拌，装入化妆品分装瓶中，于室温放置。

九、抗痤疮复方丹参液的制备

痤疮，即“青春痘”或“粉刺”，中医学方面又称为“面疮”“酒刺”等，多发生于 14~25 岁青年男女的面部、前胸以及背部等处。中医认为其病因主要是在肺，其次是脾胃。此外，身体血热偏盛、饮食不当、外邪入侵等也是导致痤疮生成的帮凶。现代医学对

痤疮病因有更为系统的认识，认为其复杂多样，与性激素、微生物感染、皮脂腺分泌异常、精神状态、免疫力等因素相关。丹参酮和甘草酸具有抗痤疮作用，三七总皂苷具有抗炎、促进皮肤愈合作用，五味子醇甲和芦荟具有抗炎作用，本实验以丹参酮ⅡA、三七总皂苷、五味子醇甲、芦荟苷和甘草酸为原料，以卡波姆为主要基质制备的一种具有改善痤疮的复方丹参液。

（一）主要实验材料和仪器

60%丹参酮ⅡA，80%三七总皂苷，70%五味子醇甲，90%芦荟苷，98%草酸，海藻酸钠，明胶，羧甲基纤维素Ⅲ，卡波姆940，丙三醇，油性氮酮，吐温-80，三乙醇胺，尼泊金乙酯，去离子水，电热恒温干燥箱，冷藏冷冻箱，超声波清洗器，数显恒温水浴锅，电子天平，集热式磁力搅拌器，pH计，台式电动离心机。

（二）实验处方（单位：质量分数/%）

60%丹参酮ⅡA	0.052
80%三七总皂苷	0.034
70%五味子醇甲	0.023
90%芦荟苷	0.023
98%甘草酸	0.112
卡波姆940	0.4
甘油	20
乙醇	30
吐温-80	2
氮酮	2
尼泊金乙酯	0.2
蒸馏水	45

（三）实验步骤

（1）将适量纯净水、乙醇和甘油混匀，后将卡波姆940撒在其表面，静置过夜，使卡波姆940充分溶胀。

（2）加入药物混匀，37℃超声20min（频率53kHz）。

（3）待药物溶解后，加入氮酮和吐温-80，搅匀。

（4）蒸馏水定容至100mL。

（5）最后用适量三乙醇胺调pH值至7.0。

（6）再加0.2g尼泊金乙酯混匀即可得到半透明状橙红色复方丹参凝胶面膜。

十、木棉纤维面膜基布的制备

（一）主要实验材料和仪器

木棉纤维，黏胶纤维，梳理机，水刺生产线等。

（二）实验处方

1. 单锡林双道夫梳理机的处方工艺

喂棉罗拉速度/($r \cdot min^{-1}$)　0.75

锡林速度/($r \cdot min^{-1}$)　309

杂乱罗拉速度/($r \cdot min^{-1}$)　5.96

道夫速度/($m \cdot min^{-1}$)　7.4

成卷速度/($m \cdot min^{-1}$)　11.52

2. 水刺加固工艺参数

预水刺水压强/MPa　2.5

第一道水刺水压强/MPa　4.5

第二道水刺水压强/MPa　6.5

第三道水刺水压强/MPa　8.0

水刺作用距离/mm　14

输网帘速度/($m \cdot min^{-1}$)　3

（三）实验步骤

（1）纤网制备：第一层纤网分别采用混合比例为30∶70和50∶50的木棉/黏胶纤维网，第二层采用100%黏胶纤维。对纤维进行手动混合开松，采用单锡林双道夫梳理机进行铺网，尽量保证单层纤网面密度在20～30g/m^2。

（2）双层复合水刺：双层纤网叠合后进行水刺加固，制备出纤维混配比为30∶70和50∶50的木棉/黏胶水刺非织造材料。

十一、艾草纤维面膜基布的制备

（一）主要实验材料和仪器

艾草纤维（长度38mm，1.6dtex），ES纤维（38mm，2.2dtex），蒸馏水，和毛机，梳理机，超声波加湿器，电子天平，平网烘箱，水刺生产线等。

（二）实验处方

艾草纤维/ES纤维质量比　80∶20

纤网密度/($g \cdot m^{-2}$)　30

热固温度/℃　132

热固时间/min　3

水刺压强/MPa　20

水刺距离/mm　14

梳网帘速度/($m \cdot min^{-1}$)　3

（三）实验步骤

（1）热固法：艾草纤维和ES纤维按照质量比80∶20进行混合→在和毛机上进行开

松→加入适量蒸馏水→在梳理机上进行梳理，梳理纤维网密度为30g/m→在平网式烘箱上进行固网（132℃，3min）。

（2）水刺法：艾草纤维和ES纤维按照质量比80∶20进行混合→在和毛机上进行开松→加入适量蒸馏水→在梳理机上进行梳理，梳理纤维网密度为30g/m→水刺加固（水刺压强20MPa，水刺距离14mm，梳网帘速度3m/min）。

十二、面膜封装

用面膜基布充分吸收面膜基质液（理疗护肤液，每份面膜液30mL），并将基布与剩余的面膜液一起装入面膜袋中，封口备用。

十三、面膜保湿性能测试

（一）主要实验材料和仪器

面膜液，非织造布面膜纸，铝膜袋，医用透气胶带，精密电子天平，恒温恒湿干燥箱等。

（二）实验步骤

将面膜液罐装于装有非织造布面膜纸的铝膜袋中，根据国家推荐标准对样品进行感官、理化、卫生指标的检测。

（1）以医用透气胶带模仿真人皮肤，室温条件下，精确称取面膜质量，记录为h_0。

（2）然后将其置于相对湿度接近81%和43%湿度的干燥器内，35h后，取出透气胶带，立即精确称取各样品质量，记录为h_n。

（3）根据式（8-20）计算保湿率φ。

$$\varphi = \frac{H_n}{H_0} \times 100\% \tag{8-20}$$

十四、面膜抗氧化性能测试

（一）主要实验材料和仪器

面膜，无水乙醇，1，1-二苯基-2-三硝基苯肼（DPPH），1，1-二苯基-2-三硝基苯肼自由基（DPPH·）溶液，紫外分光光度计等。

（二）实验步骤

（1）准确称取DPPH 112mg，溶解于无水乙醇并定容至100mL。

（2）取2mL该溶液，在519nm处测A_0值。

（3）同法分别测定面膜液（1mL）与DPPH溶液（3mL）混合后的吸光度A_t以及样品溶液（1mL）与无水乙醇（3mL）混合后的吸光度A_b。

（4）依据式（8-21）计算面膜液对DPPH的清除率（S）。

$$S=\left[1-\frac{A_t-A_b}{A_0}\right]\times 100\% \tag{8-21}$$

十五、面膜液对酪氨酸酶抑制性能测定

（一）主要实验材料和仪器

面膜液，PBS，L-酪氨酸，酪氨酸酶，试管，振捣器，紫外分光光度计等。

（二）实验步骤

（1）分别配制 pH=6.8 的 PBS、1.0mg/mL 的 L-酪氨酸溶液和 0.1mg/mL 的酪氨酸酶溶液。

①测试样 1：2.0mL PBS+0.5mL 酪氨酸酶溶液+0.5mL 酪氨酸溶液。

②测试样 2：2.5mL PBS+0.5mL 酪氨酸酶溶液。

③测试样 3：0.5mL 样品溶液+1.5mL PBS+0.5mL 酪氨酸酶溶液+0.5mL 酪氨酸溶液。

④测试样 4：0.5mL 样品溶液+2.0mL PBS+0.5mL 酪氨酸酶溶液。

（2）将各测试样混匀，将每个样品的 1~4 种测试样混匀，置于 37℃ 水浴中 30min，立即取出在 475nm 处测吸光度（$A_1 \sim A_4$）。

（3）按式（8-22）计算面膜精华液对酪氨酸酶抑制率（I）。

$$I=\left[1-\frac{A_3-A_4}{A_1-A_2}\right]\times 100\% \tag{8-22}$$

其中：$A_1 \sim A_4$ 为测试样 1~4 在 475nm 处的吸光度值。

十六、面膜液皮肤刺激性能测试

（一）主要实验材料和仪器

面膜液，健康成年白色家兔，剃毛器，纱布，胶布，绷带，玻璃纸，刻度尺，去离子水，棉签，滴管，水浴锅，试管等。

（二）实验步骤

参照《化妆品安全技术规范（2015 版）》进行，实验动物及实验动物房应符合国家相应规定。选用标准配合饲料，饮水不限制。

1. 急性皮肤刺激性实验步骤

（1）实验前约 24h，将 8 只健康白兔背部脊柱两侧毛剪掉，不可损伤表皮，去毛范围左、右各约 3cm×3cm。

（2）取面膜液约 0.5mL（g）直接涂在皮肤上，然后用二层纱布（2.5cm×2.5cm）和一层玻璃纸覆盖，再用无刺激性胶布和绷带加以固定，另一侧皮肤作为对照。

（3）封闭敷用时间为 4h。

（4）实验结束后用温水或无刺激性溶剂清除残留面膜液。

（5）于清除面膜液后的 1h、24h、48h 和 72h 观察涂抹部位皮肤反应，按表 8-5 进行

皮肤反应评分，以受试动物积分的平均值进行综合评价，根据 24h、48h 和 72h 各观察时点最高积分均值，按表 8-6 判定皮肤刺激强度。

（6）观察时间应能够满足观察到可逆或不可逆刺激作用的全过程，一般不超过 14 天。

2. 多次皮肤刺激性实验步骤

（1）实验前将成年健康白兔背部脊柱两侧被毛剪掉，去毛范围各为 3cm×3cm，涂抹面积为 2.5cm×2.5cm。

（2）面膜液约 0.5mL（g）涂抹在一侧皮肤上，另一侧皮肤作为对照，每天涂抹 1 次，连续涂抹 14 天。

（3）从第二天开始，每次涂抹前应剪毛，用水或无刺激性溶剂清除残留受试物。一小时后观察结果，按表 8-5 评分，对照区和实验区同样处理。

3. 结果评价

按式（8-23）计算每天每只动物平均积分，以表 8-6 判定皮肤刺激强度。

$$\text{每天每只动物平均积分} = \frac{\sum \text{红斑和水肿积分}}{\text{受试动物数}}/14 \tag{8-23}$$

表 8-5　皮肤刺激反应评分

皮肤反应	积分
红斑和焦痂形成	
无红斑	0
轻微红斑（勉强可见）	1
明显红斑	2
中度、重度红斑	3
严重红斑（紫红色）至轻微焦痂形成	4
水肿形成	
无水肿	0
轻微水肿（勉强可见）	1
轻度水肿（皮肤隆起轮廓清楚）	2
中度水肿（皮肤隆起约 1mm）	3
重度水肿（皮肤隆起超过 Lmm，范围扩大）	4
最高积分	8

表 8-6　皮肤刺激强度分级

积分均值	强度
0~0.5	无刺激性
0.5~2.0	轻刺激性

续表

积分均值	强度
2.0~6.0	中刺激性
6.0~8.0	强刺激性

十七、面膜液急性眼刺激性能测试

（一）主要实验材料和仪器

面膜液，健康成年白色家兔，荧光素钠，去离子水，放大镜、手持裂隙灯、生物显微镜，滴管等。

（二）实验步骤

参照《化妆品安全技术规范（2015版）》进行，实验动物及实验动物房应符合国家相应规定。选用标准配合饲料，饮水不限制。

（1）轻轻拉开家兔一侧眼睛的下眼睑，将面膜液0.1mL滴入结膜囊中使上、下眼睑被动闭合，以防止面膜液丢失。另一侧眼睛不处理作自身对照，滴入面膜液后24h内不冲洗眼睛。若认为必要，在24h时可进行冲洗。

（2）若上述实验结果显示面膜液有刺激性，须另选用3只家兔进行冲洗效果实验，即给家兔眼滴入受试物后30s，用足量、流速较快但又不会引起动物眼损伤的水流冲洗至少30s。

（3）临床检查和评分：在滴入受试物后1h、24h、48h、72h以及第4天和第7天对动物眼睛进行检查。

①如果72h未出现刺激反应，即可终止实验。如果发现累及角膜或有其他眼刺激作用，7天内不恢复者，为确定该损害的可逆性或不可逆性须延长观察时间，一般不超过21天，并提供7天、14天和21天的观察报告。

②除了对角膜、虹膜、结膜进行观察外，其他损害效应均应当记录并报告。在每次检查中均应按表8-7眼损害的评分标准记录眼刺激反应的积分。

③可使用放大镜、手持裂隙灯、生物显微镜或其他适用的仪器设备进行眼刺激反应检查。

④在24h观察和记录结束之后，对所有动物的眼睛应用荧光素钠做进一步检查。

表8-7　眼损害的评分标准

评价类别	眼损害	积分
角膜：混浊（以最致密部位为准）	无溃疡形成或混浊	0
	散在或弥漫性混浊，虹膜清晰可见	1
	半透明区易分辨，虹膜模糊不清	2
	出现灰白色半透明区，虹膜细节不清，瞳孔大小勉强可见	3
	角膜混浊，虹膜无法辨认C	4

续表

评价类别	眼损害	积分
虹膜：正常	正常	0
	皱褶明显加深，充血、肿胀、角膜周围有中度充血，瞳孔对光仍有反应	1
	出血、肉眼可见破坏，对光无反应（或出现其中之一反应）	2
结膜：充血（指睑结膜、球结膜部位）	血管正常	0
	血管充血呈鲜红色	1
	血管充血呈深红色，血管不易分辨	2
	弥漫性充血呈紫红色	3
结膜：水肿	无	0
	轻微水肿（包括瞬膜）	1
	明显水肿，伴有部分眼睑外翻	2
	水肿至眼睑近半闭合	3
	水肿至眼睑大半闭合	4

（三）结果评价

面膜液—白兔角膜、虹膜或结膜各自在 24h、48h 和 72h 观察时点的刺激反应积分的均值和恢复时间评价，按表 8-8 眼刺激反应分级判定受试物对眼的刺激强度。

表 8-8　原料眼刺激性反应分级

可逆眼损伤	2A 级（轻刺激性） 2/3 动物的刺激反应积分均值：角膜混浊≥1；虹膜≥1；结膜充血≥2；结膜水肿≥2 和上述刺激反应积分在≤7 天完全恢复
	2B 级（刺激性） 2/3 动物的刺激反应积分均值：角膜混浊≥1；虹膜>1；结膜充血≥2；结膜水肿≥2 和上述刺激反应积分在<21 天完全恢复
不可逆眼损伤	任 1 只动物的角膜、虹膜和（或）结膜刺激反应积分在 21 天的观察期间没有完全恢复
	2/3 动物的刺激反应积分均值：角膜混浊≥3 和（或）虹膜>1.5

注　当角膜、虹膜、结膜积分为 0 时，可判为无刺激性，界于无刺激性和轻刺激性之间的为微刺激性。

面膜液—白兔角膜、虹膜或结膜各自在 24h、48h 或 72h 观察时点的刺激反应的最高积分均值和恢复时间评价，按表 8-9 眼刺激反应分级判定受试物对眼的刺激强度。

表 8-9　产品眼刺激性反应分级

可逆眼损伤	微刺激性	动物的角膜、虹膜积分=0；结膜充血和（或）结膜水肿积分≤2，且积分在<7 天内降至 0
	轻刺激性	动物的角膜、虹膜、结膜积分在≤7 天降至 0
	刺激性	动物的角膜、虹膜、结膜积分在 8~21 天内降至 0
不可逆眼损伤	腐蚀性	动物的角膜、虹膜和（或）结膜积分在第 21 天时>0
		2/3 动物的眼刺激反应积分：角膜混浊≥3 和（或）虹膜=2

注　当角膜、虹膜、结膜积分为 0 时，可判为无刺激性。

十八、吸液性能测试

面膜基布的吸液能力反映了面膜基布对液体精华的吸收能力，面膜基布吸收的液体精华越多，敷面膜时面部接触的液体精华也就越多。

（一）主要实验材料和仪器

面膜基质液，面膜基布，刻度尺，剪刀，计时器，支架，架子，天平等。

（二）实验步骤

（1）量取面膜基质液为浸泡液，100mL。

（2）裁剪面膜基布尺寸为5cm×5cm，每种面膜基布各测试5块样品。

（3）用电子天平分别对每块样品进行称量，取平均值，并作为初始质量。

（4）然后将样品放入面膜基质液中浸泡1min，取出样品后垂直悬挂，沥水2min后进行称量，取平均值，并作为吸液后质量。

（5）按照式（8-24）计算面膜基布的吸液率。

$$吸液率 = \frac{m_1 - m_0}{m_0} \times 100\% \tag{8-24}$$

式中：m_0——初始质量，g；

m_1——吸液后质量，g。

十九、抗菌性能测试

选取大肠埃希菌、大肠杆菌、金黄色葡萄球菌和枯草芽孢杆菌为测试菌种，参照实验10抗菌性能测试。

二十、面膜液其他性质测试

（一）主要实验材料和仪器

面膜基质液，乙醇，pH计，玻璃试管，烘箱，计时器，塑料试管，离心机，离心管，转子黏度计等。

（二）实验步骤

1. pH值测试

称取3份面膜基质液各约5g，用适量乙醇溶解后，用pH计测定pH值。

2. 耐高温测试

称取3份面膜基质液各约6g，分别置于10mL玻璃试管中，在55℃干燥6h后，冷却后观察面膜外观是否有变化。

3. 耐低温测试

称取3份面膜基质液各约6g，分别置于10mL塑料试管中，-20℃放置48h后取出，观察低温处理后，面膜外观是否有变化。

4. 离心性能测试

称取 3 份面膜基质液各约 6g，分别置于 10mL 离心管中，4000r/min 离心 40min，观察经离心处理后，面膜是否有分层现象。

5. 黏度测试

（1）量取 3 份面膜基质液各 100mL。

（2）将转子型黏度计转子（4 号转子）浸入待测样品中。

（3）以恒定的速度（转速 ω，6r/min）转动。

（4）测定马达转动的产生地扭矩（M），根据式（8-25）计算出待测样品的黏度 η。

$$\eta = \frac{K \times M}{\omega} \tag{8-25}$$

注：通常情况下，转子型黏度计常数 K 是通过采用标准黏度液校准得到。

注意事项

（1）制备 O/W 型面膜基质，乳化剂的亲水亲油平衡值（HLB）应在 8~18，乳化剂的用量一般占油相重量和乳化剂重量和的 10%~20%。

（2）初霜后采集的桑叶为霜桑叶，具有很高的药用价值。

（3）茶多酚应用于面贴膜液配方时，应采取独立密封包装，使用前加入面膜液中，即“现配现用”，才能使茶多酚保持良好的稳定性。

（4）面膜基布可以选择实验中所制基布，也可以选择蚕丝基布，天丝基布，纯棉基布等。

（5）木棉纤维含有蜡质等成分，影响其亲水性，可以采用碱煮练方法来提高其亲水性。

思考题

（1）面膜基质液中为什么需要加入防腐剂？

（2）面膜基布有何特征？

（3）中药面膜的现状及前景如何？

实验 49　护肤保健织物的制备

丝胶、芦荟、维生素、茶多酚等动植物提取剂对皮肤无过敏性和致癌性，具有较好的生物可降解性、环境相容性、抗菌杀虫疗伤作用。因此，利用动植物功能剂进行保健、舒适加工受到消费者的青睐。

一、丝胶涂层整理

将丝胶涂层用于对纺织品进行卫生功能整理，如床上用品、连袜裤、内裤、汗衫、婴儿内衣、尿不湿、无纺尿布等，具有优良的保湿、调湿、抗静电性能，柔软且舒适，同时涂有丝胶的织物还具有显著的抗菌效果。

（一）主要实验材料和仪器

聚丙烯酸类低温交联型涂层整理剂，丝胶粉（分子量18000~25000），柔软剂，皂片，轧车，纯棉织物，电子天平，烘箱，搅拌机，定型机。

（二）整理工艺处方及工艺

1. 整理液处方

丝胶粉质量/g	5
聚丙烯酸黏合剂（40%）质量/g	35
水体积/mL	加水至200
温度/℃	30
轧液率/%	90
烘干温度/℃	83

2. 水洗处方

温度/℃	室温
皂片/($g \cdot L^{-1}$)	1
时间/min	10

3. 工艺流程

纯棉织物→在整理液中二浸二轧（轧液率70%~80%）→80℃预烘1.5min→140℃焙烘2min→水洗→烘干。

（三）实验步骤

（1）将5g丝胶粉溶于160mL温水（30℃）中。

（2）加35g聚丙烯酸黏合剂（40%），搅拌均匀。

（3）将织物完全浸于溶液中，采用二浸二轧方式进行整理。

二、芦荟护肤整理

（一）主要实验材料和仪器

芦荟护肤整理剂（pH值为7，粒度小于1μm，有效成分含量为40%），聚丙烯酸黏合剂，柔软剂，去离子水皂片，轧车，纯棉织物，电子天平，烘箱，搅拌机，定型机。

（二）浸轧法整理

1. 工艺流程

织物→浸轧（轧液率70%~80%）→烘干定型（130℃）→成品。

2. 工艺处方［单位：浓度/($g \cdot L^{-1}$)］

芦荟护肤整理剂	65
聚丙烯酸黏合剂（40%）	65
柔软剂	30

3. 化料操作

（1）首先加入规定水量的80%。

（2）将聚丙烯酸黏合剂（40%）用少量的温水搅拌成均匀的稀浆加入配料罐中。

（3）然后在搅拌中加入固着剂和柔软剂，搅拌均匀后，将水加到规定的刻度。

（三）浸渍法整理

1. 工艺条件

浴比	1：12~1：15
处理温度/℃	30~40
处理时间/min	30
烘干温度/℃	90~100
定型温度/℃	120
定型时间/s	30~40

2. 工艺处方（单位：质量分数/%）

芦荟护肤整理剂	7
固着剂	7
柔软剂	3

3. 工艺流程

浸渍→脱水→烘干→定型→成品。

三、维生素护肤整理

（一）主要实验材料和仪器

维生素护肤整理剂，低温固着剂，柔软剂，去离子水，皂片，轧车，纯棉织物，电子天平，烘箱，搅拌机，定型机。

（二）浸轧法整理

1. 工艺处方［单位：浓度/($g \cdot L^{-1}$)］

维生素护肤整理剂	45
聚丙烯酸黏合剂（40%）	45
柔软剂	40

2. 化料操作

（1）首先加入规定水量的80%。

（2）将维生素护肤整理剂用少量的温水搅拌成均匀的稀浆加入配料罐中。

(3) 然后在搅拌中加入低温固着剂和柔软剂，搅拌均匀后，将水加到规定的刻度。

3. 工艺流程

织物→浸轧（轧液率 70%~80%）→烘干定型（130℃）→成品。

(三) 浸渍法整理

1. 工艺处方（单位：质量分数/%）

维生素护肤整理剂	4
低温固着剂	4
柔软剂	3

2. 工艺条件

浴比	1∶15
处理温度/℃	35
处理时间/min	30
烘干温度/℃	95
定型温度/℃	120
定型时间/s	30~40

3. 工艺流程

浸渍→脱水→烘干→定型→成品。

四、茶多酚整理

茶多酚是茶叶的主要成分，具有消除有害自由基、抗菌除臭、抗老和增强机体免疫功能的作用。

(一) 主要实验材料和仪器

纯棉半制品，96%茶多酚，阳离子改性剂 3-氯-2-羟丙基三甲基氯化铵，五水硫酸铜，七水合硫酸亚铁，四水合酒石酸钾钠，十二水合磷酸氢二钠，磷酸二氢钾等，电子天平，搅拌器，烧杯，水浴锅等。

(二) 浸渍法整理

1. 棉织物的改性处理液处方

阳离子改性剂/($g \cdot L^{-1}$)	25
NaOH/($g \cdot L^{-1}$)	6
处理温度/℃	70
时间/min	90
浴比	1∶30

2. 茶多酚对棉织物的吸尽法处理处方

茶多酚/% (o. w. f)	6
温度/℃	40

时间/min　60
pH 值　4~5
浴比　1∶30

3. 棉织物的铜媒处理处方

媒染剂用量/%（o. w. f）　2
媒染温度/℃　40
媒染时间/min　60
浴比　1∶30

五、织物的消臭性能测试（参照 GB/T 33610.2—2017 检知管法）

（一）主要实验材料和仪器

织物，检知管，采样袋，空气泵，累计流量计，密封条，注射器，氨气，醋酸，甲硫醇，硫化氢等。

（二）实验步骤

1. 准备

裁剪试样（100±5）cm^2，为了避免多层产品、边端及未加工的层（或与实验无关的层）与异味气体接触，可使用铝膜包覆，也可将无关的部分向里对折使其无法接触异味气体。将试样置于与实验环境相同的条件下至少调湿 24h，并准备 6 个 5L 采样袋。

2. 含试样实验

（1）按以下步骤放置试样：

①在 3 个采样袋中各放置一份试样，试样应尽量展开。

②用热封标签或密封条密封含试样的采样袋。

注：避免试样卷曲或褶皱。

（2）用抽气机或真空泵抽空采样袋中的气体，试样放在采样袋口附近容易抽气。

（3）用空气泵注入 3L 异味气体至采样袋中。

（4）采样袋静置 2h，异味气体与试样产生接触反应。

（5）用 100mL 注射器从含试样的 3 个采样袋中各抽取 100mL 待测气体。

（6）使抽取的待测气体通过检知管，然后读取变色位置的刻度值，该值即为采样袋中试样与异味气体接触后的异味成分浓度。

（7）将含试样的 3 个异味成分浓度的平均值记作 A。

3. 空白实验

（1）不含试样，按照上述含试样实验步骤（3）~（6）进行空白实验。

（2）将不含试样的 3 个异味成分浓度的平均值记作 B。

4. 异味成分浓度减少率的计算

按照式（8-26）计算异味成分浓度减少率，计算结果保留至小数点后 1 位。

$$ORR = \frac{B - A}{B} \times 100\% \qquad (8-26)$$

式中：ORR——异味成分浓度减少率,%；

B——空白实验时异味成分浓度的平均值，μL/L；

A——含试样时异味成分浓度的平均值，μL/L。

六、织物抗菌性能测试

实验菌种为大肠杆菌、金黄色葡萄球菌、白色念珠菌，参照实验 10 抗菌性能测试步骤进行测试。

七、保湿性能测试（参照 T/CTES 1035—2021）

（一）主要实验材料和仪器

去离子水，整理织物，对照织物（未经整理），电热恒温干燥箱，电子天平，干燥器，变色硅胶，培养皿，硫酸钾等。

（二）实验步骤

1. 吸湿性能测试

（1）每个样品和对照样各裁取 3 块试样，每块试样称取（10.00±0.50）g。

（2）将试样放入烘箱，在（105±2）℃条件下烘干至恒重。

（3）测量试样的初始质量。

（4）干燥器中放入培养皿，在培养皿中加入 15g 硫酸钾、30g 水，调节干燥器中相对湿度至（90±5）%。

（5）将试样快速放入干燥器，放入时应尽量铺开铺平，使试样尽可能接触空气。

（6）2h 后称量试样质量 m_1。

（7）按式（8-27）分别计算每个试样和对照样的吸湿率，计算结果保留至小数后 2 位。

$$R_1 = \frac{m_1 - m_0}{m_0} \qquad (8-27)$$

式中：R_1——试样的吸湿率,%；

m_1——测试 2h 后的试样质量，g；

m_0——试样初始质量，g。

（8）按式（8-28）分别计算 3 个试样的吸湿能力提升率，计算保留至小数后 2 位。

$$\Delta L = \frac{R_T - R_B}{R_B} \times 100\% \qquad (8-28)$$

式中：ΔL——吸湿能力提升率,%：

R_T——透明质酸钠纺织品试样吸湿率,%；

R_B——对照样吸湿率,%。

（9）计算3个试样的吸湿能力提升率并取平均值作为吸湿性能的实验结果。

2. 放湿性能测试

（1）每个样品和对照样各裁取3块试样，每块试样称取（10.00±0.50）g。

（2）将试样放入烘箱，在（105±2）℃条件下烘干至恒重。

（3）测量试样的初始质量m_0。

（4）在干燥器中放入500g经充分干燥的变色硅胶，相对湿度调节至（40±5）%。

（5）将测试样品放入1L水的烧杯中浸湿，然后将测试样放入毛巾袋中脱水，直至达到40%的含水率。

（6）将试样快速放入干燥器，使试样尽可能接触空气。

（7）2h后称量试样质量m。

（8）按式（8-29）分别计算每个试样和对照样的含水率，计算保留至小数后2位。

$$R_z = \frac{m - m_0}{m_0} \times 100\% \tag{8-29}$$

式中：R_z——试样的含水率，%；

m——测试2h后的试样质量，g；

m_0——试样初始质量，g。

（9）按式（8-30）分别计算3个试样的放湿能力提升率，计算结果保留至小数后2位。

$$\Delta z = \frac{(40 - R_T) - (40 - R_B)}{40 - R_B} \times 100\% \tag{8-30}$$

式中：Δz——放湿能力提升率，%；

R_T——纺织品试样测试2h后的含水率，%；

R_B——对照样测试2h后的含水率，%。

（10）计算3个试样的放湿能力提升率并取平均值作为放湿性能的实验结果。

八、防紫外性能测试

（一）主要实验材料和仪器

护肤整理织物，YG（B）912E纺织品防紫外性能测试仪，刻度尺，剪刀等。

（二）实验步骤

（1）检查系统连线是否正确连接，打开仪器电源开关，预热稳定10min以上。

（2）按常规打开计算机及打印机。

（3）在电脑桌面上点击YG（B）912E防紫外性能测试系统，进入测试程序。在系统主操作界面，点击“新建文件”，输入文件名及相关参数并保存。打开主菜单“仪器控制”项选择“启动光源”。

（4）不放置任何试样，点击“启动测试”。系统将提示移除试样，检测在当前光源的辐射下，在没有任何遮挡时辐照强度。

（5）第一步检测完成后，系统将弹出提示框，要求安装试样，将所需测试的试样放入试样仓，试样面向光照的一侧朝下放置，然后点击“启动测试”。

（6）第一块试样测试完成后，放入第二块试样，启动测试，系统仍会弹出“移除试样”的窗口，直接点击“跳过”，进行第二步的检测。

（7）检测数据将自动保存在所建文件中，并可打印输出。

（8）所有试样测试完成后，打开主菜单“仪器控制”项选择“关闭光源”。

（9）关闭程序，关闭电脑。

（10）关闭仪器电源开关。

注意事项

（1）实验处方仅为参考处方，可根据具体加工对象及条件进行优化调整。

（2）实验中所用提取剂包括但不限于丝胶、芦荟、维生素、茶多酚等。

（3）天然提取物在加工整理过程中尽量避免高温、酸碱等对其生物活性的影响。

思考题

（1）织物护肤的途径有哪些？

（2）列举可以用于织物护肤整理的其他动植物提取剂以及相应的护肤原理。

实验 50　芳香保健纺织品的制备

芳香植物的功效已被熟知，芳香疗法已被中医广泛用于镇静、催眠、促进食欲、杀菌、止泻、镇咳祛痰、防止感冒等。具有镇静作用的有杜松、松香、薰衣草、薄荷、丁香、洋葱、迷迭香、松节油、牛至、大蒜、鼠尾草、牛膝草、春黄菊等芳香植物；具有催眠作用的有罗勒、橘子、茉莉、春黄菊、灯花油、牛膝草、薰衣草等芳香植物；具有促进食欲的有姜、小茴香、龙蒿、春黄菊、大蒜、百里香、鼠尾草、葛缕子、牛至等芳香植物；具有防治感冒的有薰衣草、薄荷、洋葱、大蒜、肉桂、水杉、柠檬、桉树、百里香、鼠尾草、牛膝草、春黄菊等芳香植物；具有杀菌作用的有大蒜、薰衣草、春黄菊等芳香植物；具有镇咳祛痰作用的有百里香、迷迭香、牛膝草、洋葱、海水草、大茴香、牛至等芳香植物；具有止泻作用的有杜松、香草、大蒜、洋葱、薰衣草、薄荷、丁香、柠檬、肉桂、百里香、鼠尾草、春黄菊、檀香、迷迭香、橘子、肉豆蔻等芳香植物。从芳香植物中提取芳香油，并将其与织物牢固结合，开发出具有芳香保健理疗作用的纺织品，具有广阔的市场前景。

一、β-环糊精包合香精织物的制备

β-环糊精具有“内疏水、外亲水”的特殊空腔结构，可利用疏水作用力、氢键和范德华力等对目的物进行分子识别，从而将目的物包络其中，形成一种特殊结构的包络物。β-环糊精整理法的优点在于释放功能不受时间限制，释放与填充可无限次循环。

（一）主要实验材料和仪器

纯棉漂白织物，β-环糊精，薰衣草精油，柠檬酸，氯化镁，乙醇，电子天平，浸轧机，圆筒浸渍机等。

（二）实验步骤

1. 织物接枝处理

多元羧酸作为一个中间介质被应用于永久的将环糊精分子与天然纤维连接。

（1）处方（单位：g/L）：

	Ⅰ	Ⅱ	Ⅲ
β-环糊精粉末	50	100	120
柠檬酸	7.5	100	—
氯化镁	6.5	—	—
次磷酸钠	—	30	40
聚丙烯酸	—	—	120

（2）工艺流程：棉织物预干燥→浸轧（轧液率100%）→蒸气交联（160℃，2min）→冷蒸馏水洗涤→干燥。

2. 浸轧整理

（1）浸染浴处方：

10%薰衣草香精/g	2
乙醇溶剂/g	18
蒸馏水/g	18
pH值（NaOH调节）	9

（2）工艺流程：浸轧工作液（两浸两轧，轧液率80%）→预烘（90℃，2.5min）→焙烘（190℃，4min）→热水洗（60℃，10min，两遍）→冷水洗→晾干。

二、β-环糊精壁材微胶囊的制备

微胶囊技术利用化学或机械的方法，将目的物（固体、液体或气体）包裹于天然的或合成的高分子材料中。目的物的化学性质不会发生改变，并将通过外部刺激或缓释作用展现出其功能。

（一）主要实验材料和仪器

β-环糊精，精油（薰衣草、柠檬、除虫菊酯等），电子天平，集热式恒温加热磁力搅拌器，循环水式多用真空泵，鼓风干燥箱，紫外可见分光光度计。

（二）实验处方

精油/g	1
β-环糊精/g	10
乙醇/mL	10
去离子水/mL	100
包埋温度/℃	40
包埋时间/h	4
搅拌速度/($r \cdot min^{-1}$)	900

（三）实验步骤

分子包埋法是用水溶性的壁材来包覆油性芯材的微胶囊化法，主要步骤有：

（1）在室温条件下称取10g的β-环糊精，将其溶解在100mL去离子水（70℃）中，10000r/min速度均化5min，制成饱和的环糊精水溶液。

（2）称取1g芳香精油，将它溶解在10mL酒精中。

（3）将溶解好的精油匀速地缓缓倒入环糊精饱和溶液中，并降低温度至40℃，继续水浴搅拌（搅拌速度900r/min）4h。

（4）冷却至室温后，将其放入5℃的冰箱中静置24h。

（5）取出后对其进行真空抽滤。

（6）50℃干燥箱烘干至恒重，得到的白色粉末状物质即为柠檬精油微胶囊。

三、环氧树脂—精油微胶囊的制备

（一）主要实验材料和仪器

环氧树脂，植物芳香精油，乳化剂OP-10，十二烷基磺酸钠，固化剂（三乙烯四胺），电磁搅拌器，恒温水浴锅，三颈烧瓶，干燥箱，真空泵。

（二）界面聚合法制备胶囊工艺流程

乳化剂/水$\xrightarrow{\text{加热搅拌}}$滴加树脂$\xrightarrow{\text{乳化控温}}$滴加香精$\xrightarrow{\text{恒温搅拌}}$滴加固化剂$\xrightarrow{\text{升温至沸腾并恒}}$芳香整理剂。

（三）实验步骤

（1）将0.3g混合乳化剂加入100mL水中（乳化剂浓度0.3%），搅拌并升温至70℃左右。

（2）将8g环氧树脂加热熔化后，逐滴加入高速搅拌的乳化溶液中，搅拌20min左右，直到搅拌均匀形成稳定的体系。

（3）按配比（树脂/香精质量比5）称取1.6g的香精，将香精加入高速搅拌的稳定乳液体系中，加入香精后在70℃下乳化控温30min。

（4）称取的0.04g固化剂用0.2mL蒸馏水稀释，并缓慢加入高速搅拌的乳化体系中。

（5）加入固化剂后，缓慢升温至沸（升温过程约10min），再反应30min即可制得芳香整理剂。

四、聚氨酯壁材微胶囊的制备

（一）主要实验材料和仪器

薰衣草香精，低温黏合剂，乙二胺（EDA），催化剂［二丁基二月桂酸锡（DBTDL）］，薰衣草精油，十二烷基苯磺酸钠（LAS），乳化剂［烷基酚聚氧乙烯醚（TX-10）］，非离子表面活性剂（平平加O），吐温-80、新洁尔灭、2，4-甲苯二异氰酸酯（TDL），聚乙二醇（PEG，分子量400），分散剂，海藻酸钠（SA），聚乙烯醇（PVA），高速剪切乳化机，强力电动搅拌机。

（二）实验步骤

薰衣草精油为芯材，聚氨酯为壁材的芳香整理剂，其中壁材是TDL和PEG通过界面聚合的方法所制得。

（1）水相配制：将1g乳化剂PVA溶解在100mL含水溶液中。

（2）油相配制：取2gTDL和4g薰衣草精油（皮芯比1∶2）混合均匀组成油相。

（3）乳化：将油相投入水相中，高速乳化机（9500r/min）乳化1h，以得到水包油乳液。

（4）胶囊化：为使乳液稳定，加入含有0.15g分散剂海藻酸钠的水溶液100mL，同时加入4.6g PEG（分子量400）和0.1g催化剂DBTDL，室温下搅拌一定时间，然后温度升至70℃，加入10滴扩链剂乙二胺（EDA），并继续搅拌1h对壁材进行固化。

（5）出料：形成的浆液用30%的乙醇冲洗，以去除未反应的TDL和壁材表面的精油，在室温下干燥24h即可得到微胶囊。

五、聚丙烯酸酯壁材微胶囊的制备

（一）主要实验材料和仪器

十六烷基三甲基溴化铵（CTAB），去离子水，薰衣草香精，甲基丙烯酸甲酯（MMA），三羟甲基丙烷三丙烯酸酯（TMPTA），偶氮二异丁腈（AIBN），氮气，电子天平，集热式恒温加热磁力搅拌器，乳化均质机，循环水式多用真空泵，鼓风干燥箱等。

（二）实验步骤

（1）水相配制：在30℃下将2.5g CTAB溶解于210mL去离子水中，然后以300r/min的速度搅拌10min，以形成活化水相溶液。

（2）油相配制：以35g薰衣草香精为芯材，21g MMA为单体，14g TMPTA为共单体，0.35g AIBN为引发剂，混合形成油相溶液。

（3）乳化：在搅拌下将油相溶液加入水相溶液中，提高转速至3000r/min继续剧烈搅拌 0.5h，形成稳定的 O/W 乳液体系。然后，在氮气气氛中和 280r/min 的搅拌速度下，将 O/W 乳液加热至 78℃反应 8h，得到芳香微胶囊乳液。

（4）胶囊化：向芳香微胶囊乳液中加入些许酒精进行破乳，壁材固化形成胶囊。

（5）出料：减压抽滤，得到白色粉末，在 70℃下烘干。

六、明胶—阿拉伯胶壁材微胶囊的制备

（一）主要实验材料和仪器

明胶，阿拉伯胶，戊二醛，无水碳酸钠、吐温-80，柠檬酸，薄荷油，冰醋酸，甲醛（37%），NaOH，pH 计，乳化均质机，真空干燥箱，循环水式多用真空泵等。

（二）工艺流程

本实验工艺流程如图 8-1 所示。分别制备一定浓度的明胶、阿拉伯胶溶液以及乳化剂溶液。将薄荷油和乳化剂溶液用乳化均质机高速乳化 1min，慢慢加入明胶和阿拉伯胶溶液，共同乳化 3min。在 40℃水浴加热下，用机械搅拌混合溶液，用柠檬酸调节 pH 到 3，反应 15min。将温度降至 10℃以下，再用无水碳酸钠将 pH 调节到 10，加入戊二醛后继续反应一段时间。使用喷雾干燥仪将微胶囊悬浮液进行干燥处理，得到微胶囊粉末。

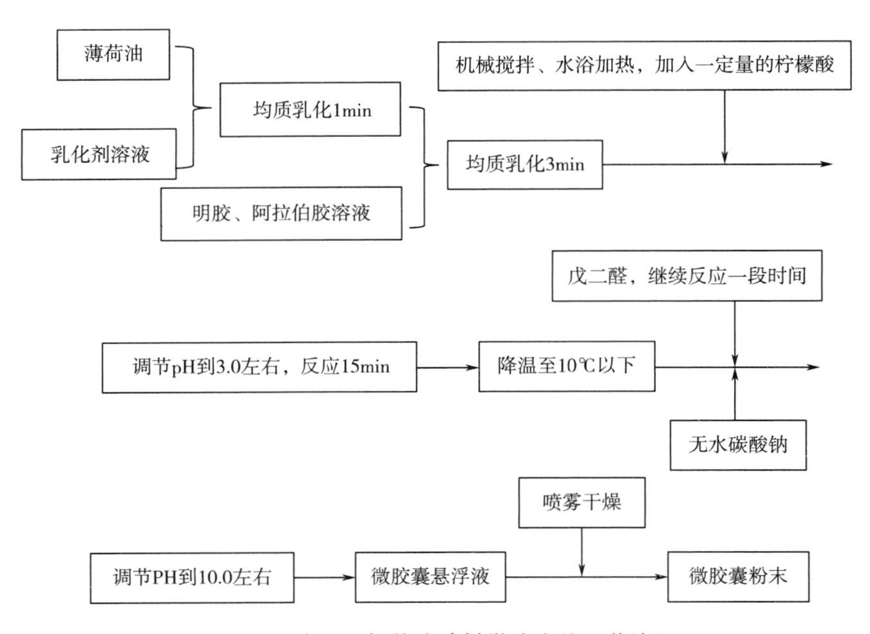

图 8-1 明胶—阿拉伯胶壁材微胶囊的工艺流程图

（三）工艺条件

乳化剂浓度（质量分数）/% 0.5

交联剂用量/mL 6

壁材浓度（质量分数）/%	1.5
芯壁比	1 : 2
复凝聚 pH 值	3.3
搅拌速率/($r \cdot min^{-1}$)	600

（四）实验步骤

（1）壁材溶液的制备：称取 0.5g 明胶和 0.5g 阿拉伯树胶各溶于 50mL 蒸馏水，加热至 50℃。

（2）乳化剂的配制：称取 0.025g 吐温-80 溶于 5mL 的蒸馏水中。

（3）乳化液的配制：将 0.5mL 香精逐滴加入高速搅拌（900~1200r/min）的 5mL 的质量分数 0.5%乳化剂复配溶液中，加入阿拉伯树胶溶液，保持恒温水浴 50℃，快速搅拌乳化 5min，再缓慢加入明胶溶液，放慢搅速（600r/min），用 10%的冰醋酸调节 pH 值在 4.5~4.6。

（4）微胶囊化：用冰水浴冷却体系温度降至 10℃左右，加入 2.5mL 甲醛溶液（37%），继续搅拌 30min 后，以 5℃/min 的速度升温至 50℃。用 10%NaOH 溶液调节体系 pH 值呈弱碱性（pH 9~10），继续搅拌 30min，即得香精微胶囊产品。

（5）出料：减压抽滤，得到白色粉末，在 70℃下烘干。

七、三聚氰胺单壁材微胶囊的制备

（一）主要实验材料和仪器

薰衣草精油，十二烷基苯磺酸钠（SDBS），去离子水，三聚氰胺，分散剂 NNO，无水碳酸钠，冰醋酸，甲醛，NaOH，尿素，pH 计，乳化均质机，烧杯，真空干燥箱，循环水式多用真空泵等。

（二）实验步骤

（1）芯材乳液的配制：将 10g 薰衣草精油与 20g SDBS 混合在烧杯中，加去离子水 100mL，用高剪切乳化机乳化搅拌 20min，得到芯材乳液。

（2）壳材溶液的配制：取 8.75g 三聚氰胺与 15.5g 甲醛混合，加去离子水 50mL，放入烧杯中搅拌，用质量分数为 4%的 Na_2CO_3 调节 pH 值至 8，缓慢升温至 65℃，搅拌速率 400r/min，搅拌时间 30min，即得壳材溶液。

（3）微胶囊溶液的配制：将壳材溶液用滴管逐滴加入芯材溶液中，搅拌速度 1500r/min，温度 60℃，用冰醋酸调节 pH 至 3~5，搅拌 2h，加入分散剂 NNO，即得微胶囊浆液。

（4）微胶囊化：向微胶囊浆液中加入 NaOH，调节 pH 到 8，向体系内添加 0.5g 尿素在 60℃下反应 30min，以去除微胶囊浆液中的游离甲醛。

（5）出料：将上述微胶囊浆液抽滤分离，用去离子水洗涤两次，再用无水乙醇洗涤两次后，置于 35℃烘箱中干燥 10h 后，即得到白色粉末状微胶囊。

八、三聚氰胺双壁材微胶囊的制备

（一）主要实验材料和仪器

香精，乳化剂 PDA，去离子水，三聚氰胺，六羟甲基三聚氰胺，分散剂 NNO，无水碳酸钠，冰醋酸，乙醇，NaOH，尿素，pH 计，乳化均质机，三口瓶，真空干燥箱，循环水式多用真空泵等。

（二）实验步骤

（1）将 10g 香精、22g 高分子乳化剂 PDA、蒸馏水在高剪切乳化机中以 16000r/min 高速均化 10min。

（2）将均化的乳液倒入三口烧瓶，用乙酸调节 pH 值至 4~5。

（3）按照 1∶1 的芯壁比以 0.6mL/min 的速度向乳化体系中添加三聚氰胺预聚物，然后在 200r/min 机械搅拌下升温至 65℃，保温 1.5h，进行单层造壁。

（4）将上述体系冷却至室温，在搅拌的条件下添加六羟甲基三聚氰胺预聚物，升温至 75℃，保温 2h，进行双层造壁。

（5）反应结束后，用氨水调节 pH 值至 9 结束反应，并加入足量尿素除去微胶囊的游离甲醛，最后过滤，反复水洗，用乙醇洗除去表面的香精，烘干。

九、明胶—壳聚糖壁材抗菌微胶囊的制备

（一）主要实验材料和仪器

艾草精油，明胶，壳聚糖，戊二醛，去离子水，醋酸，吐温-80，乙醇，NaOH，冰水，pH 计，乳化均质机，三口瓶，水浴锅，真空干燥箱，循环水式多用真空泵等。

（二）实验步骤

将一定比例的明胶、壳聚糖作为混合壁材，以艾草精油为芯材，以戊二醛作为交联剂，采用复凝聚法制备艾草精油微胶囊。具体操作步骤如下：

（1）壳聚糖溶液的配制：将一定量的冰乙酸稀释至 1%，加入 1g 壳聚糖，搅拌使其充分溶解得到 1%的壳聚糖醋酸溶液待用。

（2）明胶溶液的配制：取 1g 的明胶用 100mL 的蒸馏水在 50℃的水浴锅中进行溶解，得到明胶溶液待用。

（3）明胶—精油乳液的配制：取 2g 艾草精油和 0.001g 的乳化剂加入明胶溶液中混合均匀，采用高剪切分散乳化机在 40℃的恒温水浴中以 5000r/min 高速剪切乳化，得到均一水包油的乳液。

（4）微胶囊悬浮液的配制：将上述明胶—精油乳液转移至恒温磁力搅拌器上，以 600r/min 恒定速度搅拌的同时缓慢滴加壳聚糖溶液，然后用 10%的 NaOH 溶液调节 pH 至 5.9，继续搅拌 30min。搅拌结束后，转移至冰水浴中搅拌降温至 5℃以下，加入少量戊二醛搅拌固化，使其缓慢升至室温，得到微胶囊悬浮液。

（5）出料：经过滤、水洗及干燥制备得到艾草精油微胶囊粉末。

十、温控缓释微胶囊的制备

（一）主要实验材料和仪器

薰衣草精油，正十六烷，十二烷基硫酸钠（SDS），甲基丙烯酸甲酯（MMA），偶氮二异庚腈（ABVN），去离子水，无水乙醇，氯化钙溶液，pH 计，氮气，乳化均质机，三口瓶，水浴锅，真空干燥箱，循环水式多用真空泵等。

（二）实验步骤

（1）水相的配制：将 1.6g SDS 充分溶解于 160g 去离子水中形成水相。

（2）油相的配制：由 14g 正十六烷、6g 薰衣草香精、20gMMA 和 0.2g ABVN 混合均匀组成。

（3）乳化液的配制：将油相和水相混合，在 40℃ 下以 20000r/min 搅拌速度乳化 20min 得到均匀的细乳液。将得到的乳液倒入三口烧瓶中置于 65℃ 的水浴中，通氮气吹扫，并以 200r/min 搅拌反应 6h 即得薰衣草香精微胶囊乳液。

（4）微胶囊化：取少量薰衣草香精微胶囊乳液加入适量饱和氯化钙溶液破乳。

（5）出料：抽滤，并用无水乙醇抽洗三次，除去未反应的单体及吸附在微胶囊壁材上的薰衣草香精和正十六烷，低温烘干即可得到薰衣草香精微胶囊粉末。

十一、温控缓释纳胶囊的制备

（一）主要实验材料和仪器

薰衣草精油，十六烷基三甲基溴化铵（CTAB），正十六烷，正硅酸乙酯（TEOS），去离子水，无水乙醇，氯化钙溶液，pH 计，氮气，乳化均质机，三口瓶，水浴锅，真空干燥箱，循环水式多用真空泵等。

（二）实验步骤

（1）连续水相的配制：称取 0.036g CTAB 并溶于水中形成表面活性剂水溶液，将其作为连续相。

（2）分散油相的配制：再取 1g 的正十六烷、1.5g TEOS 以及 0.5g 薰衣草精油，将其混合形成油相，并将其作为分散相。

（3）乳化液的配制：将分散相加入连续相中，磁力搅拌预乳化 15min，然后用高速剪切机 1200r/min 乳化 7min 得到乳液。

（4）微胶囊化：将上述乳液倒入 150mL 圆底烧瓶中，加热至 40℃ 以 400r/min 的机械速度搅拌反应 24h，制得薰衣草精油纳胶囊。

（5）出料：反应完毕待其冷却后，将其装于瓶中，以备后续使用。

十二、介孔硅纳胶囊的制备

（一）主要实验材料和仪器

苯乙烯（ST），聚乙烯吡咯烷酮（PVP），去离子水，偶氮二异丁脒盐酸盐（AIBA），氮气（N_2），十六烷基三甲基溴化铵（CTAB），乙醇，氨水，正硅酸乙酯（TEOS），电子天平，三口烧瓶，加热搅拌器，水浴锅，蠕动泵，马弗炉等。

（二）实验步骤

1. 聚苯乙烯（PS）乳液的制备

（1）将 3g ST、1g PVP 和 90g H_2O 加入 250mL 三口烧瓶中，然后在室温条件下以 130r/min 的机械转速搅拌 10min。

（2）将 0.21g AIBA 溶于 10mL 水中，加入上述溶液中，在 N_2 保护下室温搅拌 1h 后，加热至 56℃继续搅拌反应 24h，制得聚苯乙烯乳胶粒分散液。

2. 中空介孔二氧化硅（HMSN）颗粒的制备

（1）将 1g CTAB 溶于乙醇和水的混合液中（40mL 乙醇和 80mL 水），并将其转移至 250mL 三口烧瓶中。

（2）再将 3mL $NH_3 \cdot H_2O$ 和 20g PS 分散液加入上述混合液中，加热至 35℃并采用 250r/min 的机械转速搅拌 10min。

（3）采用蠕动泵逐滴（3r/min）加入 1.7g TEOS，继续搅拌 6h，得二氧化硅包覆聚苯乙烯（PS—SiO_2）的核壳结构颗粒的分散液，烘干得核壳颗粒粉体。

（4）将核壳颗粒粉体置于坩埚中并将其放入马弗炉，升温 2h 至 550℃煅烧 2h 去除模板 PS 和致孔剂 CTAB，制得中空介孔二氧化硅（HMSN）颗粒。

3. 柠檬精油纳胶囊的制备

（1）取 0.4g HMSN 粉体置于反应釜内衬中，并加入 20mL 40%（体积分数）的柠檬精油（LO），超声处理 10min，使粉末分散均匀。

（2）再将反应釜内衬放入反应釜中，45℃磁力搅拌 2h。

（3）静置 12h 以上，离心分离，并用大量乙醇洗涤，室温下干燥得柠檬精胶囊。

十三、芳香织物的制备

（一）主要实验材料和仪器

纯棉织物，香味微胶囊整理剂，海藻酸钠，增稠剂，活性染料，防染盐，低温固着剂，AG-950 黏合剂，电子天平，搅拌器，小轧车，烘箱，耐洗牢度实验机，悬挂式烘箱，小型焙烘车，丝网印花机，水洗机，蒸化机，离心机等。

（二）实验方法

1. 浸轧法

（1）工艺流程：织物→浸轧（轧液率 70%~80%）→烘干（80~100℃）→成品。

（2）整理液处方（单位：g/L）：

香味微纳胶囊　　50

低温固着剂　　50

（3）步骤：

①取 60g 芳香整理液置于烧杯中。

②再取 6g 干净棉织物并将其放入整理液中浸 30min。

③然后用轧车轧两次。

④将处理后的棉织物放入 80℃的烘箱中直至烘干，得到芳香棉织物。

2. 印花法

（1）工艺流程：织物→印花→烘干（80~100℃）→拉幅定型（120℃，30s）→成品。

（2）工艺处方（单位：质量分数/%）：

涂料色浆　　2

香味微纳胶囊　　8

黏合剂　　20

增稠剂　　1~2

3. 浸渍法

（1）工艺流程：漂染烘干后的织物→浸渍（浸泡需匀透）→离心脱水（带液率 70%~80%）→烘干（80~110℃）成品

（2）工艺处方（单位：g/L）：

香味微纳胶囊　　50

低温固着剂　　50

4. 喷涂法

（1）取上述制备的微纳胶囊悬浮液 50g，将其喷涂在棉织物（6g，15cm×25cm）上，室温烘干得芳香棉织物。

（2）再将芳香棉织物放入 100mL 70g/L 的 AG-950 水溶液中浸渍 3min。

（3）80℃烘干 3min。

（4）150℃焙烘 3min。

十四、抗菌芳香棉织物鞋材的制备

（一）主要实验材料和仪器

β-环糊精微胶囊乳液，有机硅季铵盐抗菌剂，柠檬酸，鞋垫棉织物层，去离子水，电子天平，烘箱，定型机等。

（二）实验处方（单位：g/L）

有机硅季铵盐抗菌剂　　5

β-环糊精微胶囊芳香乳液　　50

柠檬酸（交联剂）　　　　100

（三）实验步骤

1. 工艺流程

在有机硅季铵盐溶液中进行二浸二轧（轧液率为75%）→烘干（110℃，3min）→芳香乳液中浸轧两次（轧余率为75%）→预烘（70℃，2.5min）→焙烘（100℃，3min）→水洗→烘干。

2. 步骤

（1）抗菌整理：

①将有机硅季铵盐抗菌剂配制成浓度为5g/L的抗菌溶液，并将棉织物鞋材浸泡在抗菌溶液中2~3min。

②再用轧车对棉织物鞋材进行轧压，轧余率为70%~80%。

③重复以上浸轧操作后，将棉织物鞋材放入烘箱中焙烘，焙烘温度为110℃，焙烘时间为3min。

（2）芳香整理：

①将整理过有机硅季铵盐的抗菌棉织物鞋材在芳香微胶囊溶液中浸泡2~3min。

②再用轧车对棉织物鞋垫进行轧压，轧余率为70%~80%。

③重复以上浸轧操作后，将棉织物鞋材先在70~90℃温度条件下进行预烘，预烘时间2.5min，再在100~120℃的温度条件下进行焙烘，焙烘时间4min，得到芳香抗菌棉织物鞋材。

十五、织物芳香性能测试

（一）主要实验材料和仪器

芳香织物，计时器，通风宽敞实验室，评级表，笔等。

（二）实验步骤

（1）选定嗅觉器官无疾病、嗅觉灵敏、反应较快的人为主观评定者，10名。

（2）评定者每进行10min的芳香评价后，在通风宽敞的环境中休息20min。

（3）评价标准采用等级制，见表8-10，香味由弱到强分为5个等级。

表8-10　芳香织物气味评级表

级别	依据
1级	主观感觉几乎没有什么香味
2级	能感觉出一点香味
3级	不用特意去嗅就有些香味
4级	比较香
5级	很香

（4）每个样品评价 10 次，取其平均值（精确至 0.1）。

十六、织物留香性能测试

（一）主要实验材料和仪器

香精及其整理织物，乙醇，剪刀，水浴振荡器，容量瓶，电子天平，紫外分光光度计等。

（二）实验步骤

将芳香织物放置于常温环境的密闭容器中，每隔一段时间用特定的溶剂捕集或萃取其散发出来的香气即中药成分，然后利用紫外分光光度计在最大吸收波长下测织物的吸光度，再将吸光度代入回归方程，最后计算出织物上的精油成分含量，并绘制出时间与织物上中药成分含量的关系曲线，得到中药成分的持续时间。

（1）称取 22mg 香精，置于 100mL 容量瓶中，加无水乙醇定容至刻度，摇匀，移取 25mL 至另一 100mL 容量瓶中，加无水乙醇定容至刻度，再移取 25mL 至第三个容量瓶，定容，依次做 5 个标样。

（2）经紫外吸收扫描，找出最大吸收波长，用无水乙醇做参比，在该波长下按浓度由小到大依次测定以上配置的 5 个标样的吸光度，并得出浓度对吸光度的线性回归方程。

（3）将经芳香整理的织物剪碎后精确称量 1g，放于可密封容器中，加入 100mL 的乙醇，水浴加热，振荡，放置 24h，用紫外分光光度计在最大吸收波长下测定其吸光度，最后代入线性回归方程求出香精浓度。

注意事项

（1）目前织物的香味测试没有统一规定的标准或方法。

（2）AG-950 微纳胶囊整理的黏合剂，将微纳胶囊黏附在纤维的表面，同时 AG-950 固化形成的膜还能有效减缓织物中香味的释放，延长织物的使用寿命。

思考题

（1）促睡眠的中药有哪些？可以通过什么途径整理到纺织品上？

（2）芳香织物的应用有哪些？

参考文献

［1］张超．基于石蜡/SEBS 复合相变块的热疗口罩及鼻贴研究［D］．广州：华南理工大学，2019.

[2] 董艳，潘渭樵，胡一莉，等．头痛宁口罩的制备和质量控制［J］．中成药，2014，36（8）：1778-1781.
[3] 刘学洋．PVDF/PSU复合抗菌纳米纤维空气过滤材料的制备及其在口罩中的应用研究［D］．上海：东华大学，2016.
[4] 陈凤翔，翟丽莎，刘可帅，等．防护口罩研究进展及其发展趋势［J］．西安工程大学学报，2020，34（2）：1-10.
[5] 程浩南．纺织材料在医用纺织品设计中的应用和发展［J］．产业用纺织品，2019，37（1）：1-5.
[6] 李一鑫，黄梅花，程浩南．纺织材料在医疗领域的应用和发展［J］．产业用纺织品，2018，36（7）：42-45.
[7] 李彦，王富军，关国平，等．生物医用纺织品的发展现状及前沿趋势［J］．纺织导报，2020（9）：28-36.
[8] 魏娴媛．医用纺织品的应用研究进展［J］．毛纺科技，2020，48（9）：104-109.
[9] 严佳，李刚．医用纺织品的研究进展［J］．纺织学报，2020，41（9）：191-197.
[10] 张璐，刘茜，吴湘济．理疗保健功能纺织品的研究与开发现状［J］．产业用纺织品，2020，38（8）：1-6.
[11] 胡杰，徐熊耀，吴海波．成人失禁裤/垫芯的制备与性能研究［J］．产业用纺织品，2019，37（3）：17-23.
[12] 徐宏，刘文，陈作芳．单向导湿新工艺在手术服上的应用［J］．产业用纺织品，2017，35（4）：38-42.
[13] 吴钦鑫，侯成义，李耀刚，等．辐射降温纳米纤维医用防护服面料及传感系统集成［J］．纺织学报，2021，42（9）：24-30.
[14] 季成龙，蔡再生．吸湿凉爽功能性纺织品的研究与开发［J］．产业用纺织品，2018，36（9）：5-8.
[15] 孟昭旭．电纺PLGA/明胶组织工程支架和药物载体的制备与性能研究［D］．哈尔滨：哈尔滨工程大学，2011.
[16] 苗莹珂．BMP-2载药微球与纳米纤维复合支架的构建及骨组织工程研究［D］．上海：东华大学，2017.
[17] 王振北．PCl/hyaluronan/EGF纳米纤维支架应用于皮肤组织工程的研究［D］．重庆：重庆大学，2015.
[18] 郑玉琦．粘性防水透气纤维医用敷料的制备及性能研究［D］．上海：东华大学，2021.
[19] 宋炜．编织增强的纳米纤维小口径血管支架的研究［D］．上海：东华大学，2016.
[20] 王伟忠．双因子负载的仿生双层血管支架的构建及生物学研究［D］．上海：东华大学，2019.
[21] 延永，张亦琳，李玉萌，等．白芷与茯苓美白保湿面膜的制备及性能研究［J］．香料香精化妆品，2019（1）：65-68.
[22] 邢凯，陈一萌，徐明宇，等．控脂美白面膜的制备［J］．石河子科技，2020（8）：40-42.
[23] 倪志华，李云凤，徐陞梅，等．茶多酚功能性面膜的制备及其稳定性研究［J］．山东化工，2017，46（20）：12，13.
[24] 李童，董艳辉，叶志诚．番茄红素抗衰老面膜的制备［J］．广州化工，2020，48（21）：

63-65.
[25] 韩美子，姜小天，孙志双，等．基于中药黄芪枸杞的一款抗衰老面膜的制备［J］. 延边大学学报（自然科学版），2019，45（4）：344-348.
[26] 吴淇，金鑫，杨小倩，等．一种抗光老化组合物的药效学研究及凝胶面膜的制备［J］. 日用化学工业，2021，51（12）：1193-1200.
[27] 张少飞，王都留，燕翔，等．柳树皮水杨酸的提取及中草药抗菌面膜的制备［J］. 宁夏师范学院学报，2020，41（10）：41-45.
[28] 刘楚婷，汪祖华，缪艳燕，等．复方丹参凝胶面膜的制备及初步质量评价［J］. 山东化工，2020，49（24）：15-17.
[29] 王洪，卞建新，吴燕金，等．木棉纤维面膜基布的制备与性能［J］. 上海纺织科技，2020，48（5）：57-60.
[30] 崔凤烨，钱晓明，王立晶，等．艾草纤维水刺面膜基布的制备及性能研究［J］. 产业用纺织品，2020，38（12）：16-20.
[31] 崔凤烨，钱晓明，王立晶，等．热风艾草纤维面膜基布的制备及性能研究［J］. 上海纺织科技，2020，48（6）：27-29.
[32] 周婷婷，蔡曌颖，潘宇，等．中药美白保湿面膜的制备及性能评价［J］. 日用化学品科学，2019，42（9）：30-33.
[33] 李圆圆，陈春雅，高婷婷，等．中药抗氧化面膜的制备研究［J］. 浙江化工，2018，49（3）：5-7.
[34] 金茜，郭晗，彭悦思，等．中药抑菌祛痘面膜的制备及治疗作用研究［J］. 广东化工，2021，48（443）：82-84.
[35] 邢铁玲，朱虹，盛家镛，等．丝胶涂层羊绒制品的制备及性能［J］. 毛纺科技，2010，38（11）：1-4.
[36] 魏洋，王革辉．芦荟护肤机理及其护肤内衣开发［J］. 针织工业，2012（2）：46-48.
[37] 王兴福，祁材．针织面料维生素护肤整理［J］. 针织工业，2007（9）：59-60.
[38] 张瑞萍，张葛成，孟令阔．茶多酚对棉织物的吸附及其抗菌消臭效果［J］. 纺织学报，2017，38（1）：100-104.
[39] 史会彩，吴赞敏，陈丹．基于环糊精包合技术的棉织物芳香整理测试［J］. 棉纺织技术，2011，39（12）：783-786.
[40] 付罗莎．柠檬精油β-环糊精微胶囊制备工艺的优化［J］. 渭南师范学院学报，2018，33（4）：66-70.
[41] 张维，皇甫志杰，谢源，等．光促释放型聚氨酯香味微胶囊的制备［J］. 针织工业，2020（3）：35-39.
[42] 王瑾，魏菊，张庆民，等．聚氨酯芳香微胶囊的制备及其在纺织品上的应用［J］. 大连工业大学学报，2009，28（2）：151-153.
[43] 张永波．聚氨酯芳香微胶囊的制备［D］. 天津：天津工业大学，2000.
[44] 杨一．薄荷油微胶囊的制备及其应用［D］. 上海：东华大学，2015.
[45] 惺悦．松针油微胶囊的制备及性能［D］. 常州：常州大学，2015.
[46] 张美艳．茉莉香精微胶囊的结构调控及其在抗抑郁功效纺织品中的应用［D］. 上海：东华大

学，2011.
[47] 田秀枝，王树根．芳香微胶囊的研制［J］. 印染助剂，2001，18（2）：20-22.
[48] 崔贞超．温控缓释芳香微胶囊的制备及在织物上的应用性能［D］. 杭州：浙江理工大学，2018.
[49] 魏菊，王瑾，刘向．纯棉织物芳香微胶囊整理的探讨［J］. 染整技术，2008，30（7）：30-32.
[50] 倪张根，王秋萍，张瑞，等．复合凝聚法制备芳香微胶囊［J］. 纺织科学与工程学报，2020，37（3）：25-31.
[51] 付罗莎．芳香型微胶囊的制备及其在抗菌鞋材上的应用［D］. 西安：陕西科技大学，2016.
[52] 邓凌云．缓释芳香纳米微胶囊的制备及其应用研究［D］. 西安：陕西科技大学，2017.
[53] 欧阳旭．芳香抑菌微胶囊的制备及其在织物上的应用［D］. 杭州：浙江理工大学，2021.
[54] 梁冰滢．芳香织物低温耐久性整理工艺探讨［D］. 上海：东华大学，2016.
[55] 党敏．功能性纺织产品性能评价及检测［M］. 北京：中国纺织出版社，2019.